国家发展和改革委员会资源节约和环境保护司○编

万家企业
节能低碳行动培训教材

WANJIA QIYE JIENENG DITAN XINGDONG PEIXUN JIAOCAI

顾　问：赵家荣
主　编：何炳光

中国经济出版社
CHINA ECONOMIC PUBLISHING HOUSE
北 京

图书在版编目（CIP）数据

万家企业节能低碳行动培训教材／国家发展和改革委员会资源节约和环境保护司编．
北京：中国经济出版社，2014．4
ISBN 978－7－5136－2859－4

Ⅰ．①万… Ⅱ．①国… Ⅲ．①企业—节能—培训—教材 Ⅳ．①TK01

中国版本图书馆 CIP 数据核字（2013）第 255662 号

责任编辑　姜　静
责任审读　霍宏涛
责任印制　马小宾
封面设计　朱日新

出版发行　中国经济出版社
印 刷 者　北京市媛明印刷厂
经 销 者　各地新华书店
开　　本　787mm×1092mm　1/16
印　　张　26．5
字　　数　455 千字
版　　次　2014 年 4 月第 1 版
印　　次　2014 年 4 月第 1 次
书　　号　ISBN 978－7－5136－2859－4
定　　价　98．00 元

中国经济出版社 **网址** www．economyph．com **社址** 北京市西城区百万庄北街 3 号 **邮编** 100037
本版图书如存在印装质量问题，请与本社发行中心联系调换（联系电话：010－68319116）

《万家企业节能低碳行动培训教材》
编审委员会名单

顾　问：赵家荣

主　编：何炳光

副主编：谢　极　王克娇　赵旭东

编写人员（以姓氏笔画排序）：

丁　波　于　磊　王世岩　王志刚　王国栋

王静波　尹洪坤　刘彦宾　冉景煜　任香贵

权　威　李　琰　张承旺　张欣欣　吴玉平

陈怀文　陆新明　范桂贞　姚芳龙　聂　文

徐少山　高景超　曹迎春　蒲　舸　樊立明

《[illegible]教材》
编审委员会名单

顾 问 [illegible]

主 编 [illegible]

副主编 [illegible]

编写人员（按姓氏笔画排序）

[illegible]

前　言

为贯彻落实“十二五”规划《纲要》，推动重点用能单位加强节能工作，强化节能管理，提高能源利用效率，根据《国务院关于印发“十二五”节能减排综合性工作方案的通知》（国发〔2011〕26 号）要求，国家发展改革委联合多部委制定了《万家企业节能低碳行动实施方案》（以下简称《方案》）。

为推动《方案》实施，国家发展改革委环资司从 2012 年 4 月开始，组织了中国质量认证中心、山东省节能办、山东省德州市节能监察支队、江苏省、南京市节能技术服务中心、中国高校联盟等多家机构共同编写、审定了培训教材。能源基金会（The Energy Foundation，EF）中国可持续能源项目对教材编写工作给予了大力支持。在此向参与本书编写及给予我们工作支持与指导的相关机构和人员表示衷心感谢！

本书编委会

2014 年 3 月

目　录

第一部分　万家企业节能低碳行动实施方案解读

第二部分 重点节能法规政策解读

第三部分 附 录

1

第一部分

万家企业节能低碳行动实施方案解读

第一章　综　述

第一节　万家企业节能低碳行动实施方案出台背景

“十一五”期间，我国将节能指标作为约束性指标纳入国民经济和社会发展规划，提出2010年单位国内生产总值能耗比2005年降低20%左右的目标。在众多节能措施中，“千家企业节能行动”以创新的形式、有效的推动、显著的成效在国内产生深远影响，也在国际上引起广泛关注。

2006年4月，国家发展改革委、国家能源办、国家统计局、国家质检总局、国务院国资委下发《关于印发千家企业节能行动实施方案的通知》（发改环资〔2006〕571号），决定开展千家企业节能行动，钢铁、有色、煤炭、电力、石油石化、化工、建材、纺织、造纸九个重点耗能行业的1008家企业列入行动计划。这些企业2005年综合能源消费量都在18万吨标准煤以上，能源消费量达到6.7亿吨标准煤，占全国能源消费总量的33%，占工业能源消费量的47%。千家企业节能行动的目标是实现节能1亿吨标准煤左右。

2006年7月，国家发展改革委在北京召开全国节能工作会议，与各省、自治区、直辖市政府签订了包括千家企业节能量在内的节能目标责任书。2006年10月，国家发展改革委在沈阳、济南、昆明、长沙、石家庄分五期召开全国千家企业节能工作片会，采取“会训”结合的方式，系统宣讲了国家“十一五”节能目标、实现途径及对策措施，安排部署了下一步工作，进一步明确了千家企业节能工作要求。

2006年12月，国家发展改革委办公厅印发了《企业能源审计报告和节能规划审核指南》（发改办环资〔2006〕2816号）。2007年9月，国家发展改革委在沈阳召开了全国千家企业节能工作会议，总结千家企业节能行动实施一年多来的工作，研究部署下一阶段任务，扎实推进千家企业节能行动。“十一五”期间，在各级节能主管部门以及相关部门和企业的共同努力下，千家企业节能行动进展顺利，实现节能量1.65亿吨标准煤，超额完成了预期节能目标，为完成我国“十一五”节能目标做出了重要贡献。

“十二五”期间,我国继续将节能指标作为约束性指标,并提出到2015年单位国内生产总值能耗要比2010年降低16%的目标。实现这一目标,要依靠结构调整、技术进步、加强管理等途径,而重点用能企业的有效监管又是“重中之重”。“十一五”千家企业节能行动的有效实施,为“十二五”万家企业节能低碳行动提供了很好的经验。2011年8月,国务院《关于印发“十二五”节能减排综合性工作方案的通知》(国发〔2011〕26号),提出要开展万家企业节能低碳行动。《“十二五”节能减排综合性工作方案》要求:“强化重点用能单位节能管理。依法加强年耗能万吨标准煤以上用能单位节能管理,开展万家企业节能低碳行动,实现节能2.5亿吨标准煤。落实目标责任,实行能源审计制度,开展能效水平对标活动,建立健全企业能源管理体系,扩大能源管理师试点;实行能源利用状况报告制度,加快实施节能改造,提高能源管理水平。地方节能主管部门每年组织对进入万家企业节能低碳行动的企业节能目标完成情况进行考核,公告考核结果。对未完成年度节能任务的企业,强制进行能源审计,限期整改。中央企业要接受所在地区节能主管部门的监管,争当行业节能减排的排头兵。”

为贯彻落实《“十二五”节能减排综合性工作方案》要求,2011年12月,国家发展改革委、教育部、工业和信息化部、财政部、住房和城乡建设部、交通运输部、商务部、国务院国资委、国家质检总局、国家统计局、银监会、国家能源局制定了《万家企业节能低碳行动实施方案》(发改环资〔2011〕2873号,以下简称《方案》)。《方案》将原来的千家企业扩大到万家企业,不仅是数量的扩大,更是管理的深化;将原来的“节能行动”改为“节能低碳行动”,不仅是名称的变化,而是体现了节能在碳减排中的重要作用,响应了国际上日益高涨的减碳呼声。

第二节　万家企业范围

《方案》指出:“万家企业是指年综合能源消费量1万吨标准煤以上以及有关部门指定的年综合能源消费量5000吨标准煤以上的重点用能单位。初步统计,2010年全国共有17000家左右。万家企业能源消费量占全国能源消费总量的60%以上,是节能工作的重点对象。抓好万家企业节能管理工作,是实现‘十二五’单位GDP能耗降低16%、单位GDP二氧化碳排放降低17%约束性指标的重要支撑和保证。”

《方案》第一部分“万家企业范围”进一步明确:

“纳入万家企业节能低碳行动的企业均为独立核算的重点用能单位,包括:

（一）2010 年综合能源消费量 1 万吨标准煤及以上的工业企业；

（二）2010 年综合能源消费量 1 万吨标准煤及以上的客运、货运企业和沿海、内河港口企业；或拥有 600 辆及以上车辆的客运、货运企业，货物吞吐量 5 千万吨以上的沿海、内河港口企业；

（三）2010 年综合能源消费量 5 千吨标准煤及以上的宾馆、饭店、商贸企业、学校，或营业面积 8 万平方米及以上的宾馆饭店、5 万平方米及以上的商贸企业、在校生人数 1 万人及以上的学校。

万家企业具体名单由各地区节能主管部门会同有关部门根据以上条件确定并上报国家发展改革委，国家发展改革委汇总后对外公布。为保持万家企业节能低碳行动的连续性，原则上‘十二五’期间不对万家企业名单作大的调整。万家企业破产、兼并、改组改制以及生产规模变化和能源消耗发生较大变化，或按照产业政策需要关闭的，由各地省级节能主管部门自行调整并报国家发展改革委备案。‘十二五’期间新增重点用能单位要按照本实施方案的要求开展相关工作。”

一、独立核算单位

独立核算单位是指具有法人资格，独立从事经济活动，拥有和使用（或授权使用）资产、能够承担负债，能与其他经济单位签订经济合同的经济和社会实体。独立核算单位具备以下特征：依法成立，有自己的名称、组织机构和场所，能够承担民事责任；独立拥有和使用（或授权使用）资产，有权与其他单位签订合同；会计上独立核算盈亏，能够编制资产负债表。

《方案》所称“纳入万家企业节能低碳行动的企业均为独立核算的重点用能单位”，并非完整意义上的独立核算单位，不完全具有独立核算单位的全部特征，而是指能够独立核算能源消耗量和独立承担节能目标考核责任的单位。

二、重点用能单位

依据《中华人民共和国节约能源法》（以下简称《节约能源法》）第五十二条的规定，重点用能单位是指：①年综合能源消费总量一万吨标准煤以上的用能单位，即法定重点用能单位；②国务院有关部门或者省、自治区、直辖市人民政府管理节能工作的部门指定的，年综合能源消费总量五千吨以上不满一万吨标准煤的用能单位，即指定重点用能单位。

《方案》所称的重点用能单位既有法定重点用能单位，也有指定重点用能单位，具体包括三类：①2010 年综合能源消费量 1 万吨标准煤及以上的工业企业、客运、货运企业和沿海、内河港口企业；②2010年综合能源消费量5千吨标准煤及以上的宾馆、饭店、商贸企业、学校；③拥有600辆及以上车辆的客运、货运企业，货物吞吐量5千万吨以上的沿海、内河港口企业或营业面积8万平方米及以上的宾馆、饭店、5万平方米及以上的商贸企业、在校生人数1万人及以上的学校。

从以上规定可以看出，"万家企业"既包含了企业单位，也包含了事业单位，采用"万家企业"的提法，仅仅是为了表述上的方便。

三、相关要求

1.《方案》明确："万家企业具体名单由各地区节能主管部门会同有关部门根据以上条件确定并上报国家发展改革委，国家发展改革委汇总后对外公布。"经过各省、自治区、直辖市的落实和核对，2012年5月12日国家发展改革委公告了万家企业节能低碳行动名单，共16078家，能源消费总量占全国的60%以上。

2.《方案》规定："为保持万家企业节能低碳行动的连续性，原则上'十二五'期间不对万家企业名单作大的调整。万家企业破产、兼并、改组改制以及生产规模变化和能源消耗发生较大变化，或按照产业政策需要关闭的，由各地省级节能主管部门自行调整并报国家发展改革委备案。""十二五"期间，原则上不对16078家企业进行调整，以保持万家企业节能低碳行动的连续性。但是，出现下列情况时，由省级节能主管部门自行调整并报国家发展改革委备案：一是因破产、兼并、改组改制等原因，企业注销工商登记；二是由于结构调整、产品转型等原因，导致企业能耗总量大幅度减少；三是按照产业政策要求企业被关闭。

3.《方案》要求："'十二五'期间新增重点用能单位要按照本实施方案的要求开展相关工作。"《方案》规定："为保持万家企业节能低碳行动的连续性，原则上'十二五'期间不对万家企业名单作大的调整。"但是考虑到国家将对万家企业实行一系列的鼓励政策，如果新增的重点用能单位没有补充到万家企业节能低碳行动名单之中，就会影响其享受相关的政策，所以《方案》又规定："'十二五'期间新增重点用能单位要按照本实施方案的要求开展相关工作。""本实施方案的要求"主要指《方案》第三部分"万家企业节能工作要求"，同时也享受国家给予万家企业的鼓励政策。

第三节　指导思想、基本原则和主要目标

《方案》第二部分明确了万家企业节能低碳行动的指导思想、基本原则和主

要目标。

一、指导思想

《方案》提出,万家企业节能低碳行动的指导思想是:以科学发展观为指导,依法强化政府对重点用能单位的节能监管,推动万家企业加强节能管理,建立健全节能激励约束机制,加快节能技术改造和结构调整,大幅度提高能源利用效率,为实现“十二五”节能目标做出重要贡献。这一指导思想,为“十二五”期间推动万家企业节能低碳行动指明了方向。

二、基本原则

《方案》明确了万家企业节能低碳行动的三条基本原则,分别是:企业为主,政府引导;统筹协调,属地管理;多措并举,务求实效。

(一)企业为主,政府引导

《方案》提出:“万家企业节能低碳行动以企业为主体,政府相关部门通过指导、扶持、激励、监管等措施,组织实施。”

一方面,企业是落实《方案》的主体,其贯彻落实力度决定了《方案》的实施成效,因此必须充分发挥其主动性、积极性和创造性,形成企业节能的内生动力,不断加强节能管理、节能技术进步和节能文化建设,从而使企业节能工作持续改进、能源消耗持续降低、能源利用效率持续提高。另一方面,政府相关部门要发挥引导作用,通过法律法规、政策标准,以评优树先等方式,及时指导,积极扶持,有效激励,严格监管。

(二)统筹协调,属地管理

《方案》提出:“国家发展改革委负责万家企业节能行动的指导协调,相关部门共同参与,协同推进。地方节能主管部门会同有关部门做好万家企业节能低碳行动的实施工作。中央企业接受所在地区节能主管部门和有关部门的监管,严格执行有关规定。”

万家企业节能低碳行动是一项全国性的节能行动,不仅需要万家企业的集体努力,还需要明确各有关部门的工作职责和相互关系,做到分工明确,协调配合。《方案》明确了万家企业节能低碳行动的牵头部门和配合部门。牵头部门要负起责任,做好组织协调工作;配合部门要在牵头部门的统一协调和组织下,按照各自的职责,做好相关的指导、组织和实施工作。《方案》规定的属地管理是对企业而言的。按照隶属关系,企业可能分属不同的管理主体,有中央企业,有省(区、市)属企业,还有市(地、州、盟)属、县(市、区、旗)属企业。但是,全国节能工作最主要的约束性指标是万元国内生产总值能耗降低率,具体到“十二五”期间就是万元国内生产总值能耗降低16%。这一约束性指标逐级分解到各级人民政府,各地政府是节能约束性指标的责任主体,其辖区内所有企业节能工作的成效都会影响当地节能指标完成情况。因此,不论企业的隶属关系如何,都要纳入当地政府的节能考核范围,接受当地节能主管部门和有关部门的监管,严格执行有关规定。

(三)多措并举,务求实效

《方案》提出:“综合运用经济、法律、技术和必要的行政手段,强化责任考核,落实奖惩机制,推动万家企业采取有效措施,切实加强节能管理,推广先进节能技术,不断提高能源利用效率,确保取得实实在在的节能效果。”

实施万家企业节能低碳行动,政府必须采取综合性的措施,既要运用经济手段、法律手段、技术手段,还要运用必要的行政手段;既要强化节能考核,实行节能奖惩,还要为企业创造良好的外部环境。同时,企业也应采取积极调整产品结构、推进节能技术进步和强化节能管理等多种措施,确保实现2.5亿吨标准煤的节能目标。因此,《方案》把“多措并举,务求实效”作为三大基本原则之一。

三、主要目标

《方案》提出,万家企业节能低碳行动的目标是:“节能管理水平显著提升,长效节能机制基本形成,能源利用效率大幅度提高,主要产品(工作量)单位能耗达到国内同行业先进水平,部分企业达到国际先进水平,实现节约能源2.5亿吨标准煤。”

(一)节能管理水平显著提升,长效节能机制基本形成

到“十二五”末,万家企业的节能管理水平要有显著的、标志性的变化,要按照《能源管理体系要求》(GB/T 23331)建立健全能源管理体系,基本形成以“四个机制”为核心内容的节能工作长效机制。一是节能遵法贯标机制,实现主动收集并自觉贯彻节能法规、政策和标准;二是能源利用全过程管理控制机制,实现对能源利用的各个过程和环节进行策划设计、运行控制、监测分析;三是节能技术进步机制,实现主动追踪、获取、应用先进节能技术和节能技术进步常态化;四是节能文化促进机制,实现企业逐步完善节能制度,员工逐步提高节能意识、养成自觉节能习惯。从而实现节能工作持续改进、能源消耗持续降低、能源效率持续提升。

（二）能源利用效率大幅度提高，主要产品（工作量）单位能耗达到国内同行业先进水平，部分企业达到国际先进水平

所谓主要产品（工作量），一般是指占企业总能耗70%以上的产品（工作量）。大部分工业企业都可以用产品单位能耗衡量企业的能耗水平，例如吨钢综合能耗、吨水泥综合能耗等。“占企业总能耗70%以上”是指用来计算产品单位能耗的能耗总量要占到企业能耗总量的70%以上。如果一种产品的能耗总量达不到70%，就要增加其他产品，直至达到70%。对于交通运输企业、商贸企业、宾馆、饭店、学校以及一部分多品种少批量的工业企业，计算产品单位能耗有困难，就以“工作量”作为计算单位能耗的依据，如交通运输企业的货运量、客运量，宾馆、饭店的营业额等。

国内同行业先进水平和国际先进水平，是指国内和国外同行业可比的单位能耗先进水平。尽管企业的具体情况不一样，有的企业能源利用效率已经很高，有的相对较低，但是客观地讲，万家企业能源利用效率都有提高的空间。只要决策层重视、技术有突破、管理有创新、投资到位，能源利用效率就会大幅度提高。能源利用效率大幅度提高的具体表现就是单位能耗的降低。因此，《方案》要求万家企业主要产品或者主要工作量的单位能耗要达到国内同行业先进水平，部分企业要达到国际先进水平。

（三）实现节约能源2.5亿吨标准煤

据测算，实现“十二五”期间单位国内生产总值能耗降低16%的目标，万家企业就要实现2.5亿吨标准煤节能量。经过反复征求意见，国家发展改革委已将这一指标分解落实到了全国31个省、自治区、直辖市的16078家企业，各地要将5年指标分解到“十二五”的各个年度。从“十一五”节能工作经验看，万家企业节能2.5亿吨标准煤的目标是合理的，也是能够实现的。

第二章　万家企业节能工作要求

本章是对《方案》第三部分“万家企业节能工作要求”的解读,具体包括“加强节能工作组织领导”、“强化节能目标责任制”、“建立能源管理体系”、“加强能源计量统计工作”、“开展能源审计和编制节能规划”、“加大节能技术改造力度”、“加快淘汰落后用能设备和生产工艺”、“开展能效达标对标工作”、“建立健全节能激励约束机制”、“开展节能宣传与培训”等十项要求。这十项要求是在总结“十一五”节能工作经验,尤其是千家企业节能行动经验基础上提出的,具有很强的针对性、指导性和可操作性。这些要求是万家企业和各级节能主管部门、相关部门及有关机构贯彻落实《方案》的落脚点,其落实程度将决定《方案》的实施效果和“十二五”期间万家企业节约2.5亿吨标准煤目标的实现。

《方案》第三项要求提出,万家企业要建立能源管理体系。能源管理体系是一种创新的企业能源管理模式,包括管理承诺、能源方针、能源目标、资源配置、职责权限、策划建立、运行控制、内部审核、管理评审等管理要素。这些要素同《方案》中对企业节能工作的其他要求内容是一致的,企业建立能源管理体系能够涵盖《方案》的其他九项节能管理要求。

山东、上海等地一些企业的能源管理体系建设经验证明,能源管理体系包括了企业能源管理的全部内容,能够有效引导企业开展全面、系统、规范的能源管理,建立节能长效机制,逐步形成自觉贯彻节能法律法规与政策标准的“节能遵法贯标机制”,主动获取、采用先进节能管理方法与技术的“节能技术进步机制”,对能源利用各过程进行管理控制的“能源利用全过程管理控制机制”和注重节能文化建设的“节能文化促进机制”,使企业节能工作持续改进、节能管理持续优化、能效水平持续提高,这是《方案》要求万家企业加强能源管理所要达到的效果。因此,企业要以能源管理体系为总抓手,全面、系统、有效地贯彻《方案》提出的十项要求。

第一节　加强节能工作组织领导

《方案》第三部分“万家企业节能工作要求”的第一项内容:“加强节能工作组

织领导。万家企业要成立由企业主要负责人挂帅的节能工作领导小组,建立健全节能管理机构。设立专门的能源管理岗位,明确工作职责和任务,加强对能源管理负责人和相关人员的培训。开展能源管理师试点地区企业的能源管理负责人须具有节能主管部门认可的能源管理师资格。”

节能工作是一项系统工程,加强对节能工作的组织领导是强化节能管理、实现节能目标的重要前提。组织领导就是策划、协调、引领和指导,一方面是明确指导方针,规划发展目标,规范前进方向;另一方面是按照目标合理地设置机构,建立体制,分配权力,调配资源,监督检查等。

《能源管理体系　要求》(GB/T 23331)在管理承诺、能源方针、职责和权限、信息交流等相关条款中均对“组织领导”提出了要求。企业在能源管理体系策划阶段,要求最高管理者对建立能源管理体系作出承诺,为能源管理体系建立运行提供资源保障;评价企业建立能源管理体系之前的组织机构职责、权限设置情况、与能源管理体系标准要求的差距,对组织机构及职责进行调整、规范。在能源管理体系实施阶段,要检查各部门的职责履行情况。在能源管理体系检查、改进阶段,要评价能源管理体系运行情况及改进需求,进一步完善组织机构,配置充足资源。可见,加强节能工作的组织领导伴随着企业能源管理体系建设的全过程。能源管理体系的建立能够促进企业节能组织机构不断规范完善、岗位设置更加全面合理、职责分工更加清晰明确、信息沟通更加及时顺畅,从而保证能源管理绩效和能源利用效率持续改善,确保实现企业节能目标。因此,万家企业应当按照能源管理体系建设要求,切实加强对节能工作的组织领导,明确最高管理者、能源管理负责人、节能管理机构以及能源管理师的工作职责,落实组织领导责任,提供必要的人力、物力和资金支持,为能源管理体系的建立和高效运行奠定基础。

一、最高管理者

在企业节能工作的组织领导中,最高管理者发挥着至关重要的作用。最高管理者的认识程度决定其重视程度,重视程度决定节能工作组织领导的成效,因此最高管理者对节能工作的认识和重视程度是加强节能工作组织领导的关键。

(一)概念

最高管理者是指具有决策职能,在最高管理层中指挥和控制企业的一个人或一组人,既可以是企业的董事长(总经理)、领导层成员,也可以是一套领导班子。最高管理者能够为企业确立方向、策划未来、制定方针、确定目标,设立组织机构,提供人力、设备设施以及资金等资源。

（二）职责

最高管理者应履行以下节能工作组织领导职责：

1. 作出节能管理承诺

最高管理者要把节能降耗、建立节约型组织作为本企业可持续发展的战略选择，在带领员工提高能源利用效率，实现本企业节能方针、目标、指标而努力的过程中，发挥决策、指挥、协调和激励的作用。最高管理者应向社会有关方面及企业自身作出承诺：制定并实施节能方针和目标，设置节能管理机构、明确职责分工，建立节能目标责任制，贯彻实施相关法律法规、标准和其他应遵守的要求，把节能文化建设作为企业文化建设的重要内容，确保配备必要的资源等。一方面表明主动承担社会责任的意愿，向社会展示企业绿色发展理念；另一方面在企业内部统一思想，增强节能意识，调动发挥全体员工的积极性和主动性。

2. 制定节能方针

节能方针是由企业最高管理者正式发布的降低能源消耗、提高能源利用效率的宗旨和方向。它确定了企业节能工作的行动纲领，明确了企业应履行的节能责任，提供了开展节能管理工作的依据。节能方针应与企业总的发展战略、经营管理方针相适应，能够为制定和评价节能目标、指标提供依据。节能方针应包括遵守法律法规、标准及其他要求，优化能源结构，提高能源利用效率的承诺。最高管理者还应评审节能方针的持续适宜性，使其在企业内部得到沟通和理解，便于全体员工和所有相关方获知。

3. 明确职责与沟通

最高管理者不可能亲自细化、实施所有的节能管理工作。因此需任命能源管理负责人，设置节能管理机构，明确各部门职责及其相互间的关系和沟通原则。通过能源管理负责人的组织、协调、实施，使整个企业节能管理工作有效开展。

二、能源管理负责人

能源管理负责人是由最高管理者任命的，负责能源管理的高层管理人员。《节约能源法》第五十五条明确规定：重点用能单位应当设立能源管理岗位，在具有节能专业知识、实际经验以及中级以上技术职称的人员中聘任能源管理负责人，并报管理节能工作的部门和有关部门备案。能源管理负责人负责组织对本单位用能状况进行分析、评价，组织编写本单位能源利用状况报告，提出本单位节能工作的改进措施并组织实施。能源管理负责人应当接受节能培训。

（一）聘任条件

1. 应当具有专业知识。从企业节能管理来看，能源管理负责人应当熟悉企业节能管理专业知识，熟悉相关节能标准和节能技术等。

2. 应具备一定的节能工作经验。能源管理负责人应当具有一定的节能工作经历、较多的节能工作经验和较高的组织协调能力，否则难以履行岗位职责，处理复杂的节能管理工作。

3. 应具有中级以上技术职称。具有中级以上技术职称的人，表明已经具备相当高的专业技术知识和能力。

4. 应具备能源管理师资格。《方案》要求，开展能源管理师试点的地区，企业聘任的能源管理负责人还应具有节能主管部门认可的能源管理师资格。试点地区的经验表明，能源管理师具有更加全面、综合的节能专业知识，建立能源管理师制度是培养高水平、专业化节能人才队伍的重要途径。

（二）职责

根据《节约能源法》规定，能源管理负责人的职责包括以下三个方面：组织对本单位用能状况进行分析、评价，如组织开展能源审计、节能检测等工作；在此基础上组织编写本单位能源利用状况报告；提出本单位节能工作的改进措施并组织实施。

实践中，能源管理负责人还应履行以下职责：协助本单位负责人组织贯彻执行国家有关法律、法规、政策和标准；组织制定和实施能源管理制度、节能规划和节能奖惩办法等；开展节能宣传、培训和信息交流等工作。

《能源管理体系　要求》（GB/T 23331）虽未涉及能源管理负责人这一概念，但提出了管理者代表的概念，要求最高管理者指定管理者代表。管理者代表要确保按照《能源管理体系　要求》（GB/T 23331）的要求，建立、实施、保持并持续改进能源管理体系；向最高管理者报告能源管理体系的运行情况，提出改进建议，并负责与能源管理体系有关的外部联系。可以看出，《能源管理体系　要求》（GB/T 23331）规定的管理者代表职责可以完全涵盖《节约能源法》对能源管理负责人工作的要求。因此，万家企业聘任能源管理负责人，一般应与能源管理体系中任命管理者代表相结合，即任命管理者代表为能源管理负责人或者任命能源管理负责人为管理者代表。

(三)备案和培训

《节约能源法》规定,用能单位应将聘任的能源管理负责人报节能主管部门和有关部门备案。建立能源管理负责人备案制度,主要为了督促重点用能单位依法设立能源管理岗位,聘任能源管理负责人,建立稳定的能源管理队伍。

《节约能源法》还规定,能源管理负责人应接受培训。这种培训可以是节能主管部门或者其他有关部门组织的,也可以是行业协会或本单位组织的。

三、企业节能管理机构及岗位职责

《方案》要求,万家企业要成立由企业主要负责人挂帅的节能工作领导小组,建立健全节能管理机构,设立专门的能源管理岗位,明确工作职责和任务。《节约能源法》第五十五条明确规定,重点用能单位应当设立能源管理岗位。

加强节能管理工作,需要通过拥有相应职权的管理机构来实现。设置节能管理机构应力求做到部门设置科学、层次接口清晰、职责权限明确、资源配置合理、沟通渠道畅通,从而确保节能管理工作有效开展。从职能划分和管理层次上看,节能工作领导小组、节能主管部门以及分厂(车间)的节能管理部门均是节能管理机构。

由于节能管理涉及企业方方面面,具体业务工作不可能全部由节能管理部门来承担。企业的节能管理部门主要是做好节能管理和综合协调工作,大量的具体工作要依靠相关部门,即与节能管理有关的各业务部门去实施。因此,节能管理不应认为仅仅是节能管理部门的职责,还涉及企业的人事、财务、采购、设备、质检、生产等几乎全部职能部门。企业要建立起统一管理、分工负责、相互协调的节能管理机制。

(一)节能管理机构和职责的确定原则

企业设立节能管理机构应遵循合理分工、职责明确、权责一致、协作配合和奖惩制约五项原则。

1. 合理分工

从职能管理角度看,节能管理同其他管理工作(如绩效管理)一样,包括计划、组织、指挥、协调、控制等若干相互关联的管理要素,这些管理要素都要借助于一定的职能部门,并通过合理的分工,才能得到有效实施,才能构成一个自我约束、自我调节、自我完善的运行机制,才能形成一个规范、完整的管理体系。

2. 职责明确

按节能管理要素的要求,确定了节能管理部门、相关部门及岗位后,就要分别赋予它们不同的管理职责，进一步明确定位，将岗位职责落实到人，使其尽职尽责。

3. 权责一致

责任到人就要权力到人，不能有权无责，也不能有责无权。因此，除了合理分工、确定岗位职责外，还需针对不同部门、不同岗位的分工，赋予相应的权限，便于履行职责、监督检查，激发全体员工的敬业精神。

4. 协作配合

任何节能管理要素都不是孤立的，而是相互联系、相互约束、相辅相成的。因此管理要素的实施需要由多个相关部门互相配合，既有实施部门，又有监督部门；既有管理要素的主管部门，又有配合实施的相关部门。

5. 奖惩制约

管理者应当根据企业实际情况制定考核奖惩制度，建立节能目标责任制，设立岗位能耗定额，对各岗位职责的履行情况和节能目标完成情况进行考核，客观评价员工的工作表现和能力。奖惩制约要同节能目标责任制紧密结合，同员工的责、权、利挂钩，充分体现节奖超罚、奖优罚劣。通过奖惩制约，调动员工自觉履行职责的积极性和主动性，不断提高节能管理水平和设备操作技能。

（二）设置节能管理机构的基市要求

1. 以现有管理框架为基础

节能管理是企业管理的一方面，要融入到企业整个管理工作中。在规范节能管理的过程中，企业要在原有管理机构的基础上，优化调整各部门的管理职能，使其相互协调，切实建立起一套工作高效、部门精简、职责明确的节能管理机构。

2. 设置节能主管部门

为了使节能工作有效开展，应结合企业的类型、规模和特点，设置节能主管部门，对企业能源利用情况进行综合管理和监督、检查，做好协调管理工作。同时，按照《节约能源法》要求，企业还必须设立专门的能源管理岗位，配备专职节能管理人员。配备人数应根据企业生产规模、工艺复杂程度、能源消耗情况等确定。

3. 明确各岗位人员职责

为进行有效的节能管理，企业应明确各个岗位，尤其是对能源管理和重大能源使用具有重要影响的岗位人员的作用、职责和权限等，包括最高管理者、能源管理负责人、其他能源管理人员、能源统计人员、计量人员等的职责和权限。

4. 明确节能管理机构之间及其与相关机构的关系

为使能源管理协调高效、能源利用各过程和环节匹配优化,企业应在明确节能管理机构、相关机构及岗位职责的基础上,确定节能管理机构之间、节能管理机构与相关机构以及各岗位之间的相互关系、沟通方式、方法、内容和频次。

5. 形成制度文件

企业要将自身的节能管理制度化,把节能工作涉及的原则、规范以及各项工作的程序、方法、要求、职责等内容形成文件,便于各部门、岗位人员迅速查询、掌握,便于部门与部门之间、员工与员工之间以及上下级之间进行沟通交流以及对员工工作进行监控和考核,最大程度减少工作失误,不断提高和改善工作效率。在日常工作中,要严格执行制度文件规定,并对制度文件的落实情况进行监督检查,及时纠正不符合文件要求的行为;当内外部情况发生变化时,应及时检查和修订制度文件,使节能管理在机构设置及职责分工方面不断优化。

(三)节能管理机构分类

1. 按管理层次分类

按管理层次分类,一般来说节能管理机构可分为总厂、分厂(车间)、班组三级管理机构。总厂设节能主管部门,作为总厂节能管理的职能机构,负责处理全厂节能管理的日常业务。分厂或车间可有一名分厂副厂长或车间副主任主管节能管理工作,并设专职节能管理员,负责处理节能管理的日常工作。节能管理员在业务上受总厂节能主管部门指导,行政上受本部门领导。有关节能管理工作应由计划、技术、动力等部门归口管理。工段、班组设兼职节能管理员,负责将厂部制定的能源指标落实到班组或个人,并纳入岗位责任制。

通过上述三个层次的机构设置和人员配备,初步形成一个自上而下、专管成线、群管成网的节能管理系统。某企业节能管理树形图示例如图 1-2-1 所示。

2. 按职能层次分类

按职能层次分类,节能管理机构可分为决策机构和执行机构。一般来说,总厂的节能管理决策机构是节能工作领导小组,由总厂厂长任组长,能源管理负责人(管理者代表)和相关领导任副组长,总厂各有关职能处室负责人任组员,负责节能管理方面重大问题的决策。节能工作领导小组主要职责应包括:根据法律法规、能源方针、政策及上级的有关规定,提出加强能源管理的指令、要求;审批有关合理使用和节约能源的改进方案及相关投资;表彰、奖励科学管理能源、节约能源的先进单位和个人。总厂的能源执行机构是节能主管部门,它的主要职责是:贯

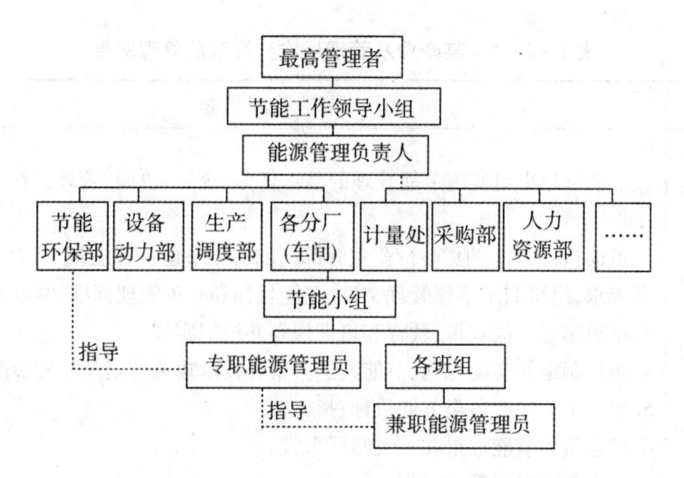

图 1-2-1　某企业节能管理树形图

彻落实总厂领导小组的指令和要求；贯彻落实国家的法律法规、能源方针、政策及上级有关规定；编制节能长期规划和年度计划，并组织督促计划的实施和考核；编制和下达节能管理目标；检查各分厂或车间节能管理和能耗状况；定期组织设备的能耗测试，定期绘制企业的能量流程图，编制本企业的能量平衡表；会同有关部门统计、分析、审核、计算本企业节能管理目标实现情况，提出降低能耗的改进意见；总结、推广内外部先进的节能管理经验和技术；制定本企业节能管理办法和各项节能管理制度；组织开展节能竞赛评比和奖励工作；组织开展节能教育和培训工作；统计、汇总各单位能耗和节能报表，及时上报有关部门；组织企业节能标准化工作；协助人事部门进行考核等。企业要紧紧围绕建立节能遵法贯标机制、能源利用全过程管理控制机制、节能技术进步机制、节能文化促进机制来落实以上职责。

分厂也可设立节能工作领导小组，它的职责是：贯彻执行总厂有关节能的指令和要求；组织制定本厂节能指标和节能措施规划；检查本厂节能指标的执行情况；制定节能管理制度；配备能源计量、检测仪器，进行能源效率检测。分厂的节能管理员是分厂节能管理的执行人员，主要职责是：做好能源统计、指标完成分析等节能管理的基础工作；检查下属各基层单位的能源使用状况；制定本单位节能规划和措施；督促本单位各种能源计量、测试仪器的配备、维护和进行能源效率检测等工作。

表 1-2-1 和表 1-2-2 分别是某企业从管理层次和职能层次两个方面进行节能管理职责分配的实例。

表 1-2-1　某企业从管理层次分配节能管理职责

管理层次	节能管理职责
节能领导小组	1. 节能领导小组实施节能管理的基本任务，统筹、协调、管理组织的各项节能工作 2. 贯彻执行国家、地方、行业主管部门的有关节能法律法规、方针、政策、标准等要求，组织制定节能管理文件、节能目标和有关管理标准、制度并组织实施 3. 组织制定节能宣传、教育和培训规划并组织实施 4. 组织制定并实施规划、节能改进方案和技术攻关计划及年度节能计划 5. 组织审定年度各类节能目标、指标 6. 审定重大节能成果和重大奖惩事宜 7. 检查各项节能管理工作 8. 组织召开工作例会，进行节能管理工作的计划、布置、检查、总结
节能办公室	节能办公室既是有职责权限的职能机构，又是节能领导小组的日常办事机构，是能源利用的综合管理和监督、检查部门，在节能领导小组、主管能源的厂长（或总工程师）领导下，负责做好节能工作的协调管理、督促和检查。其主要职责如下： 1. 负责贯彻落实国家、地方和行业主管部门的有关节能法律法规、方针、政策、标准和其他要求，并对其执行情况进行督促和检查 2. 贯彻节能领导小组的决定，并对其执行情况进行检查 3. 具体开展能源利用状况调查、能量平衡测试和能源审计 4. 具体组织编制节能规划、节能改进方案和年度节能计划，并汇总纳入到全厂发展规划和年度计划中 5. 参与审查改建、扩建和新建项目工程设计，并确保项目工程具有明确和正确的节能评估报告，合理选用节能工艺、设备和材料，并协助工程管理部门，抓好节能工程竣工验收和效果鉴定工作 6. 负责对各单位用能进行计量、统计监督和能源节约的巡回检查 7. 按月、季、年汇总各单位能源消耗记录并做好能耗分析，编写节能简报、节能工作总结和各种能源报表，建立节能管理技术档案 8. 根据节能奖惩制度，审核厂内各单位节能奖惩的依据，提出节能奖惩方案，报节能领导小组后实施 9. 会同有关部门组织开发、应用、推广节能新技术、新工艺、新设备、新材料，总结交流节能技术和管理经验，组织广大职工开展节能合理化建议活动 10. 协助宣传教育部门，组织节能教育和技术培训，提高职工的节能管理和技术素质

续表

管理层次	节能管理职责
车间节能小组	1. 负责车间节能管理工作原始记录管理和各项能源消耗的统计，按节能主管部门制定的格式定期报送能源统计报表 2. 监督检查车间能源使用情况，对浪费能源、违反节能管理制度的现象，要进行制止，并追查责任 3. 密切结合车间生产工艺和管理业务，制定合理用能的工作标准、技术标准和符合节能要求的操作规程，不断提高生产工艺中的能源利用率 4. 对车间的耗能设备加强管理，以保证设备经常在合理用能技术法规规定的经济状况下运行，杜绝“跑、冒、滴、漏”现象 5. 广泛开展节能宣传教育工作，总结交流、推广应用节能经验
班组节能员	1. 组织各岗位正确使用能源，维护好耗能设备、器具、保温隔热设施和能源计量仪表，发现异常情况及时反映到计量部门，尽快消除隐患或故障 2. 组织各岗位及时准确地填写有关能源的原始记录和指示图表 3. 对违反节能管理制度和合理用能标准等现象，要及时制止、登记或向上级反映 4. 协助车间（分厂）进行节能教育，开展节能合理化建议活动，总结交流、推广应用节能经验

表 1-2-2　某企业从职能部门分配节能管理职责

职能部门		节能管理职责
生产技术部	生产调度处	1. 编制发展规划和年度计划，并将节能规划和计划列为主要内容；会同节能办公室共同搞好节能规划和计划的编制工作 2. 编制、检查、总结生产计划时，负责会同节能办公室编制、检查、总结节能管理制度（包括能源单耗和综合能耗的定额与考核指标） 3. 调度、汇总、分析各部门能源消耗情况 4. 负责生产系统各统计岗位人员的专业培训和管理，并对各统计人员进行专业考核和提出处理意见，同时，参加节能主管部门及有关部门组织的相关培训，例如能源利用状况报告填报培训 5. 负责向上级部门、节能主管部门及有关部门报送真实能耗数据，并做好保密工作
	生产技术处	1. 坚持贯彻能源方针，综合平衡安排好节能改进措施所需的资金；结合工艺技术改造和装置检修等其他工程项目的施工，为实施节能改造创造条件

续表

职能部门		节能管理职责
生产技术部	生产技术处	2. 按照能源使用合理化要求，合理组织生产调度，按照作业指导书及时调整供热、供电、供冷、供水、供风和余能回收系统的运行，提高生产和全厂用能的均衡性，努力降低燃料、动力消耗和损失，提高能源回收率和利用率 3. 在生产调度会上及时报告各单位节能指标的完成情况，对浪费能源的现象，督促各单位进行整改 4. 检查新装置和节能措施试运行过程中的能耗情况，督促其迅速达到设计能源指标要求，做好调度衔接和协调工作 5. 及时总结生产、辅助和附属等系统合理用能的经验，并向节能主管部门提出改进用能管理和采取节能技术措施的建议
设备动力部	设备动力处	1. 按照年度节能技术改造规划或计划，编制机动设备、专用设备、保温、保冷、水、电、汽系统节能改进方案，并组织实施 2. 推动能源使用合理化，贯彻能源使用合理化标准，并形成各类作业指导书，采取有效措施，努力降低燃料、动力消耗和散热损失，提高能量传递、转换效率，提高设备效率，提高余热、余压、余冷的回收率，提高能源利用率 3. 按照国家有关法律、法规和技术标准的规定，负责采用节能设备和材料，及时淘汰落后设备 4. 加强各种耗能、能源转换设备和水、电、汽、制冷系统的管理，及时制定、修订设备操作规程、工艺卡片，做好经济运行 5. 按照检测标准，加强工业锅炉、工业窑炉、风机、水泵、供热供冷管网、蒸汽疏水阀及重大传动电机等的能源利用检测，及时采取措施，提高设备能源利用率 6. 加强用水管理，提高水的重复利用，改善用水质量，提高设备传热效率，节约用水 7. 定期组织检查设备、各类输送能源的管网，及时发现并消除浪费能源的现象 8. 加强供能用能的综合管理，建立健全综合管理标准，总结交流经验，做到合理用能，使设备之间功率匹配合理，能级匹配合理，能量逐级有效利用
	仪表计量处	1. 负责能源的计量管理，贯彻执行国家有关计量的法律法规，努力完成能源计量的各项任务 2. 根据能源进出、分配和消耗等的实际需要，按照《用能单位能源计量器具配备和管理通则》(GB 17167)的要求，负责配备、管理能源计量器具 3. 组织制定能源计量的各种技术标准和管理制度并贯彻实施

续表

职能部门		节能管理职责
设备动力部	仪表计量处	4. 负责能源计量的监督检查，会同节能主管部门确定能源计量的重点管理项目，建立重点检测网点，制定信息传递反馈流程的管理办法 5. 积极推广应用计量新技术、新器具，努力提高能源计量的技术水平和管理水平 6. 仲裁能源计量测试中出现的争议 7. 参加能量平衡的测试工作，负责解决测试中的计量问题
物资供应部		1. 统一管理燃料、成品油及其他载能工质、材料的供应、输送和仓储工作，监督其合理使用和防止耗损 2. 负责能源的进、销、存和发放统计工作，办理燃料和油品按定额核销报表和计划的申请手续 3. 负责购入能源的质量检验工作 4. 协同计量部门健全各类能源进厂、出库计量器具，做到按计量表计数核算 5. 对运输机具进行全面管理，制定加强油耗定额管理和节油改造的措施 6. 总结交流科学的节能管理经验，不断提高储运系统职工的能源采购、存储知识和节能管理水平
人力资源部		1. 负责职工的节能教育，提高全体职工的节能意识、节能技术和节能管理水平 2. 负责组织评价各用能岗位的能力，并编制各岗位的能力说明书 3. 汇总和制定年度培训计划，并组织实施 4. 组织节能专业技术培训、节能管理短期培训、能源利用的节能技术报告会和交流研讨会 5. 会同节能主管部门进行重点耗能设备操作岗位专业培训，并实施上岗操作考核、发证工作

表 1－2－3 是某中小企业分配节能管理职责分配的实例。

表 1－2－3　某中小企业分配节能管理职责

职能部门	节能管理职责
节能办	1. 搜集、组织、存档能源管理方面的法律法规文件 2. 整理、收集节能新技术、新设备及新能源和再生能源有效利用方面的信息，并及时以书面的形式向上级主管领导反映 3. 组织节能教育学习及岗位培训，结合相关处室做好岗前节能教育、用能设备节能及安全、工艺操作培训工作

续表

职能部门	节能管理职责
节能办	4. 按国家要求定期联系有资质的部门,做好能源计量器具的配备、检定工作,并做好档案的保存 5. 结合相关部门做好主要用能设备的内部监测工作,并做好相关记录 6. 建立健全能源计量器具台账,包括器具的名称、产地、型号、规格等,并保存好使用说明书 7. 建立健全主要耗能设备台账 8. 对企业耗能做好日常检查、监测工作,每十天和月底对耗能情况进行整理、分析,每月报送能源网络图、企业能源消耗表 9. 负责节能小组的建立并组织课题试验,整理、汇总课题研究的成果 10. 监督、督促、维护能源体系的执行运转情况,并及时提出评审计划方案,且向最高管理者报告能源管理体系运行状况、改进措施和建议,确保体系的正常运行 11. 组织编制节能规划、计划
生产运营办公室	1. 拟制、修订生产系统发展规划与计划 2. 拟制、组织生产系统经济责任制的制定、修改及贯彻执行 3. 配合绩效考核组对生产系统行文校正及行文发放规范的检查工作 4. 开展与生产系统有关的相关课题的研究工作 5. 负责公司生产系统内部档案管理及保密监督工作,文件发放等规范性工作的组织、落实与贯彻 6. 为确保生产运营的正常进行,对本公司生产运营办公室下属的各处室工作计划中的组织实施进行协调、调度 7. 对生产系统内产量、质量、成本、安全、工艺执行环保治理的各项制度落实、考核的组织实施工作负责 8. 负责本部门业务建设、人员管理及处室主管的考核与人员管理工作,保证能源管理体系在本部门的良好运行
计划统计处	1. 负责本部门考核管理标准的拟订、施行、落实,本部门人员劳动纪律、日常考核、工作服务态度,及办公环境的安全、卫生等整体性管理工作 2. 负责组织本部门人员进行年度《生产运营考核管理条例》的拟订,并结合工艺要求与车间生产实际的变化及时地予以修订、完善 3. 根据公司年度生产目标要求,结合各车间生产实际和运营潜能,组织本部门人员并协同相关运营管理部门共同拟订各车间年度生产目标及分车间分品种规格的产量、成本目标 4. 负责生产运营员工辞职(退)、岗位调配(车间内及部门之间)、考勤(婚、丧、产、长假)程序的监督与规范等整体性人员管理工作

续表

职能部门	节能管理职责
计划统计处	5. 及时了解各车间岗位设置、人员配备,员工整体思想素质、操作技能情况,并针对岗位缺员现象及时与人力资源处协调补充人员 6. 与审计科协同对每月生产运营指标完成情况进行核定,并以此为依据进行运营薪资的核对工作 7. 采取过程审核与实际调查等方法,对各车间薪资造发进行监督、审核,并确保其公平、合理性 8. 对各车间生产过程中非生产因素影响运营指标完成情况进行汇总,行文并报相关部门审批 9. 负责公司自制浆、辅料转运数量审核与费用核算工作 10. 按时、保质、保量地完成上级领导安排的各项临时性任务 11. 保证能源管理体系在本部门的良好运行
供应处	1. 在总公司统一采购制度下,负责除设备以外的物资采购工作 2. 统购物资的计划编报及计划传递工作 3. 建立物资采购档案 4. 组织、协调本处工作人员的计划工作 5. 采购物资的账务管理及用款计划的申报 6. 保证能源管理体系在本部门的良好运行
人力资源部	1. 根据公司需要和人力资源统一部署,研究、制定、实施公司人力资源战略规划 2. 贯彻落实适用公司各岗位人员的聘用和管理制度 3. 根据公司发展及部门需要,编制公司培训计划并组织实施 4. 贯彻落实有关劳动、工资福利等方面的管理规范 5. 劳动合同、劳动保险、福利的管理工作 6. 公司大中专毕业生的招聘、试用鉴定及定岗调配 7. 公司所有员工的人事档案管理工作 8. 保障能源管理体系在本部门良好运行

(四)信息与沟通

管理活动是以信息为媒介来实现的,是通过信息沟通传递进行的。企业应建立节能管理信息沟通系统,使其能够反映能源利用和管理过程中各类信息的全面性、正确性、可靠性、及时性以及信息处理的有效性。影响企业节能管理的因素非常多,信息沟通是不可缺少的一个重要方面。

1. 信息沟通的内容

内部沟通的信息主要包括:最高管理者和管理层的节能决策,节能目标、指标,能源管理方案,法律法规、政策标准和其他要求,识别评价出的重要能源使用,节能管理的监视和测量结果,企业的节能管理绩效,各类能源评审的结果,各部门的职能,节能管理制度、手册、程序文件和作业指导书,不符合及纠正预防措施及其他日常节能工作信息。

外部沟通的信息主要包括:本企业节能管理手册、节能方针、节能目标和指标;法律法规、政策标准和节能主管部门及有关部门提出的其他工作要求,如能源利用状况报告;节能监察机构出具的节能监察报告;外部机构对于企业能源利用效率的反馈,如能源利用测试报告、能源审计报告、热工测试报告等;基准、标杆的相关信息;成熟先进的管理方法和节能技术及其他需要与外部沟通的信息。

2. 信息沟通的方式

信息沟通的方式有口头沟通、书面沟通和电子媒介沟通。书面沟通,如文件沟通等;口头沟通,如会议沟通、谈话沟通等;电子媒介沟通,如电子邮件沟通等。

3. 信息沟通系统

企业各部门要建立有效的信息沟通渠道,以便实现能源利用全过程控制。企业建立信息沟通系统,应做好以下几个方面的工作:建立企业内部信息反馈系统,如能源管控中心;建立企业外部信息交流渠道,如节能网站、节能会议、电子邮件、电话等;加强对节能信息管理,做好原始记录,发挥各层次人员的信息媒介作用;建立与能源利用过程和节能管理过程相对应的信息管理制度,保证信息传递的及时和畅通;制定严格的奖惩措施,如对突发事件信息传递及时、措施得力、效果显著的部门要进行奖励,对工作失职造成损失的,应按情节轻重给予适当的惩罚。

四、能源管理师

《方案》要求:“开展能源管理师试点地区企业的能源管理负责人须具有节能主管部门认可的能源管理师资格。”国务院 2007 年发布的《节能减排综合性工作方案》明确要求开展能源管理师试点工作。我国已在山东、天津、北京、河北、陕西开展能源管理师试点,截至 2011 年年底已培养能源管理师近 5000 人。

(一)建立能源管理师制度的意义

1. 打造高水平、专业化、稳定的节能人才队伍

目前,我国企业节能管理队伍存在能力参差不齐、人员不稳定、整体水平不高

等问题，建立能源管理师制度，能够有效提高节能管理人员的综合素质，增强其工作的积极性和主动性，为节能工作奠定智力和人才基础。

2. 保证节能法律法规、政策和标准等的贯彻落实

建立能源管理师队伍，能够推动企业自觉按照法律法规、政策标准的要求开展节能工作，促进各项制度落到实处。能源管理师还能积极配合节能主管部门和节能监察机构的工作，为节能管理和执法工作提供及时准确的数据和信息，是政府掌握企业能源利用状况和法律法规、政策标准执行情况的重要保证。

3. 强化企业节能管理

建立能源管理师队伍，可以促进企业加强节能管理，做好能源计量、统计等基础性工作；可以加强能源利用状况分析工作，查找节能工作的薄弱环节，提出改进措施并组织实施；可以推进企业能源管理体系建设和能效水平对标工作，提高节能管理水平和能效水平，促进合理用能与节约能源。

（二）能源管理师具备的知识和能力

具备了一定学历和节能工作经验的人员，依据规定的条件报名并通过审查，按照统一组织、统一教材、统一大纲、统一命题、统一考试、统一发证的“六统一”要求取得能源管理师资格。能源管理师系统地学习了能源与节能专业知识、节能技术、节能法律法规和政策制度等知识，是综合型、复合型的节能管理人才。

（三）能源管理师职责

根据有关政策规定和试点地区的经验，能源管理师可根据企业安排，履行下列职责：贯彻执行国家有关节能法律、法规、规章、政策和标准；对本单位用能状况进行分析、评价，编写并报送能源利用状况报告，提出本单位节能工作的改进措施并组织实施；组织编制本单位的节能中长期计划，组织建立和运行能源管理体系，制定能源管理制度；组织开展本单位内部能源审计和用能设备能源效率检测，提出改进方案，组织实施节能技术改造；参加本单位新建、扩建项目的节能评估审查和竣工验收工作；组织开展本单位淘汰落后产能工作；负责能源计量、统计管理工作；组织开展节能宣传与培训及节能新产品、新技术、新机制的推广和信息交流活动；法律、法规规定的其他职责。

我国能源管理师制度建设背景材料

节约能源是我国基本国策，也是一项十分艰巨的长期任务。建立能源管理师制度，培育一支专业化、高素质、稳定的节能管理队伍，对于促进用能单位加强节能管理，实现合理用能、节约能源的目标，具有重要意义。从20世纪80年代开始，我国就在不断探索建立能源管理师制度的途径。

一、坚定不移，进行艰难探索

多年来，上海、山东、浙江、江苏等省市和煤炭、石化、冶金等行业进行了能源管理师制度探索，开展了能源管理人员培训、考核和能力确认。

2007年，山东省面对节能新形势，根据国务院《节能减排综合性工作方案》"重点耗能企业要建立能源管理师制度"的要求，组织企业开展能源管理师制度建设。2008年，向人社部申报了能源管理师新职业，国家发展改革委环资司及节能处领导充分肯定，积极支持。同年11月29日，顺利通过人社部答辩（后因机构改革原因没有正式公布）。但是，我国节能人探索建立能源管理师制度的步伐并未停止。2009年1月13日，"关于我国建立能源管理师制度的研究"一文在《节能与环保》杂志发表，引起关注；部分地区和企业继续开展能源管理师培训和岗位设置。

二、开展试点，取得积极成效

2009年，国家发展改革委环资司和国家节能中心确定在山东省和天津市进行能源管理师试点。2010年，山东省按照国家要求，组织100多位节能专家编写了《能源管理师培训教材》，并由中国标准出版社出版。同时制定了《山东省能源管理师管理试行办法》和《山东省能源管理师资格培训和考试实施细则》，明确了能源管理师资格取得渠道、报考条件、岗位职责、职业道德、培训、教学、考试规则，确定了统一组织、统一教材、统一大纲、统一命题、统一考试、统一发证的"六统一"原则。当年，经过严格培训和考试，573人取得能源管理师资格。同年12月11日，国家节能中心在济南召开全国能源管理师试点情况现场交流会，总结试点情况，研究部署工作。2011年，能源管理师试点省份由山东、天津扩至北京、河北、陕西共五省市。同4月，在国家节能中心组织下，以山东教材为基础，编写了国家能源管理师试点培训教材。截至2011年年底,五省市共有5097人取得能源管理师资格,其中山东3956人,河北905人,北京136人,天津100人。陕西2011年培训612人(当年未考试)。

三、内外比较,借鉴国际经验

综合国内外能源管理师制度,大体可以分为四种类型,分别以日本、美国、欧洲和我国为代表。

(一)日本能源管理师制度

日本最早建立能源管理师制度,也是最为成功的,截至2011年已有8万多人获得能源管理师资格。日本能源管理师考试由热管理士考试演变而来,是国家资格考试。1951年,日本开始实行热管理士考试制度,1979年开始电气管理师资格考试,2006年将两种考试统称为能源管理师考试。培训群体是用能单位能源管理人员,参加培训考试者须有3年以上能源管理的实际经验。能源管理师(热能专业)考试科目是热能与流体基础、燃料与燃烧、用热设备及其管理;能源管理师(电气专业)考试科目是电气基础、电气设备与机器、电力应用。能源综合管理及法规是公共科目。近年来,日本在讨论不再分热、电专业,修改为统一的能源管理师考试。

(二)美国能源管理师制度

美国实行的是注册能源管理师制度,始于1981年,由美国能源工程师协会组织实施。培训群体是节能服务公司管理人员和技术人员;各类用能企业工程、动力、技术部门主管领导及工程技术人员;各类能效和可再生能源领域咨询公司相关人员;各级政府节能主管部门官员;各类型金融机构节能业务主管人员。培训内容凝练实用,包括能源审计、电力系统、建筑节能标准、能源采购、照明基础和照明节能、电机节能、节能项目融资、热电联产、绿色建筑等20余项。通过考试取得资格。美国能源管理师制度的规模和影响力远不及日本。

(三)欧洲能源管理师制度

欧洲能源管理师制度始于1997年的德国纽伦堡工商会能源管理师培训项目,2003年命名为欧洲能源管理师,2006年扩大到英国、法国等13个欧盟国家。培训群体非常宽泛,包括:政府、公共事业单位官员;企业、事业单位节能主管、项目经理,能源管理经理、运行工程师、可再生能源技术人员;建筑设计师、项目经理;房地产开发主管、物业经理;大型场馆管理人员;银行、金融证券、投资评估项目经理;能源、环境、循环经济教科研单位的专业技术人员等。培训范围广泛但培训课程比较简单,只有11项:能源技术基础知识;能源经济;能源管理;节能经济性计算;项目管理与经济性;建筑节能;供热技术;空调;热电联供;电能利用;太阳能。通过考试取得资格,但有毕业设计环节。

(四)中国能源管理师制度

虽然中国目前尚未建立起全国统一的能源管理师制度,但是经过将近30年的探索,特别是近年来的实践,其轮廓逐渐清晰,内容不断丰富,可谓呼之欲出。在实践中,尤其是山东、北京、天津、河北、陕西五个试点地区,都借鉴了日本、欧洲、美国把培训考试作为取得能源管理师资格的必要条件,日本以用能单位节能管理人员为培训对象、赋予能源管理师必要职责等经验。中国能源管理师制度的特点是:以节能主管部门为主导,以重点用能单位节能管理人员为对象,以提升能力为核心,实行统一组织、统一教材、统一大纲、统一命题、统一考试、统一发证,注重发挥能源管理师在用能单位的作用,最终在用能单位建立起高水平、专业化、稳定的节能管理队伍。

四、准确定位,把握制度方向

中国的能源管理师制度应当立足我国实际,借鉴国际经验,把握制度方向,进行准确定位,积极有序推进。

(一)能源管理师定位

根据节能法规政策和实际,我国能源管理师培训考试群体应定位在用能单位特别是重点用能单位的节能管理人员。能源管理师需要全面熟悉节能法律法规、政策标准,全面掌握节能管理的方法(能源计量、统计、定额、审计、规划、标准,节能项目管理等),对重要的节能技术也应熟悉。因此,我国能源管理师的管理职责远大于技术职责,是综合型复合型节能管理人才,是“通才”;而不是精通热工技术或电气技术但疏于节能管理的“专业技术人才”。

(二)能源管理师应具备的知识结构

针对以上定位,我国能源管理师应具备能源与节能管理知识、节能法规政策知识,了解重要的节能技术。山东省编写、中国标准出版社出版的《能源管理师培训教材》基本满足了这个要求。教材由《能源与节能管理基础》、《节能法制与政策制度》、《节能技术》三门课程组成。

《能源与节能管理基础》介绍了能源管理的基础理论知识、能源管理技术方法和节能先进机制。包括:能源与能量、节能、热工、电工、燃料与燃烧基础知识;用能单位能源管理和节能管理知识;主要的节能工作机制。

《节能法制与政策制度》介绍了节能相关法律、法规、规章、标准和政策。包括相关法理、政策、节能执法基础知识,解读节能法律、法规、规章、标准和政策有关规定,对节能法规的重点法条进行案例评析。

《节能技术》介绍了主要的通用节能技术和重点领域节能技术。通用节能技术包括热能、电能、新能源和可再生能源利用技术;重点领域节能技术包括工业领域、建筑领域、交通运输领域节能技术。

(三)能源管理师资格取得

当前,由节能主管部门主导的能源管理师培训考试起步不久,培训考试规模和范围都比较小。但社会上能源管理师培训的广告铺天盖地,各类培训班不一而足,既有国内机构培训,也有境外机构培训,以致许多单位感到迷惑。针对这些情况,我们要进一步明确以节能主管部门为主导的原则,严格培训,严格考试,保证培训和考试质量,树立能源管理师中国品牌。要采取激励约束措施,为能源管理师在用能单位履行职责创造条件。

正是基于以上几点,《万家企业节能低碳行动实施方案》要求:“开展能源管理师试点地区企业的能源管理负责人须具有节能主管部门认可的能源管理师资格。”突出强调了节能主管部门在能源管理师培训、考试、管理上的主导作用。

第二节　强化节能目标责任制

《方案》第三部分“万家企业节能工作要求”的第二项内容:“强化节能目标责任制。万家企业要建立和强化节能目标责任制,将本企业的节能目标和任务,层层分解,落实到具体的车间、班组和岗位。要将节能目标的完成情况纳入员工业绩考核范畴,加强监督,一级抓一级,逐级考核,落实奖惩。万家企业‘十二五’年度节能目标完成进度不得低于时间进度。”

《节约能源法》第六条规定:“国家实行节能目标责任制和节能考核评价制度,将节能目标完成情况作为对地方人民政府及其负责人考核评价的内容。”第二十五条规定:“用能单位应当建立节能目标责任制,对节能工作取得成绩的集体、个人给予奖励。”《“十二五”节能减排综合性工作方案》明确指出:“地方节能主管部门每年组织对进入万家企业节能低碳行动的企业节能目标完成情况进行考核,公告考核结果。”①

《能源管理体系　要求》(GB/T 23331)在能源管理基准与标杆、能源目标和指标等相关条款对企业节能目标责任制提出了具体要求。在能源管理体系策划阶段,企业要结合能源方针,制定节能目标指标体系框架,建立能源基准和标杆,明确节能目标,并层层分解到分厂、车间、班组直至员工个人,同时制定相应的节能考核制度和奖惩办法等。在能源管理体系实施阶段,企业要按照考核奖惩办法,对各部门、岗位职责落实情况及节能目标指标完成情况进行考核奖惩,提高全体员工对节能工作的重视程度。在能源管理体系检查改进阶段,通过评价节能目标指标完成情况、节能目标责任制执行情况等,企业要不断修订节能目标指标体系,改进节能目标指标的制定分解方法,完善考核奖惩办法、规范考核行为、健全考核程序等。由此可见,企业建立并落实节能目标责任制,与能源管理体系建设中建立能源目标指标体系、实现节能目标指标在本质上是一致的。

一、建立节能目标责任制的意义

节能目标责任制是一项基本的节能管理制度,在推动企业节能工作、确保实现上级节能主管部门下达节能目标方面发挥了重要作用。企业通过建立节能目标责任制,能够设定节能目标任务,并通过层层分解的方式将节能目标任务传递到基层,在企业内部建立起职责明确的能源管理体系,形成“一级抓一级、人人头上有指标、人人身上有任务”逐级抓落实的节能机制。同时,加强对节能工作过程的检查和结果的监督管理,发挥考核奖惩的激励约束作用,充分调动全体员工的积极性和创造性,认真履行岗位职责,提高节能工作质量和工作效率,主动贯彻落实节能法律法规、政策标准及企业内部管理制度等规定,及时追踪、研究先进节能技术等,推动企业节能工作不断向前发展,最终实现企业能源管理绩效,顺利完成上级节能主管部门下达的节能目标。

---

① 节能目标责任制分为政府节能目标责任制和企业节能目标责任制,政府节能目标责任制又包括上级政府与下级政府的节能目标责任制、政府对企业的节能目标责任制。政府节能目标责任制与企业节能目标责任制在实施主体、对象、内容等方面既有联系又有区别。政府对企业的节能目标责任制是两者之间的“桥梁”,企业的节能目标应满足与政府签订的节能目标要求。《方案》中要求的节能目标责任制主要指企业节能目标责任制。

节能目标责任制也是能源管理体系建设的一项重要内容。通过节能目标的制定、分解、考核、奖惩，能够保证企业各个层次紧紧围绕实现节能目标、指标，落实能源管理体系相关规定和要求，确保能源管理体系的有效运行。反之，能源管理体系的建立和运行又能够促进节能目标责任制的贯彻落实和不断完善。

二、制定和分解节能目标

节能目标是企业实现降低能源消耗、提高能源利用效率的总体要求。制定节能目标可以统一全体员工的思想行动，使全体员工按照目标要求实现自我管理和控制，充分发挥员工积极性、主动性和创造性。

企业节能目标由定量目标和定性目标两类构成。定量指标一般是指可以测量的考核指标，主要包括节能量目标、产品单位能耗目标等，比如某企业“十二五”单位产品综合能耗年下降2%等。定性指标是指无法直接通过数据计算分析评价内容，需对评价对象进行客观描述和分析来反映评价结果的指标，主要包括节能制度建设、措施落实情况等，比如“十二五”期间，某企业要实现节能管理水平显著提升、能源利用效率大幅度提高的目标。

企业节能量是指在一定时期内，通过加强生产经营管理、提高生产技术水平、调整生产结构、进行节能技术改造等措施所节约的能源数量。它综合反映了企业直接和间接节能的总成果，而节能量目标是政府考核企业节能工作的重要指标。对企业而言，首先应按照产品产量（工作量）计算节能量，如果产品结构非常复杂，可以选择按照产值来计算。节能量要覆盖企业主要产品（工作量），即占企业总能耗70%以上的产品（工作量）。单位产品能耗是指单位产量或单位产值（工作量）所消耗的某种或全部能源量。单位产品能耗是衡量企业能效的主要指标，也是考核企业能源利用经济效益的重要指标。节能目标不仅包括节能量目标、单位产品能耗目标，还包括节能措施落实情况，如节能目标责任制落实情况、淘汰落后产能情况等。

（一）制定节能目标

制定节能目标是一项系统的工程，是节能管理的一项重要工作。节能目标是否科学合理，直接影响企业能源管理绩效。在制定节能目标过程中要做到责任明确、分工到位、统筹协调。

对于与政府签订节能目标责任状（书）或者有关部门对产品规定了相关强制性指标的企业，可直接将政府及有关部门提出的节能目标作为总目标，如政府分解的节能量目标、能耗限额标准规定的单位产品能耗指标等；也可在政府及有关部门提出的节能目标框架内，按照自身实际及发展规划等，制定更高要求的节能目标。一般来说，政府与企业签订的节能目标是对企业的最低要求。企业为确保实现与政府签订的节能目标，更好地推动自身发展，会根据自身实际制定更高要求的节能目标。对于未与政府签订节能目标责任状（书）或有关部门未规定相关强制性指标的企业，可从自身发展规划要求或承担社会责任提升形象的要求等出发，制定切实可行的节能目标。

1. 原则

制定节能目标应坚持具体清晰、可量化、客观务实、积极先进、保持一致等五项原则。具体清晰原则是指节能目标不能含糊、笼统、抽象。可量化原则是指节能目标应能够量化表达，是可以测量的具体数据。客观务实原则是指企业制定节能目标时，应结合自身人力、财力、物力等资源状况。积极先进原则是指节能目标应该有一定难度，所提出的目标必须经过相当的努力才能实现。保持一致原则是指节能目标的内容应当与企业总体方针或节能方面的指导思想保持一致，应建立在节能系统分析的基础上，与节能措施实施后取得的效果相一致。

2. 方法

企业制定节能目标应充分利用能源审计等方法，了解企业内部能源使用环节，掌握企业的能源利用现状、经济和技术能力，寻找企业目前可以挖掘的节能潜力，为制定科学合理的节能目标奠定坚实基础。企业在制定节能目标责任时，可以采取以下方法：

（1）自下而上

首先建立指标体系框架。企业利用能源审计的方法，全面了解能源管理现状、能源消费结构、能源成本状况、能源利用状况等，并要根据组织结构、生产工艺状况等，建立完善的指标体系。指标体系应包括定量指标和定性指标，涵盖企业能源利用的各个方面，各项指标应尽量细化，涉及能源利用的各个层次和环节。比如：电力企业一级定量指标包括供电煤耗、发电煤耗、综合厂用电率，二级定量指标包括煤炭热值损失率、质量损失率、锅炉效率、汽轮机热耗等，三级指标可能涉及主蒸汽参数、真空率等。

其次确定基准。在建立指标体系之后，企业要根据能源审计的结果，将各个定量指标的现状值、各个定性指标的现状评价填写到指标体系中。这个由现状值和现状评价构成的指标体系，就是企业制定节能目标的基准指标体系。

再次确定标杆。在建立指标体系之后，企业还要通过参照先进企业的同类可比活动,尽量获取最佳能源利用水平和最佳能源实践,建立标杆指标体系。一般情况下,建立标杆除要求获取标杆企业的能耗指标外,还要发现优秀企业的先进管理理念和方法,利用这些信息作为制定企业节能目标的基础。值得指出的是,这里的优秀企业并非仅仅局限于同行业,也可以是能源利用效率达到较高水平的其他行业企业的同类活动,如对锅炉、电机、风机、水泵等的控制。

最后确定总体目标。建立基准、标杆指标体系之后,企业要根据政府要求,结合自身经营实际情况以及未来发展规划等,确定企业“十二五”节能目标,这个目标主要是指节能量目标和单位产品(工作量)能耗降低目标。然后,企业要根据近期和远期发展规划,将“十二五”总体目标分解到每一年。分解的主要原则是满足政府对企业的节能量目标和节能量进度目标。为保证在节奏上的持续均衡,企业可以将总体目标平均分解到每一年。

这种建立的方式比较科学,而且贴近企业的实际,在能源管理绩效方面会有较大的成绩,使企业能够最大限度地完成节能目标。但是这种方式基础性工作量较大,还会使有的员工因对目标的实现缺乏把握,有意降低目标。上级管理部门要对这种现象进行纠正并认真分析,使目标趋于合理。

(2)自上而下

自上而下是指企业决策层根据政府要求及相应法律法规和政策标准规定,结合自身经营实际情况、未来发展规划以及标杆企业总能耗状况等,制定一个可行的节能目标。

(二)分解节能目标

分解节能目标一般应掌握科学合理、目标细化、衔接一致、充分沟通、数据可靠、机构对应六项原则,确保节能目标有序地分解和顺利地推进。科学合理是指分解节能目标时,企业要考虑到目标承受主体的实际情况和节能潜力,对目标进行相应调整,不能一刀切。目标细化是指将目标尽量分解到每个部门、岗位及员工。衔接一致是指指标要与目标方向保持一致,各指标之间在内容与时间上也要协调、平衡,同步发展。充分沟通是指企业在目标分解前,需与相关部门、岗位人员进行沟通交流,把握相关部门、岗位人员的需求;在目标分解后,讲解节能目标指标的内容,使各部门、各岗位人员充分理解、接受,并能掌握适当的工作方法。数据可靠是指目标分解所达到的深度应当以能够取得可靠的数据为原则。机构对应是指目标分解结构要与企业组织机构相对应,以实现有效的目标控制。

运用自下而上的方法制定节能目标的过程,实际上已经完成了节能目标的分解。运用自上而下的方法制定节能目标后,企业还要根据各车间或工序的不同以及节能潜力的大小,将节能目标分解至分厂(车间或工序)、班组、员工。

三、加强节能目标责任考核与奖惩

《方案》明确:"万家企业要将节能目标的完成情况纳入员工业绩考核范畴,加强监督,一级抓一级,逐级考核,落实奖惩。"节能考核是对企业各部门、岗位及人员进行的全面系统的衡量、检查和评价,既是保证节能目标、指标有效实现的重要手段,也是调动全体员工积极性、主动性的重要手段。企业节能主管部门负责节能考核制度的整体策划、组织协调、监督指导、检查评价、持续改进等工作,相关生产运行部门和职能部门协助配合。按考核内容,节能考核一般分为可量化指标即节能目标、指标完成情况的考核和管理类指标即岗位职责落实情况的考核;按考核频次,节能考核可分为日常考核、定期考核。

(一)考核原则

节能考核一般要遵循控制规范、实事求是、公正公开、严格奖惩四项原则。控制规范是指建立和完善用能统计制度,按规定做好各项能耗指标的监测、统计,对各项数据进行质量控制,加强统计检查和巡查,确保各项数据的真实、准确。实事求是是指在节能考核评价过程中,要尊重客观实际,严禁随意修改统计数据,杜绝谎报、瞒报等弄虚作假行为,确保考核工作的客观性和严肃性。公正公开是指严格依据考核评价标准及相关制度,按照规范的程序进行监督和考核,对同等情况按照统一尺度做出符合客观实际的评价,并实施考核结果通报制度,定期公布各部门、岗位节能目标、指标完成情况及奖惩情况。严格奖惩是指将节能目标、指标完成情况纳入各部门、各岗位和人员的业绩考核,节奖超罚,实行节能工作问责制。

(二)考核对象、内容、方法

1. 考核对象

考核对象应涵盖与能源采购、贮存、加工转换、输送分配、消耗利用全过程相关部门、岗位和人员,一般可包括:高层管理者,各职能部门(处室),各生产车间、工序、班组及员工。

2. 考核内容

主要包括各部门、岗位、人员履行管理职责情况,分配的节能目标、指标完成情况，采取的节能改进方案执行情况以及各部门能源管理和利用的各个过程遵守节能法律、法规、产业政策、标准及其他要求的情况等。

3. 考核方法

对可量化指标的考核，如节能目标、指标完成情况的考核，一般纳入企业经济责任制考核，按月考核。对管理类指标的考核，如岗位职责履行情况，各部门贯彻落实节能法律、法规、产业政策、标准及其他要求情况的考核，企业一般可采用量化打分法进行考核。

考核结束后，企业要将考核结果予以公示，并与企业员工收入挂钩，严格落实奖惩。各部门、岗位要根据考核结果，总结分析原因，采取改进措施。

四、改进和强化节能目标责任制

节能目标责任制是企业加强节能管理的一项基本制度，需要不断改进和完善来促进企业节能工作持续发展。企业节能目标责任制主要包括节能目标的制定分解、考核奖惩以及实现节能目标、指标的措施三大部分，因此其改进也可从上述三方面来进行。

（一）改进节能目标制定和分解工作

节能目标、指标未按时完成或者很容易完成时，相关部门应及时查找问题、分析原因，完善节能目标制定和分解方法，修订节能目标和指标。

法律、法规及其他要求发生变化或者企业内部条件发生变化，如工艺更新、设备改造、新项目投产、新能源替代、组织机构发生变化等或者发生与节能目标有关的意外事件时，相关部门也应根据实际变化情况调整节能目标和指标及分解方法。

（二）改进节能考核奖惩工作

节能考核工作结束后，考核部门要进行工作总结，收集、汇总各部门、岗位对考核工作的意见和建议。在研究分析的基础上，不断完善考核奖惩办法和奖惩措施，严格考核程序，规范考核行为，实现节能考核工作的策划、实施、检查与改进。

（三）改进节能目标指标的实现措施

节能目标责任制是保障节能目标实现的重要手段，而节能目标的实现又是节能目标责任制落实的重要方面。企业未完成节能目标，可能是目标、指标制定不合理，可能是考核奖惩不得力，也可能是节能工作组织领导不到位、节能资金投入不足、基础性节能工作薄弱、节能意识不强等。因此，企业可通过进一步强化组织领导、加大资金投入、夯实基础性工作、提高节能意识等，保证节能目标、指标的实现，确保节能目标责任制落到实处，并不断规范完善。

五、确保完成节能主管部门下达的节能目标

《方案》提出："万家企业'十二五'年度节能目标完成进度不得低于时间进度。"也就是说，万家企业在保证完成"十二五"总体目标的同时，还要确保完成进度目标。进度目标即政府根据"十二五"总目标和进度要求，核定的每年应完成的节能量目标。

《"十二五"节能减排综合性工作方案》提出："地方节能主管部门每年组织对进入万家企业节能低碳行动的企业节能目标完成情况进行考核，公告考核结果。"具体是政府核定企业节能目标，评估核查节能目标完成情况和节能措施落实情况，计算目标责任量化得分，综合评定考核等次，并根据考核结果实施奖惩。

（一）考核内容

包括节能目标完成情况和节能措施落实情况两个部分。节能目标完成情况主要是指节能量进度完成情况；节能措施落实情况包括组织领导、目标责任、节能管理、技术进步、节能法律法规标准落实情况。

（二）考核方法

采用量化评价法进行考核，满分100分。节能目标完成情况是指"十二五"节能量目标进度完成指标，为定量考核指标，以国家发展改革委公告的"十二五"节能量目标为基准，根据企业每年完成节能量情况及进度要求进行评分，分值为40分。节能目标完成情况为否决性指标，未完成节能目标，考核结果即为未完成等级；节能目标完成超过进度要求的适当加分。节能措施落实情况为定性考核指标，根据企业落实各项节能政策措施情况进行评分，满分为60分，对开展创新性工作的，给予适当加分。

（三）考核等级

根据考核得分情况，考核结果分四个等级，95分及以上为超额完成、80～95分为完成、60～80分为基本完成、60分以下为未完成。

（四）考核程序

每年1月份，万家企业对上年度节能目标完成情况和节能工作进展情况进行自查，写出自查报告，按照属地管理原则，于2月1日前上报当地节能主管部门。

地方节能主管部门要在认真审核企业自查报告基础上，组织对万家企业进行现场评价考核。省级节能主管部门要于3月31日前完成本地区万家企业考核工作，并于4月30日前将“各地区万家企业节能目标完成情况汇总表”、“各地区中央企业节能目标完成情况汇总表”、“各地区未完成节能目标企业汇总表”报国家发展改革委。

（五）考核奖惩

1. 省级节能主管部门要于4月底前向社会公告本地区万家企业节能目标责任考核结果。

2. 国家发展改革委将及时向社会公告各地区万家企业节能目标考核总体情况、中央企业节能目标完成情况和未完成节能目标的企业情况，并将考核结果抄送国资委、银监会等有关部门。

3. 对节能工作成绩突出的企业（单位），各地区和有关部门要进行表彰奖励。对考核等级为未完成等级的企业，要予以通报批评，并通过新闻媒体曝光，强制进行能源审计，责令限期整改。对未完成等级的企业一律不得参加年度评奖、授予荣誉称号，不给予国家免检等扶优措施，对其新建高耗能项目能评暂缓审批。在企业信用评级、信贷准入和退出管理以及贷款投放等方面，由银行业监管机构督促银行业金融机构按照有关规定落实相应限制措施；对国有独资、国有控股企业的考核结果，由各级国有资产监管机构根据有关规定落实奖惩措施。

第三节　建立能源管理体系

《方案》第三部分“万家企业节能工作要求”的第三项内容：“建立能源管理体系。万家企业要按照《能源管理体系　要求》（GB/T 23331），建立健全能源管理体系，逐步形成自觉贯彻节能法律法规与政策标准，主动采用先进节能管理方法与技术，实施能源利用全过程管理，注重节能文化建设的企业节能管理机制，做到工作持续改进、管理持续优化、能效持续提高。”

能源管理体系概念源自对能源问题的关注。随着节能工作的不断深入，尽管我国企业能源管理工作取得了一定成效，但是很多企业依然存在着能源管理各项制度和措施之间尚未形成一个有机整体，缺乏全面系统的策划、实施、检查和改进，缺乏全过程系统的科学监控，系统的能源管理思想没有得到具体体现和贯彻实施等诸多问题。探索实践加强用能单位的能源管理，促进节约能源并降低生产成本的新思路、新管理理论和方法成为迫切需要。随着对节能工作的重视和质量、环境等管理体系在我国的深入推广，部分具有前瞻思想的企业把能源管理作为企业管理不可或缺的组成部分，采用系统的管理模式来提高能源精细化管理水平，不断加以改进。能源管理体系的概念逐步形成、完善。

2009年3月，我国出台了《能源管理体系　要求》(GB/T 23331—2009)，目前我国正依据ISO 50001《能源管理体系 要求及使用指南》对其进行修订。配套《能源管理体系　实施指南》国家标准也在制定过程中。“十二五”期间，我国还将陆续出台钢铁、水泥、石油化工、电力等行业能源管理体系实施指南标准，与修订后的GB/T 23331作为落实万家企业节能低碳行动的技术支撑。《能源管理体系 要求》(GB/T 23331—2009)出台以来，国家有关机构开展了标准培训，山东省开展了能源管理体系建设试点、推广，上海宝钢等一些企业开展了能源管理体系建设。在工业领域，2007年5月开始，山东从制定标准入手，按照“试点、示范、扩展”的工作步骤，开展了能源管理体系建设研究、推广工作。2008年6月发布了我国第一个《能源管理体系 要求》(DB37/T 1013—2008)地方标准。2008年8月至2009年7月，该省在钢铁、造纸、电力、煤炭、化工、机械6个行业选取8家企业进行了能源管理体系建设试点。2010年将体系建设企业扩展到52家。山东省在能源管理体系建设研究推广过程中，制定、修订了《工业企业能源管理体系 要求》(DB37/T 1013—2009)及配套实施指南、审核评价指南等地方标准，出版发行了《工业企业能源管理体系》培训教材，基本建立了山东省能源管理体系建设技术支撑体系。该省已在68家重点用能企业开展了能源管理体系建设及评价工作，效果显著，涌现了一批示范企业，培养了一批专业人才，企业能源管理水平显著提升。

一些发达国家如英国、美国、丹麦、瑞典、爱尔兰等进行了能源管理体系的研究与实践，陆续出台了能源管理体系标准，开展了一系列能源管理体系推广应用工作。在世界各国开展能源管理体系工作的过程中，国际标准化组织(ISO)专门成立了能源管理体系国际标准委员会，研究制定国际通用的能源管理体系标准，于2011年6月发布了ISO 50001《能源管理体系　要求及使用指南》。目前，国际标准化组织能源管理体系技术委员会(ISO/TC 242)正在编制国际能源管理体系实施指南、基准、标杆、能源绩效参数等相关配套标准。部分国家能源管理体系标准制定情况见表1-2-4。

表1－2－4　部分国家能源管理体系制定情况表

国家名称	标准名称	标准编号	发布时间	备注
英国	《能源管理体系 要求》	BS EN 16001—2009	2009年	—
美国	《能源管理体系》	MSE 2000	2000年	2008年进行了修订
丹麦	《丹麦能源管理规范》	DS 2430—2001	2001年	该标准目前已经被欧洲标准EN 16001《能源管理体系》取代
瑞典	《能源管理体系说明》	SS 627750—2003	2003年	该标准目前已经被欧洲标准EN 16001《能源管理体系》取代
爱尔兰	《能源管理体系 要求及使用指南》	I. S. 393—2005	2005年	该标准目前已经被欧洲标准EN 16001《能源管理体系》取代
ISO国际能源管理体系标准	《能源管理体系 要求及使用指南》	ISO 50001—2011	2011年	正在制定相关配套标准
中国	《能源管理体系 要求》	GB/T 23331—2009	2009年	该标准正依据ISO 50001进行修订
	《能源管理体系 要求》	DB37/T 1013—2008	2008年	山东省地方标准
	《工业企业能源管理体系 要求》	DB37/T 1013—2009	2009年	山东省地方标准
	《工业企业能源管理体系 实施指南》	DB37/T 1567—2010	2010年	山东省地方标准
	《工业企业能源管理体系 评价指南》	DB37/T 1756—2010	2010年	山东省地方标准
	《钢铁企业能源管理体系 实施指南》	DB37/T 1757—2010	2010年	山东省地方标准

一、能源管理体系介绍

（一）概念

能源管理体系是在借鉴质量管理体系、环境管理体系等成功体系模式基础上，根据能源利用和管理的特点，为各类用能单位进行能源管理提供的一种优化模式,目的是通过建立、实施一整套系统完整的能源管理标准、规范,指导和促进用能单位最大限度地降低能源消耗,提高能源利用效率。

能源管理体系是建立并实现能源方针、目标的一系列相互关联要素的有机组合,包括组织结构、职责、惯例、程序、过程和资源等。能源管理体系根据用能单位能源利用特点,运用过程方法、系统工程原理和PDCA管理模式,对能源利用全过程进行系统地识别,划分为可控制的最小过程单元;针对这些过程单元及其相互作用,策划一系列相互关联的管理控制活动,形成一个有机整体;将策划结果文件化,规范并确保各项能源管理活动和利用过程有效实施运行,使用能单位能源管理形成自我约束、自我完善、自我改进的运行机制,以实现能源方针、目标。与"头疼医头、脚疼医脚"的单项节能措施相比,能源管理体系涵盖了企业能源管理和利用的全过程,具有全面性、规范性、系统性的特点。

(二)作用

能源管理体系作为全面、系统、规范的能源管理模式,能够在巩固、发扬用能单位自身能源管理优势的前提下,全面、系统地整合用能单位的全部能源管理工作。用能单位通过策划、实施、检查和改进能源管理体系,能够逐步形成节能管理"四个机制"。能源管理体系的建立、实施、检查和改进促进了"四个机制"的形成,而"四个机制"的形成又保证了能源管理体系的有效运行,进而实现用能单位节能工作的持续改进、节能管理的持续优化和能效水平的持续提高。

1. 促进用能单位建立起节能遵法贯标机制

落实节能法律法规、政策标准及其他要求是能源管理体系标准对用能单位的最基本要求。国家和地方制定了一系列节能法律法规、政策标准来促进节能降耗和产业结构调整,建立能源管理体系能够引导企业自觉搜集、遵守和落实这些要求。用能单位在建立、实施和正常运行能源管理体系过程中,按规定的时间间隔、方式、方法和渠道,收集、更新适用的法律法规、政策、标准及其他要求并组织落实,建立起节能遵法贯标机制。对于节能法律法规、政策、标准及其他要求,在能源管理体系策划阶段,用能单位应对其进行充分识别并明确自身适用条款;在能源管理体系实施阶段,用能单位应制定整改方案,确保落到实处;在能源管理体系检查阶段,用能单位应对法律法规、标准及其他要求落实情况进行全面的符合性评价;在能源管理体系改进阶段,用能单位应将法律法规、政策、标准及其他要求的发展变化,作为评审的依据,进而持续改进能源管理体系。

2. 促进用能单位建立起全过程控制管理机制

用能单位建立能源管理体系，能够实现对能源管理和利用的全过程、即时化、系统化控制。在能源管理体系策划阶段，用能单位应将能源利用和管理过程划分为若干过程单元与环节，针对每个过程和环节对能源利用效率的影响程度、存在的节能潜力，不断查找能源使用[①]和优先控制的重要能源使用[②]，明确控制措施；在实施阶段，严格按照控制要求进行控制；在检查阶段，对控制活动的合理性和有效性进行全面的监视测量、分析评价；在改进阶段，运用更有效的管理技术方法增强控制效果。通过各个系统、环节的有效控制与各个职能层次之间有效的信息沟通、传递，实现能源管理系统的优化匹配，形成不断改进的企业全过程管理控制机制。

3. 促进用能单位建立起节能技术进步机制

节能技术进步是推动用能单位节能工作的关键措施。能源管理体系能够引导用能单位建立主动获取并适时采用先进、成熟的节能管理方法，使节能技术进步常态化，逐步形成节能技术进步机制。在策划阶段，用能单位应主动搜集获取并识别国内外先进成熟的节能技术、管理方法和国家节能鼓励政策；在实施阶段，用能单位应针对节能潜力制定并实施节能改进方案，并按规定的时间间隔对实施进展情况进行监测，发现修订和完善节能改进方案的机会；在检查阶段，用能单位应对节能改进方案的策划和实施效果进行全面测量、分析、评价，针对发现问题，采取纠正措施，保证方案实施效果；在改进阶段，用能单位应采取能效对标等方法，及时主动追踪分析国内外节能先进技术和管理方法的发展与应用情况，并结合自身状况制定实施节能改进方案。

4. 促进用能单位建立起节能文化构建机制

提高全员节能意识对用能单位节能工作具有重要的推动作用。能源管理体系建设能够促进用能单位逐步形成节能文化，构建节能文化又是用能单位能源管理体系得以有效运行的重要保障。用能单位通过建立健全能源管理体系，能够形成以节能意识不断提高、用能行为不断规范、人人为节能建言献策等为主要特征的节能文化。最高管理者为建立节能文化做出承诺，通过制定节能方针、开展教育培训、实施绩效考核奖惩等活动，提高员工节能意识，形成全体员工自觉主动节

---

① 能源使用——在 ISO 50001—2011 国际能源管理体系标准中，能源使用的定义为："使用能源的方式和种类。如通风、照明、加热、制冷、运输、加工、生产线等。"

② 重要能源使用——在 ISO 50001—2011 国际能源管理体系标准中，重要能源使用的定义为："在能源消耗中占有较大比例、在能源绩效改进方面有较大潜力的能源使用。重要程度由组织决定。"

能的氛围。在能源管理体系策划阶段,用能单位宣传建立实施能源管理体系的重要性和必要性,建立节能目标责任制,完善能源消耗定额管理制度等;在实施阶段,发布并充分培训体系文件,明确各职能、各层次、各岗位的职责及工作程序,并按规定方法和频次对自身活动及结果进行监视测量,开展节能攻关实践,发动全员参与节能活动;在检查阶段,对各职能、各层次、各岗位管理活动开展审核检查,并对能源管理绩效进行测量考核;在改进阶段,开展节能工作总结评比和表彰奖励、树立典型等活动,汇总、完善能源管理体系文件及其相关支持性文件,将其上升为用能单位节能管理标准、节能技术标准或节能工作标准。通过这些过程和活动,带动和促进用能单位的节能制度不断完善,节能工作不断规范,节能措施不断改进,节能意识不断增强,节能成果不断积淀,逐步形成并内化为全体员工的节能文化。

(三)能源管理体系是企业贯彻市方案要求的总抓手

《能源管理体系　要求》(GB/T 23331)包含了企业能源管理的全部内容,其相关标准条款对最高管理者承诺、能源管理团队及其职责权限、能源目标指标、能源标杆、能源计量统计、实施节能技术改造、淘汰落后、节能宣传与培训、提高员工节能意识和构建节能文化等内容均提出了要求。《方案》中对企业“加强企业节能工作组织领导”、“强化节能目标责任制”、“加强能源计量统计工作”、“加大节能技术改造力度”、“淘汰落后用能设备和生产工艺”、“开展能效达标对标工作”、“建立健全节能激励约束机制”、“开展节能宣传与培训”的八项要求是企业建立健全能源管理体系的基础性工作,贯穿于能源管理体系策划、实施、检查和改进的全过程;能源审计是能源管理体系建设过程中的应用工具,节能规划与能源管理体系中的能源目标、指标和能源管理方案等是一致的。

因此,万家企业要将能源管理体系建设作为落实《方案》的总抓手,将《方案》中的十项工作要求有机、系统地整合在一起,通过建立健全能源管理体系把十项工作要求落到实处。

二、能源管理体系核心思想及其特点

能源管理体系与其他管理体系相比,针对能源管理和利用的特点,强调对能源利用全过程的监视测量和控制,强调对用能设备运行参数的控制,强调建立和持续更新能源目标指标,注重能源绩效的评价和持续改进。标准的总体框架结构示意图如图 1-2-2 所示。

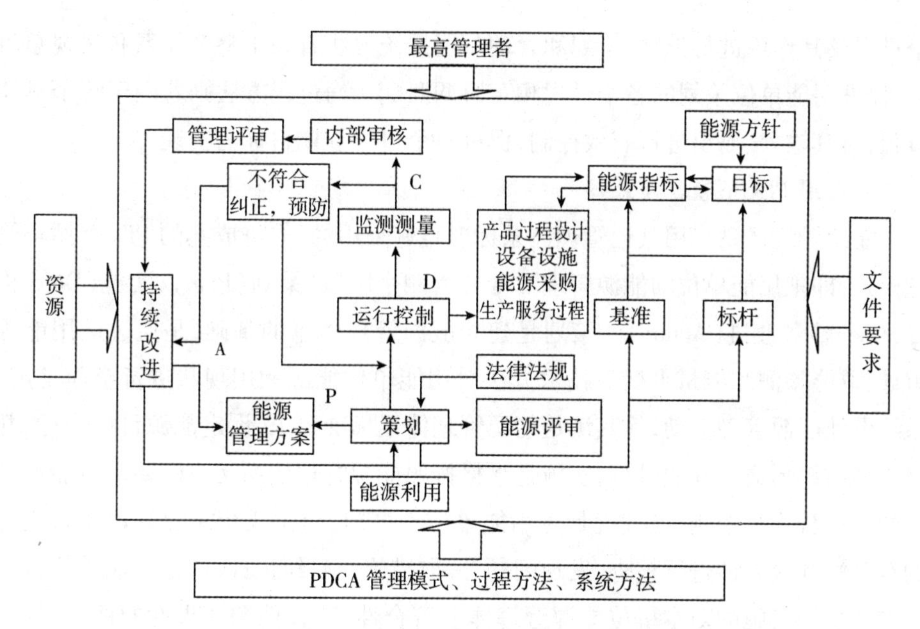

图 1－2－2　GB/T 23331 总体框架结构示意图

（一）能源管理体系核心思想

1. 采用过程方法

过程是指利用资源并通过管理将输入转化为输出的活动，通常一个过程的输出可直接成为下一过程的输入。为保证能源管理体系有效运行，必须识别和控制能源管理和利用过程中众多相互作用的能源利用过程及其活动。用能单位在策划实施能源管理体系时要识别和确定实现目标要求的所有能源利用过程，描述各个过程之间的联系和相互作用；要分析每个能源利用过程的输入、输出及其过程的转换，研究过程之间的接口关系，寻求不同过程控制点的控制方法和手段，确保所有过程的要素都得到有效控制，这些要素包括输入、输出、活动、资源、管理和支持过程。

2. 采用管理的系统方法

能源管理体系将相互关联的能源利用过程作为系统加以识别、评价和管理，把实施能源管理所需的、相互关联和相互作用的一组管理过程（要素）组成一个有机系统，运用系统分析、系统策划、系统管理来配置资源、实现目标的活动（管理要素），形成一个自我约束、自我完善并相互关联、协调联动的有效机制。这是管理的系统方法在用能单位能源管理体系中的应用。

管理的系统方法和过程方法两者的共同点在于均以过程为基础，都要求对各个过程及其作用进行识别、策划和管理。但系统方法着眼于整个体系和实现总目标，促进用能单位策划的各个过程相互协调匹配。而过程方法则着眼于每个具体过程，对其输入、输出进行有效控制，促进每个过程预期目标的实现。

3. 采用 PDCA 管理模式

能源管理体系采用其他管理体系标准普遍采用的、先进成熟的 PDCA 循环管理模式，即把用能单位的能源管理活动分为四个阶段：策划（Plan）、实施（Do）、检查（Check）和改进（Action）。策划是建立能源管理体系的基础，是通过运用能源审计、节能检测和能量平衡等技术方法对用能单位能源利用现状进行全面了解，系统设计能源管理活动，使其满足能源管理体系标准要求，设定能源目标指标，并将策划结果形成文件的过程；实施是严格按照能源管理体系文件的要求对能源利用的全过程进行控制；检查就是对用能单位各部门、岗位执行能源管理体系文件的符合性和效果性进行核查，发现问题，采取措施予以纠正；改进是用能单位最高管理者组织实施的对本单位能源管理体系符合性、适宜性和效果性的评价，提出改进能源管理体系的措施。

（二）能源管理体系的特点

能源管理的对象是能量本身及能源利用过程，能源管理体系充分体现了其特点，具有极强的针对性。

1. 强调对能源利用实施全过程控制

能源管理体系特别强调对能源利用全过程的控制和测量。能源的生产、采购贮存、加工转换、传输分配、最终使用、回收利用等都属于能源利用过程。能源利用过程中能量本身是守恒的。节能的目的是最大限度地有效利用能源，减少不必要的能量损失。由于能量的利用是连续的、无形的、即时的，只考虑局部，控制的效果会出现偏离，因此要对能源利用的全过程进行策划、控制和测量，即对每一个过程都要加以策划、控制和测量，才能最大限度地利用能源。但需要指出的是，对于各过程单元的控制强度是不同的，对能源消耗量小或者节能潜力小的过程单元进行一般控制，而对有重大节能潜力的过程单元要实施重点控制。

2. 强调对设施设备的运行控制

能源管理体系特别强调了设施设备的购置、匹配、优化和监测。能量是无形的，能够体现能量利用过程的就是设施设备（包括管线）。能源管理体系运行控制的焦点实际上是设备的运行参数。设施设备的能效水平、运行状态和操作人员的意识、能力决定了企业能源管理水平和能效水平。能源管理体系强调设施设备的经济运行,因此特别重视配备设施设备的监测仪表,通过监测仪表监视控制设施设备,分析能源利用效率,发现设施设备存在的问题并进行改进,最终达到提高能源利用效率的目的。

3. 强调建立目标指标体系

建立能源目标指标是能源管理体系标准的显著特点。能源利用和管理过程绩效,必须通过量化的、可测量的指标来体现。通过对以往能源利用统计数据的分析,确定各个职能层次的基准,以及通过各种渠道获取各个职能层次的标杆。依据基准和标杆建立用能单位能源目标指标体系框架,明确各个职能层次应达到的设定值,确定量化的目标指标体系,建立节能目标责任制,使整个能源利用和管理过程精细化、数量化,便于控制和考核。

三、GB/T 23331 解读

鉴于 GB/T 23331 正依据 ISO 50001 国际能源管理体系标准按照“等同采用”的原则进行修订,这里仅对标准的核心内容进行解读。

(一)管理承诺

标准中的“管理承诺”规定了用能单位最高管理者应对建立、实施、保持和持续改进能源管理体系做出的承诺,对外表明切实重视节能工作,对内使全体员工增加建立能源管理体系的信心和积极性。

最高管理者在建立、实施、保持和持续改进能源管理体系过程中发挥着决策、指挥、协调和激励的作用。能源管理体系的建立是一项综合性很强的系统工作,涉及用能单位的各个部门,需要投入必要的人力、物力、财力等资源,这就需要最高管理者对能源管理体系的建立、实施、保持和持续改进做出承诺,从而使能源管理体系的运行得到充足的资源支持。此外,用能单位还承担了节约能源的社会责任,需要最高管理者就加强能源管理做出承诺,树立良好社会形象。

最高管理者的承诺应包括以下几方面内容:确保适用的法律、法规、标准及其他要求得到贯彻实施;依据单位的发展方向和战略目标,确定单位的能源方针、能源目标,并通过建立健全目标责任制来增强员工的积极性和参与程度,保证能源方针、目标的实现;在单位内宣传节能工作的重要性,提高员工节能意识,构建节能文化;确保实施能源管理体系的资源需求并及时进行科学合理的配置;按照计划的时间间隔对能源管理体系的适应性、充分性和有效性进行系统评价,提出并确定各种改进的机会和变更的需要,使能源管理体系不断完善。

（二）能源方针

能源方针由用能单位最高管理者正式发布，是用能单位降低能源消耗、提高能源利用效率的宗旨和方向。它反映了最高管理者的价值观、信念、原则和意向，是用能单位能源管理和能源利用活动的指导思想和行为准则，也是用能单位节能降耗的行动纲领。它体现了用能单位应履行节约能源的社会责任，为评价能源管理体系所有活动提供依据，并为制定、评审能源目标和指标提供构架。用能单位的能源管理和利用活动都应在方针的框架下开展。

GB/T 23331 规定了能源管理方针应满足的基本要求，即最高管理者在制定能源方针时应确保其能源方针适用于本单位的活动、产品和服务的特点，并与质量、环境等其他方针协调；能源方针中应包含节能降耗、提高能效的承诺和遵守适用的法律、法规及其他要求的承诺；能够为制定能源目标指标提供框架。能源方针应形成正式文件，在单位内部进行广泛的宣传，使员工能够充分、正确理解并实施。能源方针还应便于外界识别和获取，以充分体现用能单位能源管理意图和方向。

（三）体系策划

策划是建立能源管理体系的基础性工作，策划结果决定了用能单位能源管理体系的全面性、适宜性和有效性。GB/T 23331 对策划阶段主要有五方面的要求，包括识别和评价能源使用及重要能源使用，识别、评价和落实法律法规、标准及其他要求，确定能源管理基准与标杆，确定能源目标和指标，制定能源管理实施方案。

标准要求用能单位识别出本单位适用的法律法规、标准及其他要求；将本单位能源管理体系覆盖范围内的能源管理和利用活动、产品、服务划分为可控制的最小过程单元，查找出影响能源利用过程单元能源消耗的主观原因和客观条件；根据用能单位自身实际，对能源使用策划或完善控制措施，对有潜力的能源使用进行技术改进，强化控制措施；制定建立能源基准和标杆的程序文件，确定能源消耗的基准，通过各种渠道获取最佳能源利用实践，确定标杆，并随着工作的开展对能源基准和标杆及时进行更新；依据法律法规标准及其他要求、识别确定的优先控制的能源使用、能源基准、能源标杆，并考虑本单位的技术、财务、经营方面的需要，确定本单位的能源目标指标和加强管理控制措施以及节能改造方案（即能源管理方案）。能源管理方案应明确能源管理体系中各职能、层次上的职责和权限及其实施方法及时间进度要求等内容。

(四)能源目标

能源目标是用能单位在节约能源方面所追求的阶段性效果,是能源方针的进一步展开,是用能单位各个职能和层次所要完成的主要工作任务,也是评价能源管理体系有效性不可或缺的判定指标。能源指标是能源目标的分解,是用能单位各个层次上的目标任务,同时能源指标又为评价和考核各职能各层次能源管理绩效提供依据。能源基准是建立能源目标的基础,能源标杆是建立能源目标的方向。

用能单位在确定基准时要充分利用能源、生产和财务信息等历史数据,还要考虑其发展趋势和异常情况等因素对这些数据的影响,内容一般要分析到用能设施设备、重要能源使用和关键技术参数指标,一般来说至少应分析一年的数据。用能单位所确定的能源基准不是指一个或几个独立的指标,而是能够反映各系统、过程、设备能效的基准系统。

用能单位选择标杆的目的是研究、整合其他单位先进的能源管理经验和节能技术,找出差距、发现问题、采取措施,从而促进本单位能源利用水平和能源管理水平迅速提高。标准中提出的标杆,不是指一个或几个独立的先进指标数据,而是与基准系统相对应的标杆系统。用能单位选择标杆的前提是全面分析评价本单位的能源利用状况,不仅可从同行业、同类型用能单位中选择标杆,还可从可比的活动中选择,如其他不同行业中相同的用能系统、用能设备等。用能单位也可将自身整体或局部最佳利用水平的历史数据确定为标杆。

用能单位可根据自身的能源方针,依据确定的能源基准、对比标杆,综合分析当前的资源状况和节能潜力,确定能源目标。目标应当体现降低能源消耗、提高能源利用效率以及遵守法律、法规、其他要求和持续改进的承诺。一般情况下,对于每一个目标,应建立一个或多个可测量的指标,使其形成能源指标体系。为了验证能源目标和指标的实现程度,用能单位可以建立不同层次的能源绩效参数。用能单位应对能源目标和指标进行定期审核、修订和更新,使其符合用能单位实际或提出更高的能效要求,体现持续改进。

(五)资源配置

用能单位为建立、实施、保持和持续改进能源管理体系提供适宜的资源,资源应包括相应专业能力的人员,设备设施,能源计量器具与监测装置,最佳节能管理实践和经验,节能技术和方法,资金等。

相应专业能力的人员是保证用能单位能源管理体系运行必不可少的重要前

提。所谓专业能力是指经证实的应用相关专业知识和技能的本领。用能单位可从教育、培训、技能和经验四个方面确认员工是否能够满足能力要求。在能源管理体系中，专业能力人员除自身专业外，管理人员还应掌握能源管理体系知识，熟知相关法律法规、标准和其他要求，以及必要的能源管理知识和技术方法；操作人员应掌握相应耗能设备节能操作技能。

设备设施包括基础设备设施和用能设备设施。基础设施是指用能单位运行能源管理体系所必需的公共服务设施，是建立能源管理体系的物质条件。用能单位的基础设施建设也应融入节能理念，满足节能要求。用能单位在保证提供所需的基础设施的同时也应进行基础设施的维修和保养。这些基础设施可包括：与能源管理体系相关的建筑物、工作场所（如办公场所，实现能源利用信息和数据即时在线采集、汇总、分析的设备安装空间等）、相关设施（如水、电、汽供应设施等）和支持性服务设施（如运输设施、通信设施设备等）。用能设备是生产的基础，其运行状况决定了能耗水平的高低、直接影响到企业的能源利用效率，因此对用能设备进行严格、规范的管理是企业最基本的一项工作，在企业管理中占据重要地位。用能单位应该依据产品、服务、生产工艺和能源的种类等因素，确定对能源指标有影响的设施设备，并确保这些设施设备符合国家法律、法规、标准和其他要求；在采购、替换和改造对能源利用有重要影响的设施设备时进行评估论证；确定主要用能设施、设备的能效限定值，并定期进行检测。

能源计量、监测是企业进行能源管理的基础，通过能源计量、监测，对能源利用过程进行控制、检查，保证能源管理体系持续改进。为了使能源利用过程和环节在规定的状态下运行、考核评价能源管理绩效，用能单位应满足 GB 17167 的要求和自身能源管理的需要，配备、使用和管理能源计量器具。

最佳管理实践、有效的节能技术和方法对于用能单位确定合理的能源目标、指标及保证能源目标、指标的实现起到重要的促进作用。用能单位应及时识别、获取、应用先进节能技术、方法和最佳节能管理实践与经验，形成节能技术进步机制，保证能够将先进节能技术、方法及时应用于生产、管理实践。

资金是保证能源管理体系各项活动顺利开展的前提和必备条件，例如人员能力培训、节能技术改造、设施设备改造与采购、计量和监测装置配备、节能实践、技术方法的识别与应用等都离不开资金的支持。用能单位应评价资金需求、确定资金来源和制定资金管理制度，做好资金决策、资金计划、资金审核等工作。

（六）职责权限

最高管理者不可能去细化能源管理所有的工作，因此需要任命管理者代表、设置能源管理主管部门、明确能源管理体系中各部门各职责间的关系和沟通方式。通过管理者代表对能源管理机构的组织协调，达到使整个用能单位能源管理体系有效运行的目的。任命管理者代表是建立实施能源管理体系的关键因素之一。管理者代表应由懂管理、懂技术且具有相应资质的高层管理人员担任，能将能源管理绩效作为价值核心，帮助用能单位达到能源和经济目标。

对于管理者代表，在能源管理体系的建立、运行、保持和持续改进中一般应做到：协助最高管理者保证实施能源管理体系所需的必要资源；组织制定和实施本单位的节能规划、计划、节能改进方案和节能奖惩办法等；领导能源管理团队；组织对本单位用能状况进行分析评价；编制用能单位能源利用状况报告；及时向最高管理者报告和沟通能源管理体系实施的绩效，识别能源管理体系的改进机会并确保实施；加强与包括政府节能主管部门、节能监察部门、同行业企业等外部相关方的信息交流与沟通，确保体系有效运行。

（七）运行控制

运行控制是能源管理体系建设的关键工作，控制对象是能源利用过程以及相关的管理控制活动，要求用能单位对能源利用全过程进行控制，同时在经济合理、技术可行的前提下还应考虑能源资源回收再利用。

能源管理体系引导用能单位对能源利用全过程各环节实施运行控制，一般应满足以下要求：

1. 规定经济运行状态，明确操作规范和程序

用能单位应规定用能系统、各过程和环节特别是主要耗能设备的经济运行状态，明确操作规范和程序。一般可通过经验确定、专家评判、检验测试等工具，确定各用能系统、过程和环节经济运行的指标或参数，并规定达到最佳运行状态的操作规范或程序。

2. 明确信息传递、协调调度的方式和程序

为实现对能源利用过程中各用能设施设备的有效控制，使其协调一致，用能单位在保证过程和环节合理匹配的前提下，明确协调调度方式和程序，确保能源利用的各过程、环节的运行信息得到及时沟通和反馈，从而在某一过程或环节的能源消耗情况变化时，其他过程或环节能够得到及时调整，避免造成能源浪费。

3. 建立用能设施设备检查维护制度

用能单位应建立用能设施设备检查维护制度，确保其正常运行。用能单位应制定、实施严格有效的巡检维护制度，便于及时发现问题、采取措施，加强设施设

备维护保养,确保用能系统经济安全运行,避免能源浪费。

4. 规定过程控制参数,运行和维护记录要求,评价的方式、方法和频次

对于能源消耗和能源利用效率影响较大的重要能源使用,用能单位应规定过程控制参数,运行和维护记录要求,评价的方式、方法和频次。对重要能源使用的有效控制程度是影响能源管理绩效的关键,是减少能源浪费,实现能源目标和指标,保证体系有效运行的核心环节。

控制过程参数是保证用能系统经济运行和有效控制的必要手段,是过程和环节之间进行沟通的必要指标,缺乏过程控制参数将无法实现用能系统过程、环节间的优化匹配。用能单位应根据设施设备经济运行和满足生产工艺的需要规定参数区间,并将其列入操作岗位操作规范,严格实施控制。为保证用能系统和设施设备正常运行,分析其运行状况,应对运行参数进行记录;为便于分析用能系统、设施设备出现异常情况的原因以及为其操作、维护提供依据,还应对维护过程进行记录。用能单位可以通过运行和维护记录为设备的经济运行和检修提供参考,同时也为考核操作人员提供依据。用能单位应对运行参数的控制情况和管理绩效采取统计分析、现场调查、会议讨论、专家评审等方式进行评价。评价的频次应根据重要能源使用的复杂程度确定,可以采取定期评价或随机评价的方式。

用能单位的能源利用控制过程并不要求对所有的控制过程、环节都制定程序文件,但对于可能发生因缺乏控制文件而造成能源浪费的过程或环节,应立即编制程序文件加以控制。

(八)监视测量

用能单位应对能源利用的全过程进行监视、测量,包括以下四个方面:节能法律、法规、标准及其他要求遵循情况,能源目标、指标完成情况和能源管理方案的实施情况,能源管理绩效评价,过程单元、环节运行控制参数变化情况。

用能单位应对能源利用全过程及能源管理体系绩效进行监视测量,为评价用能单位能源管理体系的有效性提供依据。监测可以是定量的,也可以是定性的。监测的主要目的是:为支持或评价运行控制提供数据;为评价各职能各层次职责履行情况提供依据;为考核目标、指标和方案实现情况提供依据;为改进体系、文件提供依据;为寻找节能潜力、制定新的节能改进方案提供依据等。

用能单位在监视、测量过程中,应确定测量的对象、地点、时间、频次和所采用的方法,并保证测量在受控条件下进行。监视和测量设备需经过必要的校准和检

定、测试人员需具有相应的资质、需运用标准规定的测量控制方法。用能单位应对监视测量的数据和信息进行搜集、整理、分析，寻找节能潜力和持续改进机会，根据监测信息和数据建立能源统计台账，根据自身情况建立统计报表和分析制度。用能单位可采用能源审计、能效对标、能量平衡、能源监测等方法对能源管理体系的运行进行分析评价，寻找节能潜力，持续改进管理绩效。

（九）内部审核

内部审核是指对能源管理体系的运行情况进行定期评价、审核，是识别和纠正不符合、采取纠正和预防措施、进一步提高能源管理体系实施运行的符合性和有效性的重要方法之一。内部审核的目的是评价能源管理体系的运行是否符合有关能源目标、职责、程序、能源管理方案等各体系要素，是否得到有效实施与保持；是否符合 GB/T 23331 的要求；评价能源绩效，并根据审核结果持续改进能源管理体系的有效性。

（十）管理评审

管理评审是最高管理者的职责之一，由最高管理者主持。管理评审的目的是对能源管理体系的整体有效性、适用性、符合性进行系统、综合的评价，发现能源管理体系存在的问题，为提出、确定各种改进的机会和变更的需要提供依据。

四、建立实施能源管理体系的工作步骤

（一）策划建立能源管理体系

策划建立能源管理体系，一般应包括统一思想、领导决策，组建领导小组和工作小组，开展宣传培训，制定工作计划，开展初始能源评审，识别评价能源使用，建立能源方针、目标和指标，职责分配与资源管理，策划能源管理和利用活动，编制能源管理体系文件等十项工作。这十项工作的先后次序不是绝对的，企业可根据实际情况决定各项工作的次序或将某些工作整合，同步开展。

1. 统一思想、领导决策

加强和完善能源管理的最佳途径是使最高管理者深信能源管理体系有利于企业发展。建立能源管理体系是最高管理者的战略决策，它对企业的生存和发展有着深远的影响。因此，管理层需要在体系建立和实施的必要性及重要性方面统一思想认识，提出初步方案，最终由最高管理者做出决策。只有最高管理者认识到建立能源管理体系的必要性，企业才有可能在其决策下开展工作。这样有利于发动管理层积极参与体系建设并相互配合，推动了能源管理体系的

顺利建立和实施。

能源管理体系的建立是一项综合性很强的系统工作，涉及企业的各个部门。随着体系建立工作的不断深入，体系的工作重点也会发生变化，需要必要的人力、物力、财力等资源的投入，这就需要最高管理者对能源管理体系的建立、实施、保持和持续改进做出承诺，使能源管理体系的运行得到充足的资源支持。

2. 组建领导小组和工作小组

当企业的最高管理者决定建立能源管理体系后，首先要从组织上予以落实和保证，通常需要成立领导小组和工作小组。

领导小组负责体系建立实施工作的决策和协调，通常由企业最高管理者与能源管理相关部门负责人组成。该小组的主要任务是审议有关体系建立和实施的重大决策，协调体系建立和实施过程中出现的重大问题。工作小组负责能源管理体系策划阶段的组织和实施工作，它通常由具有一定企业管理经验、掌握能源制度、了解节能技术、有较强文字水平的管理人员组成。工作小组成员来自各相关职能部门，他们既是建立能源管理体系的策划者，又是体系文件的主要起草人员，同时还是各部门派出的联络员。

3. 开展宣传培训

在开展工作之前，应进行能源管理体系标准及相关知识培训。通过培训和宣传教育将建立实施体系的决策和意图传达下去，在企业内形成良好的氛围，引起全体人员的重视并予以配合。在体系建立和实施初期，宣传的主要内容是体系建立、实施的目的和意义以及执行体系文件的重要性等。

培训的对象以企业的领导层、管理层、内审员及能源管理体系中的关键岗位人员为重点。培训内容的重点是本“方案”要求、能源管理体系标准内容、初始能源评审内容、本企业建立能源管理体系的目的和初步计划等。

4. 制定工作计划

工作小组成立后，需及时编制建立能源管理体系工作计划，确保能源管理体系的建立工作按一定的程序和步骤进行。工作计划应报领导小组审批后方可实施。工作计划应按能源管理体系建设的先后顺序，列入策划、文件化、实施、评价和改进等过程及子过程，应具体规定每个过程的任务及完成期限，确保全部体系建立实施和评价活动的有序进行。工作计划至少包括工作内容、进度、参与部门、负责人等。该工作计划可根据实际执行情况作适当的调整。表 1-2-5 是某企业能源管理体系建立计划表。

表1-2-5　某企业能源管理体系建立计划表

序号	工作内容			时间进度	负责人	参与范围
1	体系策划	成立领导小组和工作小组		2月15日 3月31日	最高管理者	管理层
2		能源管理体系标准宣贯培训			管理者代表	全体员工
3		初始评审	识别评价法律法规和其他要求	4月1—17日	管理者代表	评审组 相关配合部门
4			评价能源管理现状			
5			评价能源利用现状			
6			编制初始能源评审报告			
7		确定基准、标杆		4月17—26日	小组成员 ×××	工作小组 相关配合部门
8		识别评价重要能源使用				
9		建立能源方针		4月26—30日	小组成员 ×××	工作小组 相关配合部门
10		制定能源目标、指标		5月1—10日		
11		分配能源管理职责		5月10—15日	小组成员 ×××	
12		资源管理策划		5月10—15日		
13		编制手册、程序文件和支持性文件		5月15—31日	管理者代表	工作小组
14	体系实施	体系实施计划的制定		6月1—2日	管理者代表	领导小组
15		体系实施的动员和文件的发布				全体员工
16		体系实施阶段的培训		6月2—8日	部门负责人	各部门
17		执行体系文件进行过程控制		6月2日—		
18		不符合、纠正和预防措施				
19	体系检查	内部审核的策划与准备		12月1日	管理者代表	内部审核组
20		内部审核的实施		12月1—6日		
21	体系改进	管理评审的策划与准备		12月6—7日	最高管理者	能源管理负责人、内部审核组、各部门
22		管理评审		12月8日		
23		持续改进		12月8日—		

5. 开展初始能源评审

初始能源评审是企业建立能源管理体系的基础，是企业对其本身的能源管理行为及能源利用状况进行全面、综合调查与分析的过程。企业只有做好初始能源评审，才能针对企业现行状况建立有效的能源管理体系。初始能源评审是建立能源管理体系非常重要、非常关键的步骤。

初始能源评审的主要内容包括识别评价企业搜集、落实节能法律法规、政策标准和其他要求情况；能源管理组织机构的设置、职责履行情况以及与能源管理体系要求的差距；掌握能源利用全过程的管理情况和控制现状、水平；划分能源利用的全过程，发现薄弱过程、环节和节能潜力，识别能源使用；对比其他企业能耗指标，确定基准、标杆。

企业开展初始能源管理评审，首先要确定初始能源评审的范围。企业进行初始能源评审的范围与建立能源管理体系的范围紧密相关。如果企业为了在某一范围内实施能源管理体系，那么初始能源评审的范围至少应覆盖实施能源管理体系的范围。能源管理体系的范围应由最高管理者进行界定，即最高管理者应当确定企业实施能源管理体系的边界。能源管理体系的范围一经确定，企业在这个范围内的所有活动、产品和服务都应当包括在能源管理体系中。

企业在开展初始能源评审时，要组织精干力量，成立评审组。评审组可根据初始能源评审的范围、能源利用过程的复杂程度及企业资源配备情况，由企业员工、外部专家等人员组成。评审组每个成员需要了解进行初始能源评审的目的、所担当的角色和承担的责任等。初始能源评审组长由最高管理者任命，并授权其负责初始能源评审的全部过程。评审组成员需具备必要的专业技术知识和节能法律法规知识，以及识别、分析和评价相关数据或信息的能力，并掌握相关的评审技巧和能力。外部专家应由掌握丰富行业经验和评审技巧、具有客观性和公正性的人员担当。初始能源评审的结果要形成初始能源评审报告。

企业在初始能源评审时，对于法律、法规、标准和其他要求，首先应明确识别、评价的范围要包含能源管理体系范围内全部的能源管理和利用活动，可按照搜集与获取适用法律法规、标准和其他要求，识别应遵守的具体条款和评价遵守落实情况、在企业内部进行传递和更新的思路开展。对于管理现状的评审，应评价现有的管理机构及其职责落实情况，与 GB 23331 标准要求的差距，各项规定的可操作、适应性以及各项规定间的系统性。对于能源利用现状的评审，应分析掌握目前能源消耗状况和水平，发现能源利用过程中的问题和薄弱环节。能源利用状况评审时，可采取统计计算为主、现场测试为辅的方式进行，从能源利用过程、主要用能设备、能源消耗指标、能源成本四个方面对能源利用现状进行全面分析。

6. 识别评价能源使用

能源使用的识别和评价是能源管理体系策划过程的重要工作。所谓识别能源使用是针对初始能源评审所发现的问题，进行全面、系统、深入的分析，识别出影响能源利用各过程、环节能源消耗的原因和条件；所谓评价能源使用是根据能源使用的能源消耗和节能潜力的大小,评价出重要能源使用。一般来说,能源使用的识别与评价的基础是全面的能源评审。

此阶段的工作重点是:确定企业能源基准,广泛收集标杆(包括同行业先进能耗指标及通用设备的先进能耗指标等),针对初始能源评审中发现的薄弱环节,采用一系列科学的方法和适用的工具,对产生能源浪费或能耗较高的部位进行深入系统的原因分析,找出造成能源浪费的根本原因,采取完善管理制度或节能改进方案的控制方式不断提高能源利用效率,减少能源利用过程中的浪费。

评价人员可根据能源利用全过程的识别结果,通过能源消耗的种类、工艺流程和部门职能两种途径进行能源使用的识别,并全面汇总已识别出的能源使用,形成能源使用清单。按能源消耗的种类和工艺流程进行识别,即从电、煤、油等能源消耗种类或工序、车间、生产线等工艺流程着手,分析哪些条件或原因能够对能源的消耗产生影响,逐条记录分析结果,并分类汇总;按机构设置的部门职能进行识别,即从企业所涵盖部门的职能着手,分析哪些条件或原因能够对能源的消耗产生影响,将这些条件或原因进行逐条记录,并分类汇总。

对能源使用清单中所列的能源使用进行逐一评价,评价出重要能源使用,按其重要程度进行排序,以确定需要优先控制的重要能源使用。在评价重要能源使用时应重点考虑以下方面:能源使用是否产生了能源浪费或出现了用能违规行为;产生能源浪费或出现用能违规行为的频次及造成的影响;产生能源浪费或出现用能违规行为的最终原因;改变重要能源使用的技术难度;采取措施减少能源影响所需资金。

(1)识别和评价能源使用的范围

企业在识别能源使用时应考虑能源购入至最终产品提供的整个过程,还要考虑外部能源服务(产品、设备、技术)提供过程及其结果。从开始初始评审就要求从能源利用的全过程着手进行,将这些过程细化为可控制的最小过程单元,通过现场查询、统计计算及现场测试等手段,查找出这些过程和单元存在的问题。而本阶段就是要对这些问题进行精细化、系统化分析,发现影响能源利用效率的原因和条件,以便提出具体的有针对性的改进控制措施,从而不断提高能源管理绩效。

(2)识别能源使用的工具

对于不同企业和不同领域可以灵活采用不同的识别工具。常用的能源使用识别工具有:能源审计、物料平衡、能量平衡、能源检测等。

(3)分析能源使用所采用的方法

常用的分析方法有:专家判断法、面谈法、过程观察法、是非判断法、打分法、能效对标法、因果分析法等。

企业可以通过以上一种或多种方法,将识别和评价出的能源使用和重要能源使用进行分类汇总,并根据企业的资金、技术等方面的能力,列出控制的先后次序,为下一步制定改进方案打好基础。

(4)识别评价能源使用应把握的原则

① 识别能源使用要全面、系统并具有针对性。能源使用的识别要把握以下四个方面:第一,要针对所存在的问题分析原因,即针对"初始能源评审"时找出的症结来分析原因。第二,分析原因要展示问题的全貌。可以从"人员"、"设备"、"原材料及能源"、"方法"、"测量"和"环境"等方面进行分析,如果要分析管理问题,则从影响它的各管理系统展开分析。第三,分析原因要彻底。通过反复思考"为什么",把它一层一层展开分析直至分析到可直接采取对策的具体能源使用为止。切忌把"工艺不合理"、"人员素质差"、"设备精度低"等作为原因,因为太笼统,无法制定对策或很难保证对策的有效性。第四,要正确、恰当地运用统计方法。

② 确定重要能源使用要按程序、按步骤分类进行。确定重要能源使用是为制定对策提供依据,通常使用的方法有现场调查法、专家评议、打分法等。确定重要能源使用有三个步骤:第一,列出所有能源利用过程单元;第二,识别出能源消耗量大、具有节能潜力的过程单元;第三,根据能源消耗量、节能潜力的大小,确定重要能源使用。

③ 对重要能源使用的排序应符合自身实际、切实可行。对识别出的重要能源使用,企业应从自身实际出发,充分考虑人力、财力、物力等情况,选取部分重要能源使用进行优先控制。选取时应注意以下几方面:分析研究对策的有效性,可行性不高或者对策不能彻底解决的,不宜采用;分析研究对策的可实施性,从经济性、技术性、难易性等方面综合考虑加以确定;尽量采用自身能力范围内容易实现的对策;避免采用临时性的应急对策,要从根本上防止问题再发生。将目前尚不具备条件加以控制的重要能源使用列入备选方案,在时机及条件成熟的情况下采取措施进行控制。

7. 建立能源方针、目标和指标

能源方针是企业降低能源消耗、提高能源利用效率总的宗旨和方向,其指出了企业节能降耗的行动纲领,以及应履行的节约能源的责任,为评价能源管理体系的所有活动提供依据,并为能源目标、指标的制定与评审提供依据。能源方针应包括：对法律法规的遵守，为能源目标、指标体系的建立提供框架，优化能源结构和提高能源利用效率的承诺以及与企业其他经营方针的协调。

能源目标、指标是企业在实际工作中某一阶段所要达到的能源利用程度和水平，通过不断地完成目标、指标以达到实现能源方针的目的。能源目标、指标体系应是量化的，且须分解到各岗位和层次。

(1)制定能源方针

企业在制定能源方针时，可按照如下步骤进行：

① 收集相关信息。收集信息是建立能源方针的准备工作，一般包括：国家、省市等的总体规划和政策方针；企业总的经营方针、理念和目标；初始能源评审的内容，包括：能源利用和能源管理状况、适用的法律法规等；企业内部的节能意识；目前的能源管理绩效；监测设施配备和运行情况；员工的意见和建议等。

② 充分讨论。根据收集的信息，由管理层以会议的形式进行充分讨论，最后达成共识，确定能源方针。

③ 签署发布。最高管理者对确定的能源方针进行评审，如无异议，由最高管理者签署发布。

(2)制定能源目标、指标

企业根据已制定的能源方针，依据能源基准，对比能源标杆，综合分析当前自身的资源状况和节能潜力，确定能源目标。一般情况下，对于每一个目标，应细化、建立一个或多个可测量的指标，使其形成能源指标体系。为了实现能源目标、指标，可以建立绩效参数用于支撑目标、指标的实现进程。通常情况下，在整个企业层次上建立目标，在部门或岗位层次上建立指标；较大的企业，可以在分厂、车间或部门内建立目标。不同部门和职能上的目标和指标是不同的。对能源目标和指标进行定期审核，必要时进行修订和更新。

企业在制定能源目标、指标时应注意，所制定的能源目标、指标应符合能源方针的要求，且应是具体、可测量、通过努力可达到的。能源管理体系中能源目标、指标的制定、分解、落实和考核，也是《方案》中要求企业“强化节能目标责任制”的工作内容。企业要通过能源管理体系的建立、运行满足“节能目标责任制”的要求。

8. 职责分配与资源管理

(1)设立组织机构及分配职责

合理的职责分配与充足的资源配置是能源管理体系运行的保障。能源管理职责不应认为仅仅是能源管理部门的职责，还涉及企业的其他管理领域，如采购、设备、质检、运行管理等职能部门。企业在建立能源管理体系时,应在满足节能相关法律法规及《方案》要求的前提下,针对各职能和层次的人员,说明其在能源管理体系实施运行中的位置和作用,并赋予职责和权限,特别是对于能源利用全过程的各个关键环节,企业应指定专人负责。

《方案》中,也对企业"加强节能工作组织领导"提出了明确要求。企业能源管理体系建设过程中,对于组织机构及职责分配的工作原则、要求、实施步骤同《方案》中企业"加强节能工作组织领导"是一致的,因此企业通过能源管理体系建设中"职责的分配与资源管理"工作,满足《方案》中对加强节能工作组织领导的要求。

(2)策划资源管理

提供适宜的资源支持,是保证能源管理体系有效运行的基础性条件。在能源管理体系中,资源可包括:人力资源、设施设备和资金。其中人力资源是能源管理体系有效运行的必备要素,设施设备是能源管理体系运行的保障,资金则是能源管理体系各项活动顺利开展的前提。

① 人力资源管理

能源管理体系中的人力资源管理主要包括以下三个方面的内容:节能意识、岗位能力评价和培训。企业通过建立、运行能源管理体系,采取宣传节能降耗所带来的效益、提高员工认识、培养节能习惯和落实制度细化考核、开展表彰奖励活动等措施不断提高员工节能意识。岗位能力评价和培训的主要内容包括:企业应制定各岗位在能源管理、节能操作等方面的能力说明书,明确各岗位特别是关键能源岗位的能力需求,通过技能、教育、培训和经验等方面对相关人员进行能力评价,并通过采取培训等措施使其满足所需的能力。

《方案》在对企业节能工作的"十项要求"中明确提出"开展节能宣传与培训",企业要通过建立、运行能源管理体系满足此项要求。

② 设施设备管理

在能源管理体系中的设施设备主要是指基础设施、能源计量器具和用能设施设备,对其采购、使用、配置、维修和保养的管理水平直接影响能源利用效率。

基础设施是指企业运行能源管理体系所必需的公共服务设施,如办公场所,必要的办公,交通、通信设备等,是建立能源管理体系的物质条件。企业在提供基础设施支持时应满足节能要求,如推广使用节能照明器具等节能产品、满足建筑节能的规定等。同时,还应制定并实施基础设施的维护保养和运行验证制度。

企业在配备和管理能源计量器具时首先应满足 GB 17167—2006《用能单位

能源计量器具配备和管理通则》强制性标准的要求，此外还应当满足本行业能源计量器具配备和管理的要求。《方案》在对企业节能工作的“十项要求”中明确提出“加强能源计量统计工作”的工作要求，企业要通过建立、运行能源管理体系满足此项要求。

在企业的能源利用过程中，设施设备作为用能的终端环节，消耗了绝大多数能源，因此，在保证正常生产经营的前提下，加强用能设施设备的节能管理，提高能源利用效率具有重要的意义。企业对用能设备实行全过程节能管理，即从选购、投产使用、技术改造、维护、保养到报废整个过程。企业用能设施设备节能管理的基本内容，就是按照技术先进、经济合理的原则，通过全面规划、合理配置、择优选型、正确使用、精心维护、科学检修、适时改造和更新，以最低的费用保证用能设施设备处于良好的技术状态，以实现设备寿命周期费用最经济、综合效能高和适应生产发展需要的目的，使企业的生产活动建立在最佳能源利用效率基础之上。企业在选择大型或对能效有影响的用能设施设备时，必须对设备进行评价，并考虑以下因素：能源消耗水平；设备对企业能源品种、规格的适应性；设备的价格、质量、使用寿命及其投资效益分析；设备的自动化程度、生产的安全性；设施设备之间的功率或能力匹配问题等。用能设施设备日常使用过程中，要根据各种用能设施设备的性能、结构和技术经济特点，合理地安排设施设备的工作负荷，使各种用能设施设备的负荷与负载能力保持平衡；制定有关设施设备使用方面的规章制度，并在操作规程中增加节能管理、规范操作的控制要求。企业还应注重制定相应工作计划，加强用能设施设备的日常维护、检修和保养。

③ 资金管理

企业应当考虑将改进能源管理和利用过程有关的数据转化为资金方面的信息，以便提供可测量的资金需求，使能源管理体系的运行有充足的资金保证。

9. 策划能源管理和利用活动

在能源管理体系策划阶段，企业还应充分利用初始能源评审过程中现有管理机构、制度、职责权限同能源管理体系标准要求的差距，对现有管理组织机构进行整合、调整或增加，明确职责、权限，策划各管理层次、部门、岗位在能源管理体系中的作用、位置及具体的能源管理和利用活动，将策划结果以文件的形式固化下来，形成能源管理体系文件，并依据体系文件定期检查、评价各岗位应开展工作、活动的履行情况及效果。一般来说可包括：最高管理者、管理者代表、相关管理部门、岗位的职责及应开展的主要活动，一般体现在企业的能源管理体系管理手册中；对于能源管理体系的各管理要素（如培训，法律法规、标准及其他要求，能源管理基准与标杆、监视测量等),应明确其主管部门、相关配合部门及具体的工作开展活动、流程、程序,一般体现在能源管理体系程序文件中;对于具体的能源利用操作、控制岗位应明确其运行操作规范、控制规范,一般体现在能源管理体系作业指导文件中。

10. 编制能源管理体系文件

能源管理体系同其他管理体系一样,具有文件化管理的特征。编制体系文件是企业建立和有效运行能源管理体系的重要基础工作,也是企业达到能源目标、指标,实现能源方针,评价与改进体系,实现加强能源管理和提高能源利用效率的依据。企业在体系运行过程中,应当根据发现的问题、按照规定的程序评审和修订所编制的体系文件,以保证体系的适宜性和有效性。能源管理体系文件一般包括:能源管理手册、程序文件和作业指导文件、相关记录等支持性文件。

(1)编制能源管理手册

能源管理手册是描述企业能源管理体系的纲领性文件,它阐述了企业的能源方针、能源目标和能源管理指标,规定了能源管理体系的基本结构,各岗位和部门的职责,是企业对其能源管理体系要求的高度浓缩和概括。在能源管理体系中,能源管理手册的内容包括:能源方针、能源目标和指标、能源管理体系的组织机构、各岗位和部门的职责,应该涵盖实施能源管理体系所有管理要素的基本要求和原则。

企业在编制能源管理手册过程中,要做到符合能源管理体系标准和符合企业能源管理实际相结合;应突出各项要素(如文件控制、信息交流、合规性评价等)在能源管理体系中的地位、作用和相互关系,以便通过手册这一文件形式,将能源管理体系诸要素整合成为一个有机整体;应从目的和效果两个层次入手描述各管理体系要素,体现手册对体系的总结和概括作用;对其职责权限的描述应前后一致。此外,还应重点突出、详略得当,使用能源管理体系的标准术语和定义。

(2)编制程序文件

程序文件实际上就是将完成某项活动规定的方法和途径形成文件。一个企业的程序文件的多少和描述的详略程度取决于企业的规模、能源利用过程的复杂程度以及员工的能力等,不能一概而论。如果能源利用过程简单,员工的素质比较高,则程序文件只需对从事该项活动的工作原则和方法做概括而简化的描述即可。如果能源利用过程复杂,员工的理解和操作能力又比较低,则需要对活动的方法做出较为详细而具体的规定。不同类型的企业对各个职能部门的控制要求也不尽相同,程序文件的总体目的是保证能源管理体系持续有效运行,最终保证实现企业能源方针和能源目标。

企业在编制程序文件时要充分利用现有的程序、规章制度和操作规范；要全面策划，通盘考虑；要注意各程序文件之间的相关性以及各程序文件的可操作性，便于检查和评价。

(3)编制支持性文件

支持性文件是指那些详细的作业指导文件、操作规范、节能改进方案、原始记录等。它是对能源管理体系程序文件的进一步细化和展开，因此通常都从程序文件中引出，更详细地规定如何开展某些能源管理和能源利用活动的具体内容。

① 编制作业指导文件

作业指导文件是详细规定某项活动如何进行的文件，主要针对某个特定的岗位、工作或活动，规定完成方法和必须达到的要求。在编制作业指导文件时，可将其分为两大类，一类是技术性的作业指导文件，主要用来指导检验、试验或监测人员进行操作，如运行作业指导书、检验和试验作业指导书等；电动机节能监测规范、入场煤化验规定等。另一类是管理性的作业指导文件，主要供管理部门执行者使用，包括一些管理标准或管理规范，工作标准或工作规范，如合理用热规范、节约用电管理制度等。

常见的“作业指导文件”可包括以下基本内容：与该作业相关的职责和权限；作业内容的描述，包括操作步骤、过程流程图等；所使用的设备信息，包括设备名称、型号、技术参数规定和维护保养规定；检验和试验方法，包括计量器具的要求、调整和校准要求；对工作环境的要求。

② 编制能源管理实施方案

能源管理实施方案是介绍采取何种方式达到预期的节能效果的体系文件。能源管理实施方案的内容可包括：概况，简述其内容、目标、规模、意义等；工艺技术评价，简述其改进的技术工艺、设备选型、能耗指标、所需资源等；经济效益分析，包括投资估算等；能源绩效分析，包括涉及的能耗种类和数量、节能效果等；实施要求，包括职责分工、进度要求、实施监督和效果验证等。

(二)实施运行能源管理体系

体系文件是企业能源管理活动的法规性文件，界定了各职能各层次的职责、权限和接口，使能源管理体系成为职责分明、协调一致的有机整体，为企业提供了达到能源目标、指标的方法以及实现能源方针的途径。但是建立能源管理体系不是仅仅形成系统化的文件，更重要的是按照标准和体系文件要求运行能源管理体系，对能源利用的各个过程加以控制，从而实现能源管理的规范化、系统化。在此过程中，企业一般应将编制的体系文件正式发布到各个相关职能和层次，并进行充分培训；明确能源利用各个过程中具体的运行控制参数，并加以控制，对体系运行的具体控制过程进行日常性、及时性的监视和测量，发现和纠正运行控制中的问题；监督节能改进方案的实施；定期搜集、识别并落实企业适用的法律、法规、标准及其他要求；搜集和应用先进、成熟的节能技术方法。

一般来说，能源管理体系实施可按以下五个步骤进行：

1. 发布体系文件

体系文件的发布是能源管理体系工作进入实施阶段的标志。能源管理体系文件应由最高管理者签署发布令，可采取下发通知或召开发布会等形式，将体系文件发放到与之相关的各职能各层次，使全体员工明确执行体系文件的重要性，特别是执行体系文件的益处和违规操作的后果等。

2. 培训体系文件

企业可以采取全面培训和专项培训等多种方式，对不同层次、不同岗位的员工进行培训，也可以聘请外部专家对员工进行培训。目的是使员工深入理解体系文件的要求，并联系自己岗位的实际情况寻找差距。此阶段培训的重点是让每个员工熟悉掌握本岗位体系文件的要求，明确本岗位与其他岗位交流和沟通的相关要求等。

3. 执行体系文件

在体系的实施阶段，各部门、各岗位要严格执行体系文件的要求：

（1）落实部门职责

分解本部门的能源目标、指标；依照本部门应执行的文件逐级落实实施；各部门要做好必要的信息沟通，并进一步建立和完善作业指导书等支持性文件；按文件的要求做好相应的记录。

（2）落实岗位职责

各岗位要熟知和理解企业的能源方针、本岗位的能源管理指标以及要为实现这些指标应做的贡献、本岗位应执行的文件以及偏离这些文件所带来的后果，完善与本岗位控制有关的记录。

4. 监视测量

监视测量是指日常的监视和测量，属于企业内部运行过程的自查，对保证能源管理体系的有效实施有着举足轻重的作用。其中监视包括监督、检查、即时监控等，而测量则是对过程的运行指标和参数进行记录、统计分析，确定过程的运行状态，进而完善控制措施。企业通过日常的监视测量对能源的利用及管理过程加以控制，可以及时掌握各岗位对相应体系文件的执行情况和执行效果，可以及时、准确地判断能源目标、指标的实现程度及体系文件的执行情况。具体可采用的方法包括：能源利用过程的计量和统计、能量平衡测试、定期设备设施测试、日常观察、审核记录等。此外，有条件的企业可通过建立能源管控中心实现对能源利用全过程的监视测量。对在实施过程发现的不符合，要及时分析原因，并采取纠正措施。对可能发生同样不符合的过程和环节，要采取预防措施。

5. 不符合、纠正、纠正措施和预防措施

不符合是指未满足体系文件要求的情况，即在实施能源管理体系过程中发现的管理控制措施与体系文件要求不一致的问题。对能源利用过程中发现的不符合，要及时分析其产生的原因，能当场解决的问题要立即采取措施予以纠正，不能解决的应当立即停止错误操作，制定纠正措施。同时，采取预防措施防止同类问题再次发生。总之，企业能源管理体系应有计划、有步骤地实施。

图 1－2－3 为能源管理体系实施示意图。

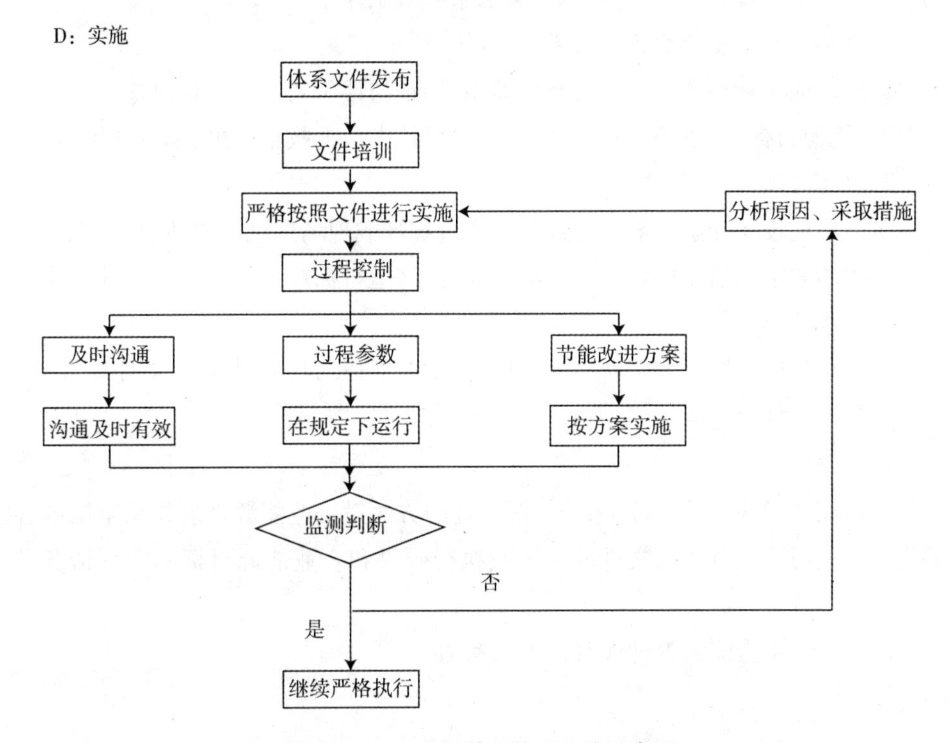

图 1－2－3　能源管理体系实施示意图

(三)检查能源管理体系

检查是保证能源管理体系持续有效的重要手段,主要通过内部审核的手段进行。在此过程中,企业一般应检查企业能源管理体系覆盖的各部门是否履行了能源管理体系的管理职责,体系文件是否能够有效执行;能源利用的各个过程及采取的节能改进方案是否按照预定安排执行并实现了预期效果;检查企业遵法贯标机制运转情况,评价能源管理和利用的各个过程是否能够满足法律、法规、产业政策、标准及其他要求,确保能源管理体系运行的充分性和有效性。

能源管理体系的内部审核是体系运行中必不可少的环节。它是企业自身为衡量体系文件是否符合标准要求、体系文件是否得到执行及体系运行绩效是否达到预期效果所采取的检查、分析和评价,是实施保持能源管理体系的重要手段。能源管理体系内部审核是相对独立的活动,为管理评审提供依据。每一次内审不一定要覆盖整个体系,只要确保一定的运行周期内涵盖企业能源管理体系范围内的所有职能、层次和体系要素以及整个能源管理体系都能得到定期审核。能源管理体系内部审核与其他管理体系内部审核的不同之处是要注重能源绩效的检查与评价。一般来说,企业可通过以下方法来开展工作:

1. 利用监视测量的数据和结果

通过对能源管理体系日常运行的监视、测量与评价的数据和信息进行统计分析,评价能源目标、指标的实现程度,必要时可扩大数据收集范围,辅以现场测试。

2. 现场测试

重点用能设备和系统的运行效率可通过统计或现场测试的方法获得,方法可参考相关能效限定值及能效等级标准、系统经济运行标准及其他技术文件。

3. 数据计算

能源绩效(节能量)的计算方法可参考 GB/T 13234《企业节能量计算方法》或其他技术文件。

4. 能源审计

依据能源管理体系文件,采用能源审计的方法对企业能源管理体系范围内各部门、车间、岗位执行体系文件的情况及执行效果和企业能源目标的实现情况进行检查和评价。

图 1-2-4 为能源管理体系检查示意图。

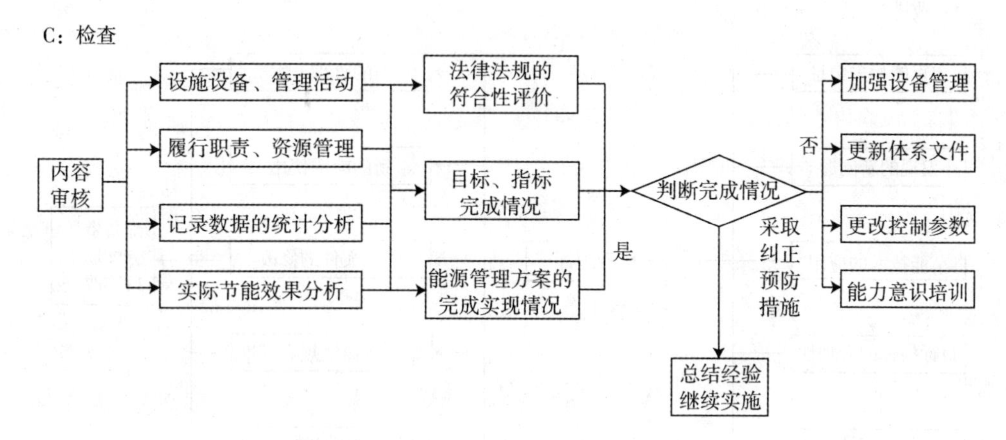

图1－2－4　能源管理体系检查示意图

(四)改进能源管理体系

改进能源管理体系不是阶段性的,而是经常性、持续性的,主要通过管理评审的手段进行。它使能源管理体系持续地与企业不断变化的情况相适应,以保证能源管理体系的适宜性、充分性和有效性。这里应注意的是,能源管理体系具有自我完善的功能,在其建立实施的任何阶段、任何活动和所有过程中,只要发现问题就要及时改进。

管理评审是能源管理体系整体运行的重要组成部分,是最高管理者主持的、对能源管理体系适宜性、充分性和有效性进行的评价与决策,以持续改进能源管理体系。管理者应收集各方面的信息供最高管理者评审。管理评审一般通过管理评审会议的方式开展,参加人员通常应当包括能源管理人员,对能源消耗和能源管理体系有重要影响的关键部门负责人。管理评审至少每个完整自然年进行一次,一般在至少一次完整的内部审核后进行。管理评审过程要记录,结果要形成评审报告。

管理评审可按照以下步骤进行:制定计划,明确开展管理评审的时间、目的、内容、参加人员、输入信息等要求;实施管理评审,对体系的适宜性、充分性和有效性进行评价,提出持续改进措施,以及改进措施的责任落实和验证方法;记录评审过程,并编制评审报告。

管理评审的输入、输出应至少满足能源管理体系标准中的内容。能源管理体系改进示意图如图1－2－5所示。

A：改进

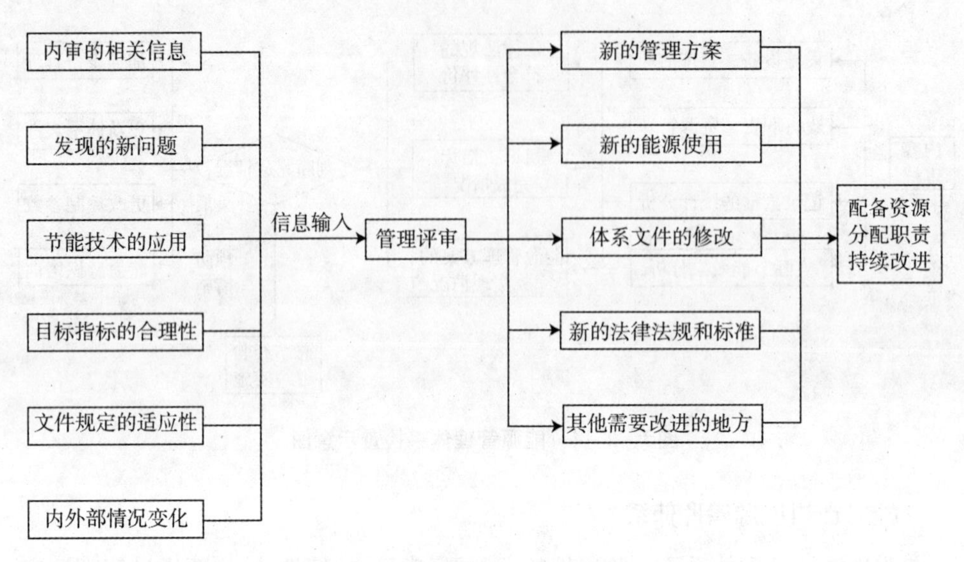

图1-2-5　能源管理体系改进示意图

五、建立实施能源管理体系应注意的问题

山东等地能源管理体系建设经验证明，企业在建立实施能源管理体系时，应特别注意以下几个问题：

（一）建立能源管理体系要以现有管理为基础

企业建立能源管理体系时，应充分考虑原有的组织机构、管理制度、资源状况等管理基础，按能源管理体系标准要求规范、系统完善能源管理，而不能脱离企业的原有管理基础。

（二）能源管理体系建设是动态的过程

企业能源管理体系建设是动态的、持续改进的过程，即能源管理体系建设要通过能源管理体系的建立、检查、改进不断完善；能源管理体系的各种管理要素要通过能源管理体系的运行、改进不断完善；能源管理体系运行中的各种控制措施要不断检查、分析和改进。

（三）企业能源管理体系应反映自身特点

企业能源管理体系的建立和运行所需要投入的资源，都会因企业的规模、性质等条件不同而有较大的差异。企业要根据标准所提供的结构框架和要求，结合自身特点来建立能源管理体系，特别是中、小型企业建立能源管理体系时更要结合自身具体情况来实施标准要求，做到切实可行。需注意即使规模、性质相似（同行业）的企业建立能源管理体系时也不能相互照搬。

（四）能源管理体系应融入企业管理体系

能源管理体系与质量、环境、食品安全等管理体系都是企业管理体系不可或缺的组成部分，能源管理体系与其他管理体系的联系见表1－2－6。企业建立实施能源管理体系应融合于本单位管理体系中。但应特别注意的是，能源管理体系文件与其他管理体系文件的整合，并不能说明能源管理体系已融入本单位的管理体系，关键是能源管理体系标准各项要求在本单位管理体系中得到贯彻落实。

表1－2－6　能源管理体系与其他管理体系（质量、环境、食品安全）的联系

ISO 50001:2011 能源管理体系 标准要求		ISO 9001:2008 质量管理体系 标准要求		ISO 14001:2004 环境管理体系 标准要求		ISO 22000:2005 食品安全管理体系 标准要求	
条款	标准	条款	标准	条款	标准	条款	标准
—	前言	—	前言	—	前言	—	前言
—	引言	—	引言	—	引言	—	引言
1	范围	1	范围	1	范围	1	范围
2	规范性引用文件	2	规范性引用文件	2	规范性引用文件	2	规范性引用文件
3	术语和定义	3	术语和定义	3	术语和定义	3	术语和定义
4	能源管理体系要求	4	能源管理体系要求	4	能源管理体系要求	4	能源管理体系要求
4.1	总要求	4.1	总要求	4.1	总要求	4.1	总要求
4.2	管理职责	5	管理职责	—	—	5	管理职责
4.2.1	最高管理者	5.1	管理承诺	4.4.1	资源、角色、职责与权力	5.1	管理承诺
4.2.2	管理者代表	5.5.1 5.5.2	职责与权力 管理代表	4.4.1	资源、角色、职责与权力	5.4 5.5	职责与权力 食品安全团队领导
4.3	能源方针	5.3	质量方针	4.2	环境方针	5.4	食品安全方针
4.4	策划	5.4	策划	4.3	策划	5.3 7	食品安全管理体系策划安全产品的策划与实现

续表

ISO 50001:2011 能源管理体系 标准要求		ISO 9001:2008 质量管理体系 标准要求		ISO 14001:2004 环境管理体系 标准要求		ISO 22000:2005 食品安全管理体系 标准要求	
4.4.1	总则	5.4.1 7.2.1	质量目标产品相关要求的检测	4.3	策划	5.3 7.1	食品安全管理体系的策划总则
4.4.2	法律、法规及其他要求	7.2.1 7.3.2	产品相关要求的检测设计与发展输入	4.3.2	法律、法规及其他要求	7.2.2 7.3.3	(无标题) 产品特点
4.4.3	能源评审	5.4.1 7.2.1	质量目标产品相关要求的检测	4.3.1	环境方面	7	安全产品的策划与实现
4.4.4	能源基准	—	—	—	—	7.4	危险性分析
4.4.5	能源绩效指标	—	—	—	—	7.4.2	危险性识别与可接受水平的检测
4.4.6	能源目标、能源指标及能源管理方案	5.4.1 7.1	质量目标 产品实现的策划	4.3.3	目标、指标与项目	7.2	首要项目

(五)能源管理体系建设的关键是领导重视

能源管理体系建设应成为最高管理者的战略选择。一些企业的能源管理体系建设实践证明,最高管理者是能源管理体系有效实施的前提保证。如果最高管理者被动接受,能源管理体系文件编制的再完善、再合理,也不可能得到切实有效执行,能源管理体系建设也就不可能达到预期效果。

(六)建立能源管理体系要防止"两张皮"现象

建立能源管理体系要求将策划、实施、运行、改进的工作文件化,但是不能简单地认为能源管理体系就是编写文件,"写要做的,做所写的",重要的是体系文件的执行。建立能源管理体系的过程中,应在充分理解和掌握能源管理体系要求标准的前提下,全面结合企业能源管理和能源利用实际状况,编制能源管理体系文件,并严格按照体系文件的要求执行。只有这样,能源管理和利用的全过程才能通过能源管理体系的实施得到有效控制。反之,就会使能源管理体系文件与日常的能源管理和利用过程相脱节,出现"两张皮"现象。

六、能源管理体系认证

2009年10月，国家认监委发布《关于开展能源管理体系认证试点工作的通知》（国认可〔2009〕44号），要求在国家能源管理体系标准正式实施后在钢铁、有色金属等10个重点行业开展为期2年的能源管理体系认证试点工作。2010年1月，国家认监委发布《关于能源管理体系认证试点机构条件及审批事项的通知》（国认可〔2010〕2号），明确了能源管理体系认证试点机构的申请条件。2012年2月，国家认监委发布《关于扩大能源管理体系认证试点工作范围的通知》（国认可〔2012〕10号），将能源管理体系认证试点的工作范围增加到13个行业。截至2011年年底，全国已有32家认证机构承担了认定试点任务，有68家企业获得了能源管理体系试点认证证书。通过试点，可以得出两个结论：一是认证是推动企业能源管理体系建设的一个有效手段，应当积极发挥认证作用，推动万家企业节能低碳行动；二是不应把认证作为能源管理体系建设的目标。在具体实施过程中，要按照《方案》关于省级节能主管部门负责"督促万家企业建立健全能源管理体系"的要求，由节能主管部门制定能源管理体系推进计划，协调和组织认证机构开展能源管理体系认证活动。

七、能源管理评价

在建立健全企业能源管理体系工作的基础上，对万家企业能源管理和能效水平进行评价，一方面促进节能管理水平不断提高，另一方面为国家有关部门实施有区别的节能奖励提供依据。

我国能源管理体系建设背景材料

能源管理体系作为一种节能机制和方法，得到国内外普遍认可和积极推进。英国、美国、丹麦、瑞典等国家较早制定了能源管理体系标准，我国从"十一五"开始研究制定能源管理体系标准，并在部分企业实施，取得积极成果。

一、国内外能源管理体系标准颁布时间

20世纪90年代，《能源管理体系指南》（英国）；

2000年，ANSI/MSE 2000《能源管理体系》（美国）；

2001年，DS 2403《丹麦能源管理规范》（丹麦）；

2003 年,SS 627750《能源管理体系说明》(瑞典);

2005 年,I. S. 393《能源管理体系　要求及使用指南》(爱尔兰);

2008 年,DB/T 1013《能源管理体系　要求》(中国山东);

2009 年,BS EN 16001《能源管理体系　要求》(英国);

2009 年,GB/T 23331《能源管理体系　要求》(中国);

2009 年,EN 16001《能源管理体系》(欧盟);

2011 年,ISO 50001《能源管理体系　要求及使用指南》(国际标准化组织);

2012 年,国家标委按照 ISO 50001 修订 GB/T 23331《能源管理体系　要求》,并更名为《能源管理体系　要求及使用指南》,征求意见后于 2012 年 12 月 31 日发布。

二、我国能源管理体系研究和建设成果

(一)地方研究和试点、推广情况

2007 年开始,山东省从制定标准入手,沿着试点、示范、总结、推广的路径,研究和实践能源管理体系。2008 年 6 月 30 日,发布《能源管理体系　要求》(DB 37/T 1013)地方标准,并从钢铁、化工等行业选取了 8 家有代表性的企业,进行了为期一年的能源管理体系建设试点工作。2009 年 7 月,国家发展改革委、工信部、国家认监委等部门、机构的专家,对山东省能源管理体系建设工作进行评价,一致认为:山东走创新之路,率先引入能源管理体系理念,以标准为先导,通过试点,形成了一套适合我国国情的能源管理思想和方法,很有推广意义。此后,山东省出台了《能源管理体系建设工作实施意见》和《工业企业能源管理体系实施指南》、《工业企业能源管理体系审核评价指南》、《钢铁企业能源管理体系实施指南》等配套标准,出版了《工业企业能源管理体系》,成立了咨询评价专家组,逐步扩大推广范围。截至目前,已有 68 家企业建立了能源管理体系,其中 13 家通过了认证机构认证。

2012 年 6 月,山西省启动“国家万家企业节能低碳行动——山西能源管理体系建设项目”,计划 2012 年抓好 10 家能源管理体系建设示范企业。

(二)国家认证试点情况

2009 年 10 月,国家认监委发布了《关于开展能源管理体系认证试点工作的通知》(国认可〔2009〕44 号),要求在国家能源管理体系标准正式实施后在钢铁、有色金属、煤炭、电力、化工、建材、造纸、轻工、纺织、机械制造等 10 个重点行业开展为期 2 年的能源管理体系认证试点工作。2010 年 1 月,国家认监委

发布《关于能源管理体系认证试点机构条件及审批事项的通知》(国认可〔2010〕2号)，明确了能源管理体系认证试点机构的申请条件。2012年，国家认监委发布《关于扩大能源管理体系认证试点工作范围的通知》(国认可〔2010〕10号)将能源管理体系认证试点的工作范围增加到13个行业。截至2011年，已有68家企业获得认证。

三、加快推进能源管理体系建设

2011年12月7日，国家发展改革委等12部门印发的《关于印发万家企业节能低碳行动实施方案的通知》，明确要求"万家企业要按照《能源管理体系　要求》(GB/T 23331)，建立健全能源管理体系，逐步形成自觉贯彻节能法律法规与政策标准，主动采用先进节能管理方法与技术，实施能源利用全过程管理，注重节能文化建设的企业节能管理机制，做到工作持续改进、管理持续优化、能效持续提高。"目前，国家发展改革委正在会同国家认监委起草《关于加强万家企业能源管理体系建设工作的通知》，进一步推动企业能源管理体系建设工作。

第四节　加强能源计量统计工作

《方案》第三部分"万家企业节能工作要求"的第四项内容："加强能源计量统计工作。万家企业要按照《用能单位能源计量器具配备和管理通则》(GB 17167)的要求，配备合理的能源计量器具，努力实现能源计量数据在线采集、实时监测。要创造条件建立能源管控中心，采用自动化、信息化技术和集约化管理模式，对企业的能源生产、输送、分配、使用各环节进行集中监控管理。建立健全能源消费原始记录和统计台账，定期开展能耗数据分析。要按照节能主管部门的要求，安排专人负责填报并按时上报能源利用状况报告。"

能源计量统计包括能源计量、能源统计和能耗数据分析三方面工作。能源计量是企业加强能源管理的重要技术基础，对加强能源消耗监管，提高能源利用效率和降低能源成本具有重要作用；能源统计是企业能源管理的重要内容，通过统计全面了解能源生产、加工、转换、使用等情况，为开展能耗数据分析提供科学依据；能耗数据分析是企业改进节能管理的重要手段和途径，通过数据分析能够掌握企业能源利用状况，查找能源利用的问题并提出改进的措施。这三方面工作是密不可分、相互促进的，都是强化能源管理的重要基础性工作。

《能源管理体系 要求》(GB/T 23331)对能源计量统计工作做出了明确规定。能源计量统计作为企业能源管理的一项基础性工作,贯穿于企业能源管理体系的策划、实施、检查和持续改进的全过程。在体系策划阶段,能源计量统计为开展初始能源评审提供数据支持,进而为制定能源方针,建立能源基准,确定能源目标指标提供科学依据;在体系实施阶段,通过加强能源计量器具的配备与管理,建立健全能源统计台账,实现对能源管理和利用全过程的监视和测量;在体系检查改进阶段,以日常能源计量统计数据为基础,实现对企业能源管理体系运行情况的分析评价,保证能源管理体系持续有效运行。同时,能源管理体系又促进能源计量器具的配备和管理更加完善,能源统计更加规范、全面。

一、用能单位能源计量器具配备和管理通则

《用能单位能源计量器具配备和管理通则》(GB 17167—2006)(本节简称《通则》)是在1997年发布的国家标准《企业能源计量器具配备和管理导则》的基础上修订而成的。《通则》明确规定,企业、事业单位、行政机关、社会团体等独立核算的用能单位都要根据要求配备和管理能源计量器具。

(一)能源计量器具配备

1. 能源计量器具的配备要求

《通则》对用能单位、主要次级用能单位、主要用能设备加装能源计量器具提出强制性要求。所谓主要次级用能单位是指用能量大于或等于表1-2-7中一种或多种能源消耗量限定值的次级用能单位;主要用能设备是指单台能源消耗量大于或等于表1-2-8中一种或多种能源消耗量限定值的设备。需要注意的是次级用能单位是用能单位下属的能源核算单位,没有"级别"的限制,只要是能源核算单位,就是上一级的"次级",也就是说一个用能单位可以有很多不同层次的次级用能单位,也可以没有次级用能单位。

表1-2-7 主要次级用能单位能源消耗量(或功率)限定值

能源种类	电力	煤炭、焦炭	原油、成品油、石油液化气	重油、渣油	煤气、天然气	蒸汽、热水	水	其他
单位	kW	t/a	t/a	t/a	m^3/a	GJ/a	t/a	GJ/a
限定值	10	100	40	80	10000	5000	5000	2926

注: * 表中a是法定计量单位中"年"的符号。

** 表中 m^3 指在标准状态下,表1-4-8同。

*** 2926 GJ相当于100t标准煤。其他能源应按等价热值折算,表1-2-8类推。

表 1－2－8　主要用能设备能源消耗量(或功率)限定值

能源种类	电力	煤炭、焦炭	原油、成品油、石油液化气	重油、渣油	煤气、天然气	蒸汽、热水	水	其他
单位	kW	t／h	t／h	t／h	m^3／h	MW	t／h	GJ/h
限定值	100	1	0.5	1	100	7	1	29.26

注：* 对于可单独进行能源计量考核的用能单元(装置、系统、工序、工段等)，如果用能单元已配备了能源计量器具，用能单元中的主要用能设备可以不再单独配备能源计量器具。

** 对于集中管理同类用能设备的用能单元(锅炉房、泵房等)，如果用能单元已配备了能源计量器具，用能单元中的主要用能设备可以不再单独配备能源计量器具。

用能单位在配备能源计量器具时，要掌握以下原则：

一是应满足能源分类计量的要求。为全面掌握自身的能源消费结构，配备的计量器具应满足用能单位使用能源种类单独计量的要求，如电力、煤炭、蒸汽等应进行单独计量。

二是应满足能源分级分项考核的要求。计量器具的配备要满足车间、部门、班组等用能单元对各类能源的计量，实现能源消耗指标的考核。注意不得重计和漏计。

三是重点用能单位应配备必要的便携式能源检测仪表，以满足自检、自查的要求。企业为完成对各生产车间考核、用能设备效率测试，需要便携式的检测仪表，在保证正常生产的情况下开展自检、自查。

2. 能源计量器具的配备率要求

《通则》对用能单位能源计量器具的配备率提出强制性要求，即满足表 1－2－9 的规定。能源计量器具配备率是指能源计量器具实际安装数量占理论需要量的百分数，所谓的理论需求量是指测量全部能源量值所需配备计量器具的数量。配置的计量器具是指检定合格的能源计量器具，对超过检定周期和检定不合格的能源计量器具不应计入。

表 1－2－9　能源计量器具配备率要求

单位：%

能源种类		进出用能单位	进出主要次级用能单位	主要用能设备
电力		100	100	95
固态能源	煤炭	100	100	90
	焦炭	100	100	90

续表

能源种类		进出用能单位	进出主要次级用能单位	主要用能设备
液态能源	原油	100	100	90
	成品油	100	100	95
	重油	100	100	90
	渣油	100	100	90
气态能源	天然气	100	100	90
	液化气	100	100	90
	煤气	100	90	80
耗能工质	蒸汽	100	80	70
	水	100	95	80
可回收利用的余能		90	80	—

注：* 进出用能单位的季节性供暖用蒸汽（热水）可采用非直接计量载能工质流量的其他计量结算方式。

** 进出主要次级用能单位的季节性供暖用蒸汽（热水）可以不配备能源计量器具。

*** 在主要用能设备上作为辅助能源使用的电力和蒸汽、水、压缩空气等载能工质，其耗能量很小（低于表 1－2－8 的要求）可以不配备能源计量器具。

需要注意的是《通则》对具有特殊性质的用能单位提出了较高的要求，如对于从事能源加工、转换、运输性质的用能单位，其能源加工、转换、输运效率反映了对能源的利用状况，所以要严格计量，因此配备的能源计量器具必须满足评价用能单位能源加工、转化、运输效率的要求；对于从事能源生产的用能单位（如采煤、采油企业等），自耗率是反映其能源生产成本的重要参数，用能单位应安装满足评价自耗率要求的计量器具。

3. 能源计量器具的准确度等级要求

为保证能源计量的准确性，《通则》对能源计量器具的准确度等级也做出强制性要求，即满足表 1－2－10 的规定。

表 1－2－10　用能单位能源计量器具准确度等级要求

计量器具类别	计量目的	准确度等级要求
衡器	进出用能单位燃料的静态计量	0.1
	进出用能单位燃料的动态计量	0.5

续表

计量器具类别	计量目的		准确度等级要求
电能表	进出用能单位有功交流电能计量	Ⅰ类用户	0.5S
		Ⅱ类用户	0.5
		Ⅲ类用户	1
		Ⅳ类用户	2
		Ⅴ类用户	2
	进出用能单位的直流电能计量		2
油流量表(装置)	进出用能单位的液体能源计量		成品油0.5
			重油、渣油及其他1.0
气体流量表(装置)	进出用能单位的气体能源计量		煤气2.0
			天然气2.0
			蒸汽2.5
水流量表(装置)	进出用能单位水量计量	管径不大于250mm	2.5
		管径大于250mm	1.5
温度仪表	用于液态、气态能源的温度计量		2
	与气体、蒸汽质量计算相关的温度计量		1
压力仪表	用于气态、液态能源的压力计量		2
	与气体、蒸汽质量计算相关的压力计量		1

注：* 当计量器具是由传感器(变送器)、二次仪表组成的测量装置或系统时，表中给出的准确度等级应是装置或系统的准确度等级。装置或系统未明确给出其准确度等级时，可用传感器与二次仪表的准确度等级按误差合成方法合成。

** 运行中的电能计量装置按其所计量电能量的多少，将用户分为五类。I类用户为月平均用电量500万kWh及以上或变压器容量为1万kVA及以上的高压计费用户；Ⅱ类用户为小于I类用户用电(或变压器容量)但月平均用电量100万kWh及以上或变压器容量为2000kVA及以上的高压计费用户；Ⅲ类用户为小于II类用户用电量(或变压器容量)但月平均用电量10万kWh及以上或变压器容量为315kVA及以上的计费用户；Ⅳ类用户为负荷容量为315kVA以下的计费用户；V类用户为单相供电的计费用户。

*** 用于成品油贸易结算的计量器具的准确度等级应不低于0.2。

**** 用于天然气贸易结算的计量器具的准确度等级应符合《天然气计量系统技术要求》(GB/T 18603—2001)附录A和附录B的要求。

需要注意的是主要次级用能单位所配备能源计量器具以及主要用能设备所配备能源计量器具的准确度等级(电能表除外)应参照表1-2-10的要求，电能表的要求可比表1-2-10中的同类用户低一个档次。同时，当能源作为生产原料使用时，其计量器具的准确度等级应满足相应的生产工艺要求。此外，能源计量器具的性能还应满足相应的生产工艺及使用环境（如温度、温度变化率、湿度、照明、振动、噪声、粉尘、腐蚀、电磁干扰等）的要求。

（二）能源计量器具的管理要求

《通则》从能源计量制度、能源计量人员、能源计量器具、能源计量数据四个方面对能源计量器具的管理做出规定。由于《通则》对这部分讲述得很全面，这里就不再作进一步延伸。

二、能源计量数据在线采集与实时监测

能源计量数据在线采集与实时监测系统是一个由现场计量仪表、数据传输网络和采集计量数据的计算机管理系统三部分构成的能源计量数据在线采集和实时监控的物联网系统，是对企业内部的水、电、汽、煤、油、气等各类能源进行计量、采集、汇总、上报和分析管理的企业内部计算机智能化管理系统。

企业通过建立能源计量数据在线采集与实时监测系统，可以实现企业能源计量数据的自动采集，获得企业能源消耗的真实数据，有效评估和帮助企业提高能耗管理的自动化、信息化能力，消除人工计算产生的误差，实现能源计量的精细化管理，降低能源成本。能源计量数据在线采集与实时监测系统能够对能源利用过程进行监视和测量，即时了解各生产用能环节能源利用状况，发现并准确定位设备运行出现的问题，采取相应措施；分析能源目标、指标实现程度，评价技术改进方案的节能效果，为能源管理体系的有效实施和持续改进提供保障。

三、能源管控中心

能源管控中心是在企业实现大量能源数据在线采集和实时监测的基础上，利用先进的计算机技术和网络技术，把分散在企业不同管理部门和分厂（车间）的能源管理职能，集中到一起，建立集能耗数据采集、实时监测、分析调控为一体的能源数据处理调控中心。近年来，我国大力推进能源管控中心建设，2009年12月工信部和财政部联合印发了《工业企业能源管理中心建设示范项目财政补助资金管理暂行办法》，启动我国工业企业能源管控中心示范工作。

（一）作用

企业能源管控中心能够实现能源管理由条块分割式管理向以远程综合监控

为基础的扁平化、高效管理转变，由分散管理向以集中管控为核心的一体化管理转变，由传统管理向以建立能源系统评价和考核体系为宗旨的价值管理转变。其在企业能源管理中主要发挥以下七方面的作用：一是完善能源信息的采集、存储、管理和有效利用；二是在企业层面，实现对能源系统的分散控制和一体化管理；三是减少管理环节，优化管理流程，建立客观能源消耗评价体系；四是减少运行成本，提高劳动生产率；五是加快系统的故障处理，提高对能源事故的响应能力；六是发挥高效的协同管控能力；七是通过优化能源调度和平衡指挥系统，节约能源，改善环境。

(二)建设内容

能源管控中心建设是一项全面系统的能源管理提升工程，主要包括“三个系统”(现场控制系统、数据采集系统和信息管理系统)，能够实现能源计划、能源计量管理、能源监控、能耗分析、数据报送、重点设备能耗管理等功能。

1. 现场控制系统改造

现场控制系统是能源管控中心建设的基础，主要是对能源输送、生产、应用控制系统进行改造，为能源管控中心的采集、传输、调控提供用能现场数据支撑。

(1)能源输送控制系统改造。对能源介质输送环节进行改造，以能源供应的自动启闭等自动化控制代替人工操作，实现能源输送数据的自动采集和上传。

(2)能源生产控制系统改造。对企业的余热发电、废气回收等环节进行改造，实现动态管理和实时监测。

(3)关键生产环节现场改造。根据企业生产经营状况，结合工艺、结构、产品优化升级，逐步对落后的生产环节进行改造，降低工序能耗，提高生产自动化水平，实现企业生产与能源管控中心的有效对接。

2. 数据采集系统建设

数据采集系统是能源管控中心建设的保障，能源介质存在于工业现场的不同环境中，企业应针对不同介质和不同计量方式，结合现场实际情况，采用不同方式建设数据系统。

(1)配备能源计量器具。配备满足标准 GB 17167 配备率和准确度等级要求的能源计量器具。有国家或地方产品能耗限额标准要求的企业，应根据限额标准中规定的统计范围及计算方法，配备满足测量要求的能源计量器具。

(2)定期检定计量仪表。编制检定、校准计划，对计量器具进行定期检定、校准，确保能源计量器具的准确性，提高能源管控中心能源供需平衡调度精度。

(3)健全能源计量管理制度。建立完善的计量管理体系，明确岗位工作职责，组织能耗限额管理、能源计量器具检定等培训，提高能源计量数据基础管理能力，规范能源计量管理制度。

3. 信息管理系统建设

信息管理系统是能源管控中心建设的核心，通过基础软件、控制系统、基础硬件、现场视频监控和能源管控中心大厅建设，实现企业能源管理的集中控制。

(1)基础软件建设。软件建设是能源管控中心数据采集、传输、存储的基础，是完成系统监控，进行数据分析、处理和加工的先决条件。重点开发网络监管软件、操作系统、开发工具软件、备份软件、远程运行维护软件、实时数据库、操作站监控软件、服务器平台软件、服务器驱动、WEB 发布客户端授权、现场操作站软件、实时数据库客户端授权软件以及与省节能信息系统互联互通的接口软件等。

(2)控制系统建设。控制系统是对基础软件功能的开发应用，企业根据行业特点采用不同的控制系统。一是监控系统，对采集的不同能源介质实时数据进行集中监控，呈现实时调配的"人机界面"；二是基础能源管理系统，进行能源计划管理、能源调度管理、用能过程管理、能源计量管理、能耗数据统计分析、能源指标绩效管理考核、能源成本结算等；三是运行维护系统，能源管控中心的数据采集、网络支撑、软件系统是同步运行的整体，依靠运行维护系统保障整体的持续稳定运行。

(3)基础硬件建设。硬件建设是构筑能源管控中心实时数据采集、交换的平台，包括工业以太网交换机、一体化以太网交换机、核心交换机、汇聚交换机、光纤线路以及其他建设安装材料和设备等。

(4)现场视频监控建设。视频监控是通过监控装置实现对生产环节和用能环节的现场实景展示，保证调控的可靠性。

(5)能源管控中心大厅建设。能源管控中心大厅是企业的能源调度指挥中心，是实现能源调度、分析、调控的核心组成部分，包括能源管控中心机房、大屏幕显示系统、空调和电源系统、通信和安防系统等基础设施。

四、能源统计原始记录和台账

能源计量是能源统计的基础，能源统计是企业加强能源管理的重要依据，没有计量，就没有统计，没有统计，就不能掌握企业的能源状况，就无法进行能耗数据分析，也就不会发现企业能源使用中存在的问题，能源管理就无从下手。企业应从建立健全原始记录和统计台账入手，不断强化能源统计工作。

（一）建立健全能源统计原始记录

能源统计原始记录是企业通过一定的表格、卡片、单据等形式，对能源活动过程和成果的最初记录和客观反映，是未经加工整理的第一手材料，是企业进行能源核算管理的原始依据。能源统计原始记录记载了企业基层能源活动的全部情况，是编制能源统计报表和加强能源管理的依据，是实现企业统计核算、会计核算和业务核算的基础，因此建立一套全面、真实、系统的原始记录对企业来讲有着极其重要的意义。

企业在建立健全能源统计原始记录时应满足以下四项原则：一是从实际出发，符合本企业能源管理和能源利用的特点、需求；二是满足统计、会计、业务核算等方面的需要，避免重复和矛盾；三是经常进行整理和改进；四是通俗和简便易行。此外，还应满足种类齐全、统一管理、准确及时三项要求。

万家企业由于所处行业不同，工艺设备等存在很大差异，因此能源统计原始记录也会不同。但总体而言，能源统计原始记录一般分为以下三种：一是能源购进方面的原始记录，如单位的销售发票、单位的验收入库单等；二是能源领用消费方面的原始记录，如用能设备运行登记表、工艺能耗记录表等；三是能源库存方面的原始记录，如入库单、出库单等。

（二）建立健全能源统计台账

能源统计台账是企业将各类用能统计表和原始记录的数据进行科学的整理、编排、计算、汇总和平衡，以满足编制报表和各种核算工作的需要而按时序设置的一种账卡式表册。建立能源统计台账，是企业能源科学管理的基础，是加强能源统计工作的一项基础性工作，是准确获取能源统计数据，提高能源报表填报效率和质量的重要手段。能源统计台账在企业能源管理中发挥了重要作用，主要体现在以下三个方面：一是整理、汇总、积累资料的工具，将分散记载在原始记录上的资料，进行分组、归纳、计算、汇总，形成全面、系统的能源活动情况的真实资料，为及时、准确编制能源统计报表和开展统计分析创造有利条件；二是为企业能源管理提供依据，通过对多种统计指标的动态比较，反映出能源运行动态及存在问题，推动改进企业能源管理工作；三是为企业统计、会计、业务核算的奠定基础。

企业在建立能源统计台账时应满足以下三项原则：一是满足能源管理需要；二是满足上级主管部门能源统计报表制度的要求；三是各项指标、统计范围、分组标志、计算方法都应与现行的统计报表制度相一致。

目前，企业常用能源统计台账一般包括统计报表台账、专项指标台账、历史资料台账、分析研究台账和能源管理台账五类。

随着电子办公的普及，传统意义上的能源统计台账在大部分企业已经消失，取而代之的是电子台账。电子台账是从企业最基础的原始资料入手，将原始数据输入统计电子台账系统，上报前经系统自动审核后生成上报指标与统计报表。电子台账与传统台账相比，具有统一规范、准确完整、简便高效的优势，提高了统计数据的质量，有效弥补了统计薄弱造成的不足，改善了企业统计工作。

五、能源统计分析

能源统计分析是在占有大量的能源统计资料和深入实际调查研究的基础上，运用统计分析的基本原则和方法，对能源系统流程运动的内在联系及其发展变化规律、能源综合平衡状况、能源资料构成和能源消费构成、能源流转、能源加工深度、能源储存、能源经济效益、能源综合利用以及与国民经济发展的依存关系等方面，进行分析、研究、判断和推理，找出新情况、新问题并提出切实可行的建议。

能源统计分析在企业能源管理中发挥重要作用，主要表现在以下四个方面：一是为管理者提供决策依据，通过能源统计分析，使其全面掌握企业能源情况，为制定下一步决策（如编制能源供应计划等）提供强有力的依据；二是及时查找能源利用中的问题并采取相应措施，保证用能设备的经济运行，充分挖掘节能潜力；三是有助于节能目标责任的落实和考核，保证节能目标的完成；四是有助于查找能源计量统计工作的不足，使其不断完善。

万家企业在进行能源统计分析时应遵循以下原则：坚持实事求是，如实反映情况；以有关法律法规、政策标准和其他要求为依据进行分析；坚持理论联系实际的方法；主题鲜明、论点明确、判断准确、推理符合逻辑等。

（一）主要方法

能源统计分析方法应从本企业某个时期的实际情况出发，依据分析目的以及要研究能源问题的特殊要求，采取不同的分析方法。目前企业常用的能源统计分析方法有以下几种：

1. 对比分析法

此法又叫比较法，常用于挖掘企业节能潜力的分析，选择比较基础是关键。与计划比，可寻找能源在各个环节未完成的原因或计划制定的欠缺；与基期比，可研究企业能源消耗水平变化发展中的问题；与同行业先进水平比，可发现本企业与先进企业间的差距及症结所在等。

2. 因素分析法

此法又叫原因分析法，其出发点是将指标本身进行因素分解，并使每一个因素都得到适当的评价，它通常应用在对企业能源消耗水平变化情况的分析上。

3. 平衡分析法

此法通过分析研究各种平衡关系，用以揭示并阐明企业能源活动中各种比例关系的状况以及影响这些比例关系的因素。

4. 结构分析法

此法把事物总体分解为各个组成部分，通过计算结构的相对指标来研究总体内部各因素的构成及其变化趋势，从而更深刻地认识总体事物各部分的特殊性及其在总体所占的地位。它是以总体总量作为比较标准，计算各部门占总量的比重，以百分数表示。

此外，企业能源统计分析方法还有许多，如相关分析法、动态分析法、预测分析法等。这些方法之间是相互联系、相互补充的。企业在实际应用中，应具体问题具体分析，可单独使用某种方法，也可结合几种方法共同使用。

（二）步骤

能源统计分析是对能源统计资料进行高度的深加工，是能源统计工作的综合产品。进行能源统计分析一般应按照以下步骤：一是确定分析研究的题目，明确目的；二是周密构思，拟好分析大纲；三是搜集、鉴别、加工整理资料；四是进行辩证分析，应用各种分析方法，对各种分析资料进行辩证分析，由点到面、由部分到整体，逐步分析归纳，分析影响变动的主要原因；五是形成分析报告，报告一般包括采用的能耗分析方法、能源目标和能源指标完成情况、能耗和费用上升或下降的原因及其影响因素分析、企业或部门用能水平评价、改进措施和节能潜力分析等。

万家企业能源统计分析涉及综合能耗计算时，应按照国家标准《综合能耗计算通则》（GB/T 2589）进行计算。

六、综合能耗计算通则

1990 年，国家标准《综合能耗计算通则》（GB/T 2589）（以下简称《计算通则》）发布，2008 年修订。《计算通则》为一系列能源消耗限额、能源审计、能量平衡、能源监测等国家、行业、地方、企业节能标准的制定和修订提供基础和依据，也为国家、地方节能考核提供有效技术支撑。《计算通则》规定了综合能耗的定义和计算方法，适用于用能单位能源消耗指标的核算和管理。

（一）综合能耗计算的能源种类和计算范围

1. 能源种类

《计算通则》规定，综合能耗计算的能源种类包括一次能源、二次能源和耗能工质三类，并应满足填报国家能源统计报表的要求，各种能源不得重计、漏计。耗能工质是指在生产过程中所消耗的不作为原料使用，也不进入产品，在生产或制取时需要直接消耗能源的工作物质（如新水、软水、压缩空气、氮气、氧气、氩气、电石、乙炔等）。耗能工质本身并不是能源，只是取得它必须消耗能源，减少耗能工质的消耗就等于间接地节约了能源。

综合能耗可分为当量值和等价值两种，其中当量值是指按照物理学电热当量、热功当量、电功当量换算的各种能源所含的实际能量，如 1 千瓦时电的当量值为 3600kJ，相当于 0.1229kgce。等价值是指生产单位数量的二次能源或耗能工质所消耗的各种能源折算成一次能源的能量。

2. 计算范围

综合能耗计算范围是指用能单位生产过程中实际消耗的各种能源。用能单位是指具有确定边界的耗能单位，是具有明确热力学边界、可以进行统计计算的能量体系。

《计算通则》只界定用能单位生产系统范围内的能源消费作为计算综合能耗的范围。以工业生产企业为例，计算范围：一是只包括用于生产所消耗的能源（这里的生产系统应包括主要生产系统、辅助生产系统和附属生产系统）；二是作为产品生产原料使用的能源，特别是矿物质能源、油及天然气等；三是使用“耗能工质”所相当的（等价）能源消耗；四是损耗，包括企业内部的储存、运输和输送过程中的损失，统计和计量的误差，以及其他损失。

（二）综合能耗的分类与计算方法

1. 综合能耗的分类

《计算通则》将综合能耗分为综合能耗、单位产值综合能耗、产品单位产量综合能耗、产品单位产量可比综合能耗四种。

（1）综合能耗。指用能单位统计报告期内实际消耗的各种能源实物量，按规定的计算方法和单位分别折算后的总和。对企业来说，综合能耗是指统计报告期内，主要生产系统、辅助生产系统和附属生产系统的综合能耗总和，反映能源消费的总水平，是计算单位能耗的基础。

（2）单位产值综合能耗。指统计报告期内，综合能耗与期内用能单位总产值或工业增加值的比值。总产值反映物质生产部门生产经营活动的价值成果。工业增加值是工业企业全部生产活动的总成果扣除在生产过程中消耗或转移的物质产品和劳务价值后的余额，是工业企业生产过程中新增加的价值。

(3)产品单位产量综合能耗。指统计报告期内，用能单位生产某种产品或提供某种服务的综合能耗与同期该合格产品产量(工作量、服务量)的比值，反映了企业的技术装备水平和技术管理水平，是反映企业能源利用效率高低的一项重要指标。

(4)产品单位产量可比综合能耗。指为在同行业中实现相同最终产品能耗可比，对影响产品能耗的各种因素加以修正所计算出来的产品单位产量综合能耗。

2. 综合能耗计算方法

综合能耗计算方法在《计算通则》中讲述得很全面，这里就不再作进一步延伸，万家企业如有需要，可参考《计算通则》。

(三)各种能源折算标准煤的原则

《计算通则》中规定，各种能源折算标准煤的原则：一是计算综合能耗时，各种能源折算为一次能源的单位为标准煤当量；二是用能单位实际消耗的燃料能源应以其低(位)发热量为计算基础折算为标准煤量，低(位)发热量等于 29307 千焦(kJ)的燃料，称为 1 千克标准煤(1kgce)；三是用能单位外购的能源和耗能工质，其能源折算系数可参照国家统计局公布的数据，用能单位自产的能源和耗能工质所消耗的能源，其能源折算系数可根据实际投入产出自行计算；四是当无法获得各种燃料能源的低(位)发热量实测值和单位耗能工质的耗能量时，可参照《计算通则》附录 A 和附录 B。在实际工作中，万家企业应依据该原则进行各种能源折算标准煤的计算。

七、能源利用状况报告制度

能源利用状况报告制度是重点用能单位的一项法定义务。《节约能源法》第五十三条规定："重点用能单位应当每年向管理节能工作的部门报送上年度的能源利用状况报告。能源利用状况包括能源消费情况、能源利用效率、节能目标完成情况和节能效益分析、节能措施等内容。"实施能源利用状况报告制度，对加强和改善重点用能单位节能监管、提高能源利用效率、实现节能目标具有重要意义。

为抓好万家企业能源利用状况报告工作，2012 年 8 月，国家发展改革委印发了《国家发展改革委办公厅关于进一步加强万家企业能源利用状况报告工作的通知》(发改办环资〔2012〕2251 号)(以下本节简称《通知》),要求列入万家企业节能低碳行动企业名单内的用能单位均应填报能源利用状况报告。企业能源管理负责人负责组织对本企业用能状况进行分析、评价,编写能源利用状况报告,并于每年 3 月 31 日前将上一年度的能源利用状况报告报送当地节能主管部门。

(一)能源利用状况报告填报系统内容

能源利用状况报告采用统一报表格式,包括:基本情况表、能源消费结构表、能源消费结构附表、单位产品综合能耗指标情况表、节能量目标完成情况表、节能改造项目情况表。企业领域涉及工业、交通运输仓储和邮政业、住宿和餐饮业、批发和零售业、教育 5 个领域,具体表格根据企业领域有所不同。

1. 基本情况表

该表主要用于填写企业所属行业、单位类型、注册日期、法定代表人姓名等基本信息以及能源管理人员的姓名和联系方式、主要经营情况、(综合)能源消费量及主要产品名称、产量、产值能耗和主要产品能耗等内容。应注意,首次填报时应填写指标的上年同期值。

2. 能源消费结构表

该表主要用于填写统计年度内企业各类能源购进量、能源消费量、能源库存量和各种能源的折标系数等数据。应注意,各种能源采用的折标系数需手动填写,有条件的企业应填写根据实测热值计算的折标系数;表中不存在“消费量 = 期初库存量 + 期内购入量 - 期末库存量”的逻辑关系;表中消费量填报的能源不仅包括外购的一次能源、二次能源,也包括使用的加工转换产出的能源以及回收利用的能源,即只要是企业消费使用的能源都应填报在内;区分用于原材料和加工转换的能源。

3. 能源消费结构附表

该表主要用于填写统计年度内工业企业能源加工转换环节的能源投入量、加工转换产出量、回收利用能源量、综合能源消费量等。应注意,首次填报不要漏填表尾处的“上年度综合能源消费量”;若用能单位存在余热余能的回收利用,应在回收利用一栏中如实填报,其值为折标实物量。

4. 单位产品综合能耗指标情况表(或单耗指标情况表)

该表填写企业单耗指标以及与上年期比较的变化情况。应注意,填写上年度子项值和母项值,子项值是指标的能耗量,母项值是指标的年产量;用能单位生产的产品属于不同行业的,填报时不要漏选单位产品综合能耗指标;对考核的指标内容填写齐全、不要有遗漏或不填报,当量值和等价值的均要填报。应注意,对每一项能耗指标的变化做明确说明,且能够真实反映能耗指标上升或下降的原因。

5. 节能量目标完成情况表

该表主要用于填写考核期间节能目标逐年完成情况,即进度节能量目标、单位产品综合能耗实际完成节能量、单位工业总产值能耗实际完成节能量等指标。应注意,节能量计算采用环比法,即以上年度数值为基准。

6. 节能改造项目情况表

该表主要填写项目名称、主要改造内容、投资金额、节能效果、是否合同能源管理模式、项目进度及审批部门等。应注意,在“主要改造内容”中要介绍:实施改造措施所采用的生产工艺、设备、方法及其优点;项目耗能情况及节能量;项目建成后对用能单位或本地区的影响、投资回收期等。

(二)能源利用状况报告的监管

1. 能源利用状况报告的审核

《节约能源法》第五十四条规定:管理节能工作的部门应当对重点用能单位报送的能源利用状况报告进行审查。省级节能主管部门应组织对本地区年综合能源消费总量一万吨标准煤以上用能单位的能源利用状况报告进行审查,市(区)级节能主管部门应组织对本地区年综合能源消费总量五千吨标准煤以上不满一万吨标准煤用能单位的能源利用状况报告进行审查。对审查过程中发现节能管理制度不健全、节能措施不落实、能源利用效率低的重点用能单位,节能主管部门应当开展现场调查,组织实施用能设备能源效率检测,责令实施能源审计,并提出书面整改要求,限期整改。

《通知》要求:地方节能主管部门组织对辖区内企业能源利用状况报告进行审查,对审查不合格的,要求其限期整改,重新报送。省级节能主管部门负责汇总审核本地区万家企业能源管理利用状况,并填写汇总表,于每年 4 月 30 日前报国家发展改革委。

2. 违法行为及法律责任

《节约能源法》第八十二条规定:重点用能单位未按照本法规定报送能源利用状况报告或者报告内容不实的,由管理节能工作的部门责令限期改正;逾期不改正的,处一万元以上五万元以下罚款。该条规定的处罚主体为节能主管部门,两类违法行为是,未按照本法规定报送能源利用状况报告、报送的能源利用状况报告内容不实。重点用能单位存在上述违法行为，并不直接导致行政处罚，只有在节能主管部门责令其限期整改，逾期不改正的，才会受到一万元以上五万元以下的罚款处罚。

《节约能源法》第八十三条规定：重点用能单位无正当理由拒不落实本法第五十四条规定的整改要求或者整改没有达到要求的，由管理节能工作的部门处十万元以上三十万元以下罚款。该条规定的处罚主体是节能主管部门，违法行为是无正当理由拒不落实整改要求或者整改没有达到要求。

第五节　开展能源审计和编制节能规划

《方案》第三部分“万家企业节能工作要求”的第五项内容：“开展能源审计和编制节能规划。万家企业要按照《企业能源审计技术通则》（GB/T 17166）的要求，开展能源审计，分析现状，查找问题，挖掘节能潜力，提出切实可行的节能措施。在能源审计的基础上，编制企业‘十二五’节能规划并认真组织实施。各企业要在本实施方案下发的半年内，将能源审计报告报送地方节能主管部门审核，审核未通过的，应在告知后的3个月内进行修改或补充，并重新提交。”

能源审计是一套集企业能源系统审核分析、用能机制考察和企业能源利用状况核算评价为一体的科学方法，通过开展能源审计使企业掌握自身能源管理和利用状况，查找能源利用的薄弱环节，提出节能改进建议，挖掘节能潜力，同时也便于节能主管部门加强对企业用能的监督与管理。节能规划是为企业实现节能目标所编制的中长期节能行动方案，企业在能源审计的基础上编制节能规划，按照制定的目标、任务、措施、时间和步骤落实节能技改措施。

能源审计既是用能单位在能源管理体系策划阶段开展初始能源评审必不可少的工具，又是能源管理体系内部审核的工具。能源审计作为用能单位自身加强节能管理的重要工具，应当是能源管理体系策划的内容，用能单位应不断完善内部能源审计制度。节能规划的内容和能源管理体系中能源目标、能源改进方案、节能措施等实质上是一致的，节能规划应当包括用能单位不断建立健全能源管理体系的内容，其科学完善、有效实施也应当是建立和改进能源管理体系的重要内容。

一、《企业能源审计技术通则》（GB/T 17166）介绍

1997年国家技术监督局发布《企业能源审计技术通则》（GB/T 17166）（以下简称《通则》），该标准对能源审计的定义、内容、方法、程序及审计报告的编写等

进行了原则规定，是开展能源审计和编制能源审计报告的依据，在能源审计工作中得到广泛应用，对节能工作起到了极大的促进作用。

（一）相关术语

1. 能源审计

能源审计是审计单位依据国家有关的节能法律法规和政策标准，对企业和其他用能单位能源利用的物理过程和财务过程进行的检验、核查和分析评价。能源审计是集企业能源核算系统、合理用能评价体系和能源利用状况审核考察机制为一体的科学方法。能源审计以企业经营活动中能源的收入、支出的财务账目和反映企业内部消费状况的台账、报表、凭证、运行记录及有关的内部管理制度为基础，以节能法律法规、政策、标准、技术评价指标、国内外先进水平为依据，结合现场设备测试，对企业能源利用状况进行系统分析和评价。

2. 审计期

审计期指审计所考察的时间区段，一般考察期间为一年或其他特定的时间区段。在实际工作中，审计期一般为一个年度，以上年度为基期，审计期和基期的选择可以根据企业实际情况确定。

（二）能源审计的内容

《通则》规定，开展能源审计需从企业的能源管理状况、企业的用能概况及能源流程、企业的能源计量及统计状况、企业能源消费指标计算分析、用能设备运行效率计算分析、产品综合能源消耗和产值能耗指标计算分析、能源成本指标计算分析、节能量计算、评审节能技改项目的财务和经济分析等九方面来进行。

（三）能源审计方法和依据标准

1. 能源审计方法

《通则》规定，能源审计的基本方法是调查研究和分析比较，主要运用现场检查、数据审核、案例调查以及盘存查账等手段，必要时辅助以现场测试。

2. 依据标准

《通则》规定，开展能源审计时依据9项国家标准：《工业企业能源管理导则》（GB/T 15587）、《用能设备能量测试导则》（GB/T 6422）、《综合能耗计算通则》（GB/T 2589）、《设备热效率计算通则》（GB/T 2588）、《企业节能量计算方法》（GB/T 13234）、《用能单位能源计量器具配备和管理通则》（GB 17167）、《企业能量平衡统计方法》（GB/T 16614）、《企业能量平衡表编制方法》（GB/T 16615）、

《企业能源网络图绘制方法》(GB/T 16616)。迄今,有6项引用标准已经修订,其最新版本适用于本《通则》。

(四)能源审计报告的编写

能源审计报告分摘要与正文两部分。

1. 摘要

能源审计报告的摘要应放在正文之前,字数应控制在2000字以内。报告摘要至少包括以下内容:企业能源审计的主要任务和内容;审计期内企业能源消费结构;各种能耗指标(需计算等价值和当量值);能源成本与能源利用效果评价;节能技改项目的财务分析与经济评价;存在的问题及节能潜力分析;审计结论和建议。

2. 正文

能源审计报告的正文除要全面详细描述摘要中的内容外,还应包括以下内容:

(1)企业概况(产品、产量、销售额、利税、固定资产、人员结构、能耗指标、生产工艺概况及在同行业中所占位置等);

(2)企业的能源管理现状(能源管理机构、岗位、职责的设立和履行情况,各种管理制度的制定和执行情况,节能培训持证上岗情况等);

(3)企业用能分析(用能概况、工艺流程说明、能源流程、能源实物量平衡、能源成本、主要用能设备运行情况、技术装备符合产业政策评价、用能设备的更新淘汰评价、各种能耗指标、经济指标计算分析等)。

《通则》确定了开展能源审计的基本指导原则,对开展能源审计发挥了重要作用。“十一五”期间,能源审计在理论和实践方面都取得了很大发展。为了加强对能源审计的指导,部分行业协会和省、市在总结能源审计经验的基础上,出台了能源审计标准和办法,如化工协会发布的《化工企业能源审计规范》(HG/T 4190)、《石化企业能源审计规范》(HG/T 4191),山东省发布的《用能单位能源审计规范》(DB37/T 819)等。

二、实施能源审计

(一)分类

1. 按照能源审计的目的和任务来源不同,可以分为节能监管型能源审计、企业委托型能源审计和企业自审型能源审计

(1)节能监管型能源审计。指节能主管部门为调查企业用能状况,加强企业节能管理,要求企业实施的能源审计。

(2)企业委托型能源审计。指企业为查找节能潜力,改进节能管理,进行节能技术改造,自行委托外部能源审计机构实施的能源审计。

(3)企业自审型能源审计。指企业按照能源审计标准规范,运用能源审计的原理和方法,依靠本企业技术力量实施的能源审计。

2. 按照能源审计的深度和范围不同,可以分为全面能源审计、初步能源审计和专项能源审计

(1)全面能源审计。指对企业能源管理现状和能源利用全过程进行深入全面的统计分析、检验测试、诊断评价并提出改进措施。需要全面采集企业的用能数据和管理状况,进行能源实物量平衡,对重点用能设备或系统进行节能分析,必要时需进行用能设备的测试工作,提出节能技改方案,并对方案进行经济、技术、环境评价。

(2)初步能源审计。指通过对现场和现有历史统计资料的了解,对能源管理状况、能源统计数据和生产工艺过程仅作一般性的调查。初步能源审计可以发现明显的节能潜力并找出在短期内就可以提高能源效率的简单措施。

(3)专项能源审计。指针对企业能源管理和利用的某一方面或环节(如热电联产指标、资源综合利用项目、专项节能投资、明显能源浪费等)进行能源审计。

本《方案》所指的能源审计是节能监管型全面能源审计。

(二)思路和原理

在开展能源审计工作时,要查找企业各种数据的来源,并追踪统计计量数据的准确性和合理性,进行能源实物量平衡分析,采取盘存查账、现场调查、测试等手段,检查核实有关数据,进行能耗指标的计算分析。只有在数据准确可靠时,才能准确查找节能潜力,提出整改建议和措施。能源审计的思路和原理主要体现在四个环节、三个步骤、八个方面和四个原理方法。

1. 四个环节

在能源审计中,可以将企业能源利用的全过程分为购入贮存、加工转换、输送分配、最终使用四个环节,如图 1-2-6 所示。

(1)购入贮存。是企业能源的输入环节,一般包括企业的供销、计划、财务、储运等部门。企业购入贮存的能源种类一般包括一次能源、二次能源和耗能工质。购入能源的质量对企业能源的利用效率有很大影响,采取不同的贮存方式也会对能源的品质和损耗产生影响。

(2)加工转换。指能源经过一定的工艺流程生产出新的能源产品的过程。包括一次转换和二次转换。一次转换包括热电站、锅炉房、炼焦厂、煤气站等;二

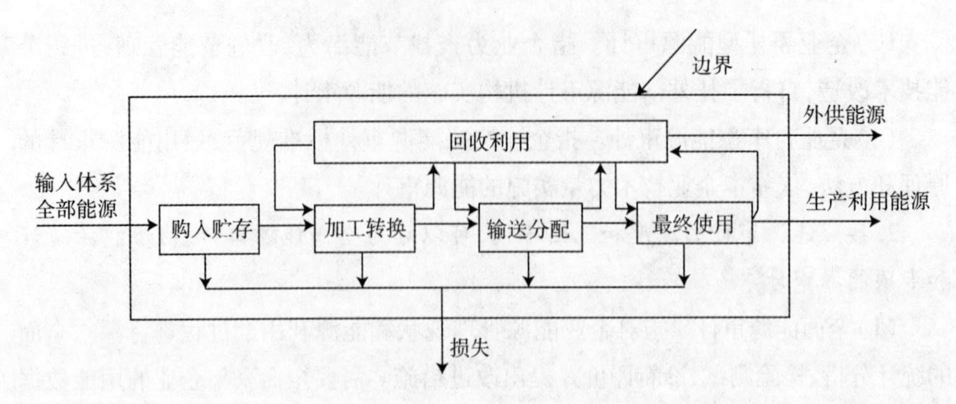

图1-2-6　能源流程图

次转换包括空气压缩站、制冷站等。一次转换一般耗能较大，是节能的重点部位。

(3)输送分配。是将企业用能输送到各终端用能部门的一个重要环节，如各种输电线路、蒸汽、煤气管网等。一般能源的输送分配损失占总能耗的比例较小，在考察企业能源利用过程时是相对次要部门。

(4)最终使用。是企业能源系统最为复杂的一个环节。一般可以将企业的最终用能环节划分为以下几个主要部分：主要生产系统、辅助生产系统、采暖（制冷）系统、照明系统、运输系统、生活及其他。更进一步细分，还可将主要生产系统和辅助生产系统分成各生产车间，生产车间又可按重大用能设备细分，如钢厂可以按烧结、球团、炼铁、炼钢、轧钢来分；电厂可以按锅炉、汽轮发电机组、厂内用电、外供电来划分。采用的划分方式一般应与日常指标考核格局一致，便于数据的获取和管理。

由于不同企业的用能结构、生产工艺、能源利用流程不同，能源审计的重点也应不同。例如，钢铁企业可回收利用的余热余能资源非常丰富，审计时就要进行重点分析评价，有的企业可回收利用的余热余能很少，则不必进行重点分析评价；有的企业本身属于能源加工转换企业（热电厂、炼油厂），加工转换过程就是其最终使用过程，对这类企业的加工转换环节应进行重点分析评价。

具体到某个企业，一般来说，如果仅把能源利用过程划分为上述四个环节是远远不够的，应把各个环节细分为可控制的或能施加影响的能源利用最小过程单元，例如购入贮存可细化为能源采购（供应商的确定、合同的签署）、能源运输、能源计量、能源质量检验以及能源贮存等环节，再如热电企业的加工转换可细化为锅炉、汽轮机、发电机等环节。

2. 三个步骤

能源审计的三个步骤是查找问题、分析问题和解决问题。查找问题，就是通过审计，分析能源利用状况，摸清能源利用底数；分析问题，就是分析能源浪费和能源效率不高的原因，寻找节能潜力；解决问题，就是提出整改措施，指出节能方向。

3. 八个方面

能源审计的八个方面是指：能源、技术工艺、设备、过程控制、管理、员工六个输入方面和产品、余热余能两个输出方面。从能源利用角度看，八个方面是直接导致能源利用效率低和能源浪费的因素。因此，查找能源浪费的原因，需从这八个方面入手。在四个环节和三个步骤中都要嵌入八个方面，从八个方面入手，找出改进措施。能源审计的八个方面如图 1－2－7 所示。

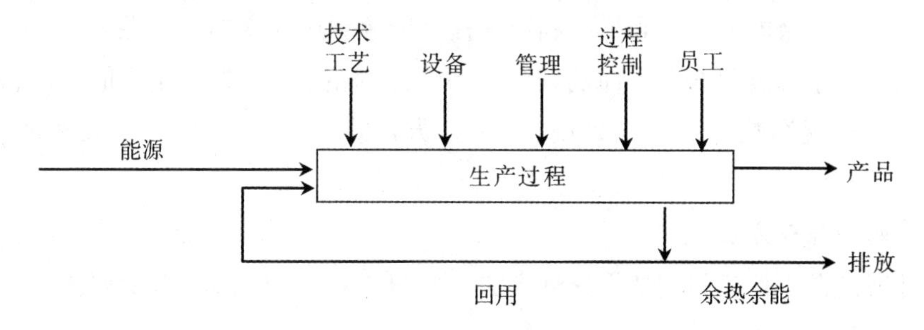

图 1－2－7　生产过程框图

（1）能源。能源本身存在质量和种类的差别，在一定程度上决定了生产过程中能源利用的效率，因此选择与生产相适应的能源是能源审计所要考虑的重要方面。可以从能源的供应、贮存、发放、运输是否存在流失，能源投入量和配比是否合理，能源本身是否与生产相适应，能源的质量是否有保证等方面进行分析。

（2）技术工艺。生产过程的技术工艺水平基本上决定了能源的利用水平，先进技术工艺可以提高能源利用效率，从而减少能源浪费。连续生产能力差、生产稳定性差或技术工艺水平落后等都有可能导致能源利用效率低和能源浪费。

（3）设备。设备作为技术工艺的具体体现，对能源转换和能源利用具有重要的作用。设备的配置（用能设备之间、用能设备和公用设施之间）、自身的功能、设备的维护保养、设备的自动化水平、先进程度等均会影响设备的运行效率，从而导致能源利用效率低和能源浪费。

（4）过程控制。运行参数是否处于受控状态并达到最佳水平是影响能源利用效率的主要方面。计量检测、分析仪表不齐全或精度及操作人员的能力和意识达不到要求都可能导致能源利用效率低和能源浪费。

（5）管理。目前，我国部分企业的能源管理水平较低，这是导致能源浪费和能源利用效率低的重要原因。如,能源消耗定额的制定和考核不合理、岗位操作过程不够规范、缺乏有效的奖惩制度等。

(6)员工。任何生产过程,无论自动化程度多高,均需要人的管理和控制,如果员工的素质不能满足生产的要求,缺乏优秀的管理人员、专业技术人员和熟练的操作人员,都会影响能源利用效率。

(7)产品。产品本身决定了生产过程,产品性能、种类的变化往往要求对生产过程作出相应调整,产品成品率,产品在贮存和搬运过程中的破损、流失,都会影响能源利用效率。

(8)余热余能。余热余能本身具有的特性和状态直接关系到它是否可再回收利用。余热余能的回收和梯级利用是提高能源利用效率的重要手段。

以上对生产过程八个方面的划分并不是绝对的,也可能存在其他方面,如外部环境的客观影响等。一般来说,这八个方面本身也存在相互交叉和渗透的情况。

4.四个原理方法

开展能源审计应引用如下原理方法:物质和能量守恒原理、分层嵌入法、反复迭代法、穷尽枚举法。

(1)物质和能量守恒原理。在获得企业资料后,可以测算能源投入量、产品的产量,在此之间建立一种平衡,弄清能源管理水平及其能源流向,发现能源利用瓶颈所在。物质和能量守恒原理这一方法适用于能源利用全过程,也适用于各生产车间、工序和耗能设备。

(2)分层嵌入法。分层嵌入法是指在能源审计中,能源利用流程的四个环节都要嵌入查找问题、分析问题和解决问题这三个步骤,在每一个层次中都要嵌入能源、技术工艺、设备、过程控制、管理、员工、产品、余热余能这八个方面。在能源审计的各个阶段,都要从四个环节出发,利用三个步骤,从八个方面入手弄清位置,找准原因,解决问题。

(3)反复迭代法。能源审计的过程是一个反复迭代的过程,即在能源审计的过程中要反复使用上述分层嵌入法、物质和能量守恒原理。分层嵌入法适用于现场考察,也适用于产生节能方案阶段,有的阶段应进行四个环节、三个步骤、八个方面的完整迭代,有的阶段不一定是完整迭代。

(4)穷尽枚举法。穷尽枚举法包括穷尽和枚举两个方面。穷尽就是企业从八个方面入手竭尽所能地找出存在的问题,挖掘节能潜力。所谓枚举,就是一个一个地列举出来。穷尽枚举法意味着在每一个阶段的每一个层次的迭代中,都要将八个方面作为切入点。

（三）能源审计的程序

能源审计的程序一般包括制定审计方案、成立审计小组、整理核查资料、现场检测与调查、计算分析、召开总结会、提出能源审计报告。下面以委托型能源审计为例介绍能源审计程序，自审型能源审计可参考其实施。

1. 制定审计方案

审计方案由企业和审计机构在充分协商的基础上制定，其内容应包括能源审计的原则、方法、范围、内容、时间、审计期、审计人员（审计机构人员，企业配合人员包括节能管理部门负责人，计量、统计、财务和熟练工艺设备的人员以及与审计相关的供应、检验、技术人员等）、需要提供的资料、需要备查的资料、审计依据和标准等。

2. 成立审计小组

成立能源审计小组，确定审计小组组长和组员。组长应由熟悉有关节能法律法规和政策标准，掌握节能原则和技术，熟悉能源审计内容、方法、程序的专业审计人员担任。审计小组成员应根据企业的实际情况确定，通常由 3 名具备能源审计相关专业知识和节能管理工作经验，熟悉常规生产、工艺、设备和统计、计量基础知识的人员担任成员。

3. 整理核查资料

审计人员整理企业提供的资料，初步了解能源利用现状，核实资料的真实性和准确性，并根据核查结果对所提供的资料进行相应的修正和补充。

4. 现场检测与调查

在能源审计过程中，为了获得准确的耗能情况、设备转换效率或者验证部分数据的准确性，可以对部分设备或数据进行现场检测。为核实提供资料的真实性，审计人员应该采取调查的方式，核实各项管理制度的制定和落实情况，计量仪表的配备、安装、管理及工作状态，其他有疑问的环节等。调查可以采取询问和座谈等形式。

5. 计算分析

在前两个阶段的基础上，企业的能源管理和能源消耗资料已经收集齐全，根据上述资料对企业的综合能耗、单位产品能耗、节能量等考核指标进行计算，并做出分析评价。

6. 召开总结会

现场审计结束后，召开总结会，一般要求企业法人代表或者高层管理者代表和相关部门的负责人参加,一是由审计负责人总结能源审计工作的过程、初步结果和发现的问题,二是企业确认审计工作过程、初步结果及发现的问题,三是协商发现问题的整改措施。

7. 提出能源审计报告

审计人员针对现场审计的实际情况(包括各种生产、能源消耗、检测的相关数据等),按照《审计通则》和企业要求(如政府委托型能源审计,应按照政府有关部门要求)编写能源审计报告,于审计结束后 15 日内向委托方提出审计报告。

(四)能源审计的内容

1. 审计能源管理现状

建立和完善能源管理系统,制定并严格落实各项管理制度,对降低能耗、提高经济效益有着重要的作用。审计时,可通过召开座谈会、查看管理文件、沟通询问和现场查看的方式,核查各项能源管理文件的制定情况,并根据文件追踪每项管理活动,了解有关人员理解和贯彻执行情况。

(1)审计能源管理系统。主要考察企业是否制定能源管理方针和能源管理目标,是否以书面文件颁发;能源管理组织机构是否完善;能源管理职责是否落实;是否制定完善的能源管理文件并贯彻执行。

(2)审计能源购入管理。主要考察企业选择的能源供方原则;能源采购合同是否全面规范;购入能源的计量是否准确;输入能源质量的检测是否符合要求;是否制定相应贮存管理制度。

(3)审计能源转换管理。主要考察企业是否制定并执行转换设备运行调度规程;是否制定全面、合理的操作规程并严格执行;是否定期测定转换设备的效率并确定其最低限度;是否制定并执行检修规程和检修验收技术条件;设备能源消耗和转换产出记录、设备运行参数记录是否齐全。

(4)审计能源分配和传输管理。主要考察企业是否制定分配和传输管理的文件并规定有关岗位和人员的职责和权限,以及管理工作的原则和方法;是否合理布局能源分配传输系统并进行科学调度,优化分配;是否对输配管线定期巡查测定其损耗,并根据运行状况制定计划,合理安排检修。

(5)审计能源使用管理。主要考察企业是否制定能源计划使用制度;各有关部门使用能源是否准确计量,建立账表,定期统计;生产工艺是否符合国家产业政策,充分利用余能;各工序是否通过优化参数、加强监测调控、改进产品加工方法降低能耗;用能设备是否为节能型设备,是否在最佳工况下运行;设备操作人员是否严格执行操作规程和维护、检修制度；制定的能耗定额是否合理，是否层层分解落实，是否按实际用能量进行计量、统计和核算，是否对能耗定额完成情况进行考核和奖惩。

(6)审计能耗状况分析。主要考察企业能源管理部门是否定期对能源消耗状况进行分析；各用能车间或单元是否对主要用能设备、工序能耗状况进行分析。

(7)审计节能技术进步管理文件。主要考察企业是否采用节能新技术、新方法、新机制；是否制定节能新技术研发和应用的文件；对采用的节能新技术和节能技改项目是否有可行性研究报告、节能评估审查文件和节能新技术实施后的效果评价。

(8)审计能源管理系统的检查与评价。主要考察企业是否定期按照《工业企业能源管理导则》(GB/T 15587)对自身能源管理系统进行检查和评价；是否对检查中发现的问题进行原因分析、评价和改进。

2. 审计用能概况和能源流程

根据企业的生产机构设置，按照能源购入贮存、加工转换、输送分配、最终使用四个环节，通过与企业人员交流和查看相关资料，考察整个系统、各个车间或单元的能源输入量、输出量和能源回收利用量，计算其当量值和等价值，了解能源的消耗状况和能源流向。

3. 审计能源计量和统计状况

(1)审计能源计量。能源计量审计的范围包括用能单位、主要次级用能单位、主要用能设备。通过询问能源计量器具管理人员、查看能源计量器具网络图以及现场抽查能源计量器具配备情况，了解企业计量器具配备情况，查看能源计量器具的配备率和计量器具的准确度等级等是否满足《用能单位能源计量器具配备和管理通则》(GB 17167)的要求。

(2)审计能源统计。能源统计审计应从能源的购入贮存、加工转换、输送分配、最终使用以及余热余能回收利用等方面进行。审计过程中可以将每一个环节分为若干用能单元。审核评价统计的内容、方法、采用的单位和符号及报表形式是否满足标准及企业自身能源管理的要求。

4. 能源消费指标计算分析

根据财务部门的财务成本年(月)报，原材料、燃料、动力账，电费、水资源费缴纳凭证，原煤购入凭证，进厂物资过磅单、仓库物资实物单、盘存表，化验分析台账，生产部门的统计台账和报表，动力车间的抄表卡、记录簿等原始数据，考虑各类数据间的相互对应性，核查各类数据的准确性，计算能源消耗量。综合能耗计算按照《综合能耗计算通则》(GB/T 2589)规定进行。

能源消费指标分析主要从能源消费结构、各种能源及耗能工质流向、综合能耗、外购能源成本、折标系数等方面进行,分析用能的合理性,找出存在的问题和解决的办法。

5. 用能设备运行效率计算分析

设备热效率是指热设备为达到特定目的,供给能量利用的有效程度在数量上的表示,它等于有效利用能量占供给能量的百分数。用能设备效率是衡量设备能量利用的技术水平和经济性的一项综合指标。审计时,可通过查看各项统计资料,询问统计、设备人员,审核设备供入能量、有效能量、损失能量的统计数据等方式进行,必要时也可进行现场检测。设备效率应按国家、行业相关标准或公认的方法计算。通过计算设备效率,与各类标准、国内外先进水平、设备最佳运行工况进行比较,找出差距,分析原因,提出改进措施。

6. 产品单位产量综合能源消耗和产值能耗指标计算分析

(1)产品单位产量综合能耗指标计算分析

根据仓库产品实物单、盘存表及有关产成品入库账、产品销售量记录等资料核定产品产量。根据能源消耗统计资料,按照有关国家、行业标准计算出产品的综合能源消费量、可比能耗、单项能源单耗。对同时生产多种产品的企业,应按每种产品实际耗能量计算;在无法分别对每种产品进行计算时,应折算成标准产品统一计算或按产量与能耗量的比例分摊计算。

计算出的产品单位产量综合能耗与国家标准、行业先进水平、企业历史水平和考核指标对比分析,找出差距,分析原因,提出改进措施。

(2)产值能耗指标计算分析

计算出企业的产值及单位产值能耗、工业增加值及单位工业增加值能耗、企业生产总成本、单位产品成本,从单耗、价格、能源结构、产品原材料及工艺消耗结构等方面的变动因素,对单位产值能耗及单位增加值能耗进行系统分析。

7. 能源成本指标计算分析

根据企业消耗能源的种类、数量、热值和价格,计算企业能源费用和能源成本在生产成本中的比重。能源费用应根据能源消耗收支平衡表和能源消耗量表计算,考虑审计期内各购入能源品种的输入、输出、库存及消费关系,计算企业自身消费的部分。

(1)总能源费用计算分析。通常情况下以年为单位,若审计期不是一年,审计人员可根据情况自行确定计算单位。能源审计所使用的能源价格与企业财务往来账目的能源价格相一致。在一种能源多种价格的情况下,产品能源费用采用加权平均价格计算。

(2)单位产品能源成本计算分析。单位产品能源成本按照单位产品所消耗的各种能源实物量及其单位价格进行计算。单位产品实物能源消耗量可根据企业在审计期内生产系统的实物能源消耗量和合格产品产量来计算。

8. 节能量计算

节能量是指在某一统计期内的能源实际消耗量,与比较基准的能源消耗量进行对比的差值。节能量是一个相对的数量,针对不同的目的和要求,需采用不同的比较基准。一般来说,可以前期(一般是指上年同期、上季同期、上月同期以及上年、上季、上月等,也有以若干年前的年份)单位能源消耗量为基准,也可以标准能源消耗限额为基准,具体“基期”由企业或政府主管部门确定。

在计算节能量时,以基期单位能源消耗量为基准。一般以上年度为基期。基期的选择可以根据企业实际情况确定。由于基期选择不同,节能量的计算结果也会不同,特别是在计算累计节能量时。节能量计算方法有以下两种。

定比法:将计算年(最终年)与基期直接进行对比,一次性计算节能量。

环比法:将统计期的各年能耗分别与上一年相比,计算出逐年的节能量后,累计计算出总的节能量。

一般评价某一年比几年前某一年的节能能力或节能水平时,用定比法;评价某年至某年的节能量时,用环比法。

节能量可分为产品节能量、产值总节能量、技术措施节能量、产品结构节能量、单项能源节能量。各种节能量按照《企业节能量计算方法》(GB/T 13234)进行计算。

9. 评审节能技改项目的财务和经济评价

根据企业产品单位产量综合能耗计算结果、对用能情况的了解、设备运行指标的分析和检测,对比国内外同行业先进能耗水平、历史先进水平、能耗限额指标、大型耗能设备运行效率指标、余热余能回收利用等情况,全面分析计算节能潜力,并结合企业实际情况提出节能技改措施。

提出的节能技改项目应与节能潜力相对应;节能技改项目应有技术可行性及经济效益分析。技改项目应按照相关的经济和财务评价方法进行分析,保证节能技术改造项目经济和财务的可行性。

通过对以上各项内容的审计,对发现的问题应根据情况提出改进建议。改进建议应在充分与企业交换意见的基础上,通过与同行业进行对比以及咨询行业专家等渠道提出,应从提高管理水平和员工素质、回收利用余热余能、改进能源和原辅材料、提高技术工艺水平、设备的先进性、改进过程控制、产品的性质等方面入手。

（五）能源审计报告审核

《方案》要求,企业要在实施方案下发的半年内,将能源审计报告报送地方节能主管部门审核,审核未通过的,应在告知后的3个月内进行修改或补充,并重新提交。

万家企业应及时将能源审计报告报送节能主管部门审核,对于内容不全或不符合相关要求的能源审计报告,节能主管部门应将修改意见通知相关企业,企业应在接到告知后的3个月内进行修改或补充后重新提交;对于报告内容不实、弄虚作假的企业,节能主管部门应进行现场调查,根据情况给予通报批评,并提出书面整改要求,限期整改;拒不落实整改要求或者整改没有达到要求的,由节能主管部门按相关法律进行处罚。

三、编制节能规划

《方案》要求,万家企业在能源审计的基础上,编制企业"十二五"节能规划并认真组织实施。企业可参照《企业节能规划编制通则》(GB/T 25329)编制节能规划。

（一）节能规划编制步骤

企业以能源审计报告为基础编制节能规划,"十二五"节能规划应以2010年为基期,规划期为五年。步骤一般包括分析现状、节能潜力分析、制定规划目标、确定节能措施和节能措施评估。

1. 分析现状

在分析现状时,应了解掌握国家和行业现行的节能方针政策、法律法规、标准规范以及企业外部发展环境,包括所在行业的发展方向、产业政策、所处地位等,收集整理企业基期基本情况等基础资料。

2. 节能潜力分析

节能潜力是企业(用能系统、用能单元、用能设备)目前能耗与当前国内外先进技术和管理条件下能够实现的最低能耗差值。节能潜力分析内容包括工艺结构、产品结构、产品产量、工艺装备水平、能源结构、经济约束和政策约束等因素。采用对标、类比等方法,对企业能源消耗现状进行分析评价,找出能源利用中存在的问题和节能方向，对照存在的差距和问题提出节能措施，每项措施应提出实施方案并测算节能潜力。

3. 制定规划目标

节能规划目标是制定节能规划的核心，应既有中长期目标，也有分阶段的年度目标，短期的年度目标应服从于中长期目标的要求。企业应建立定量的节能规划目标，其中五年目标不应低于政府对企业所下达的节能量目标。规划目标中应包含企业主要产品单位能耗等具体指标的定量说明。

节能规划目标制定时，应遵循以下原则：目标应符合国家标准、行业准入条件和企业承担社会责任的要求；目标应具体、现实、可测；目标应建立在节能系统分析的基础上，与节能措施实施后取得的效果相一致；综合指标应与单项指标相协调，总体目标应与分年度目标之和相一致。

4. 确定节能措施

在编制节能规划时，要对能源审计报告中制定的节能技改措施进行系统分析。通过分析查找企业节能的优势和劣势，评价机会与风险，从管理节能、结构节能、技术节能等方面确定节能措施，突出在规划期内的主要任务和重点任务，推动实现规划目标。确定节能措施应按以下原则进行：节能措施与国家节能要求和企业发展规划相适应，与企业潜力分析相对应；节能效果应保证节能目标的实现。

5. 节能措施评估

对节能措施应进行技术评估（技术方案先进性、可行性、适应性、经济性）、环境影响评估、投资效益评估（项目实施后节能目标实现情况、项目对能耗指标影响的贡献率、经济效益和社会效益）。

（二）节能规划的内容

节能规划内容一般包括企业基本情况、规划目标、重点节能措施、保障措施。

1. 企业基本情况

主要包括编制依据、企业概况、企业同期发展规划中与节能规划相关的内容、企业能源利用情况和需要说明的其他相关资料等。

（1）编制依据。主要包括国家节能法律法规、产业政策、标准、能源审计报告和企业同期发展规划。

（2）企业概况。主要描述企业性质、所属行业、在行业中地位、生产规模、发展历史、经营范围、产品种类及数量、产值情况、主要经济技术指标完成情况、工艺流程描述和工艺装备情况、企业节能工作基本情况和取得的成绩、经营情况以及其他和企业概况相关的内容。

(3)企业能源利用情况。包括能源消耗情况、主要能源消耗指标水平、能源结构和能量平衡情况。

(4)企业同期发展规划中与节能规划相关的内容。包括企业节能规划的总体目标,企业发展规划所确定的生产规模、产品方案、工艺流程、技术装备、原燃料条件、物料平衡等基础条件,装备改造方案及新技术应用情况。

(5)需要说明的其他相关资料。包括产业背景材料、企业背景材料、规划编制范围以及自身的优势与面临的机遇等。

2. 规划目标

规划目标部分包括规划指导思想、基本原则、规划目标。

(1)指导思想。体现科学发展观,落实节约优先方针,立足当前实际,着眼长远发展,推进节能技术进步,加强节能管理,提高能源利用效率,实现节能减排目标的总体思路。

(2)基本原则。贯穿于整个规划过程的原则应体现企业发展战略、企业文化及节能降耗工作的特点,一般包括:提高质量,降低成本,增强竞争力的原则;发展循环经济,实现可持续发展;优化能源结构,合理利用能源;节约为本,全员参与;依靠科技,优化结构;最低消耗,最大效益等。

(3)规划目标。主要包括综合指标和单项指标。综合指标包括:单位产品综合能耗、万元产值能耗、万元增加值能耗、能源转换率及设备热效率等。单项指标包括:按介质划分的能源利用效率、按工序划分的工序单耗以及主要用能设备热效率等。

3. 重点节能措施

对节能措施进行概括、分类。一般情况下,节能措施可分为管理节能措施、结构节能措施和技术节能措施三类。

(1)管理节能措施。包括健全能源管理体系,实施严格的监督检查和考核制度,完善能源计量检测,加强宣传和培训,提高能源管理信息化控制和操作水平,建立节能激励机制等方面。每个管理节能措施应有必要性、目的、要点、使用规范、具体措施及达到的效果等方面的内容。

(2)结构节能措施。包括流程优化、原料结构优化、能源结构优化、产品结构调整等方面。每个结构节能措施应有必要性、技术可行性、优化工艺结构、产品结构或能源消费结构方面的具体内容及经济效益和社会效益分析。

(3)技术节能措施。包括技术装备水平、设备大型化、先进节能技术、能源系统优化、余能回收、新能源替代传统能源、提高设备热效率等方面。每个技术节能措施应有必要性、技术可行性、具体内容及经济效益和社会效益的分析。

节能规划中主要任务和重点工程应与企业节能方面存在的问题相对应,做到目标与当前指标、各主要任务和重点工程节能效果测算值之差应一致。节能项目应从技术层面按其特点进行分析和评价,重点项目应达到建议书的深度。

4. 保障措施

节能规划应有切实可行的组织措施、管理措施、技术革新措施以及投资计划,应对实现目标的可能性、实现途径进行论证。为实施企业节能规划应建立保障体系,具体做法包括健全管理体系、组织机构、管理机制、奖惩制度、监督检查和考核制度,加强节能宣传、培训、交流,确保资金投入等。

第六节　加大节能技术改造力度

《方案》第三部分“万家企业节能工作要求”的第六项内容:“加大节能技术改造力度。万家企业每年都要安排专门资金用于节能技术进步等工作。要加强节能新技术的研发和推广应用,积极采用国家重点节能技术推广目录中推荐的技术、产品和工艺,促进企业生产工艺优化和产品结构升级。要加快实施能量系统优化、余热余压利用、电机系统节能、燃煤锅炉(窑炉)改造、高效换热器、节约替代石油等重点节能工程。要积极开展与专业化节能服务公司的合作,采用合同能源管理模式实施节能改造。”

调整结构、技术进步和加强管理是节能的三条主要途径,其中节能技术进步是最直接有效的途径。《节约能源法》第二十四条要求用能单位“制定并实施节能计划和节能技术措施”。《节约能源法》第四章专门对各级人民政府及有关部门推进节能技术进步作出了要求,包括发布节能政策技术大纲,支持开展节能技术应用研究,开发节能共性和关键技术,制定并公布节能技术、节能产品推广目录,引导用能单位使用先进的节能技术和产品,组织实施重大节能科研项目、节能示范工程、重点节能工程,等等。可见,国家十分重视节能技术进步工作。

加大节能技术改造力度与能源管理体系要求建立的“节能技术进步机制”是一致的。企业应通过建立和实施能源管理体系,逐步构建起符合自身实际的“节能技术进步机制”,并依托该机制加大其节能技术改造力度,主动采用节能新技术、新产品和新工艺,加强节能新技术、新产品和新工艺的研发,不断推动节能技术进步工作,实现企业节能技术进步的常态化。

节能专项资金是企业加大节能技术改造力度的保障,因此《方案》要求万家企业每年安排专项节能资金用于节能技术进步。合同能源管理是促进节能技术进步的“新机制”,目前国家大力扶持推广这项工作的开展,下发了《合同能源管理项目财政奖励资金管理暂行办法》。用能单位应充分运用这项新机制和国家鼓励政策,加大节能技术改造力度。

一、构建节能技术进步机制

节能技术改造是指企业积极采用先进、适用的节能新工艺、新技术、新设备等,对现有工艺及配套设施设备进行改造、更新,以达到降低能源消耗,提高能源利用效率的固定资产投资活动。节能技术进步是企业针对自身能源利用过程,通过加大资金投入力度,积极实施节能技术改造,开发和推广应用高效的能源节约和替代、资源综合利用以及新能源和可再生能源利用等技术,最终实现节能降耗的活动。因此,节能技术改造是企业开展节能技术进步工作的重要内容。

节能技术进步机制是指企业在能源管理体系建立实施过程中,逐步形成主动搜集获取国内外先进成熟节能新技术、新产品和新工艺,同时根据自身实际组织自主研发,并以能源管理方案形式落实,对实施全过程进行监视测量,对节能效果进行检查验证,持续改进能源绩效的工作机制。企业应结合能源管理体系建设工作,逐步构建起符合企业自身特点的节能技术进步机制。

在体系策划阶段,企业最高管理者要认识到构建节能技术进步机制是提高企业能源利用效率,实现能源目标、指标的重要保障,并对构建和不断完善节能技术进步机制提供必要的人力、物力和资金支持。首先,企业要结合体系初始能源管理评审对生产工艺、主要耗能设备的能源利用现状及先进节能技术和产品的应用情况等进行全面分析;其次,企业要根据初始能源管理评审结果,查找重要能源使用,并以能源管理方案形式落实节能技术改造措施,实现对重要能源使用的管理控制;再次,在制定能源目标、指标时,企业应充分考虑应用先进节能技术和产品的可行性;复次,企业要理清当前开展节能技术进步工作的组织机构,明确机构和人员的职责权限,完善相关规章制度;最后,要将上述要求以能源管理手册、程序文件及能源管理方案等形式,形成体系文件。

在体系运行阶段,企业人力资源、能源管理等相关部门要负责体系文件宣贯培训,使各岗位人员明确自身职责和要求。相关责任部门一是要落实能源管理方案,运用日常监测和测量,及时发现并解决问题,确保达到预期节能效果;二是要定期搜集获取国内外最新节能技术和产品,适用时以能源管理方案形式实施应用;三是要结合自身实际,提高自主研发设计能力,鼓励员工进行“小发明”、“小改造”并进行适当奖励。

在体系检查改进阶段,能源管理部门及相关责任部门要通过内部审核对节能技术进步的策划和实施效果进行全面测量、分析、评价。针对发现的问题,积极采取措施,保证方案实施效果。在管理评审中,企业要对节能技术进步机制的构建情况进行全面分析评价,并提出改进措施,最终形成能够促进企业能源绩效持续改进的节能技术进步机制。

二、安排节能专项资金

《方案》要求:“万家企业每年都要安排专门资金用于节能技术进步等工作。”

节能专项资金是企业安排的专门用于实施节能技术进步等相关工作的资金。企业要将节能专项资金,同节能规划编制工作相结合,在充分考虑自身能源消耗量、能源成本占生产总成本比例、企业节能管理技术水平、节能技术进步需求等因素的基础上,确定节能专项资金的具体数额,并逐年增加专项资金数额,以满足企业节能工作需要。同时,企业还应积极申报项目,享受国家奖励、补助资金和税收优惠等政策,作为节能专项资金的必要补充。企业安排节能专项资金主要有以下作用:

(一)有助于推动企业节能技术进步

利用节能专项资金,企业能够提升节能研发能力,积极应用先进、适用的节能新工艺、新设备和新技术,并对现有生产工艺、主要耗能设备设施实施节能技术改造,促进生产工艺优化和产品结构升级,使企业能源利用效率得以显著提升。

(二)有助于提高员工的节能意识和技能

利用节能专项资金,一方面企业能够开展形式多样的节能宣传教育活动,如岗位操作比武、“节能宣传周”及有奖征文等,同时每年对节能工作有突出贡献的集体和个人进行物质奖励,不断提升员工的节能意识;另一方面企业能够组织对能源管理及用能设备操作人员开展内部培训,并积极参加外部节能培训,进一步提高员工节约能源的能力。

(三)有助于完善企业能源管理信息化水平

利用节能专项资金,企业能够建立能源计量数据在线采集和实时监测系统,积极创造条件建立能源管控中心,实现能源利用的实时管理和运行控制,有效提高企业能源管理自动化和信息化水平。

三、推广节能技术与产品

《节约能源法》第五十八条规定:"国务院管理节能工作的部门会同国务院有关部门制定并公布节能技术、节能产品的推广目录,引导用能单位和个人使用先进的节能技术、节能产品。"第六十一条规定:"国家对生产、使用列入本法第五十八条规定的推广目录的需要支持的节能技术、节能产品,实行税收优惠等扶持政策。"

重点节能技术、节能产品的推广目录是指一定时期内,根据全国中长期专项规划和节能技术大纲等制定的节能技术和节能产品的优先发展目录。国家公布节能技术、节能产品推广目录,为企业推进节能技术进步、开展节能技术改造提供政策引导。首先,企业通过节能技术、产品目录,可以准确地获得先进节能技术与节能产品信息,节省了自行收集筛选的时间和成本;其次,企业根据其行业特点和自身需求,选用节能技术和节能产品,可以促进生产工艺优化和产品结构升级,降低能源消耗,提高能源利用效率,获得显著的节能效果和经济效益;最后,企业采用目录推荐的节能技术和产品,还能依据相关法律法规及政策规定,享受国家奖励、补助资金和税收优惠等政策。

同时,为满足《方案》"加强节能技术研发和推广应用,促进企业生产工艺优化和产品结构升级"的要求,企业一是要加大节能资金投入,加强节能产品、技术研发,增强自身研发设计能力;二是要加强与大专院校、科研机构、节能服务公司、其他专业机构等的交流合作,促进优秀科研成果转化应用。

(一)国家重点节能技术推广目录

重点节能技术推广目录是国家发展改革委在向全社会征集符合推荐范围和要求的节能技术的基础上,组织有关单位和专家编制并向社会公布的,用以指导企业降低能源消耗,提高能源利用效率的技术目录。自 2008 年起,我国已陆续公布了四批《重点节能技术推广目录》,涉及先进节能技术 137 项,包括煤炭、电力、钢铁、有色金属、石油石化、化工、建材、机械、纺织等工业行业,交通运输、建筑、农业、民用及商用等领域。具体情况见表 1-2-11。

表 1-2-11 《重点节能技术推广目录》基本情况表

序号	文件名	发布时间	推广技术数量	涉及范围
1	《国家重点节能技术推广目录》(第一批)	2008 年 5 月	50	煤炭、电力、钢铁、有色金属、石油石化、化工、建材、机械、纺织等工业行业，交通运输、建筑、农业、民用及商用等领域
2	《国家重点节能技术推广目录》(第二批)	2009 年 12 月	35	
3	《国家重点节能技术推广目录》(第三批)	2010 年 11 月	30	
4	《国家重点节能技术推广目录》(第四批)	2011 年 12 月	22	

(二)节能机电设备(产品)推荐目录

截至 2011 年 12 月，国家工信部先后向社会公示了三批《节能机电设备(产品)推荐目录》，累计推广节能机电设备(产品)166 项，范围包括工业锅炉、电动机、低压电器、内燃机、压缩机、热处理、塑料机械设备、风机、泵阀等机电设备，有力地推动了节能机电设备(产品)在企业的普及推广。

(三)节能产品惠民工程推广目录

2009 年 5 月，《财政部、国家发展改革委关于开展“节能产品惠民工程”的通知》(财建〔2009〕213 号)，决定采取财政补贴方式，加快高效节能产品推广，补贴范围具体采用公布“推广目录”形式，如《节能产品惠民工程高效电机推广目录》、《节能产品惠民工程节能汽车(1.6 升及以下乘用车)推广目录》等。截至目前，推广的节能产品涉及能效等级 1 级或 2 级以上的高效照明产品、节能与新能源汽车、空调、冰箱、平板电视、洗衣机、热水器、节能灯、LED 灯、电机等产品。

(四)政府采购清单目录

2004 年 12 月，《财政部、国家发展改革委关于印发节能产品政府采购实施意见的通知》(财库〔2004〕185 号)，要求从国家认可的节能产品认证机构认证的节能产品中按类别确定实行政府采购的范围，并以《节能产品政府采购清单》的形式公布。截至目前，财政部、国家发展改革委已调整公布至《节能产品政府采购清单》第十一期，内容涵盖节能、节水产品两大部分，涉及空调机、汽车、打印机、电视机、照明产品等 28 类产品。

在充分应用上述目录的同时，万家企业要依托体系建设中形成的“节能遵法贯标机制”，全面追踪获取国家及地方节能主管部门、行业主管部门发布的节能产品和技术目录，识别具体适用条款，并积极在内部推广应用，充分发挥目录的示范推广作用。

四、实施重点节能工程

(一)“十一五”基本情况

“十一五”期间,国家发展改革委组织实施了“十大重点节能工程”,包括:燃煤工业锅炉(窑炉)改造工程、区域热电联产工程、余热余压利用工程、节约和替代石油工程、电机系统节能工程、能量系统优化工程、建筑节能工程、绿色照明工程、政府机构节能工程、节能监测和技术服务体系建设工程。十大重点节能工程是实现“十一五”单位 GDP 能耗降低20%左右目标的一项重要的工程技术措施,目标是在“十一五”期间实现节能2.4 亿吨标准煤。为此,国家制定发布了十大重点节能工程实施意见,中央和省级地方财政都设立了节能专项资金,对节能改造实行投资补助和财政奖励,有力推动了十大重点节能工程的实施,共形成节能能力3.4 亿吨标准煤。中央预算内投资安排 80 多亿元、中央财政节能减排专项资金安排 220 多亿元,共支持了 5200 多个重点节能工程项目,形成节能能力 1.6 亿吨标准煤,为“十一五”节能目标实现提供了有力支撑。

(二)五大重点节能工程

为贯彻“十二五”经济社会发展规划《纲要》对我国节能减排的要求,国家发展改革委资源节约和环境保护司组织编制了《节能减排“十二五”规划》,对《纲要》提出的约束性指标进行分解,进一步细化节能减排目标任务,提出了“十二五”时期的五大重点节能工程,主要包括:节能改造工程、节能产品惠民工程、合同能源管理推广工程、节能技术产业化示范工程、节能能力建设工程。下面分别进行介绍:

1. 节能改造工程

“十二五”时期,我国将继续鼓励企业利用先进适用技术开展节能改造,提高能源利用效率,即实施节能改造工程。实施内容包括:锅炉(窑炉)改造和热电联产、电机系统节能、余热余压利用、能量系统优化、节约和替代石油、建筑节能改造、交通运输节能和绿色照明工程 8 项内容,涉及工业、建筑、交通运输、公共机构等领域,其中工业领域涉及钢铁、电力、建材、有色、轻工、石油和化工、煤炭、纺织及机械等行业,交通运输涉及公路水路、民航、铁路等行业。预计可实现 2.44 亿吨标准煤的节能能力,到2015 年,重点行业主要产品(工作量)单位能耗指标总体达到或接近国际先进水平。(见《“十二五”重点节能工程实施内容汇编》)

2. 节能产品惠民工程

“十二五”期间,根据实际情况,在继续推广高效照明产品、节能汽车、高效电机的基础上,将对房间空调(包括定频空调和变频空调)、平板电视、家用电冰箱、电动洗衣机和热水器(包括燃气热水器、太阳能热水器和热泵热水器)等五类产品给予财政补贴推广。加大财政对高效节能产品的补贴推广力度,同时考虑将通风机、电力变压器、容积式空气压缩机、交流接触器、计算机、单元式空调等产品纳入财政补贴范围。根据《高效节能产品推广财政补助资金管理暂行办法》及产品特点和市场发展现状,制定产品推广实施细则,确定产品推广的具体实施方案。开展推广入围评审或招投标,月度推广情况申报与补贴资金拨付,强化对节能产品惠民工程相关工作的监督管理。

3. 合同能源管理推广工程

“十二五”期间,我国将继续大力推动合同能源管理模式,促进节能服务产业的快速健康发展。主要包括:引导节能服务公司加强技术研发、服务创新、人才培养和品牌建设,提高融资能力,不断探索和完善商业模式;鼓励大型企业利用自身优势,组建专业化节能服务公司;支持重点用能单位采用合同能源管理方式实施节能改造;公共机构要优先采用合同能源管理方式实施节能改造;加强对合同能源管理项目的融资扶持,鼓励银行等金融机构为合同能源管理项目提供灵活多样的金融服务;积极培育第三方认证、评估机构等。目前,相关政策文件有:《国务院办公厅转发发展改革委等部门关于加快推行合同能源管理、促进节能服务产业发展意见的通知》(国办发〔2010〕25 号);《关于促进节能服务产业发展增值税、营业税和企业所得税政策问题的通知》(财税〔2010〕110 号);《关于印发合同能源管理项目财政奖励资金管理暂行办法的通知》(财建〔2010〕249 号)等。为使大家对合同能源管理模式有更加全面的了解,下面简要介绍其基本知识。

合同能源管理是节能服务公司与用能单位以契约形式约定节能项目的节能目标,节能服务公司为实现节能目标向用能单位提供必要的服务,用能单位以节能效益支付节能服务公司的投入及其合理利润的节能服务机制。合同能源管理项目是指以合同能源管理机制实施的节能项目。合同能源管理可分为节能效益分享型、节能量保证型、能源费用托管型,以及基于上述三种基本类型的形成多种复合模式,同样属于合同能源管理项目范畴。合同能源管理模式具备节能量有保证,节能更专业,企业零投资或部分投资、项目风险低,有效改善企业资金流,管理更科学等优越性。合同能源管理项目的实施流程一般包括:双方初步洽谈接触、初步能源检测与能源审计、估算节能量,提出初步项目建议、签署意向书、能耗调研、合同准备、项目被接受或拒绝、签订合同、检测、工程设计、项目建设、项目验收、检测节能量、项目维护和培训等阶段。

4. 节能技术产业化示范工程

“十二五”期间，我国将加大力度推动节能技术产业化示范工程，促进太阳能光伏、低品位余能利用、新能源汽车、高效环保煤粉工业锅炉、稀土永磁电机、半导体照明、零排放和产业链接等一批重大、关键节能技术示范推广。建立节能技术评价认定体系，形成节能技术分类遴选、示范和推广的动态管理机制。对节能效果好、应用前景广阔的关键产品或核心部件组织规模化生产，提高研发、制造、系统集成和产业化能力。同时，还要通过采取加大财政支持力度、鼓励税收优惠政策、完善节能融资机制、深化能源价格改革、实行表彰与奖励措施等手段，完善节能技术激励机制。

5. 节能能力建设工程

“十二五”期间，我国将大力开展节能能力建设工程，全面提升节能工作的软硬实力。一是建设能耗在线监测系统，健全节能统计、监测、预警体系，推进节能监测平台建设，建立能源消耗数据库和数据交换系统，强化数据收集、数据分类汇总、预测预警和信息交流能力；二是健全节能标准体系，如继续加快制定强制性能耗限额标准、研究和制修订能效标准、研制重点行业能源管理体系系列标准、研制节能服务配套标准、研制相关经济运行技术标准等；三是开展能源计量重大专项研究，提升能源计量水平；四是加强节能信息传播能力建设，如建立国家级节能信息综合服务网站、收集节能信息并组织各类推广活动、开展形式多样的节能公众宣传行动等；五是节能监察执法能力建设，推进节能监察机构标准化建设，按标准配备节能监察机构监察执法装备；六是加强节能领域人才队伍建设，如实施“节能百千万人才培训工程”、节能培训教材编写工程等。

第七节　加快淘汰落后用能设备和生产工艺

《方案》第三部分“万家企业节能工作要求”的第七项内容：“加快淘汰落后用能设备和生产工艺。万家企业要依照法律法规、产业政策和政府规划要求，按期淘汰落后产能，不得使用国家明令淘汰的用能设备和生产工艺。要加快老旧电机更新改造，积极使用国家重点推广的高效节能电机。交通运输企业要加快淘汰老旧汽车、船舶和黄标车，调整运力结构。”

落后产能、用能设备和生产工艺的存在或使用，会造成严重的能源浪费。《节约能源法》等相关法律明确规定，国家对落后的耗能过高的用能产品、设备和生产工艺实行淘汰制度。因此，严格落实淘汰落后制度不仅是企业提高能效、降低能耗、节约成本的重要途径,也是企业应承担的法律责任和社会义务。

国家已经基本建立了淘汰落后制度,包括法律法规、政策标准、淘汰落后目录、鼓励推广目录等。能源管理体系能够帮助企业建立完善节能遵法贯标机制和节能技术进步机制。“两个机制”的建立,能够使企业通过不断收集、识别和更新淘汰落后相关的法律法规、政策标准及其他要求,结合自身实际,严格落实淘汰落后制度,积极采用国家鼓励推广的生产工艺、节能设备和产品,优化产业结构,降低能源消耗,提高能源利用效率,增强企业市场竞争力。

一、加快淘汰落后产能、用能设备和生产工艺

(一)法律政策规定

1. 法律规定

为贯彻落实淘汰落后制度,《节约能源法》、《循环经济促进法》等法律均对淘汰落后产能、用能设备和生产工艺作了明确规定,并明确了相关法律责任。

《节约能源法》第十六条规定:国家对落后的耗能过高的用能产品、设备和生产工艺实行淘汰制度。第十七条规定:禁止生产、进口、销售国家明令淘汰或者不符合强制性能源效率标准的用能产品、设备;禁止使用国家明令淘汰的用能设备、生产工艺。第五十一条规定:公共机构采购用能产品、设备,应当优先采购列入节能产品、设备政府采购名录中的产品、设备。禁止采购国家明令淘汰的用能产品、设备。第五十九条规定:农业、科技等有关主管部门应当支持、推广在农业生产、农产品加工储运等方面应用节能技术和节能产品,鼓励更新和淘汰高耗能的农业机械和渔业船舶。第六十九条规定:生产、进口、销售国家明令淘汰的用能产品、设备的,使用伪造的节能产品认证标志或者冒用节能产品认证标志的,依照《中华人民共和国产品质量法》的规定处罚。第七十条规定:对生产、进口、销售不符合强制性能源效率标准的用能产品、设备的,由产品质量监督部门责令停止生产、进口、销售,除没收违法所得外,并处违法所得一倍以上五倍以下罚款;情节严重的,由工商行政管理部门吊销营业执照。第七十一条规定:对使用国家明令淘汰的用能设备或者生产工艺的,由管理节能工作的部门责令停止使用,没收国家明令淘汰的用能设备;情节严重的,可以由管理节能工作的部门提出意见,报请本级人民政府按照国务院规定的权限责令停业整顿或者关闭。第八十一条规定:公共机构采购用能产品、设备,未优先采购列入节能产品、设备政府采购名录中的产品、设备,或者采购国家明令淘汰的用能产品、设备的,由政府采购监督管理部门给予警告,可以并处罚款;对直接负责的主管人员和其他直接责任人员依法给予处分,并予通报。

另外,《循环经济促进法》第十八条规定:禁止生产、进口、销售列入淘汰名录的设备、材料和产品,禁止使用列入淘汰名录的技术、工艺、设备和材料。第四十五条和第五十条分别规定:对生产、进口、销售或者使用列入淘汰名录的技术、工艺、设备、材料或者产品的企业,金融机构不得提供任何形式的授信支持。生产、销售列入淘汰名录的产品、设备的,依照《中华人民共和国产品质量法》的规定处罚。使用列入淘汰名录的技术、工艺、设备、材料的,由县级以上地方人民政府循环经济发展综合管理部门责令停止使用,没收违法使用的设备、材料,并处五万元以上二十万元以下的罚款;情节严重的,由县级以上人民政府循环经济发展综合管理部门提出意见,报请本级人民政府按照国务院规定的权限责令停业或者关闭。违反本法规定,进口列入淘汰名录的设备、材料或者产品的,由海关责令退运,可以处十万元以上一百万元以下的罚款。进口者不明的,由承运人承担退运责任,或者承担有关处置费用。

2. 政策规定

除《节约能源法》等相关法律规定外,国家还先后制定出台了一系列政策措施,逐步加大对落后产能、用能设备和生产工艺的淘汰力度,严格控制高耗能行业增长,积极推动产业结构调整和优化升级。

2005 年 11 月,国务院发布《促进产业结构调整暂行规定》(国发〔2005〕40 号),下发《产业结构调整指导目录(2005 年本)》,对淘汰落后产能、用能设备和生产工艺作了明确规定。2006 年 7 月,国家发展改革委等部门组织编制《"十一五"十大重点节能工程实施意见》,提出"加快淘汰落后工艺、技术和设备"的要求。2007 年 5 月,国务院印发《关于印发节能减排综合性工作方案的通知》(国发〔2007〕15 号),明确"十一五"期间淘汰落后产能整体目标任务。2009 年 11 月,工信部在整合原机械工业部一至十八批淘汰机电产品目录基础上发布《高耗能落后机电设备(产品)淘汰目录(第一批)》。2010 年 10 月,工信部出台了《部分工业行业淘汰落后生产工艺装备和产品指导目录(2010 年本)》,涉及 8 大行业 502 个落后生产工艺装备和产品。2011 年 1 月,工信部印发《淘汰落后产能工作考核实施方案》,对 2010 年各地区淘汰落后产能任务指标完成情况实施考核。2011 年 3 月,国家发展改革委会同国务院有关部门对《产业结构调整指导目录(2005 年本)》进行修订,形成《产业结构调整指导目录(2011 年本)》,并于 2011 年 6 月 1 日公布施行。2011 年 11 月,国务院印发《工业转型升级规划(2011—2015 年)》,明确"十二五"工业转型升级的重点任务和重点领域发展方向。2012 年 4 月,工信部出台了《高耗能落后机电设备(产品)淘汰目录(第二批)》,涉及电动机、工业锅炉等12大类135项淘汰设备(产品)。

万家企业要依照法律法规规定、产业政策要求和政府淘汰落后规划,按期淘汰落后产能,更新改造国家明令淘汰的用能设备和生产工艺,若未按期淘汰或存在弄虚作假、虚报、瞒报等行为,一经发现,节能主管部门将依法实施处罚。

(二)意义

1. 是实现节能减排目标的需要

《"十二五"节能减排综合性工作方案》要求,我国将继续加快淘汰落后生产能力,加大淘汰电力、钢铁、建材、电解铝、铁合金、电石、焦炭、煤炭、平板玻璃、造纸、化纤等行业落后产能的力度。"十二五"期间,实现节约能源6.7亿吨标准煤,化学需氧量和二氧化硫排放总量分别比2010年下降8%,氨氮和氮氧化物排放总量分别比2010年下降10%。淘汰落后产能可以降低能源消耗、提高能源利用效率,减少污染物排放,有力推动实现"十二五"节能减排目标。

2. 是推进产业结构调整的需要

淘汰落后产能是贯彻落实科学发展观,走新型工业化道路的必然选择,也是实现产业结构调整和优化升级的重要途径。加快淘汰落后产能,有利于调整产业结构,加快发展高新技术产业和装备制造业,促进传统产业的升级换代,降低高耗能行业在工业中的比重,转变经济发展方式。

3. 是提高效益,提升企业整体竞争力的需要

落后产能和工艺设备是造成能耗较高的重要原因,增加了企业的能源成本。淘汰落后产能能够提高企业整体工艺技术水平,降低能源成本和消耗,提高经济效益,提升企业竞争力,促进企业持续健康发展。

(三)淘汰目录

1. 产业结构调整指导目录

2011年3月,国家发展改革委发布《产业结构调整指导目录(2011年本)》,以下简称《目录(2011年本)》。《目录(2011年本)》全面反映结构调整和产业升级的方向内容,注重对产能过剩行业的限制、引导以及落实可持续发展的要求,对于推动产业结构调整和优化升级,完善和发展现代产业体系有重要的指导作用。《目录(2011年本)》淘汰类部分包括落后生产工艺装备和落后产品两大类。其中,落后生产工艺装备涉及煤炭、电力、石化化工、钢铁、有色、建材等17个产业289项条款;落后产品涉及石化化工、钢铁、有色、建材等12个产业137项条款。这里重点介绍《目录(2011年本)》中涉及石化、钢铁、有色、建材、机械、轻工等6

个产业淘汰生产工艺装备和产品的规定。

(1)淘汰类落后生产工艺装备

① 石化产业:包括“单线产能1万吨/年以下三聚磷酸钠”、“0.5万吨/年以下六偏磷酸钠”和“0.5万吨/年以下三氯化磷”等10个条目。

② 钢铁产业:包括“8平方米以下球团竖炉”、“30吨及以下转炉”和“铁合金生产用24平方米以下带式锰矿、铬矿烧结机”等44个条目。

③ 有色产业:包括“采用铁锅和土灶、蒸馏罐、坩埚炉及简易冷凝收尘设施等落后方式炼汞”、“采用土坑炉或坩埚炉焙烧、简易冷凝设施收尘等落后方式炼制氧化砷或金属砷工艺装备”和“铝自焙电解槽及100kA及以下预焙槽”等26个条目。

④ 建材产业:包括“窑径3米及以上水泥机立窑”、“平拉工艺平板玻璃生产线(含格法)”、“100万平方米/年以下的建筑陶瓷砖”和“20万件/年以下低档卫生陶瓷生产线”等26个条目。

⑤ 机械产业:包括“3000千伏安以下普通棕刚玉冶炼炉”、“4000千伏安以下固定式棕刚玉冶炼炉”和“3000千伏安以下碳化硅冶炼炉”等26个条目。

⑥ 轻工产业:包括“单套10万吨/年以下的真空制盐装置”、“20万吨/年以下的湖盐和30万吨/年以下的北方海盐生产设施”等33个条目。

(2)淘汰类落后产品

① 石化产业:包括“氯乙烯—偏氯乙烯共聚乳液、聚醋酸乙烯乳液类外墙涂料”、“含苯类、苯酚、苯甲醛和二(三)氯甲烷的脱漆剂”和“氟乙酰胺、氟乙酸钠等高毒农药”等7个条目。

② 钢铁产业:包括“热轧硅钢片”、“普通松弛级别的钢丝、钢绞线”和“型号为HRB335、HPB235的热轧钢筋”等3个条目。

③ 有色产业:明确了“铜线杆”为国家明令淘汰类产品。

④ 建材产业:包括“石棉绒质离合器面片、合成火车闸瓦,石棉软木湿式离合器面片”等9个条目。

⑤ 机械产业:包括“型号为DD1、DD5、DD5-2、DD5-6、DD9、DD10、DD12、DD14、DD15、DD17、DD20、DD28单相电度表”和“型号为SL7-30/10~SL7-1600/10、S7-30/10~S7-1600/10配电变压器”等65个条目。

⑥ 轻工产业:包括“开口式普通铅酸电池”、“含汞高于0.0001%的圆柱型碱锰电池”等14个条目。

2. 部分工业行业淘汰落后生产工艺装备和产品指导目录

2010年10月，工信部按照《国务院关于进一步加强淘汰落后产能工作的通知》（国发〔2010〕7号）要求，发布《部分工业行业淘汰落后生产工艺装备和产品指导目录（2010年本）》，涉及钢铁、有色、化工、建材、机械、轻工、纺织、医药8大行业共502项国家明令淘汰类生产工艺装备和产品。

该目录是对《目录（2011年本）》中涉及工业行业领域淘汰落后生产工艺装备和产品的进一步细化和明确，同时列入了纺织、医药产业淘汰的落后生产工艺装备和产品。

① 纺织行业：涉及"A512、A513型系列细纱机，B581、B582型精纺细纱机、BC581、BC582型粗纺细纱机"等35类型号和规格。

② 医药行业：涉及"使用氯氟烃作为气雾剂、推进剂、抛射剂或分散剂的医药用品生产工艺、安瓿灌装注射用无菌粉末、铅锡软膏管、单层聚烯烃软膏管"等15类型号和规格。

3. 高耗能落后机电设备（产品）淘汰目录

2009年12月和2012年4月，工信部先后下发《高耗能落后机电设备（产品）淘汰目录（第一批）》和《高耗能落后机电设备（产品）淘汰目录（第二批）》。两批目录涉及15大类407项淘汰类设备（产品）。其中，包括电焊机和电阻炉14项，变压器和调压器5项，电器61项，电动机28项，锅炉58项，风机15项，泵125项，压缩机33项，柴油机5项，机床34项，锻压设备20项，热处理设备2项，制冷设备1项，阀1项，其他设备5项。

（四）鼓励政策措施

1. 鼓励淘汰落后产能的财政奖励政策

为加快产业结构调整升级，推动淘汰落后产能，建立和完善落后产能退出机制，"十一五"期间，中央财政设立专项资金，采取专项转移支付方式对经济欠发达地区淘汰落后产能给予奖励。2007年12月，财政部制定颁发《淘汰落后产能中央财政奖励资金管理暂行办法》（财建〔2007〕873号），确定对电力、炼铁、炼钢、电解铝、铁合金、电石、焦炭、水泥、玻璃、造纸、酒精、味精、柠檬酸13个行业淘汰落后产能实施资金奖励。

"十二五"期间，国家进一步加大了对淘汰落后产能的支持力度。2011年4月，财政部、工信部和国家能源局联合下发《关于印发〈淘汰落后产能中央财政奖励资金管理办法〉的通知》（财建〔2011〕180号），指出"十二五"期间，中央财政将继续采取专项转移支付方式对经济欠发达地区淘汰落后产能工作给予奖励。同时,奖励范围涵盖电力、炼铁、炼钢、焦炭、电石、铁合金、电解铝、水泥、平板玻璃、造纸、酒精、味精、柠檬酸、铜冶炼、铅冶炼、锌冶炼、制革、印染、化纤以及涉及重金属污染等20余个行业。

2. 鼓励选购节能设备的财政补贴

为加快高效节能产品的推广应用,提高终端用能产品能源效率,财政部和国家发展改革委联合下发《关于开展"节能产品惠民工程"的通知》,随后制定了一系列实施细则,明确提出对能源效率等级达到1级或2级的空调、冰箱、平板电视、洗衣机、热水器、节能汽车、电机等高效节能产品推广应用给予补助,由生产企业按补助后的价格进行销售。2009年5月,财政部颁发《高效节能产品推广财政补助资金管理暂行办法》,明确了高效节能产品财政补助条件、资金使用范围和补助标准等。

二、加快更新改造老旧电机,积极推广高效节能电机

电机是各种拖动设备的动力源,广泛用于工业、建筑、交通等领域。据有关资料显示,电机耗电量约占整个工业电耗的60%。电机能效的提升不仅可直接节约大量电能,还可带动风机、泵等拖动设备提高能效水平,进而提高整个机电系统的能效水平。目前,我国各类电机总装机容量约4亿千瓦,80%以上的电机产品效率比国外先进水平低2%~5%,而风机、泵等拖动设备产品效率比国外先进水平低2%~4%,使得整个机电系统运行效率比国外先进水平低20%,节能潜力巨大。另外,电动机能效水平的提高所带来的电能节约,还可大大减少温室气体的排放。据有关专家预测,若将目前在用的普通电机全部更换为高效电机,每年至少可节电600亿千瓦时,接近三峡电站全年的发电量,可实现年节约能力2500多万吨标准煤,减少二氧化碳排放5000多万吨。因此,《方案》强调"要加快老旧电机更新改造,积极使用国家重点推广的高效节能电机"。

(一)加快更新改造老旧电机

为推动老旧电机更新改造,国家有关部门陆续出台了多个淘汰电机目录,对淘汰老旧电机的规格、型号及种类都作了详细规定。

对于淘汰类电机的型号和规格,《目录(2011年本)》、《高耗能落后机电设备(产品)淘汰目录(第一批)》、《高耗能落后机电设备(产品)淘汰目录(第二批)》及《部分工业行业淘汰落后生产工艺装备和产品指导目录(2010年本)》均作了明确规定。其中,《高耗能落后机电设备(产品)淘汰目录(第一批)》是在整合原机

械工业部一至十八批淘汰机电产品目录基础上，将“J03、J02 系列小型异步电动机”、“JW 系列三相异步电动机”、“JY 系列单相电容起动异步电动机”等 27 类电机列为淘汰类；《目录(2011 年本)》和《部分工业行业淘汰落后生产工艺装备和产品指导目录(2010 年本)》将“JDO2、JDO3 系列变极、多速三相异步电动机”、“JO2、JO3 系列小型异步电动机”及“YB 系列(机座号 63 ~ 355mm，额定电压 660V 及以下)、YBF 系列(机座号 63 ~ 160mm，额定电压 380/660V 或 380/660V)、YBK 系列(机座号 100 ~ 355mm，额定电压 380/660V、660/1140V)隔爆型三相异步电动机”列为淘汰类电机；《高耗能落后机电设备(产品)淘汰目录(第二批)》则将机座号 80 ~ 355mm、防护等级为 IP44 的 Y 系列三相异步电动机列为淘汰类。

(二)积极推广高效节能电机

在督促企业更换淘汰老旧电机的同时，国家有关部门还制定出台了一系列措施，引导企业选择和使用高效节能电机，并采取税收优惠和财政补贴等方式，进一步加大高效节能电机的宣传和推广力度。

1. 国家鼓励推广高效节能电机目录

截至 2012 年 3 月，国家发展改革委、财政部先后公布四批高效电机推广目录，有 31187 个规格型号的电机产品入围。其中，第一批推广目录包含 1061 个规格型号的高效电机，涉及中小型三相异步电动机 996 个、稀土永磁三相同步电动机 65 个；第二批推广目录大幅扩容，共有 48 家企业的 8436 个型号成为推广产品，涉及低压三相异步电动机 1440 个、高压三相异步电动机 6653 个、稀土永磁三相同步电动机 343 个；第三批推广目录共有 34 家企业 9896 个型号电机产品入围，涉及高压三相异步电动机 8760 个、稀土永磁三相同步电动机 459 个、低压三相异步电动机为 677 个；第四批推广目录共有 29 家企业 11794 种型号电机产品入围，涉及低压三相异步电动机共 737 个、高压三相异步电动机 10669 个、稀土永磁三相同步电动机 388 个。

截至 2011 年 10 月，工信部先后已公布了三批节能机电设备(产品)推荐目录，涉及高效节能电机 24 大类近 2000 余个型号。其中第一批推荐目录中涉及高效节能型电机 10 大类，近 400 余个型号。第三批推荐目录中涉及高效节能电机 14 大类 1600 余个型号。第二批推荐目录中未涉及电机。

2. 国家鼓励推广高效节能电机的税收优惠和财政补贴政策

国家对选购高效节能电机实行税收优惠和财政补贴政策。2008 年 8 月，财政部、国家税务总局、国家发展改革委联合下发《关于公布节能节水专用设备企业所得税优惠目录(2008 年版)和环境保护专用设备企业所得税优惠目录(2008 年版)的通知》(财税〔2008〕115 号),指出对于购置并实际使用《节能节水专用设备企业所得税优惠目录(2008 年版)》中规定的专用设备的企业,该用能设备投资额的10%可以从企业当年应征纳税额中抵免。2010 年 6 月,财政部、国家发展改革委联合下发《节能产品惠民工程高效电机推广实施细则》,要求根据功率档次,对高效电机推广的生产企业每千瓦分别补贴 58 元和 31 元;对购买使用高压高效电机的用户,每千瓦补贴 26 元;对购买使用稀土永磁电机的用户,每千瓦补贴 100 元。

三、加快淘汰老旧汽车、船舶以及黄标车

(一)相关概念

老旧汽车一般是指行车里程、使用年限或油耗水平超出国家有关标准要求的机动车辆。

黄标车是高污染排放车辆的简称,一般指未达到国Ⅰ排放标准的汽油车,或排放未达到国Ⅲ标准的柴油车。因其车身贴有黄色环保标志,故称为黄标车。

老旧船舶是指船龄符合表 1-2-12 中所列条件的老旧海船和老旧河船。

表 1-2-12 老旧船舶最低船龄分类表

<table>
<tr><th>种类</th><th>船舶实际情况</th></tr>
<tr><td rowspan="5">老旧海船</td><td>船龄在 10 年以上的高速客船</td></tr>
<tr><td>船龄在 10 年以上的客滚船、客货船、客渡船、客货渡船(包括旅客列车轮渡)、旅游船、客船</td></tr>
<tr><td>船龄在 12 年以上的油船(包括沥青船)、散装化学品船、液化气船</td></tr>
<tr><td>船龄在 18 年以上的散货船、矿砂船</td></tr>
<tr><td>船龄在 20 年以上的货滚船、散装水泥船、冷藏船、杂货船、多用途船、集装箱船、木材船、拖轮、推轮、驳船等</td></tr>
<tr><td rowspan="5">老旧河船</td><td>船龄在 10 年以上的高速客船</td></tr>
<tr><td>船龄在 10 年以上的客滚船、客货船、客渡船、客货渡船(包括旅客列车轮渡)、旅游船、客船</td></tr>
<tr><td>船龄在 16 年以上的油船(包括沥青船)、散装化学品船、液化气船</td></tr>
<tr><td>船龄在 18 年以上的散货船、矿砂船</td></tr>
<tr><td>船龄在 20 年以上的货滚船、散装水泥船、冷藏船、杂货船、多用途船、集装箱船、木材船、拖轮、推轮、驳船(包括油驳)等</td></tr>
</table>

（二）政策措施

1. 淘汰政策

国家对老旧汽车、船舶、黄标车实行强制淘汰制度。2009 年 11 月，交通运输部修订颁布《老旧运输船舶管理规定》，提出国家对老旧运输船舶实行分类技术监督管理制度，对已达到强制报废船龄的运输船舶实施强制报废制度。2011 年 8 月和 12 月，国务院分别下发《“十二五”节能减排综合性工作方案》和《国家环境保护“十二五”规划》，都明确提出加速淘汰老旧汽车、机车、船舶，基本淘汰 2005 年以前注册运营的黄标车。

2. 优惠政策

为引导和鼓励老旧汽车、船舶、黄标车退出市场，2009 年 6 月，国务院办公厅下发《关于转发发展改革委等部门促进扩大内需鼓励汽车家电以旧换新实施方案的通知》（国办发〔2009〕44 号），对财政补贴的范围、补贴标准及资金补贴流程作了详细规定。对符合补贴政策的车辆，最高补贴可达 6000 元/辆。2011 年 5 月，财政部、交通运输部、工业和信息化部、国家发展改革委联合出台《老旧运输船舶和单壳油轮报废更新补助专项资金管理办法》，对老旧运输船舶和单壳油轮的补贴范围、标准、补助资金的申请及发放等作了详细规定。对符合补贴政策的船舶，按照补贴基数、吨位、船龄系数、船舶类型系数确定补贴金额。

第八节　开展能效达标对标工作

《方案》第三部分“万家企业节能工作要求”的第八项内容：“开展能效达标对标工作。万家企业主要工业产品单耗应达到国家限额标准，有地方能耗限额标准的，要达到地方标准。客货运输企业要严格执行营运车辆燃料消耗量限值标准。要学习同行业能效水平先进单位的节能管理经验和做法，积极开展能效对标活动，制定详细的能效对标方案，认真组织实施，充分挖掘企业节能潜力，促进企业节能工作上水平、上台阶。集团企业要组织各下属企业开展能效竞赛活动。”

企业通过开展能效达标对标工作，一方面采取有效措施达到单位产品能耗限额和营运车辆燃料消耗量限值的强制性规定；另一方面明确对标标杆企业，通过查找与标杆企业的差距，挖掘节能潜力，编制对标方案，开展对标实践，达到甚至超过标杆企业，最终使企业的生产工艺得以优化，产品结构得以调整，生产成本明显降低。在能源管理体系建设中，能效达标对标工作是企业建立能源目标、指标，确定基准、标杆，制定实施能源管理方案，强化信息沟通，实现能源绩效持续改进的重要手段；而能源管理体系又使企业能效达标对标工作更加规范、高效。

一、扎实做好能效达标工作

能效达标是企业对照国家和地方相关标准及相关规定，采取管理和技术措施，使单位产品能耗和用能设备能耗指标达到标准及相关规定的要求。这里的“标”是指国家和地方有关部门发布的单位产品能耗限额和用能设备能源消耗量限定值等强制性标准，相关规定如《产业结构调整目录》中的限制类要求、地方政府规定的能耗限制值等。

（一）意义

1. 有利于企业优化产品结构

开展能效达标工作，能够促使企业逐步淘汰现有高耗能、低效益的产品生产工艺及用能设备，转而投资生产能耗低、附加值高的产品，从而优化产品结构，实现产品多元化发展。

2. 有利于企业从源头控制落后产能

开展能效达标工作，能够督促企业主动查找能源管理和利用过程中的问题与不足，积极实施节能技术改造，加大节能技术研发等措施方法，切实提高企业能源利用效率；同时在新上项目时，将符合能耗限额准入值作为项目建设的前置条件，从源头控制落后产能。

3. 有利于企业追求卓越的能源绩效

国家能耗限额标准不仅规定了现有企业单位产品能耗限额限定值、新建企业准入值，还规定了能耗限额的先进值。企业要将该指标作为奋斗目标，通过节能技术进步，提高节能管理水平，达到甚至超越先进值要求，从而获得卓越的能源绩效，最终成为同行业企业中的能效“标杆”。

4. 保证能效标准的贯彻实施

国家和地方政府制定能耗限额标准的目的，就是通过强制性手段，设置能源消耗红线，逐步淘汰落后产能、生产工艺和设备，抑制高耗能产业。而能效达标工作就是以单位产品能耗限额标准和设备能耗标准为依据，采取各种措施保证能效标准要求落到实处。

（二）严格执行单位产品能耗限额标准

1. 能耗限额标准的主要内容和要求

截至目前，我国已制定出台 28 项强制性单位产品能耗限额国家标准（标准目录见表 1-2-13）。许多省市还制定了严于国家标准的产品能耗限额地方标准。能耗限额标准一般包括范围、技术要求、统计范围和计算方法、节能管理与措施等内容。下面就对标准各部分内容做简要介绍。

（1）范围。规定能耗限额标准适用的具体企业类型。如《水泥产品单位能源消耗限额》（GB 16780—2007）规定："本标准规定了通用硅酸盐水泥单位产品能源消耗（简称能耗）限额的技术要求、统计范围和计算方法、节能管理与措施。本标准适用于通用硅酸盐水泥生产企业能耗的计算、考核，以及对新建项目的能耗控制。"

（2）技术要求。规定具体的能耗限额指标，是企业达标的核心内容。一般包括单位产品能耗限额限定值、准入值和先进值 3 类指标。如《水泥产品单位能源消耗限额》（GB 16780—2007）规定：

① 单位产品能耗限额限定值。以产量 4000t/d 及以上的水泥企业为例，可比熟料综合煤耗限额限定值应≤120kgce/t；可比熟料综合电耗限额限定值应≤68kWh/t；可比水泥综合电耗限额限定值≤105kWh/t；可比熟料综合能耗限额限定值应≤128kgce/t；可比水泥综合能耗限额限定值应≤105kgce/t。

② 单位产品能耗限额准入值。以产量 4000t/d 及以上的水泥企业为例，可比熟料综合煤耗限额准入值应≤110kgce/t；可比熟料综合电耗限额准入值应≤62kWh/t；可比水泥综合电耗限额准入值≤90kWh/t；可比熟料综合能耗限额准入值应≤118kgce/t；可比水泥综合能耗限额准入值应≤96kgce/t。

③ 单位产品能耗限额先进值。以产量 4000t/d 及以上的水泥企业为例，可比熟料综合煤耗限额先进值应≤107kgce/t；可比熟料综合电耗限额先进值应≤60kWh/t；可比水泥综合电耗限额先进值≤85kWh/t；可比熟料综合能耗限额先进值应≤114kgce/t；可比水泥综合能耗限额先进值应≤93kgce/t。

（3）统计范围和计算方法。一般包括产品生产所消耗能源以及产品产量的统计范围、能源折标系数取值方法、能耗限额指标计算方法。有的能耗限额标准还包括工序划分方法、特殊情况下能耗计算原则等内容。

（4）节能管理与措施。包括节能基础管理和节能技术管理两方面的措施要求。一般是根据行业特点、技术进步与管理创新的潜力，提出一些具体措施。企业应严格按照能耗限额标准要求，进行指标核算，确定本企业能耗指标是否符合标准限定值要求。对新建项目要通过节能评估等手段，判断是否符合标准准入值要求。对于符合限定值要求的，企业要进一步考虑采取何种措施，能够接近、达到甚至超过标准先进值要求。对于不符合标准要求的，企业一方面要加大节能资金投入力度,实施节能技术进步,淘汰落后用能设备设施,积极采用先进生产工艺、设施和设备,配备余热余能回收装置,最大程度地回收余热余能资源;另一方面要通过建立和实施能源管理体系,加强能源计量、统计和分析工作,规范能源利用各环节的工作程序和制度,强化节能教育培训,提高员工的节能意识和能力等措施,实现能源利用效率的持续提高,最终满足限额标准要求。

2. 超能耗限额标准用能的法律责任

《节约能源法》第十六条第二款规定:生产过程中耗能高的产品的生产单位,应当执行单位产品能耗限额标准。对超过单位产品能耗限额标准用能的生产单位,由管理节能工作的部门按照国务院规定的权限责令限期治理。第七十二条规定:生产单位超过单位产品能耗限额标准用能,情节严重,经限期治理逾期不治理或者没有达到治理要求的,可以由管理节能工作的部门提出意见,报请本级人民政府按照国务院规定的权限责令停业整顿或者关闭。从上述规定可看出,国家不仅明确了单位产品能耗限额标准的法律地位,而且规定了严厉的处罚措施。2011年8月,国务院办公厅印发的《国务院关于印发"十二五"节能减排综合性工作方案的通知》(国发〔2011〕26号)要求:对能源消耗超过国家和地区规定的单位产品能耗(电耗)限额标准的企业和产品,实行惩罚性电价。各地可在国家规定基础上,按程序加大差别电价、惩罚性电价实施力度。这是国家在政策层面上对超能耗限额标准用能行为提出的惩罚措施。现有国家强制性单位产品能耗限额标准目录见表1-2-13。

表1-2-13 现有国家强制性单位产品能耗限额标准目录

序号	适用产品	标准名称	标准号	适用行业
1	水泥	水泥单位产品能源消耗限额	GB 16780—2007	建材
2	铜冶炼	铜冶炼企业单位产品能源消耗限额	GB 21248—2007	有色
3	锌冶炼	锌冶炼企业单位产品能源消耗限额	GB 21249—2007	有色
4	铅冶炼	铅冶炼企业单位产品能源消耗限额	GB 21250—2007	有色
5	镍冶炼	镍冶炼企业单位产品能源消耗限额	GB 21251—2007	有色
6	陶瓷	建筑卫生陶瓷单位产品能源消耗限额	GB 21252—2007	建材
7	粗钢	粗钢生产主要工序单位产品能源消耗限额	GB 21256—2007	钢铁
8	烧碱	烧碱单位产品能源消耗限额	GB 21257—2007	化工
9	供电	常规燃煤发电机组单位产品能源消耗限额	GB 21258—2007	热电
10	平板玻璃	平板玻璃单位产品能源消耗限额	GB 21340—2008	建材

续表

序号	适用产品	标准名称	标准号	适用行业
11	铁合金	铁合金单位产品能源消耗限额	GB 21341—2008	有色
12	焦炭	焦炭单位产品能源消耗限额	GB 21342—2008	化工
13	电石	电石单位产品能源消耗限额	GB 21343—2008	化工
14	合成氨	合成氨单位产品能源消耗限额	GB 21344—2008	化工
15	黄磷	黄磷单位产品能源消耗限额	GB 21345—2008	化工
16	电解铝	电解铝企业单位产品能源消耗限额	GB 21346—2008	有色
17	镁冶炼	镁冶炼企业单位产品能源消耗限额	GB 21347—2008	有色
18	锡冶炼	锡冶炼企业单位产品能源消耗限额	GB 21348—2008	有色
19	锑冶炼	锑冶炼企业单位产品能源消耗限额	GB 21349—2008	有色
20	管材	铜及铜合金管材单位产品能源消耗限额	GB 21350—2008	建材
21	型材	铝合金建筑型材单位产品能源消耗限额	GB 21351—2008	建材
22	炭素	炭素单位产品能源消耗限额	GB 21370—2008	化工
23	再生铅	再生铅单位产品能源消耗限额	GB 25323—2010	有色
24	电解铝	铝电解用石墨质阴极炭块单位产品能源消耗限额	GB 25324—2010	有色
25	电解铝	铝电解用预焙阳极单位产品能源消耗限额	GB 25325—2010	有色
26	管材、棒材	铝及铝合金轧、拉制管、棒材单位产品能源消耗限额	GB 25326—2010	建材
27	氧化铝	氧化铝企业单位产品能源消耗限额	GB 25327—2010	有色
28	铝及铝合金	铝及铝合金热挤压棒材单位产品能源消耗限额	GB 26756—2011	建材

（三）严格执行营运车辆燃料消耗量限值标准

1.燃料消耗量限值标准的主要内容和要求

营运车辆燃料消耗量限值标准是国家有关部门制定的营运车辆燃料消耗量测量方法及限定值的强制性标准，其中营运车辆燃料消耗量限值是指从事交通运输营运的车辆在运行过程中平均单位行驶里程燃料消耗量所允许达到的最大值。截至目前，我国已发布实施的营运车辆燃料消耗量限值标准有 7 项，分别是《乘用车燃料消耗量限值》（GB 19578—2004）、《轻型商用车燃料消耗量限值》

(GB 20997—2007)、《营运客车燃料消耗量限值及测量方法》(JT 711—2008)、《营运货车燃料消耗量限值及测量方法》(JT 719—2008)、《三轮汽车燃料消耗量限值及测量方法》(GB 21377—2008)、《低速货车燃料消耗量限值及测量方法》(GB 21378—2008)、《乘用车燃料消耗量评价方法及指标》(GB 27999—2011)。下面给出了《轻型商用车燃料消耗量限值》(GB 20997—2007)、《营运货车燃料消耗量限值及测量方法》(JT 719—2008)及《营运客车燃料消耗量限值及测量方法》(JT 711—2008)的具体要求,方便大家理解掌握。

(1)《轻型商用车燃料消耗量限值》(GB 20997—2007)

① 适用范围。以点燃式发动机或压燃式发动机为动力,最大设计车速大于或等于 50km/h 的 N_1类和最大设计总质量不超过 3500kg 的 M_2类车辆。

② 执行日期。该标准自 2011 年 1 月 1 日起,执行第二阶段限值。

③ 限值要求。该限值包括 N_1类汽油车辆燃料消耗量限值、N_1柴油车辆燃料消耗量限值、最大设计总质量不大于 3.5 吨的 M_2类型汽油车辆燃料消耗量限值和最大设计总质量不大于 3.5 吨的 M_2类型汽油车辆燃料消耗量限值。对于具有下列一种或多种结构的车辆:N_1类全封闭厢式车辆;N_1类罐式车辆;装有自动变速器的车辆;全轮驱动的车辆,其限值是上述限值的 1.05 倍。

对于 N_1类汽油车辆燃料消耗量限值和 N_1柴油车辆燃料消耗量限值,根据车辆最大设计总质量和发动机排量的不同,分别设有 11 个指标,指标区间分别为 7.8 ~ 14.0,7.0 ~ 11.5,单位为 L/100km;对于不大于 3.5 吨的 M_2类型汽油车辆燃料消耗量限值和最大设计总质量不大于 3.5 吨的 M_2类型汽油车辆燃料消耗量限值,根据车辆最大设计总质量和发动机排量的不同,分别设有 7 个和 4 个指标,指标区间为 9.7 ~ 14.0,8.5 ~ 11.5,单位为 L/100km。以上均为第二阶段限值要求。

(2)《营运货车燃料消耗量限值及测量方法》(JT 719—2008)

① 适用范围。燃用柴油或汽油且最大总质量为 3500 ~ 49000kg 的营运货车。

② 执行日期。该标准自实施之日(2008 年 9 月 1 日)起执行第一阶段限值,第 19 个月开始执行第二阶段限值。目前,已开始执行第二阶段限值。

③ 限值要求。该限值用综合燃料消耗量指标表示,包括营运柴油汽车(单车)燃料消耗量限值、营运柴油自卸汽车(单车)燃料消耗量限值和营运柴油半挂汽车列车燃料消耗量限值,汽油货车燃料消耗量限值为相应总质量柴油货车限制的 1.15 倍。具体为:

营运柴油汽车(单车)燃料消耗量限值,按照车辆总质量从 3500 ~ 31000kg,

共有14个指标,指标区间为11.3～32.0,单位为L/100km;营运柴油自卸汽车(单车)燃料消耗量限值,按照车辆总质量从3500～31000kg,共有14个指标,指标区间为11.2～28.0,单位为L/100km;营运柴油半挂汽车列车燃料消耗量限值,按照车辆总质量分为≤27000kg,27000～49000kg两个范围,共有4个指标,指标区间为35.1～39.0,单位为L/100km。以上均为第二阶段限值要求。

(3)《营运客车燃料消耗量限值及测量方法》(JT 711—2008)

① 适用范围。燃用柴油或汽油且最大总质量超过3500kg的营运客车。

② 执行日期。该标准自实施之日(2008年9月1日)起执行第一阶段限值,第19个月开始执行第二阶段限值。目前,已开始执行第二阶段限值。

③ 限值要求。该限值用综合燃料消耗量指标表示,具体为营运柴油客车燃料消耗量限值,汽油客车燃料消耗量限值为相应车长柴油客车限值的1.15倍。

营运柴油客车根据车辆长度不同,分为≤6m、6～12m(每1m规定一个指标)和>12m三个范围,同时按照车辆级别不同,分别设有8个指标,其中高级车的指标区间为13.0～28.0,单位为L/100km;中级及普通级车的指标区间为10.8～27.0,单位为L/100km。以上均为第二阶段限值要求。

万家企业中的汽车生产制造企业要严格根据《道路运输车辆燃料消耗量检测和监督管理办法》要求,积极向交通运输部公布的检测机构提出申请,对生产车型的车辆燃料消耗量进行检测。若达到标准要求,且符合其他相关条件,则列入交通运输部定期公布的《道路运输车辆燃料消耗量达标车型表》,允许量产并投放市场;若未满足标准要求,要分析问题,采取措施,认真落实整改,直到达到标准要求。万家企业中的非汽车生产制造企业,特别是交通运输企业,要将《道路运输车辆燃料消耗量达标车型表》作为营运车辆采购依据,同时及时淘汰超限服役车辆。

2. 超燃料消耗量限值的法律责任

《节约能源法》第四十六条规定:国务院有关部门制定交通运输营运车船的燃料消耗量限值标准;不符合标准的,不得用于营运。根据本条规定,燃料消耗量限值标准是强制性国家标准。凡不符合该标准的交通运输车辆,必须取消其运营资格,坚决退出。

二、积极开展能效对标活动

能效对标活动是指企业为提高能效水平,与国际国内同行业先进企业能效指标进行对比分析,确定标杆,通过管理和技术措施,达到标杆或更高能效水平的实践活动。

（一）开展能效对标活动的作用

1. 寻找差距，明确方向

企业利用现有能源统计基础数据，通过开展能源审计、能量平衡、节能检测等手段进行能耗数据分析，帮助企业客观全面寻找自身与能效先进企业的差距，明确节能工作的方向和重点。

2. 学习标杆，加速发展

通过收集获取能效先进企业行之有效的能源管理方法和技术措施，并将其有机地融入到自身能源管理工作中，提高了企业能源管理绩效和能源利用水平，降低了生产成本。

3. 制定方案，规范管理

分析标杆企业产生优秀能源管理绩效的原因，并制定和落实能效改进方案，能够使企业与能源相关的资源配置得以优化，规章制度不断完备，能源计量统计分析日趋完善，对能源利用全过程的监视和测量逐步加强。

4. 加强沟通，共同发展

通过开展能效对标活动，企业建立起长效的信息沟通机制，一方面不断搜集获取标杆企业的最佳节能实践，应用于自身能效对标工作；另一方面也为其他企业开展该活动提供了优秀的实践案例，最终实现对标企业的共同发展。

（二）能效对标的分类及其特点

1. 按照对标范围，能效对标活动可以分为全面对标和专项对标

（1）全面对标是指将企业整个能效对标指标体系作为对标内容的对标方式。这种对标方式在实际开展过程中，对标周期较长，工作过程较为复杂，但效果最显著，能够从根本上提高企业的能源利用水平。建议首次开展能效对标的企业采用该方式。

（2）专项对标是指将企业对标指标体系的一部分作为对标内容的对标方式，如选择企业某个工序为内容进行对标。这种对标方式将部分能耗指标作为对标内容，与全面对标相比，较为灵活，能够在短时间内产生较好的能源管理绩效，但很难从根本上提升企业能源管理水平。

2. 按照标杆类型，能效对标可分为内部对标、竞争性对标和同行业对标

（1）内部对标是指以本企业或集团内部各下属企业的生产设计值、历史最好水平、最佳节能实践等为对标标杆来开展能效对标活动的方式。如根据《方案》

要求,集团企业可组织各下属企业开展能效竞赛活动等。这种对标方式由于内部标杆数据和资料较易获得,开展起来难度较小,但是视野较狭隘,很难为企业整体能效水平带来突破性发展。

(2)竞争性对标是指将企业的直接竞争对手作为对标标杆,通过采取各项措施,达到或超越竞争对手能效水平的对标方式。这种对标方式的优点在于选择将与本企业产品相同、工艺相似的直接竞争对手作为对标标杆,将其产生优秀能源管理绩效的节能案例作为学习借鉴并转化为促进能源管理水平提高的节能实践。但是由于双方竞争关系的存在,使得相关对标信息的收集变得异常困难。

(3)同行业对标是指与本企业相关但无直接竞争关系的同行业企业作为对标标杆,通过获取相关信息,采取措施提高能源管理水平的对标方式。这种对标方式将无直接竞争关系的竞争对手作为对标标杆。在标杆企业对标信息的收集上较竞争对手相对容易很多,具备在最佳节能案例学习转化上的易操作性。

(三)开展能效对标活动的原则

1. 企业主体原则

能效对标主要是针对企业能源管理和利用活动,技术性强,内容复杂,差异性大,要始终坚持企业开展为主、政府和中介组织指导为辅的原则。

2. 先进性原则

标杆的选择、工具的确定和对标活动的组织要坚持高标准、严要求,充分体现先进能效水平的要求。

3. 突出重点原则

企业能效对标活动要突出重点工序、重点设备和重点产品,针对重点环节对标挖潜,提升节能效果。

4. 注重实效原则

对标工作要实事求是,不拘泥于形式,充分结合企业实际,制定并实施各项管理技术措施,达到能耗指标优化和能源利用水平提高的最终目的。

(四)开展能效对标活动的步骤

1. 深入分析现状,确定对标主题

企业首先要对自身能源利用状况进行深入分析,充分掌握本企业各类能耗指标客观、翔实的基本情况;在此基础上结合企业能源审计报告、企业中长期发展规划,确定需要能效对标的产品单耗或工序能耗。

2. 兼顾当前长远,选准标杆企业

企业根据能效对标活动内容,初步选取若干个潜在标杆企业,并组织人员对

潜在标杆企业进行研究分析,结合企业自身实际,最终选定标杆企业,确定对标活动的目标。企业选择标杆要坚持以国内外一流为导向,最终达到国内领先或国际先进水平。

3. 对照标杆水平,制定对标方案

通过与标杆企业开展交流,或通过行业协会、互联网等收集有关资料,总结标杆企业在指标管理上先进的管理方法、措施手段及最佳实践;结合自身实际进行比较分析,认清标杆企业产生优秀绩效的过程,制定出切实可行的对标指标改进方案和实施进度计划。

4. 全面开展对标,实施有效控制

企业根据改进方案和实施进度计划,将指标改进措施和对标指标目标值分解落实到相关车间、班组和个人,把提高能效的压力传递给企业各层次的管理人员和员工,体现出对标活动的全过程和全面性。在对标实践中,企业要通过修订完善规章制度,优化人力资源配置,强化能源计量器具配备、加强用能设备监测和管理等措施,实现对能效对标全过程的有效管控。

5. 评价对标成效,实现持续改进

企业就某一阶段能效对标活动成效进行评估,对指标改进措施和方案的科学性和有效性进行分析,并撰写评估分析报告,将对标实践过程中被实践证明行之有效的措施、手段和制度等进行系统总结。同时,制定下一阶段能效对标活动计划,调整对标标杆,进行更高层面的对标,将能效对标活动深入持续地开展下去。

(五)开展能效对标活动应注意问题

1. 坚持不断创新

对标不是简单的“追标”,也不是被动的“补标”。企业发现能源利用的薄弱环节,不能仅仅弥补,而要不断创新并最终实现超越。企业最高管理者要站在战略高度,引导、激励全体员工发挥聪明才智,积极参与能效对标活动,不断发掘节能潜力,实现节能管理升级,节能技术进步和能耗指标的持续优化。

2. 坚持过程重于目标

能效对标工作的真正意义是在于深入分析先进企业产生优秀能源绩效的过程,学习其节能理念、节能管理方法、节能技术措施,并结合自身实际实施运用。仅仅把注意力放在指标本身,是对该项工作的片面理解,其结果就是偏离对标的真正目的,无法达到预期效果。

3. 坚持把技术进步作为关键

企业间在能源绩效上的差距,说到底是技术上的差距,而技术上的差距是管理无法弥补的。因此,企业只有大力实施节能技术进步,实现在技术上赶超标杆企业,才能真正达到甚至超越世界能效先进水平。

4. 坚持沟通交流

仅仅收集能效先进企业的指标数据,是无法选定合适的对标标杆及其最佳节能实践的。企业要建立与政府、行业协会及标杆企业间的能效对标管理信息平台,畅通外部信息渠道。同时,还要强化内部信息沟通,使企业全体员工了解与标杆水平的差距,明确自身的努力方向和工作目标。

5. 坚持重在行动

任何管理理念的落实都要以有效的执行为保证。管理的执行力是保证对标目标和措施落到实处的根本。企业最高管理者要高度重视、身体力行,营造全员参与、自下而上的对标氛围,全面投入到对标活动中,才能真正达到预期效果。

6. 坚持巩固拓展成果

能效对标活动取得成效的标志是能源绩效的持续优化。因此,企业不断追求卓越能源绩效,不应因一点小小的进步就沾沾自喜、裹足不前,而应该不断巩固和拓展对标成果,最终成为行业的"领跑者",成为他人学习的标杆。

三、组织开展能效竞赛活动

《方案》要求万家企业中的集团企业,要组织各下属企业开展能效竞赛活动。

对于一些由若干同类下属企业组成的大型企业集团,如各大电力公司、水泥集团公司等,它们的产品结构、生产工艺、设备特点,甚至企业规模都非常接近,非常适合开展节能竞赛活动,如"十一五"期间,电力行业开展的小指标竞赛、全国火电燃煤机组竞赛等活动都取得很好节能效果。因此,集团公司要组织企业开展以产品单位能耗、主要用能设备能效、推广应用节能新技术和新产品为内容,大力开展能效竞赛活动,充分发掘节能潜力,提高能源利用水平。

同时,工业企业、交通运输及港口企业、商贸服务企业、学校和宾馆饭店等也应借鉴集团公司做法,在企业内部各职能各层次,相同或类似的操作岗位、用能设备之间开展能效竞赛活动,从而逐步形成相互竞争,互相赶超的良好氛围,不断提高员工参与节能工作的积极性,进一步推动企业节能降耗工作。

第九节 建立健全节能激励约束机制

《方案》第三部分"万家企业节能工作要求"的第九项内容:"建立健全节能激

励约束机制。万家企业要建立和完善节能奖惩制度，将节能任务完成情况与干部职工工作绩效相挂钩，并作为企业内部评先评优的重要指标。安排一定的节能奖励资金，对在节能管理、节能发明创造、节能挖潜降耗等工作中取得优秀成绩的集体和个人给予奖励，对浪费能源或完不成节能目标的集体和个人给予惩罚。”

节能法律法规也对此做出明确规定，《节约能源法》第二十五条规定：“用能单位应当建立节能目标责任制，对节能工作取得成绩的集体、个人给予奖励。”《公共机构节能条例》第九条规定：“对在公共机构节能工作中作出显著成绩的单位和个人，按照国家规定予以表彰和奖励。”

对企业而言，节能激励约束机制是以员工节能目标责任制为前提、以节能绩效考核制度为手段、以节能奖惩制度为核心的一整套激励约束管理制度。企业对照内部层层分解的节能目标，评估检查节能目标完成情况，将考核结果与干部职工工作绩效挂钩，并作为企业内部评先评优的重要指标，形成激励和约束相结合的节能机制。建立健全与绩效考核配套的奖惩制度，是确保节能目标责任制落到实处的必要条件。建立和完善节能激励约束机制，不仅仅要制定节能奖惩的规章制度，更为重要的是辅以各种配套监督手段和方法，确保各项节能目标任务得以落实，并不断改进。

建立健全节能激励约束机制是能源管理体系建设的重要内容。《能源管理体系　要求》(GB/T 23331)在管理承诺、能源目标和指标、能源管理绩效、能力意识和培训等方面对“建立健全节能激励约束机制”提出了具体要求。在能源管理体系准备阶段，企业最高管理者要认识到激励约束机制是能源管理体系建设的重要内容，是实现节能目标的重要保障，应调整节能考核机构，充实节能考核人员，明确其节能考核职责；在策划阶段，企业要结合能源管理绩效考核制定相应的奖惩办法，并写入体系文件；在实施阶段，要开展全员培训，定期进行节能绩效考核，兑现节能考核奖惩；在检查阶段，最高管理者要根据能源管理绩效考核结果，对节能绩效考核和奖惩的落实情况进行全面检查；在改进阶段，企业通过能源管理体系内部审核和管理评审等方式，完善节能奖惩制度。通过能源管理体系建设，能够持续改进节能激励约束机制。

一、建立和完善节能奖惩制度

《方案》要求，万家企业建立和完善节能奖惩制度，将节能任务完成情况与干部职工工作绩效考核相挂钩，并作为企业内部评先评优的重要指标。

（一）充分认识节能奖惩制度的意义

企业节能奖惩制度和节能目标责任制密切相关，节能目标责任制是建立和实施节能奖惩制度的前提和依据，节能奖惩制度是确保节能目标责任制得到落实的重要保障和条件。概括地讲，节能奖惩就是兑现节能目标责任考核结果，就是有目标、有考核、有兑现，实现良性循环。

建立健全节能奖惩制度，有利于提高企业各级领导和全体员工节能意识，增强节能工作责任心，调动工作积极性和主动性；有利于理顺企业内部的监管职责，一级抓一级，一级考核一级，更好地发挥考核机制的引导和监管作用；有利于明确节能目标，落实人员责任，做到奖惩分明，确保节能制度和措施得到有效落实，促进实现节能目标；有利于建立节能长效机制，强化企业人员责任，激发工作热情，提升执行力，促进能源管理体系的建立、实施、检查和改进。

（二）通过"两个挂钩"建立和完善节能奖惩制度

1. 实行节能考核与绩效考核挂钩

建立和完善节能奖惩制度，关键是把节能任务完成情况与干部职工工作绩效相挂钩。为体现节能目标考核的严肃性和有效性，必须将节能目标考核结果与全体干部职工的切身利益进行"捆绑"，与干部职工的日常工作绩效考核挂钩，与每个人的薪级奖金、职务岗位、荣誉地位等建立联系，切实做到目标考核无儿戏、责任网络无缝隙、责任追究无情面、节奖超罚动真格。

节能奖惩考核应融入企业现有绩效考核体系中。企业应完善原有的经营业绩考核体系，在产品质量、设备运行、成本管理、安全环保等考核指标体系基础上，增加节能目标考核要求，合理设置分值权重比例，并将节能目标考核结果作为干部选拔任用、员工岗位调整的重要依据，从而充分反映出节能工作在企业中的重要地位。

万家企业可根据生产、服务活动的类型，因地制宜，创新方式，合理设计形式多样的节能奖惩制度。但是，无论何种形式，节能奖惩制度一定要以节能目标考核结果为依据，与干部职工的日常工作绩效考核相挂钩。

2. 实行节能考核与评先评优挂钩

建立和完善节能奖惩制度，还要把节能考核作为企业内部评先评优的重要指标。开展评先评优活动是企业人力资源管理的一种重要方式，评出先进，树立典型，可以借助先进典型的示范带动作用，激励全员再创佳绩。万家企业在评先评优时要充分结合节能目标考核，将节能任务完成情况纳入评先评优的考核指标体系并使之占据合理的分值权重，必要时还可以将其设置为否决项。对完不成当年节能任务的集体和个人，可"一票否决"，取消其当年评先评优的资格。

（三）节能奖惩要做到激励与约束相结合

1. 充分发挥考核奖励的激励作用

企业要根据节能目标考核结果，对完成和超额完成节能目标的集体和个人兑现奖励结果，充分发挥节能奖励的激励作用。节能考核奖励要坚持"多节多奖、少节少奖、不节不奖、浪费受罚"的原则，避免平均主义。企业要细化每个部门和岗位的贡献程度，做到奖励幅度与贡献程度成正比，达到激励先进、鞭策后进的目的。

节能考核奖励的形式主要包括：精神奖励，例如授予荣誉称号、记功、通报嘉奖等；物质奖励，例如发放奖金、增加工资等；给予提职晋升、培训机会等。

2. 实施必要的处罚措施

《方案》要求，对浪费能源或完不成节能目标的集体和个人给予惩罚。

（1）对浪费能源的集体和个人进行处罚。员工违反企业内部节能管理规定，造成能源浪费的，企业应当按照节能管理和奖惩制度，对当事人进行经济处罚或其他处罚，并追究所在部门的责任。对员工浪费能源的行为，企业要及时制止，批评教育，并根据情节轻重给予相应的处罚，必要时可在企业内部曝光，教育警示大家，增强全员节能意识，塑造良好节能习惯。处罚不是目的，关键是企业要深入查找问题根结，举一反三，堵塞制度和管理漏洞。

（2）对完不成节能目标的集体和个人进行处罚。企业的各个部门、车间和员工，无正当理由完不成节能目标的，应当进行处罚。完不成节能目标任务也是一种能源浪费行为，比如企业或车间没有完成年度单位产品能源消耗目标，同样的产量势必造成了更多不必要的能源消耗。企业要深入剖析完不成节能目标的原因，剔除不可抗拒的因素，对考核结果做出适当的修正，把刚性考核人性化管理，使处罚依据合理充分，过程公平公正，提高被处罚者节能意识，实现鞭策落后的处罚效果。

（3）企业因违反节能法律法规受到行政处罚后应追究相关人员的责任。企业因违反节能法律法规，被上级节能主管部门或节能监察机构依法给予行政处罚后，应当追究实施违法行为责任人的失职责任。例如，某企业因使用国家明令淘汰型电动机被节能监察机构处罚。该企业在接受处罚后，对具体责任人给予工资降级处分。

二、奖励节能优秀成果和先进集体个人

《方案》要求，万家企业安排一定的节能奖励资金，对在节能管理、节能发明创造、节能挖潜降耗等工作中取得优秀成绩的集体和个人给予奖励。

节能奖励有利于调动企业全体员工的积极性和创造性，发动员工积极参与企业节能管理，围绕生产经营的各个环节，查漏洞、找差距，提出合理化意见和建议，从而保障和促进本企业节能目标、任务的顺利完成。开展节能表彰奖励活动也是各级政府的责任，《节约能源法》规定：各级人民政府对在节能管理、节能科学技术研究和推广应用中有显著成绩以及检举严重浪费能源行为的单位和个人，给予表彰和奖励。万家企业要在开展内部表彰奖励的同时，积极向各级政府申报节能先进企业，推荐先进集体或个人。各级政府在进行表彰和奖励的同时，要总结推广先进企业节能降耗的典型经验。

（一）奖励节能管理创新

加强管理是实现节能的重要途径之一，管理出效率，管理出效益，管理出人才。从横向看，节能管理不仅是企业节能管理机构的职责，也是生产、供应、销售、财务、人力资源等其他部门的共同职责。从纵向看，节能管理不仅是企业各级领导的责任，也是全体员工的共同责任。从事节能管理不分部门大小，不论职务高低，没有局外人。万家企业既要从大处着眼，注重顶层设计，创新管理方式，通过建立实施能源管理体系提高节能管理水平；也要从小处入手，加强日常节能管理，从点滴做起。员工对节能管理提出建设性意见并被采纳的，要给予不同程度、不同方式的奖励，充分调动全体员工参与节能管理的积极性和主动性。

（二）奖励节能发明创造

国家鼓励企业开展节能减排技术发明创造及应用推广工作。万家企业可将鼓励节能发明创造和保护知识产权专利工作相结合，建立健全管理办法。积极组织科研人员参与各级政府和企业内部安排的节能技术科研项目，对涌现出的优秀节能成果进行奖励，如定期开展“节能技术革新评选”等比赛活动，鼓励基层班组开展节能降耗“小发明、小创造、小革新、小设计、小攻关”活动，努力营造重视技术创新、鼓励节能降耗的浓厚氛围。

（三）奖励节能合理化建议

节能降耗、挖潜增效的重心在基层，很多开源节流、增收节支的好点子、好创意、好方法都来源于一线员工。万家企业要结合能源管理体系建设，建立良好的

信息交流沟通机制，广泛开展节能合理化建议活动，并对成绩优秀的集体和个人给予奖励，最大限度地调动广大员工参与节能工作的热情和积极性，最大限度地降低生产成本和能源消耗，最大程度地营造“企业重视、员工关注，企业提供平台、员工实践参与”的积极氛围，最终实现企业节能发展、员工受益进步的良好效果。

总之，企业要坚持精神奖励和物质奖励相结合的原则，安排一定的节能奖励资金，奖励节能优秀成果和优秀集体、个人。

第十节 开展节能宣传与培训

《方案》第三部分“万家企业节能工作要求”的第十项内容：“开展节能宣传与培训。万家企业要提高资源忧患意识和节约意识，积极参与节能减排全民行动，加强节约型文化建设，增强员工节能的社会责任感。要组织开展经常性的节能宣传与培训，定期对能源计量、统计、管理和设备操作人员、车船驾驶人员等开展节能培训，主要耗能设备操作人员未经培训不得上岗。宾馆饭店、商贸企业要加强对消费者的节能宣传，学校要把节能教育、环境教育纳入素质教育体系，积极开展内容丰富、形式多样的节能教育、环境教育宣传活动。”

节能宣传与培训主要包括岗位节能培训、节能宣传教育和企业节能文化建设三个方面。开展节能宣传与培训是企业提高员工节能意识、增强员工节能责任感、提升员工岗位操作技能、规范企业能源管理工作的重要手段之一，是全民节能行动的重要工作内容，更是节约资源基本国策和节能法律、法规的内在要求。例如，国家发展改革委等部门下发的《关于印发节能减排全民行动实施方案的通知》（发改环资〔2012〕194 号）要求企业积极投身到全民节能减排行动中，并指出开展节能减排宣传教育是企业节能减排行动中的主要活动。

《能源管理体系　要求》（GB/T 23331）要求，企业应根据能源管理体系的培训需求开展节能培训，对与能源管理工作有重大影响的人员进行岗位专业技能培训，采取措施提高员工的节能意识。开展节能宣传与培训是企业建立和实施能源管理体系的主要工作之一，可促使企业员工树立节能意识，履行岗位职责，提升岗位素质，有利于能源管理体系的建立、实施、保持和持续。在能源管理体系准备和策划阶段，企业通过宣传使最高管理者意识到建立、实施能源管理体系的重要性和必要性，并对能源管理体系建设人员进行体系标准及相关知识培训，将建立实施体系的决策和意图传达下去，在企业内形成良好氛围，取得全体人员的重视和配合；在能源管理体系实施阶段，充分培训体系文件，使员工理解体系文件并落实，提高员工岗位技能和执行力；在能源管理体系检查阶段，实施对各职能、各层次、各岗位管理活动的审核检查和能源管理绩效的测量考核，对需要改进业绩的员工进行节能培训；在能源管理体系改进阶段，制定改善能源管理绩效的各项措施，针对发现的问题，进一步加强对员工的节能宣传与培训，不断提高员工的节能意识和能力，从而提升企业的能源管理水平。

一、开展岗位节能培训

《方案》要求企业定期对能源计量、统计、管理和设备操作人员、车船驾驶人员等开展节能培训，主要耗能设备操作人员未经培训不得上岗。企业员工的岗位能力和意识直接影响到企业节能工作开展效果。开展岗位节能培训是提升员工岗位能力和意识的有效手段之一。通过培训可使员工熟知岗位职责，掌握岗位节能操作技能，挖掘岗位节能潜力，实施节能技术创新。

（一）节能培训的必要性

1. 提升员工岗位能力的需要

企业员工岗位能力是维系企业生存和发展的重要资源，也是反映企业管理水平的重要指标。岗位能力的形成来源于教育、培训、技能和经验四个方面。教育，即相关工作所需的文化学历；培训，即相关工作有关的专业培训；技能，即从事相关工作有关的技术能力；经验，即从事相关工作的经历。因此，开展岗位节能培训是提升企业员工能力的有效措施。通过节能培训，使员工熟悉掌握节能技术和管理方法，提高岗位操作技能，增强节能主观能动性，提升员工岗位能力。

2. 促进企业发展的需要

随着能源日益紧缺、能源成本不断增加，企业迫切需要越来越多的节能人才提升企业节能管理水平，增强核心竞争力，塑造发展优势。而节能培训能够为企业的发展培养所需的人才。

3. 企业履行法定责任的需要

《节约能源法》中明确规定：用能单位应当定期开展节能教育和岗位节能培训，能源管理负责人应当接受节能培训。《公共机构节能条例》也规定：公共机构应当开展节能宣传教育和岗位培训，增强工作人员的节能意识，培养节能习惯，提高节能管理水平。因此，企业开展节能培训不仅是自身发展的需要，更是其法定义务。

4. 建立和实施能源管理体系的需要

企业建立能源管理体系不仅要形成系统化的文件，更重要的是要按照标准和体系文件要求运行能源管理体系。企业通过对员工进行体系文件培训,使员工理解本岗位体系文件的要求,掌握标准和体系文件要求的方法并严格执行,进而实现能源管理和利用全过程管控,保证能源管理体系按照标准和体系文件要求运行。

(二)节能培训的对象和内容

企业节能培训的对象主要包括:企业最高管理者、能源管理负责人、能源管理人员、能源计量人员、能源统计人员、岗位操作人员等。企业节能培训的内容主要包括:节能法律法规、政策标准和政府其他要求;成熟先进的节能技术;节能管理方法;企业能源管理体系文件要求(包括能源方针、目标指标、能源管理手册、程序文件、能源管理方案等);岗位职责、操作规范和专业知识等。企业应根据培训对象的不同,安排相应的培训内容。

1. 最高管理者

最高管理者是企业的决策者,只有最高管理者认识到节能的重要性,企业才有可能在其领导下加强节能管理工作。培训内容一般为:我国国情和能源形势;节能与企业可持续发展的关系;节能法律法规、政策标准及政府其他要求;能源管理体系的主要内容和作用等。

2. 能源管理负责人

能源管理负责人负责组织企业能源管理工作,并向最高管理者报告企业能源管理工作运行情况和业绩,同时还负责与企业有关的外部联系工作。因此,能源管理负责人应熟知相关法律法规、政策标准和政府其他要求,并保证贯彻执行;掌握企业能源管理和利用状况,并提出改进措施和建议,确保能源管理体系的有效运行。培训内容一般包括:节能法律法规、政策标准和其他要求;能源管理体系的原理及建立方法;企业的能源方针和目标;能源管理手册和程序文件;岗位职责和要求;相关节能管理方法与节能技术;节能规划、计划的编制方法和实施要求;能源利用状况报告编制方法;节能量计算分析、能效评估、能源管理和利用状况分析方法等。

3. 能源管理人员

能源管理人员应具备节能管理经验,具有节能专业知识和业务能力等。培训内容一般包括:相关节能法律法规、政策标准和其他要求;企业能源方针、能源目标指标;能源管理手册和相关程序文件;岗位职责和要求;企业能源审计和能量平衡方法;用能设备节能检测方法;能源采购相关知识;能源质量分析方法;节能基础知识;通用节能技术等。

4. 能源计量人员

能源计量人员负责能源计量器具的配备、使用、检定(校准)、维修、报废等工作。主要包括计量管理、计量监督、计量技术人员,以及计量器具检定、测试和维修人员等。能源计量工作为企业摸清能源利用状况提供真实准确的数据,因此企业对能源计量人员能力要求较高。培训内容一般为:相关法律法规、政策标准和政府其他要求对企业能源计量的规定;企业能源方针、能源目标指标;岗位职能、计量管理制度和操作规范;计量器具的配备、维护、使用等基础知识;计量工作检查考核、测量管理体系知识等。

5. 能源统计人员

能源统计人员负责收集、整理、分析企业能源利用过程的数据资料,填报企业能源消耗报表等工作。能源统计是一项专业性很强的工作,要求能源统计人员既要掌握统计专业知识,还要熟悉能源消耗与计量方面的知识。培训内容一般包括:相关法律法规、政策标准和政府其他要求对企业能源统计的要求;企业能源方针、能源目标指标;岗位职能、相关程序文件和操作规范;能源计量统计分析的基本知识和方法;能源统计记录、报表填报方法等。

6. 岗位操作人员

岗位操作人员是指用能设备操作人员,如空调操作人员、司炉工、车船驾驶人员等。岗位操作人员对保证用能设备经济运行、实现企业节能目标,具有至关重要的作用,因此应熟练掌握用能设备节能操作技能。培训内容一般包括:法律法规、政策标准和政府其他要求关于岗位工作的要求;企业能源方针、能源目标指标;岗位制度规范和作业指导书;能源相关表格的填写方法;设备工作原理、节能操作技术知识等。主要耗能设备操作人员必须经过相关专业培训,获得相应证书或达到岗位能力要求后才可上岗。

此外,企业开展节能培训时还应针对新员工、晋升员工或在岗员工分别制定培训内容。如:新员工培训主要包括企业能源方针、能源目标指标、岗位职责和操作规范、规章制度、岗位专业知识等内容;对于晋升员工培训,还要针对新岗位的要求,补充必要的职责内容、岗位专业知识和技能等,使其尽快胜任新工作;对在岗员工主要培训岗位节能新知识、新工艺、新技术等,使之丰富和更新专业节能知识,提高节能管理和操作水平等。

(三)节能培训的方式

企业节能培训应根据培训对象和内容的不同选择适合的培训方式。培训方式一般包括课堂讲授、参观学习、案例研究、现场培训、岗位轮换、自主学习、在线学习等方法。

1. 课堂讲授

课堂讲授是最为常用的培训方式,其主要形式是讲座和讨论。课堂讲授的优点是能够以较低的成本、较少的时间向一定规模的学员提供某种专题信息,缺点是一般不能根据学员能力、态度和兴趣进行差异化教学。

2. 参观学习

参观学习是企业根据获取的信息,有计划、有组织地安排员工到有关企业现场参观访问学习的一种方法。这种方法的优点是通过典型的现实案例,使参训人员得到启发,迅速接受先进成熟的节能新技术和管理方法;缺点是需耗费一定的时间和资金,影响正常生产,且组织难度较大。

3. 案例研究

案例研究是以开发技能为主的培训方式,首先提出研究案例,然后让参训人员在分析案例的基础上提出解决问题的办法并相互交流。案例研究法具体实行起来又可分为两种:一种是讨论法,即在给出案例后,采取讨论的方式,各抒己见,达到提高能力和认识的目的;另一种是现场模拟法,即首先举出某一特定时间的真实情节,针对参训人员的推理、想象和预见能力,提出一系列问题,让其解决回答,最后再通过讨论归纳解决对策。这种方法的优点是可以使员工集思广益,激励思考,加深对内容的理解,提高分析表达能力;缺点是耗费时间较多,培训效率较低,方向性差,对员工综合能力要求较高。

4. 现场培训

现场培训是指通过现场指导参训人员的实际操作,来提高其实践水平、工作能力的培训方式。一般由上级管理者或经验丰富的员工实施,一方面指挥和组织参训人员完成工作任务,另一方面向参训人员传授技能和知识。现场培训的优点比较突出,即花费的成本较少,参训人员边干边学,不需脱产培训;缺点是要求实施培训的人必须经验丰富,善于指导。

5. 岗位轮换

岗位轮换法是企业有计划地让员工轮换担任不同工作,培养员工具备多种岗位操作能力的培训方式。岗位轮换法可以让参训人员通过到不同部门工作来了解企业各环节的工作要求,优点是有助于改善部门间的合作,加强沟通配合,利于企业培养全方位的节能人才;缺点是会在短时间对企业正常生产产生一定影响。

6. 自主学习

自主学习法是指让学员全面承担自己学习责任的方法。一般由管理者出题，员工根据自己实际情况和学习特点去研究解决问题，从而达到培训的目的。这种方法的优点是学习时间、内容自由灵活；缺点是对员工的自学能力要求较高。

7. 在线学习

在线学习包括互联网培训和远程教育。互联网培训是指通过因特网或内部局域网，展示培训内容的一种培训方法。远程教育是指通过电视（接收）会议、电话会议等形式，教师在中心地点对多个在地域上较为分散的学员进行培训的一种方法。这种方法的优点是学员在进行学习的同时，可以与不同地域的教师和其他培训人员进行双向沟通，符合分散式学习的趋势；缺点是互动效果差。

企业可采取的节能培训方式非常多，但企业需要通过对培训目的、对象和范围的正确分析，结合自身所处行业、阶段和发展战略，选择最适合的培训方式。建议规模较大的企业采用条块结合的方式，各部门可以组织本部门人员的培训，各归口管理部门也可以组织相关人员培训。总之，企业的节能培训应以实效为根本，一方面要建立培训系统规划，做到事前控制，另一方面在培训过程中，要增强互动，激发个人的学习兴趣和欲望，切实提高员工的岗位能力。企业应结合自身实际进行正确引导，逐步营造一种良好、积极的学习氛围，使员工自身知识、技能和意识不断提高，并将其应用到实际工作中。

（四）节能培训计划

企业应根据自身实际状况（如管理水平、员工素质等），制定节能培训计划。制定培训计划时，还应考虑参加企业外部开展的各类节能培训（如节能主管部门或行业协会组织的培训）。

1. 制定原则

企业制定节能培训计划时，一般应遵循超前性、有效性、全面性和灵活性四个原则。超前性是指负责培训的部门每年度初要根据节能目标和节能培训需求，制定年度节能培训计划；有效性是指培训计划必须针对节能培训需求和节能岗位能力要求，明确节能培训的目标和内容，保证培训效果切实有效；全面性是指企业要结合外部培训要求及自身需求制定培训计划，便于员工得到系统的学习；灵活性是指企业在节能培训过程中，应根据节能培训效果及时调整课程设置、教学安排、培训方式等。

2. 制定过程

企业制定培训计划前，应首先充分掌握企业节能培训需求。企业掌握节能培训需求主要从两方面入手：一是定期对各岗位进行培训需求调查，各岗位根据节能工作的需要，确立需达到的目标，分析寻找差距，上报培训需求；二是根据企业管理层的要求、各岗位培训要求及政府节能主管部门、节能监察机构、行业协会的要求等，分析寻找差距，确定培训需求。

企业培训主管部门在汇总分析节能培训需求基础上，拟订节能培训计划，明确培训对象、内容、方式、教师、教材、时间及地点等，经企业分管领导批准后执行。培训主管部门要及时掌握节能培训需求动向变化，定期征求员工培训需求和建议，及时调整培训计划。

（五）组织实施节能培训

企业应严格按照节能培训计划组织实施培训工作，为节能培训提供充足的培训资源，做好节能培训档案管理和考核工作，确保节能培训取得预期效果。

1. 配备节能培训资源

企业所需的节能培训资源，除了节能培训师资和培训教材外，还包括节能培训经费、培训场所、设施设备等，这是保证节能培训质量和效果的重要方面。

（1）节能培训师资

节能培训师资分为内部培训师资和外部培训师资两种，由企业培训主管部门根据培训计划统一选聘确定。

① 内部节能培训师资

企业员工享有参加培训的权利，也有培训他人的义务。企业应充分利用内部人力资源，最大限度地把节能管理和技术理论与实际节能工作相结合，有效地提升培训效果。企业要积极提倡和鼓励员工争当培训教师，并将自身专业知识、工作技能和节能经验总结提炼后，传授给其他员工。

内部节能培训师资可由节能管理机构提供人选，培训主管部门统一审查、考核，颁发聘书，聘为内部节能培训教师。

② 外部节能培训师资

为广泛吸收国内外先进节能技术和节能管理知识，加强与国内外企业、科研院所、专业培训机构、节能主管部门、节能服务机构的相互交流与合作，企业可根据需要，从外部聘请优秀的教师、专家学者进行培训授课。

（2）节能培训教材

节能培训教材的载体包括书面文字、电子文档、录音、录像等多种形式。培训教材包括内部教材和外部教材，内部教材来源于企业节能工作过程中的经验与教训总结、企业重大节能事件（典型案例）、培训主管部门组织编制的教材等；外部培训教材来源于节能主管部门或行业协会发布的资料、企业聘请外部的专家或教师进行培训时发放的教材、参加外出培训的员工带回的培训材料等。

2. 加强节能培训档案管理

节能培训档案可为企业评价培训效果提供真实有效的依据，同时也是开展员工评优、晋升和加薪等的重要依据。节能培训部门应建立员工节能培训档案，记录员工所接受的培训课程、考评成绩等。

3. 考核参训人员

考核参训人员是检验节能培训教学效果、保证节能培训教学质量的重要手段，目的在于指导和督促参训人员系统复习和巩固所学知识与技能，检验理解程度与运用能力。企业应针对不同的培训内容、目的及对象，采取不同的考核方式，一般可采取笔试、面试、现场操作等方式。考核结束后要及时根据考核结果，分析培训中存在的问题和不足，采取完善培训内容、创新培训方式或改善培训环境等措施，促进培训工作持续不断改进。

（六）评估节能培训效果

为检验节能培训对于提高员工履职能力、完善企业节能管理方面的作用，企业相关职能部门要定期评估培训效果。节能培训效果评估是在收集评估资料基础上，查找培训不足和薄弱环节，进行深入分析并不断改进的过程，其目的是逐步提高节能培训的质量和效果。

企业对节能培训效果进行评估，一是评估参训人员对节能培训的满意程度，包括对培训教师、培训材料、培训设备、培训方法等的满意度，可采用问卷调查或与培训人员面谈交流的方式进行评估；二是评估参训人员所学节能知识的转化程度，可采用工作业绩测评、节能指标完成情况、领导者对员工评价等方式进行评估；三是评估企业节能培训目标完成情况。此项内容的评估要结合前两项评估结果，采取查看培训人员考核成绩、工作业绩改进证明资料，与授课老师进行沟通等方式，进行综合评估。企业要通过评估，发现节能培训过程中存在的问题，进一步分析问题产生原因，及时调整措施，持续改进节能培训工作。

二、开展节能宣传教育

《方案》要求企业组织开展经常性的节能宣传教育。其中宾馆饭店、商贸企业在加强自身员工节能宣传教育的同时，还要充分发挥其作为流通服务业连接生产和消费的桥梁作用,对消费者进行节能宣传;学校要对学生进行节能教育,把节能教育纳入素质教育体系。

（一）节能宣传教育的必要性

1. 企业加强节能管理的重要措施

企业员工只有意识到节能的重要性,才能在日常工作中形成自觉行动。节能宣传教育是企业提升员工节能意识的重要手段,企业通过宣传国家能源形势,节能相关法律法规、政策标准及节能的重要性等,可以提高员工的节能意识,形成"人人关心节能、人人参与节能"的工作氛围,最终提升企业能源管理水平,促进节能降耗。

2. 企业履行社会责任的重要途径

节能关系到整个国民经济的发展,是国家根据当前经济发展情况和严峻的能源形势提出的一项重要战略部署。加强节能降耗是全社会的共同责任,需要社会全体成员共同参与。作为重点用能单位的万家企业,更要积极履行节能社会责任,将企业各项工作真正建立在节能降耗的基础之上,加大节能宣传教育力度,增强资源忧患意识和节约意识,提高能源利用效率。

3. 企业建立和实施能源管理体系的重要环节

企业在建立和实施能源管理体系过程中,节能宣传教育占有重要地位。在体系策划阶段,通过节能宣传教育将建立实施体系的决策和意图传达下去,在企业内形成良好的氛围,以取得全体人员的理解和重视。在体系实施阶段,宣传培训能源管理体系文件的重要性,保证员工严格执行体系文件。企业大力宣传降低能源消耗和提高能源利用效率的重要意义,促使全体员工提高节能意识并参与到企业能源管理体系建设中来,保证能源管理体系有效运行。

（二）节能宣传教育的内容

进行节能宣传教育可增强全体员工的能源忧患意识和节约意识,并使员工积极参与到企业节能工作中来,为节能工作献计献策,为企业的发展贡献智慧和力量。

1. 宣传能源形势

通过开展资源警示教育及宣传国内外能源形势,使员工知晓节能工作对企业发展的重要性,增强广大员工的忧患意识、危机意识、责任感和使命感。

2. 宣传节能法律法规

通过宣传节能法律法规,可以提升企业员工节能法律意识,使企业员工明确并依法履行自身责任，为企业依法开展能源管理工作营造良好的氛围。如宣传《节约能源法》、《循环经济促进法》、《公共机构节能条例》等。

3. 宣传节能政策标准及政府其他要求

通过宣传新形势下国家出台的一系列关于节能工作的政策标准及政府其他要求，能够使员工获知国家对节能工作的重视程度和最新动向，了解相关的节能管理和技术要求，明确自身的节能责任。如宣传《"十二五"节能减排全民行动实施方案》、《公共建筑室内温度控制管理办法》、《关于严格执行公共建筑空调温度控制标准的通知》(国发办〔2007〕42号)、《能源管理体系　要求》(GB/T 23331)、《评价企业合理用热技术导则》(GB/T 3486)、《评价企业合理用电技术导则》(GB/T 3485)、《用能单位能源计量器具配备和管理通则》(GB 17167)等。

4. 宣传节能的重要性

通过宣传企业的能源方针、目标、企业的节能规划、节能的经济和社会效益等，使员工了解企业开展节能工作的必要性，明确自己的职责，并参与到企业节能管理工作中来。

5. 宣传建立和实施能源管理体系的重要意义

建立和实施能源管理体系的企业还要宣传能源管理体系相关知识，如建设的意义、经验和成果等，使企业全体员工充分意识到能源管理体系建设的重要性。

6. 宣传日常节能常识

通过宣传日常节能常识，可以引导员工形成节能低碳的生活方式及消费习惯。如：一般情况下，一台节能冰箱比普通冰箱每年可节电约100kW·h；在饮水机闲置时关掉电源，每年可节电约300kW·h等。

(三)节能宣传教育的方式途径

企业开展节能宣传教育的方式途径很多，如悬挂条幅、标语，利用企业宣传栏、广播、电台、报刊、OA办公平台等宣传节能，开展形式多样的节能专题活动等。企业应根据自身实际，选择适合的方式途径进行节能宣传。下面主要针对不同性质的企业，列举其通常采取的节能宣传教育方式和途径。

1. 工业企业的节能宣传教育

工业企业是我国最大的能源消耗主体，也是节能的主力，其节能成效直接决定了全社会节能工作的成败。因此，工业企业要对全体员工进行节能宣传教育，使其积极投身到节能工作中，从岗位做起，从自身做起，从点滴做起，使节能转化为自觉行为，从而促进企业节能文化形成。

(1)针对企业生产活动开展节能宣传教育。能源的消耗使用贯穿于企业整个生产活动过程,企业要做好节能宣传工作,就要关注生产活动。企业通过宣传遵守能源管理规章制度的重要性及违规执行的负面效果,使员工严格遵守规章制度并确保落到实处。通过宣传建立实施用能管理和节能目标责任制度,可使节能行动深入到企业管理的各个层面,把节能压力和动力传递到企业中每一层级的管理人员和员工身上,可以提高员工的节能意识,促进生产环节节能降耗,达到节能宣传教育的目的。

(2)针对员工日常行为进行节能宣传教育。一是采取多种多样的形式宣传节能。如利用宣传栏、悬挂条幅等方式,宣传国家有关节能的法律、法规和相关政策;定期开展岗位练兵、技术比武、节能降耗优胜班组竞赛、挖潜增效能手竞赛、对节能先进员工进行评先评优、表彰宣传等,提高员工的节能积极性;开展合理化建议活动,充分发动全体员工围绕企业生产经营的各个环节,找漏洞,找原因,提出有针对性、可行性强的节能意见和建议。二是在广大员工中积极倡导节约型生活方式和消费习惯,培养员工自觉节能的好习惯。如倡议正反使用打印纸,随手关灯,尽量使用自然光照,使用节能环保铅笔、再生纸等节能环保用品,使用再生纸名片,开展废旧电脑、打印机、电池、灯管等办公用品的回收利用。

2. 宾馆饭店、商贸企业的节能宣传教育

宾馆饭店、商贸企业也是耗能大户,消耗的能源主要为热水、电、天然气等。据统计,酒店能源消耗费用占其营业额的比例高达10%左右,所以宾馆饭店、商贸企业的节能工作也是非常必要。同时作为服务行业的宾馆饭店、商贸企业等还是宣传节能的重要基地,在充分借鉴工业企业节能宣传方式对本企业员工进行节能宣传教育的同时,还应通过多种灵活形式对广大消费者进行节能宣传教育,积极向消费者宣传节能知识、方法,引导节能绿色消费观念。

(1)宾馆、饭店可利用发放报纸、杂志、宣传手册,悬挂条幅、海报,摆放标识、提示牌等手段向消费者宣传节能,充分提高消费者的节能意识。如在宾馆的大堂、餐厅等设置节能低碳宣传角;在客房内设置宣传卡、节能标识,鼓励客人减少不必要的资源使用;还可为客人建立低碳消费记录档案,对客人的节能行为进行适当奖励;取消一次性用品使用,改为有偿提供或采用大容器盛装方式等供客人使用;在饭店大堂电子屏打出节能宣传标语、在洗手间内摆放节约用水的提示牌,不使用一次性餐具等。

(2)商场等商贸企业可通过销售人员口头宣传节能产品、节能知识、节能方法,标识节能产品,悬挂条幅、海报等方法向消费者宣传节能,引导消费者节能低碳消费。如有偿提供购物袋,拒绝过度包装,引导消费者树立节能意识;指导消费者科学合理地选购家电、介绍家电节能使用常识、向消费者推荐推广高效节能产品等。

3. 学校节能宣传教育

学校不仅是能源消耗单位,更是培养全民节能意识的重要教育基地。学校除了要加强自身的节能管理外,还担负着对广大师生的节能教育。学校在培养学生树立节能意识上发挥着不可替代的重要作用。把节能教育纳入国民教育和培训体系,使节约能源成为广大学生自觉遵守的行为方式及思想准则,树立资源忧患意识,引导广大师生节约能源从小做起、从点滴做起。

(1)加强节能基础教育。学校要把节能教育作为德育教育的一项重要内容,在基础教育课程中加入节约能源相关内容,将节能教育内容纳入学校课堂教学,真正落实“节能进学校、进课堂”的要求。要在中小学及学前教育中充实节能教育内容,开展内容生动、形式多样的节能宣传活动,让孩子从小树立节能意识,养成良好的节能习惯。

(2)在高校设立能源管理相关专业课程。在当前能源紧张的形势下,我国急需大批高素质节能人才。推进高校节能低碳教育,设立能源管理相关学科,可以推动我国能源管理的科学发展,为我国培养输送大批能源管理人才。

(3)加强学校精细化管理,挖掘节能潜力。加强学校节能管理,制定完善的节能管理标准规范,进一步量化和细化节能指标,加强监督管理,及时杜绝能源浪费,提升广大师生节能意识,引导其积极参与节能,以达到节能宣传教育的目的。如设立学校耗能设备台账,制定完善学校教学设备及生活设备的使用管理制度,明确广大师生的能源使用、管理责任等。

(4)开展丰富多样的校园活动,建设校园节能文化。在广大师生中开展丰富多样的节能活动,引导学生树立节能观念,营造良好的校园节能氛围,进一步推动校园节能文化建设。如制作节能宣传挂图和光盘并免费发放,定期组织学生制作节能墙报,利用校园广播播送节能专题节目,张贴节能宣传图片,定期召开以节能为主题的宣传教育活动班会;组织学生开展节能建言献策活动等。同时,引导学生在日常生活中关注节能,学习和寻找与节能有关的窍门和方法,不仅从自己做起,而且督促父母等家庭成员节约用电、节约用水。

(5)开展节能社会实践与科技创新活动。积极引导学生在实践、创新中学习节能知识和掌握节能技巧。如组织学生向家庭、社区宣传节能知识,组织召开以节能为主题的发明竞赛等。

4. 客运、货运及港口企业的节能宣传教育

交通运输业是我国仅次于制造业的第二大能源消耗行业，是全社会石油消费的主要行业。据统计，我国交通运输业石油消耗量占全社会石油消耗量的35%左右，节能潜力巨大。此外，交通运输业直接面对庞大的客流量，开展节能宣传教育有着得天独厚的优势。作为万家企业的客运、货运及港口企业，一方面，要借鉴工业企业的节能宣传方式对本企业员工进行宣传教育，提高员工节能意识及岗位技能，加强能源管理，降低能源消耗，提高能源利用率；另一方面，要参考宾馆饭店、商贸企业的节能宣传方式对乘客进行节能宣传教育，倡导资源节约、绿色低碳的交通运输消费方式。

三、建设企业节能文化

《方案》要求企业提高资源忧患意识和节约意识，积极参与节能减排全民行动，加强节约型文化建设，增强员工节能的社会责任感。企业建设节约型文化，可将节约理念融入到企业生产经营管理中，统一企业员工的价值观念和行为准则，引导员工自觉节能，带动企业创造良好的经济和社会效益，实现企业的协调可持续发展。节能文化建设是企业节约型文化建设的核心内容，下面重点介绍企业节能文化建设的含义、必要性及节能文化建设的五个阶段。

（一）建设企业节能文化的含义

企业节能文化是企业全体员工在合理使用能源、降低能源消耗、提高能源利用效率方面共同的价值观念和行为规范，包括能源方针、目标、思维模式、节能意识氛围、行为习惯、规章制度等。企业节能文化以全体员工为对象，通过节能宣传、教育、培训、奖惩等方式，促进企业员工节能意识不断增强、行为不断规范，进而充分履行职责，推动企业能源管理绩效的持续改进。

企业节能文化具有四方面的属性：一是规范性，企业节能文化在已有成果基础上，广泛吸取国内外同行业的先进节能技术和管理经验，不断发展完善自身的核心节能技术和管理体系，最终实现节能技术、管理、行为的规范化；二是全员认同性，节能文化要被全体员工所认同，形成全体员工共同的思想和行为准则；三是渗透性，通过宣传、教育、沟通交流、建立制度等方式多层面地宣传企业节能文化，并内化为员工的意识和自觉行为；四是传承性，节能文化在传承中不断创新发展，丰富内涵，持续改进。

企业通过制定完善的节能规章制度可以促使员工达到节能的最低标准，在此

基础上进一步建设企业节能文化,引导员工达到节能的最高标准,促进企业能源管理体系的持续有效运行。同时,建立和实施能源管理体系又可以促进企业节能文化的形成,企业在建立和实施能源管理体系过程中,通过制定和发布能源方针、目标指标,开展宣传教育培训,落实节能规章制度,实施绩效考核奖惩等活动,不断增强员工节能意识,完善节能制度和规范节能管理,逐步建立健全企业的节能文化。

（二）建设企业节能文化的必要性

1. 企业可持续发展的需要

能源供应紧张和能源成本持续升高等因素成为目前制约国民经济发展的突出问题,中央到地方各级政府高度重视并大力推进节能降耗工作,采取了诸如淘汰落后产能、严格执行单位产品能耗限额标准、实施固定资产投资项目节能评估与审查制度、加大对重点用能企业及重点耗能行业监督管理等一系列措施并取得了积极成效。企业应当以上述工作为基础,树立立意更高的节能理念和发展理念,通过节能文化建设,可以促使企业重视并不断增强员工节能意识,指引员工履行岗位职责,规范员工节能行为,逐步形成“节能挖潜、精简工艺、科学统筹、强企惠众”的新型管理模式,实现可持续发展。

2. 提升企业整体竞争力的需要

“十年企业靠人,五十年企业靠制度,百年企业靠文化。”市场经济条件下,企业持续竞争优势来源于企业拥有的战略性资源和企业文化,其中企业文化的一项重要内容就是节能文化。企业节能文化是现代市场经济发展的产物,是一种宝贵的无形资产。建设企业节能文化,可以使企业提高员工节能素质,树立节能高效的企业信誉和形象,从而在激烈的市场竞争中立于不败之地。同时,企业节能文化本身具有文化的导向功能、激励功能、凝聚功能、约束功能和辐射功能,其建设可持续增强企业的凝聚力、竞争力和活力,不断提高企业的价值创造力。因此,建设企业节能文化是企业提升整体竞争力的需要。

3. 提升企业良好社会形象的需要

企业在不断追求利润价值和社会价值过程中,应树立良好的社会形象。企业社会形象,是企业文化的综合体现及外部反映,是社会公众对企业的整体印象和评价。企业建设节能文化,能不断提高企业员工的节约意识、节能技术水平和素质,使员工的精神面貌、业务能力达到一个新的层次,进而树立起企业节约能源的良好外部形象,帮助企业获得社会及顾客的信任和回报,为企业的开拓发展创造良好的外部环境。因此,建设企业节能文化是提升企业良好社会形象的需要。

(三)加快建设企业节能文化

企业节能文化根植于企业各部门及全体员工,并逐步被认知和认同。企业需要通过不断提高员工的资源忧患意识和节约意识,将节能理念贯穿企业生产、经营的全过程,不断规范用能行为,并伴随着企业节能技术与管理的提升,逐步形成企业员工所共同信奉的企业节能文化。因此企业节能文化建设过程比较漫长,一般会经历萌发传递企业节能理念、融入企业核心价值观、建立完善企业能源管理组织结构和规章制度、提炼升华节能文化、弘扬传播节能文化五个阶段。

1. 萌发传递企业节能理念

节能可以降低企业成本,是企业生存和发展的需要。节能降耗是企业最高管理者对实际生产经营的普遍要求,能源成本是企业生产成本中的重要部分,节约能源可以直接有效地降低企业生产成本。因此最高管理者一般会在满足生产经营的需要下,重视高效利用与避免浪费能源,注重能源节约与生产工艺、生产过程的有效结合,并将节能理念传达给企业员工,使其在生产行动中节约能源。

2. 融入企业核心价值观

核心价值观是企业的精神支柱,是企业生产、经营等活动的指导性原则。因此,企业在萌发节能理念后,应依据自身特点,进一步将节能理念纳入到企业核心价值观中,为企业的节能工作筑魂炼魄。而此过程相对漫长,必须与企业发展战略相适应、相匹配。

企业可从两个方面将节能理念逐步纳入到企业核心价值观中:一是能源方针指引。能源方针是由企业最高管理者正式发布的降低能源消耗、提高能源利用效率的宗旨和方向。能源方针提出企业节能降耗的行动纲领,确定应履行的节约能源的社会责任。在能源方针的指引下,企业可以不断创新节能管理,改进节能技术,完善节能制度。二是活动引领。企业通过开展形式多样的节能宣传教育活动,培养员工节能习惯、树立节能意识,从要我节能到我要节能,使节能成为员工的自觉行动,在企业上下形成浓厚的节能文化氛围。通过以上两个方面,逐步塑造企业的节能价值观,使之成为规范员工节能行为的共同信念和准则,为企业节能文化夯实根基。

3. 建立完善企业能源管理组织结构和规章制度

企业的节能规章制度,是企业节能文化的组成部分之一。合理的规章制度及有效的奖惩措施可以促使企业员工强化节能意识,规范工作行为,从而推动企业节能文化建设。完备的企业能源管理组织结构是节能规章制度得以贯彻落实的有力保证。因此企业应建立健全能源管理组织结构，制定相关节能规章制度。企业通过建立完善能源管理组织结构和规章制度，将节能融入到企业能源管理和利用的全过程，激励和鞭策员工提高节能意识，提升岗位能力，培养节能的自觉性，进而形成并内化为全体员工的节能文化。

4. 提炼升华节能文化

企业在节能文化建设中，要不断提炼核心价值观、能源管理理念并将其固化，形成企业能源管理手册、节能宣传片、节能标语等，不断对员工进行宣贯，获取员工认同，增强企业的向心力、凝聚力和竞争力。企业要定期对节能管理工作进行总结改进，查找企业能源管理和利用过程中存在的问题，制定改进措施，确保企业节能管理的适宜性和先进性。企业还应将节能规章制度不断汇总、完善，并上升为企业节能管理标准、节能技术标准和节能工作标准，使企业节能制度不断完善，节能工作不断规范，节能措施不断改进，节能成果不断积淀，形成持续改进、完善发展的企业节能文化。

企业节能文化建设是一项长期、复杂、系统的工程，需要把企业节能文化建设与节能管理创新、节能制度创新、节能技术工艺创新相结合，使企业节能文化在创新中发展，在发展中升华，从而保证企业节能文化与时俱进。

5. 弘扬传播节能文化

建设企业节能文化需要对企业内部和外部进行弘扬传播。对内，弘扬传播本企业节能文化可以提高企业员工的能源节约意识，形成强烈的价值认同感和巨大凝聚力，激发员工节能的积极性；对外，弘扬传播本企业节能文化并展示自身优势，可以树立企业良好的社会形象，提高企业的社会知名度，并以此为基础，引起全社会对能源节约的重视，促进形成全社会节能低碳文化。

第三章　有关部门和机构工作职责

《方案》第四部分明确了有关部门和机构在实施万家企业节能低碳行动中的职责，包括节能主管部门，工信、教育、交通、住建、能源等有关部门，节能监察机构、节能服务机构和行业协会的职责。

第一节　节能管理工作体系

目前我国节能管理工作体系包括各级政府、节能主管部门及有关部门、节能监察机构、节能服务机构、用能单位。

一、各级政府

从节能管理的角度，我国的行政管理体系分为4个层次：国务院，省（自治区、直辖市）、市（州、地区、盟）、县（市、区、旗）政府，节能是政府的管理职能。通常称国务院为中央政府，称省、自治区、直辖市及以下政府为地方政府。《节约能源法》第五条规定："国务院和县级以上地方各级人民政府应当将节能工作纳入国民经济和社会发展规划、年度计划，并组织编制和实施节能中长期专项规划、年度节能计划。国务院和县级以上地方各级人民政府每年向本级人民代表大会或者常务委员会报告节能工作。"第十一条规定："国务院和县级以上地方各级人民政府应当加强对节能工作的领导，部署、协调、监督、检查、推动节能工作。"

二、节能主管部门

依据《节约能源法》和政府机构设置规定（俗称"三定"方案），各级政府都会明确一个部门为节能主管部门，代表同级政府管理节能工作，同时接受上级节能主管部门的指导，并对下级节能主管部门进行指导。目前，国务院节能主管部门是国家发展改革委；各级地方政府的节能主管部门，有的是发展改革委，有的是经信委，还有的是工信委、工信厅等。《节约能源法》第十条规定：国务院管理节能工作的部门主管全国的节能监督管理工作。县级以上地方各级人民政府管理节能工作的部门负责本行政区域内的节能监督管理工作。《节约能源法》所称的“管理节能工作的部门”即节能主管部门。

节能主管部门的职责由各级政府依据《节约能源法》和当地实际情况确定，各地情况不尽相同，主要有：综合分析经济社会与能源、环境协调发展的重大战略问题，促进可持续发展；承担同级政府节能减排工作领导小组日常工作，负责节能减排综合协调，拟订年度工作安排并推动实施，组织开展节能减排全民行动；组织拟订并协调实施节能规划和政策措施，组织拟订节能年度计划；拟订节能法律法规和规章；履行《节约能源法》规定的有关职责，负责节能监督管理；组织拟订促进节能环保产业发展的规划和政策，指导拟订相关标准；提出节能资金安排意见，审核相关重点项目和示范工程，组织节能新产品、新技术、新设备的推广应用；负责节约型社会建设工作，组织协调指导推动全社会节约资源和可持续消费相关工作；组织开展节能宣传工作；组织开展节能国际交流与合作等。

三、有关部门

有关部门是指节能主管部门以外的具有节能管理职能的政府工作部门，即《节约能源法》中所称的“国务院有关部门”和“地方各级人民政府有关部门”。主要包括行业主管部门（如工信、交通运输、住建、机关事务等），其他有关部门（如财政、金融、统计、质检等）。依据《节约能源法》第十条的规定：国务院有关部门在各自的职责范围内负责节能监督管理工作，并接受国务院节能主管部门的指导。县级以上地方各级人民政府有关部门在各自的职责范围内负责节能监督管理工作，并接受同级节能主管部门的指导。

四、节能监察机构

节能监察机构是专司节能执法监察的机构，隶属于同级政府节能主管部门，并对其负责。我国的节能监察机构包括省（自治区、直辖市）、市（州、地区、盟）、县（市、区、旗）三个层次，省、市两级比较健全，县级正在逐步建立。节能监察机构上下级之间是指导与被指导关系。

节能监察机构的职责是依法对用能单位及其他机构执行法律法规、标准、政策和政府要求的情况进行监察，并对违法行为予以处理。其主要职责是：依法对用能单位及其他单位执行节能评估和审查制度、淘汰落后制度、能耗限额制度、能效标识和节能产品认证制度的落实情况进行监察；对重点用能单位设立能源管理岗位、执行能源管理负责人聘任备案制度和能源利用状况报告制度情况进行监察；对用能单位制定节能计划和落实节能措施、节能目标责任制、节能培训制度、计量统计分析制度和是否存在包费制进行监察；对节能服务机构提供节能信息、节能示范和其他服务情况进行监察等。

五、节能服务机构

节能服务机构是提供节能咨询、设计、评估、检测、审计、认证等服务的专业化机构。《节约能源法》第二十二条规定："国家鼓励节能服务机构的发展，支持节能服务机构开展节能咨询、设计、评估、检测、审计、认证等服务。国家支持节能服务机构开展节能知识宣传和节能技术培训，提供节能信息、节能示范和其他公益性节能服务。"第七十六条规定："从事节能咨询、设计、评估、检测、审计、认证等服务的机构提供虚假信息的，由管理节能工作的部门责令改正，没收违法所得，并处五万元以上十万元以下罚款。"从《节约能源法》的规定可以看出，从事节能咨询、设计、评估、检测、审计、认证等服务的机构都是节能服务机构。节能服务机构是节能管理工作体系的重要组成部分，为政府和企业的节能工作提供技术支持。

节能服务机构依法开展节能服务，为用能单位提供节能咨询、技术、改造、设计、审计等服务；受节能主管部门委托开展节能研究，提供节能咨询等技术支持。

六、用能单位

用能单位是指使用（或者消费）能源的单位，在《万家企业节能低碳行动实施方案》中，就是"万家企业"。俗话说，上边千条线，下边一根针，节能工作追求横向到边、纵向到底，这里的"针"和"底"就是指用能单位。用能单位是节能管理工作体系最后一个环节，是各项节能管理措施具体实施的载体。

七、节能管理、监察、服务的关系

按照国务院《"十二五"节能减排综合性工作方案》的要求，我国要"建立健全节能管理、监察、服务'三位一体'的节能管理体系"。管理，即政府节能主管部门及有关部门，是节能政策的制定和组织实施部门；监察，即节能监察机构，是依法监督用能单位、有关部门和机构落实节能法律法规、政策、标准和政府要求的机构；服务，即节能服务机构，是为用能单位和政府有关部门提供节能咨询、技术、改造、设计、审计等服务的专业机构。在节能工作中，企业（用能单位）是节能主体，节能主管部门及有关部门主要是策划组织主体，节能监察机构是主要的监督主体，节能服务机构为上述主体提供咨询服务。中国节能管理工作体系见图 1－3－1 所示。

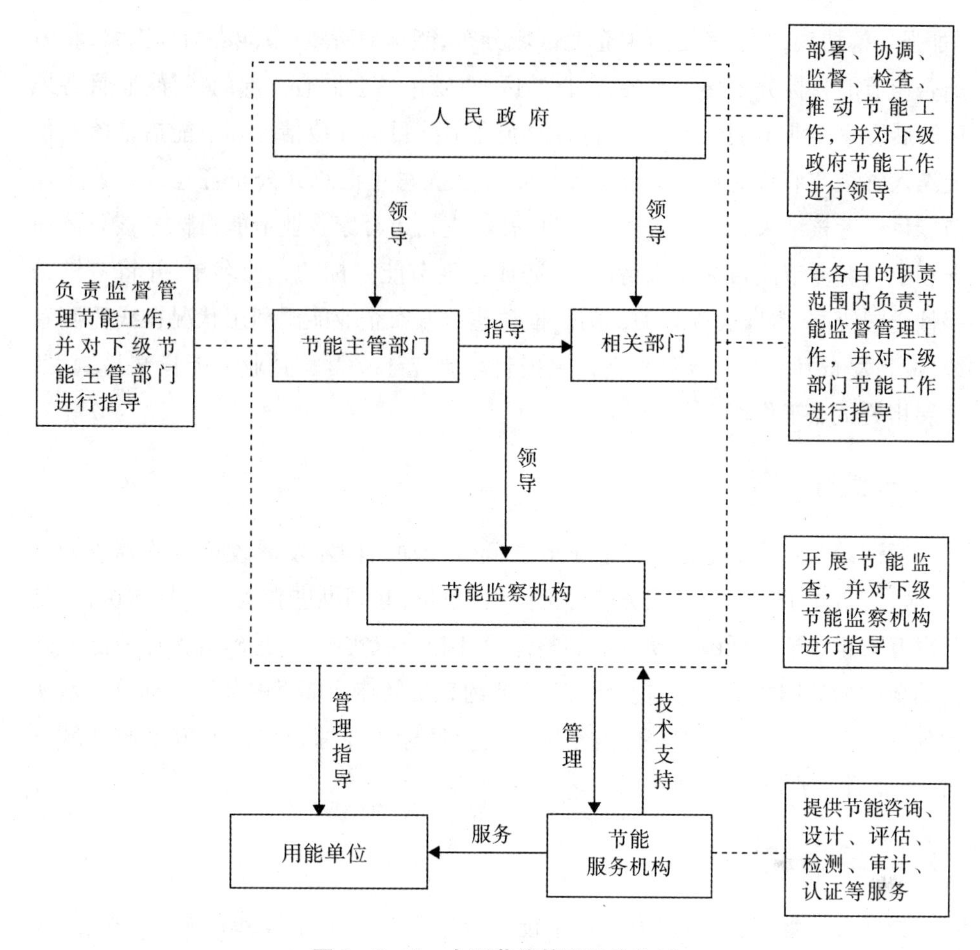

图1－3－1　中国节能管理工作体系

第二节　国家发展改革委在万家企业节能低碳行动中的职责

依据《节约能源法》规定，国家发展改革委是国务院节能主管部门。依据国务院办公厅印发的《国家发展和改革委员会主要职责内设机构和人员编制规定》，国家发展改革委负责推进可持续发展战略，负责节能减排的综合协调工作，组织拟订发展循环经济、全社会能源资源节约和综合利用规划及政策措施并协调实施，参与编制生态建设、环境保护规划，协调生态建设、能源资源节约和综合利用的重大问题，综合协调环保产业和清洁生产促进有关工作。国家发展改革委设环境和资源综合利用司。

《方案》规定，在推动万家企业节能低碳行动中，国家发展改革委的职责是：

"加强统筹协调,综合考虑万家企业区域分布、能源消费量、节能潜力等因素,将万家企业节能目标分解落实到各省、自治区、直辖市。会同有关部门指导、监督各地区开展万家企业节能低碳行动,将万家企业节能目标完成情况和节能措施落实情况纳入省级政府节能目标责任考核评价体系。每年汇总并公布各地区万家企业节能目标考核结果,主要公告各省、自治区、直辖市万家企业节能目标考核总体情况和中央企业节能目标完成情况、未完成年度节能目标的企业名单,并将考核结果抄送国资委、银监会等有关部门。推动建立万家企业能源利用状况在线监测系统,编制发布万家企业能源利用状况报告。研究建立万家企业节能量交易制度,开展相关试点工作。"

一、统筹协调

所谓统筹协调,就是万家企业节能低碳行动由国家发展改革委统筹协调各省、区、市节能主管部门和国务院各部门、各单位,共同推进和实施。具体讲,一是负责万家企业节能低碳行动方案的整体设计和组织实施;二是确定参加节能低碳行动企业的具体名单;三是把"十二五"节约2.5亿吨标准煤的节能目标分解落实到各省、区、市。《方案》要求,在分解节能量目标时要综合考虑万家企业区域分布、能源消费量、节能潜力等因素。

二、指导监督

指导和监督,是推动万家企业节能低碳行动的重要手段和措施。《方案》要求国家发展改革委会同有关部门指导和监督各地开展万家企业节能低碳行动。这里的有关部门包括工信部、教育部、交通运输部、住建部、商务部、国家能源局等行业主管部门,以及作为投资主管部门的国家发展改革委和作为财政主管部门的财政部,国家质检总局、国家统计局、银监会等专业部门,也包括国务院国资委。

指导的方式包括:宣传解读《方案》,总结推广各地、各企业开展节能低碳行动的先进成熟经验和管理方法、先进节能技术,培育示范企业,开展国际交流等。

监督的方式主要有:依法进行监督检查,对违反节能法律法规的企业依法进行处罚;依据产业政策和有关标准,督促企业淘汰落后产能和落后生产工艺、设备等。

三、考核激励

《方案》要求国家发展改革委会同有关部门,将万家企业节能目标完成情况和节能措施落实情况纳入省级政府节能目标责任考核评价体系。每年汇总并公布各地区万家企业节能目标考核结果，包括各省、自治区、直辖市万家企业节能目标考核总体情况，中央企业节能目标完成情况、未完成年度节能目标的企业名单等，并将考核结果抄送国资委、银监会等有关部门。

"十一五"的经验表明，实行节能目标责任考核，是确保企业完成节能目标非常重要的措施。目前，按照《方案》要求，国家发展改革委正在制定《万家企业节能目标考核方案》。各地区要按照《万家企业节能目标考核方案》定期统计核查企业节能目标完成情况，对没有完成节能目标的企业要认真查找问题，分析原因，制定整改措施，督促改进提高。督促各企业建立一级抓一级、一级考核一级、层层抓落实的节能考核机制，要把节能目标落实到人员，与员工的绩效考核挂钩。对于中央企业，还要把节能目标完成情况及时地抄送给国务院国资委和银监会，发挥国有资产监管部门和银行业监管部门的作用，在中央企业领导班子业绩考核及金融机构对企业融资方面体现出来，完成和超额完成的要鼓励，未完成的则要惩罚。

四、推动建立在线监测系统

"十一五"以来，通过开展千家企业节能行动，许多企业节能基础工作得到加强，节能管理水平有所提高。但是，不少企业能源计量统计工作仍然薄弱，能源消费数据的及时性、准确性和完整性不够，不能完全满足节能管理工作需求。存在这些问题的原因是多方面的，其中之一是技术手段不够。因此，《方案》要求国家发展改革委会同有关部门，推动建立万家企业能源利用状况在线监测系统。能源利用状况在线监测系统，是以企业能源管理中心为依托，通过计算机技术和网络技术，实现能源管理的三个转变：由条块分割式管理向以远程综合监控为基础的扁平化、高效管理转变；由分散管理向以集中管控为核心的一体化管理转变；由传统管理向以建立能源系统评价和考核体系为宗旨的价值管理转变。通过万家企业能源利用状况在线监测系统的建立，最终构建起企业、行业、政府主管部门互联互通的节能管理信息平台，充分利用信息化技术，提高节能管理水平和效率，提升节能预测预警能力。

五、编发能源利用状况报告

《方案》要求，国家发展改革委会同国家统计局，编制发布万家企业能源利用状况报告。《节约能源法》第五十四条规定：管理节能工作的部门应当对重点用能单位报送的能源利用状况报告进行审查。对节能管理制度不健全、节能措施不落实、能源利用效率低的重点用能单位，管理节能工作的部门应当开展现场调查，组织实施用能设备能源效率检测，责令实施能源审计，并提出书面整改要求，限期整改。2008 年 6 月，国家发展改革委印发了《重点用能单位能源利用状况报告制度实施方案》（发改环资〔2008〕1390 号），要求重点用能单位依法每年向节能主管部门报送能源消费情况、能源利用效率、节能目标完成情况、节能效益分析、节能措施等内容。根据“十二五”万家企业节能低碳行动工作需要，又重新修订了万家企业能源利用状况报告制度，对相关内容作了简化和调整。国家发展改革委根据各省级节能主管部门审查后的企业能源利用状况报告，编制全国重点企业能源利用状况，用于指导节能工作。

实施重点用能单位能源利用状况报告制度，是国家对重点用能单位能源利用状况进行跟踪、监督、管理、考核的重要方式，也是编制重点用能单位能源利用状况公报、安排重点节能项目和节能示范项目、进行节能表彰的重要依据。定期报送能源利用状况报告是万家企业的法定义务，各级管理节能工作的部门及万家企业要充分认识开展这项工作的重要性和必要性，切实加强领导，确保报告制度落到实处。

六、研究建立节能量交易制度

《方案》要求，国家发展改革委要研究建立万家企业节能量交易制度，开展相关试点工作。

节能量交易在一些发达国家已经普遍开展，在我国尚处在试验和试点阶段，因而也可以说是一项制度创新。所谓节能量交易就是不同能源消耗主体之间转移能源消耗权的交易活动。由于不同企业对节能的重视程度不同、技术水平和管理水平不同、投资力度不同以及企业所处发展阶段不同等诸多原因，有的企业用能指标有富裕，有的则不足，这就为节能量交易提供了可能。政府节能主管部门通过用能总量控制，培育市场、实施监管、规范交易行为等措施，建立节能量交易制度，解决企业的不同需求。需要指出的是，节能量交易制度是以企业用能总量控制制度为基础的，是用能总量控制制度的衍生物，没有能耗总量控制制度，就不可能有真正意义上的节能量交易制度。企业在用能总量指标内节约的能源（实际上是用能指标权），可以进行交易。在实现宏观能耗总量平衡的前提下，通过节能量交易，可以解决不同企业在不同发展阶段的差异化需求，一定程度上解决了企业节能与发展的矛盾。目前，国家发展改革委正在委托上海和北京进行节能量交易试点，山东等省市也在进行积极探索。

第三节 省级节能主管部门在万家企业节能低碳行动中的职责

依据《节约能源法》及相关法规和地方政府关于机构设置及职责的规定，各省、自治区、直辖市节能主管部门，应当履行节能管理的职责，负起组织指导和统筹推进本地区万家企业节能低碳行动的责任。

《方案》规定，在推动万家企业节能低碳行动中，各省、自治区、直辖市节能主管部门的职责是："负责组织指导和统筹推进本地区万家企业节能低碳行动。会同有关部门将国家下达的本地区万家企业节能目标分解落实到企业，做好监督、考核工作。督促万家企业建立健全能源管理体系、落实能源审计和能源利用状况报告制度，强化对万家企业的节能监察。每年 3 月底之前，完成本地区万家企业节能目标责任考核，公告考核结果，并于 4 月底前将考核结果上报国家发展改革委。"

一、组织指导和统筹推进

依据《节约能源法》规定、各级政府机构设置及职能分工，以及属地管理的原则，《方案》明确省级节能主管部门"负责组织指导和统筹推进本地区万家企业节能低碳行动"。对上，要对国家发展改革委负责；对下，要对下级节能主管部门和企业进行组织指导；横向，要协调行业主管部门、其他有关部门以及行业协会，统筹推进。

需要指出的是，尽管《方案》没有明确省级以下各级节能主管部门、有关部门及企业的节能管理关系，但其责任分工也应参照执行。

二、监督与考核

《方案》要求，各省、自治区、直辖市节能主管部门会同相关部门将国家下达的本地区万家企业节能目标分解落实到企业，做好监督、考核工作。每年 3 月底之前，完成本地区万家企业节能目标责任考核，公告考核结果，并于 4 月底前将考核结果上报国家发展改革委。

"十二五"期间，万家企业要实现节能量 2.5 亿吨标准煤，这一目标已经分解到各省、自治区和直辖市，并要通过各省、区、市分解到企业。省级节能主管部门要做好监督和考核工作，督促企业完成。各省、区、市要根据国家发展改革委制定的《万家企业节能目标考核方案》,每年进行认真、细致、严格的考核评价。3 月底之前,要完成对辖区内万家企业上一年节能目标责任完成情况的考核,并向全社会公告考核结果。4 月底之前,要将考核结果上报国家发展改革委。

三、督促万家企业建立能源管理体系

《方案》要求,各省、自治区、直辖市节能主管部门督促万家企业建立健全能源管理体系。

能源管理体系建设是实施万家企业节能低碳行动的总抓手,《方案》对企业的其他九项要求,都可以通过建设能源管理体系落到实处。各省、自治区、直辖市节能主管部门要督促万家企业扎扎实实地搞好能源管理体系建设,支持和帮助咨询指导机构开展体系指导、认证和评价工作。

能源管理体系国家标准(GB/T 23331)和国际标准(ISO 50001)分别于 2009 年和 2011 年发布实施。能源管理体系作为促进企业节能工作的新方法,已得到国内外普遍认可和积极推进。此前的 2007 年,山东省在企业进行能源审计时发现,虽然节能工作开展多年,但是节能法规政策落实不到位、节能技术获取渠道不畅通、节能目标责任不明确、能源计量统计薄弱等问题,仍普遍存在。为从根本上解决这些问题,山东省借鉴国际先进经验,从制定标准入手,沿着试点、示范、总结、推广的路径,开展了能源管理体系研究和建设,有效促进山东省"十一五"节能目标的完成。

四、督促万家企业落实能源审计制度

《方案》要求,各省、自治区、直辖市节能主管部门督促万家企业落实能源审计制度。

能源审计是企业建立能源管理体系的基础性工具,也是编制节能规划的基础。省级节能主管部门要根据《方案》要求,制定能源审计计划,组织能源审计机构开展能源审计,督促企业按时完成能源审计,并对企业能源审计报告进行审核。如企业能源审计报告未通过审核,省级节能主管部门应将详细的问题描述和修改意见尽快通知企业,并要求企业在规定时间内修改完善。

五、督促万家企业落实能源利用状况报告制度

《方案》要求,各省、自治区、直辖市节能主管部门督促万家企业落实能源利用状况报告制度。

如实、及时地填报能源利用状况报告是企业的法定义务，督促企业认真按时报送能源利用状况报告是省级节能主管部门的职责。省级节能主管部门负责组织对本地区年综合能源消费总量1万吨标准煤以上用能单位的能源利用状况报告进行审查。对审查不合格的，应要求其限期整改，重新报送。省级节能主管部门对企业能源利用状况报告进行审查、汇总后，应在每年4月底前，报送国家发展改革委。

六、强化对万家企业的节能监察

《方案》要求，各省、自治区、直辖市节能主管部门强化对万家企业的节能监察。

强化节能监察，是推进万家企业节能低碳行动的重要措施，省级政府节能主管部门应当组织节能监察机构，依据节能法律法规和《万家企业节能低碳行动实施方案》对企业的10项要求，加大节能监察力度。对在节能监察中发现的违反节能法律法规行为，不符合节能政策标准要求和《万家企业节能低碳行动实施方案》要求的行为，要依法处理，并帮助企业分析原因，制订整改计划，督促进行认真整改。

第四节 其他有关部门在万家企业节能低碳行动中的职责

实施万家企业节能低碳行动，需要众多部门的共同参与，协力推进。因此，《方案》对作为行业主管部门的工信部、教育部、交通运输部、住建部、商务部、国家能源局，作为投资主管部门的国家发展改革委和作为财政主管部门的财政部，以及国家质检总局、国家统计局、国务院国资委和银监会，也明确了职责分工。

一、行业主管部门职责

（一）工业和信息化部的职责

工信部是工业和信息化企业的行业主管部门。根据国务院办公厅印发的《工业和信息化部主要职责内设机构和人员编制规定》，工信部负责拟订并组织实施工业、通信业的能源节约和资源综合利用、清洁生产促进政策，参与拟订能源节约和资源综合利用、清洁生产促进规划，组织协调相关重大示范工程和新产品、新技术、新设备、新材料的推广应用。工信部设有节能与综合利用司。

《工业节能"十二五"规划》提出，到 2015 年，规模以上工业增加值能耗比 2010 年下降 21% 左右，5 年实现节能量 6.7 亿吨标准煤；九个重点行业单位工业增加值能耗比 2010 年下降指标分别为：钢铁 18%、有色金属 18%、石化 18%、化工 20%、建材 20%、机械 22%、轻工 20%、纺织 20%、电子信息 18%；主要产品单位能耗持续下降，与国际先进水平差距逐步缩小，能源利用效率明显提升。

万家企业的主体是工业企业，因此工信部任务重、责任大。主要从以下方面加强行业指导和管理：一是推行产品能耗限额标准，组织实施单位产品（工序）能耗限额标准。二是组织淘汰落后产能，根据国家产业政策和强制性产品（工序）能耗限额标准，制定重点行业"十二五"淘汰落后产能目标任务以及分解落实方案；健全促进落后产能退出的综合政策体系，完善落后产能退出机制；加强淘汰落后产能监督检查力度，确保淘汰落后工作按期完成。三是组织实施内燃机系统节能、企业能源管控中心建设、两化融合促进节能减排、节能产业培育等重点节能工程。四是严格新建工业项目节能准入。五是加快传统产业技术创新，发展低能耗高附加值产业。六是加强工业节能技术研发和产业化示范。七是加快工业节能技术推广应用，组织协调重大节能示范工程，推广节能新产品、新技术、新设备、新材料。八是开展"节能服务进万家"活动。九是制定工业能效提升计划实施方案，开展企业能效对标达标、绩效评价活动。

（二）教育部职责

教育部是大中小学校的主管部门。进入《方案》的学校有 500 余所，耗能量约占 0.3%。把耗能较大的学校纳入万家企业节能低碳行动具有非常特别的意义。学校不仅是单纯的耗能单位，更是培养人才的地方，因此在学校开展节能低碳行动不仅能够节约能源，还能传播节能低碳理念，促进节约型社会文化建设。

教育部在创建万家企业节能低碳行动中，从以下方面加强指导和管理：一是组织开展节约型校园活动，加强学校能耗、水耗管理，积极采取节能低碳技术设备和产品，加快实施建筑节能改造。二是组织学生开展节能减排主题教育活动、节能低碳社会实践活动、节能减排创意大赛活动和节能创业活动。三是在义务教育课程中，适当增加节约能源、保护环境等教育内容。四是组织高等院校开设能源管理相关专业的课程。五是推广教科书的循环使用，在全国范围内制定分科教科书的循环使用方案。六是建立节能低碳志愿者等社团组织，组织开展主题实践活动。七是加强对教师队伍培训，增强教职员工的节能低碳意识。

（三）交通运输部职责

交通运输部是车船路港等交通运输企业的主管部门。交通运输行业是节能的重点领域之一,担负的节能任务十分繁重。"十一五"期间,交通运输部组织了一系列节能活动,收效显著。交通运输部制定的《公路水路交通运输节能减排"十二五"规划》中明确两个指标:一是能源强度指标,2015 年比 2005 年,营运车辆单位运输周转量能耗下降 10%,营运船舶单位运输周转量能耗下降 15%,港口生产单位吞吐量综合能耗下降 8%;二是 CO_2 排放强度指标,2015 年比 2005 年,营运车辆单位运输周转量 CO_2 排放下降 11%,营运船舶单位运输周转量 CO_2 排放下降 16%,港口生产单位吞吐量 CO_2 排放下降 10%。

交通运输部在万家企业节能低碳行动中,从以下方面进行指导和管理:一是完善节能减排法规标准规划体系,健全节能减排统计监测考核体系,提高行业节能减排管理效能。二是强化节能减排科技研发能力,培养节能减排科研工作人员,促进节能减排科技成果转化。三是深化"车、船、路、港"千家企业低碳交通运输专项行动。四是继续开展节能减排示范工程和节能产品(技术)评选推广活动。五是提升交通运输领域合同能源管理服务水平,推广绿色驾驶技术和车船驾驶培训模拟教学。六是组织实施营运车船燃料消耗量准入与退出工程、节能与新能源车辆示范推广工程、智能交通节能减排工程、绿色港航建设工程、船舶能效管理体系与数据库建设等重点工程。

(四)住房和城乡建设部职责

住建部是建筑节能的主管部门。根据国务院办公厅印发的《住房和城乡建设部主要职责内设机构和人员编制规定》,住建部承担推进建筑节能、城镇减排的责任,会同有关部门拟订建筑节能的政策、规划并监督实施,组织实施重大建筑节能项目,推进城镇减排。住建部设有建筑节能与科技司。

住建部在万家企业节能低碳行动中,从以下方面加强指导和管理:一是推广建筑节能的新技术、新工艺、新材料和新设备。二是限制或者禁止使用能源消耗高的技术、工艺、材料和设备。三是组织既有建筑节能改造。四是对机关办公建筑和公共建筑用电情况进行调查统计和评价分析。五是对供热单位的能源消耗情况进行调查统计和分析,制定供热单位能源消耗指标;对超过能源消耗指标的,要求供热单位制定相应的改进措施,并监督实施。六是依法查处违反建筑节能法规的行为。

(五)商务部职责

商务部是商贸流通企业的主管部门。商贸流通企业是连接生产和消费的重要环节,是商品需求和供给的纽带。

商务部在万家企业节能低碳行动中,从以下方面加强指导和管理:一是组织指导企业开展节能减排,遵守国家节能减排法律、法规、标准。二是指导企业采购节能产品,推进商务系统办公场所以及商场、超市、餐饮、宾馆等营业场所采购使用高效节能产品。三是组织企业抵制商品过度包装,限制塑料包装的使用。四是加快发展低碳物流,合理规划和构建高效便捷的现代物流网络,加强车辆用油定额考核,大力发展第三方物流,加大物流基础设施建设,引导企业采用先进、节能环保型物流设施和装备,降低物流能耗。五是积极促进生产和消费环节节能减排,推动生产和消费模式向节能环保方向转变。

(六)国家能源局职责

国家能源局是能源行业主管部门。根据国务院办公厅印发的《国家能源局主要职责内设机构和人员编制规定》,国家能源局负责实施对石油、天然气、煤炭、电力等能源的管理,负责能源行业节能和资源综合利用,组织推进能源重大设备研发,指导能源科技进步、成套设备的引进消化创新,组织协调相关重大示范工程和推广应用新产品、新技术、新设备。国家能源局设有能源节约和科技装备司。

国家能源局在万家企业节能低碳行动中,从以下方面加强指导和管理:一是加强石油、天然气开采、加工企业的节能工作,提高采油率、炼油回收率,降低原油加工因数。二是加强煤炭采洗企业的节能工作,提高采煤回采率,发展煤炭洗选,发展煤炭尾矿、矸石综合利用,降低原煤生产电耗能耗,淘汰落后煤炭生产能力。三是加强电力企业节能工作,在保证安全的前提下,提高发电出力,降低发电煤耗,实行节能发电调度,开展电力需求侧管理,积极发展高效热电联产,对现役机组实施节能改造。四是组织推进能源重大设备研发,指导能源科技进步、成套设备的引进消化创新,组织协调相关重大示范工程和推广应用新产品、新技术、新设备。五是研究提出有利于新能源和可再生能源推广应用的政策措施。

二、投资与财政主管部门职责

国家发展改革委是投资主管部门,财政部是财政主管部门,“十一五”期间两部门密切配合,加大对节能的资金投入,为完成节能目标提供了有力的资金支撑。“十二五”要实现单位国内生产总值能耗降低16%的目标,尤其是万家企业要实现2.5亿吨标准煤的节能目标,加大资金投入是必不可少的。

《方案》要求,国家发展改革委和财政部要加大预算内投资和节能专项资金、减排专项资金对万家企业节能工作的支持力度,强化财政资金的引导作用。加强专项资金的监督检查，保证资金落实到位。

国家发展改革委和财政部从以下方面加强指导和管理：一是严格依法审核项目，组织项目的充分论证，做到项目建设科学合理。二是加强跟踪管理，认真落实项目进展情况定期报告制度。三是加强督促检查，及时查处违规项目。四是做好项目验收。

三、质检部门职责

《方案》规定，在推动万家企业节能低碳行动中，国家质检总局的职责是："依据《能源计量监督管理办法》、《用能单位能源计量器具配备和管理通则》、《高耗能特种设备节能监督管理办法》和相关节能技术规范等要求，加强对万家企业能源计量器具及高耗能特种设备的配备、使用情况的监督检查和节能监管。"

一是加强能源计量工作，指导企业提高能源计量器具配备率和计量检测率。对企业能源计量器具配备和使用，计量数据管理以及能源计量工作人员配备和培训等能源计量工作情况开展定期审查。二是会同节能主管部门，加强对锅炉、换热压力容器、电梯等特种设备的节能监管，定期向社会公布高耗能特种设备能效状况。三是加快制定节能标准，推进能源标准化工作。四是协同国家发展改革委组织做好节能产品和能源管理体系认证的相关工作。

四、统计部门职责

根据国务院办公厅印发的《国家统计局主要职责内设机构和人员编制规定》，国家统计局组织实施能源统计调查，收集、整理和提供有关调查的统计数据；综合整理和提供资源统计数据；组织实施对全国及各地区、主要耗能行业节能和重点耗能企业能源使用、节约以及资源循环利用状况的统计监测；配合节能主管部门开展节能目标考核；对有关统计数据质量进行检查和评估；组织指导有关专业统计基础工作；进行统计分析。国家统计局设有能源统计司。

在万家企业节能低碳行动中，国家统计局要做好万家企业节能统计工作，指导企业加强能源统计基础工作，及时向节能主管部门通报企业相关数据。

五、国有资产管理部门职责

根据国务院办公厅印发的《国务院国有资产监督管理委员会主要职责内设机构和人员编制规定》，国务院国资委的职责是根据国务院授权，依法履行出资人职责；代表国家向部分大型企业派出监事会；通过法定程序对企业负责人进行任免、考核并根据其经营业绩进行奖惩;建立和完善国有资产保值增值指标体系,拟订考核标准等。

国务院国资委在万家企业节能低碳行动中,从以下方面加强指导和管理:要将中央企业节能目标完成情况纳入企业业绩考核范围,作为企业领导班子和领导干部综合评价考核的重要内容,建立完善问责制度,对成绩突出的单位和个人给予表彰奖励。

地方国资委要相应加强对地方国有企业的节能考核,落实奖惩机制。

六、银监部门职责

根据国务院办公厅印发的《中国银行业监督管理委员会主要职责内设机构和人员编制规定》,中国银行业监督管理委员会根据授权,统一监督管理银行、金融资产管理公司、信托投资公司及其他存款类金融机构,维护银行业的合法、稳健运行。

在万家企业节能低碳行动中,银监会的职责是:督促银行业金融机构按照风险可控、商业可持续的原则,加大对万家企业节能项目的信贷支持,在企业信用评级、信贷准入和退出管理中充分考虑企业节能目标完成情况,对节能严重不达标且整改不力的企业,严格控制贷款投放。

需要说明的是,以上明确的是中央有关部门在万家企业节能低碳行动中的职责,同时也适用地方各级相关部门。

第五节　节能监察机构在万家企业节能低碳行动中的职责

节能监察机构是依法对用能单位及其他机构执行节能法律法规、政策标准和政府其他要求情况进行监察,并对违法行为予以处理的执法部门。在万家企业节能低碳行动中,各级节能监察机构的职责是:加大节能监察力度,依法对万家企业节能管理制度落实情况、固定资产投资项目节能评估与审查情况、能耗限额标准执行情况、淘汰落后设备情况、节能规划落实情况等开展专项监察,依法查处违法用能行为。

一、对万家企业节能管理制度落实情况进行专项监察

对万家企业节能管理制度落实情况进行专项监察的主要内容是:企业加强节能管理,建立节能目标责任制,制定实施节能计划和节能技术措施的情况;开展节

能教育和岗位节能培训的情况;落实节能奖惩制度的情况。

节能监察机构采用现场监察的方式,将监察内容分解细化,逐项逐条监察企业是否贯彻执行国家节能法律、法规、政策、标准,加强节能管理制度建设,将能耗控制纳入管理体系,监控各项能源消耗流程;是否明确节能工作各个环节岗位目标责任,并根据各个岗位所分解的目标责任进行严格考核;是否将节能教育和岗位节能培训制度化、经常化;是否将节能目标的完成情况,纳入各级员工的业绩考核范畴,并安排一定的节能奖励资金,对节能发明创造、节能挖潜革新、节能管理等工作中取得成绩的集体和个人给予奖励等。对落实不到位的企业,节能监察机构应提出改进建议,要求予以纠正。

二、对万家企业固定资产投资项目节能评估和审查情况进行专项监察

对万家企业固定资产投资项目节能评估和审查情况进行专项监察的主要内容是:节能评估审查制度执行情况;建设、施工和监理单位,在建设过程中执行强制性节能标准、节能评估、审查意见情况;项目建成后的节能验收情况。

对固定资产投资项目节能评估和审查制度执行情况,节能监察机构重点监察项目建设单位和审批、核准、备案机构是否按照节能法律、法规的规定,落实节能评估和审查制度,尤其是新建、改建、扩建工业项目的建设单位是否按照国家规定进行节能评估,并按项目管理权限报节能主管部门审查。监察可以采用书面监察方式,要求项目建设单位和相关部门提供相关资料;也可采用现场监察的方式,实地监察项目节能评估和审查的相关材料。

对固定资产投资项目建设、施工和监理单位执行强制性节能标准和节能评估、审查意见情况,节能监察机构采用现场监察方式,通过查看项目评估审查资料、现场验证等方式,对项目建设、设计、施工和监理单位执行强制性节能标准,落实节能评估、审查意见和措施情况进行查验。

对固定资产投资项目节能验收情况,节能监察机构应到项目建设单位,现场查看相关部门出具的项目竣工节能验收专项记录,审核项目能耗数据检测报告等。

三、对万家企业能耗限额标准执行情况进行专项监察

对万家企业执行能耗限额标准情况进行专项监察的主要内容是:用能单位实际能耗是否超过能耗限额标准规定;超能耗限额用能单位制订和落实整改计划情况。

节能监察机构依据能耗限额标准对用能单位进行现场监察，核查能源消耗及合格产品产量，对相关数据进行现场检测，计算出单位产品能耗值，判断是否超出能耗限额标准。

四、对万家企业淘汰落后设备情况进行专项监察

对万家企业淘汰落后设备情况进行专项监察的主要内容是：用能单位是否仍在使用列入国家明令淘汰的、落后的和耗能过高的用能产品、设备和生产工艺；用能单位落实淘汰或者改造计划的情况。

节能监察机构可以要求企业提供对用能产品、设备、生产工艺等情况进行自查，并向节能监察机构提供书面材料。根据企业自查自报情况，对列入国家淘汰目录的设备和生产工艺装备进行书面监察或现场查验。

五、对万家企业节能规划落实情况进行专项监察

对万家企业节能规划落实情况进行专项监察的主要内容是：节能规划的制订和实施进度情况、改进措施效果等。

节能监察机构可以通过书面监察查看企业是否制订了节能规划，节能规划提出的节能目标、措施是否得到落实。可以通过现场监察核实企业节能改造项目的实施进度、竣工投产项目节能效果。对节能规划不落实、影响节能目标完成的企业，提出整改意见，要求予以纠正。

六、对万家企业违法用能行为依法进行查处

对违法用能行为依法进行查处包含进行调查和实施行政处罚两层含义。目前我国各地节能监察机构的职责不尽相同，有的有行政处罚权，有的则没有。有行政处罚权的节能监察机构，应依据《节约能源法》等法律法规规定对企业的违法用能行为实施处罚；没有行政处罚权的节能监察机构，应根据调查结果和法律规定提出处理意见，报请同级节能主管部门或相关部门实施行政处罚。

第六节　节能中心等服务机构在万家企业节能低碳行动中的职责

节能中心等服务机构在万家企业节能低碳行动中的任务是：配合节能主管部门落实《方案》。传播推广先进节能技术，组织开展节能培训，指导万家企业定期填报能源利用状况报告、完善节能管理制度、开展能源审计、编制节能规划。

一是配合节能主管部门落实《方案》。节能服务机构受节能主管部门的委托，可以承担《方案》的相关工作，如指导企业建立能源管理体系，进行节能咨询，受理有关资料等。

二是传播推广先进节能技术，组织开展节能培训。节能服务机构可以总结推广万家企业节能低碳行动的经验，凝练节能先进技术，开发和推广节能案例。开展多种形式的节能培训，培育节能人才。

三是指导万家企业填报能源利用状况报告、完善节能管理制度、编制节能规划。节能服务机构可以在这些方面发挥作用，拓展业务。

四是节能服务机构还可以依照相关法律、法规、政策、标准和其他要求，开展固定资产投资项目节能评估、能源利用检测等工作。

第七节　行业协会在万家企业节能低碳行动中的职责

《方案》所称的行业协会是指钢铁、机械、建材、纺织、有色、煤炭、石化、轻工、建筑、商业、物流等协会，以及中国节能协会、中国节能协会节能服务产业委员会等社团组织。这些组织拥有一批节能专家，了解国内外行业节能情况。充分发挥行业协会的作用，对于推动万家企业节能低碳行动具有重要作用。

行业协会在万家企业节能低碳行动中的职责是：跟踪研究国内、国际先进能效水平和节能技术，指导企业开展能效对标工作，为企业节能管理、技术开发和节能改造提供咨询和培训。

第四章 保障措施

本章是对《方案》第五部分“保障措施”的解读，保障措施包括：健全节能法规和标准体系、加强节能监督检查、加大节能财税金融政策支持、建立健全企业节能目标奖惩机制、加强节能能力建设、强化新闻宣传和舆论监督等六项措施。

借鉴我国“十一五”期间“千家企业节能行动”所取得的节能约1.6亿吨标准煤，占我国“十一五”节能量的23%左右，超额完成节能任务的基本经验。国家发展改革委等12个部委(局)联合发文，实施“十二五”“万家企业节能低碳行动”，对全国16078家企业(其中工业企业14641家)的节能工作提出了十大方面的要求，并对相关部门的工作职责进行了明确划分。

为了确保到2015年实现“万家企业节能低碳行动”的主要目标，达到对万家企业节能工作的要求，还需要克服一些问题：①产业结构调整进展缓慢，高耗能行业增长过快，工业、交通运输业和第三产业的能源消耗增速较快；②产业间、行业间和企业间发展不平衡，先进生产能力和落后生产能力并存，一些技术装备的水平不高，单位产品能耗水平参差不齐；③企业技术创新能力不强，无法支撑节能发展需求；④市场化节能机制尚待完善，企业节能内生动力不足；⑤万家企业中有些用能单位节能管理基础薄弱；⑥节能能力与市场需求发展不相适应。因此，必须采取一系列的经济、技术、管理等调节、激励、约束措施，对万家企业的用能行为进行指导、扶持、监管、激励和处罚，激发万家企业内生的节能动力，使万家企业从战略和全局的高度，充分认识做好节能工作的重要性、艰巨性和紧迫性。只有这样才能保障“万家企业节能低碳行动”的顺利实施，以实现“十二五”期间万家企业节能2.5亿吨标准煤的预期目标。

第一节 健全节能法规和标准体系

《方案》第五部分“保障措施”的第一项措施内容是：“健全节能法规和标准体系。修订重点用能单位节能管理办法、能效标识管理办法、节能产品认证管理办法以及建筑节能标准和设计规范等部门规章。加快制(修)订高耗能行业单位产品能耗限额、产品能效等强制性国家标准，提高准入门槛。完善机动车燃油消耗量限值标准。鼓励地方依法制定更加严格的节能地方标准。”

建立和健全节能法规和标准体系是“万家企业节能低碳行动”最根本和最关键的一项措施。以落实《节约能源法》为核心，健全节能法规，并形成与相关法规政策相协调的节能管理机制，才能做到节能管理有法可依；同时，加快单位产品（工序）能耗限额标准制（修）订工作，完善终端用能设备、机动车燃油消耗等能效限制性标准，鼓励地方制定更加严格的单耗和能效地方标准，才能发挥节能标准的支撑作用。

截至 2012 年 2 月，万家企业节能低碳行动适用的、国家层面的、主要的节能法律有 8 个、法规有 4 个、部门规章有 16 个，详见表 2. 5. 1；单位产品能耗限额标准、交通运输工具燃料经济性标准、终端用能产品能源效率标准和节能基础性标准等，详见表 2 –4 –1。

一、修订节能部门规章

目前，万家企业节能低碳行动涉及的部门规章约有 16 个（见表 2 –5 –1）。其中，最早的部门规章发布于 1999 年，迄今已有十几年。随着我国经济社会的快速发展和节能形势的变化，这些部门规章中有的已经进行了修订，有的规章的内容在其他新的国家政策中有新的规定，需要进行修订；还有需要制定一些新的规章制度。

政府相关部门已经着手修订部门规章。以《节能技术改造财政奖励资金管理办法》为例，该办法于 2011 年 6 月 21 日由财政部、国家发展改革委以财建〔2011〕367 号印发。《办法》分总则、奖励对象和条件、奖励标准、奖励资金的申报和下达、审核机构管理、监督管理、附则 7 章 24 条，自印发之日起实施。原《节能技术改造财政奖励资金管理暂行办法》（财建〔2007〕371 号）予以废止。

“十二五”随着节能形势的变化和节能工作的深入，一些重要的部门规章需要及时修订，如重点用能单位节能管理办法、能效标识管理办法、工业固定资产投资项目节能评估和审查管理办法、节能产品认证管理办法等部门规章。另外，一些新的部门规章或制度亟待制定，如建立“领跑者”标准制度[1]，等等。

万家企业在开展节能工作时，应及时跟踪了解国家及地方的政策法规，并认真贯彻落实。

---

[1] 《国务院关于印发“十二五”节能减排综合性工作方案的通知》（国发〔2011〕26 号）中提出的。

二、加快制(修)订能耗限额等强制性国家标准

制定并适时修订能耗限额等强制性国家标准,是控制新增工业产能、调节高耗能产业发展和淘汰现有落后工业产能的有效手段,还能够促进现有工业产能中占有较大比重的能效水平居于中游的产能实施技术改造。

据统计,迄今为止万家企业节能低碳行动适用的能耗限额等强制性国标有:单位产品能耗限额强制性国家标准有 28 个;主要终端用能产品强制性能效国家标准有 48 项,另有修改单 3 项[①]。此外,还有①涉及终端用能产品的节能低碳基础国家标准,如 GB/T 2588—2000《设备热效率计算通则》、GB/T 23688—2009《用能产品环境意识设计导则》、GB/T 24489—2009《用能产品能效指标编制通则》、GB/T 6422—2009《用能设备能量测试导则》等;②工业用能系统经济运行国家标准,如 GB/T 13462—2008《电力变压器经济运行》、GB/T 19065—2011《电加热锅炉系统经济运行》、GB/T 27883—2011《容积式空气压缩机系统经济运行》等;③节能监测方法国家标准,如 GB/T 15318—2010《热处理电炉节能监测》、GB/T 15910—2009《热力输送系统节能监测》、GB/T 15913—2009《风机机组与管网系统节能监测》等;④能源计量国家标准,如 GB/T 24851—2010《建筑材料行业能源计量器具配备和管理要求》、GB/T 21369—2008《火力发电企业能源计量器具配备和管理要求》等;⑤能源基础与管理国家标准,如:GB/T 15587—2008《工业企业能源管理导则》、GB/T 23331—2009《能源管理体系 要求》、GB/T 24915—2010《合同能源管理技术通则》、GB/T 13234—2009《企业节能量计算方法》等。

2012 年至 2013 年,我国还启动实施"百项能效标准推进工程",发布 100 项重要节能标准,重点是终端用能产品能源效率标准和单位产品能耗限额标准。该工程的启动实施有利于进一步提高我国终端用能产品的能效市场准入门槛和高耗能行业的能耗准入门槛,充分发挥节能标准的引领作用,对推广高效节能产品,推动节能技术进步,提高节能管理水平,加快产业结构调整和优化升级,促进节能减排,积极应对气候变化,确保实现"十二五"节能减排目标具有重要意义。

万家企业应积极跟踪和关注终端用能产品能源效率标准和单位产品能耗限

---

① 《标准修改通知单》(简称修改单)是修改标准的一种形式,它对标准中某一部分的修改,并将修改的内容以《通知单》的方式予以公布。按我国的情况,被修改的标准和修改单都不能独立地成为一个完整的标准,只有两者结合为一体才能保持标准的先进性和完整性,才能发挥出它所有的作用。

额标准的发布情况，并积极调整产品结构，实施节能改造，加强内部能源利用管理和节能管理，努力降低单位产值能耗和单位产品能耗，使其符合国家标准、行业标准、地方标准等要求。

万家企业还需要注意的是，国家相关部门正在加快建立和完善基于企业能耗限额标准执行情况的惩罚性电价政策机制，对单位产品（工序）能耗超过限定值标准的企业实行惩罚性电价。

三、完善机动车燃油消耗量限值标准

执行机动车燃油消耗量限值标准，究其原因主要有：(1)机动车是一类终端用能产品，《节约能源法》规定，“国务院有关部门制定交通运输营运车船的燃料消耗量限值标准；不符合标准的，不得用于营运。国务院有关交通运输主管部门应当加强对交通运输营运车船燃料消耗检测的监督管理”[①]。(2)我国机动车拥有量将从2005年年末的4000万辆增长到2020年的2亿辆。机动车燃油消耗量占石油总消耗量的比重从2000年的33%左右上升到2010年的43%，2020年达57%[②]。制定机动车的燃油消耗量限值标准是控制交通领域石油需求最有效的工具之一，可以控制和调节快速增长的国内机动车市场，达到推广使用节能的运输工具，促进节能环保；另外也是想促进能源效率更高的汽车技术更快进入我国市场。

我国已经制定了GB 19578—2004《乘用车燃料消耗量限值》、GB/T 4353—2007《载客汽车运行燃料消耗量》、GB 20997—2007《轻型商用车燃料消耗量限值》、GB 21377—2008《三轮汽车燃料消耗量限值及测量方法》和GB 21378—2008《低速货车燃料消耗量限值及测量方法》等国家标准，并以GB/T 4352—2007《载货汽车运行燃料消耗量》代替GB/T 4352—1984《载货汽车运行燃料消耗量》，等等。

为了控制机动车的燃油消耗量，我国还先后制定了一系列规章，主要有：

一是2004年5月，国家发展改革委发布了《汽车产业发展政策》（国家发展和改革委员会令〔2004〕8号），2009年8月国家工信部和国家发展改革委又对《汽车产业发展政策》做了修改（国家工信部、发改委令〔2009〕10号）。

在《汽车产业发展政策》中提出了“2010年前，乘用车新车平均油耗比2003年降低15%以上。要依据有关节能方面技术规范的强制性要求，建立汽车产品

---

① 《节约能源法》第四十六条。

② 虞同文. 我国新能源汽车的研发[J]. 交通运输，2007，(5)：13－14.

油耗公示制度”。

二是2009年,国务院办公厅公布了《汽车产业调整和振兴规划》,规划期为2009—2011年,其中提出了启动“国家节能和新能源汽车示范工程”。

三是交通运输部发布了《道路运输车辆燃料消耗量检测和监督管理办法》(交通运输部令2009年第11号),其中规定了“对道路运输车辆实行燃料消耗量达标车型管理制度。交通运输部对经车辆生产企业自愿申请,并且经交通运输部汽车运输节能服务中心技术审查通过的车型,以《道路运输车辆燃料消耗量达标车型表》的形式向社会公布”,截至2012年4月,已经公布了19批道路运输车辆燃料消耗量达标车型表。

四是2012年4月18日国务院常务会议通过了《节能与新能源汽车产业发展规划(2012—2020年)》,要求“2015年当年生产的乘用车平均燃料消耗量降至每百公里6.9升,到2020年降至5.0升”,要“不断提高乘用车燃料消耗量国家限值标准;制定并实施中重型商用车燃料消耗量检测方法和限值标准”。

“十二五”期间,还有一些机动车燃油消耗量限值标准需要制定和完善,如中重型商用车、运动型多功能越野车和多用途货车、水泥搅拌车等,其燃油消耗量标准需要陆续制定和完善。

列入“万家企业节能低碳行动”中的客运、货运企业和沿海、内河港口企业要严格执行国务院有关部门制定的交通运输营运车船的燃料消耗量限值标准,并以此为抓手,推广应用节能型运输工具,实施节能技术改造,推广节能操作方法,以促进节能任务的完成。

四、鼓励地方制定更加严格的节能标准

节能涉及社会生产、生活的各个领域、各个方面;节能涉及能源生命周期,即从能源开发、采掘、加工转换、输配到终端消费整个能源流动过程;节能需要全社会的共同努力。鉴于我国各地社会、经济、技术发展的不均衡性,国家颁布的节能标准要兼顾全国各地的实际状况,对于节能基础和节能技术较好的地区而言,国家标准有关规定数值该地区已经达到并更先进,为此,国家鼓励各地根据实际发展状况,制定更加严格的节能标准。

以江苏省为例,目前江苏省公布了制定的产品能源消耗限额标准有DB 32/1364—2009《水泥单位产品能源消耗限额》、DB 32/1369—2009《烧碱单位产品能源消耗限额》、DB 32/1592—2010《合成氨单位产品能源消耗限额》、DB 32/1603—2010《吨钢可比能耗和电炉钢冶炼电耗限额》,有30多个产品能源消耗限

额地方标准正在编制中。

将 DB 32/1369—2009《烧碱单位产品能源消耗限额》与 GB 21257—2007《烧碱单位产品能源消耗限额》比较，见表 1-4-1。从表中可看出，对比现有烧碱装置的烧碱产品能源消耗限额值，江苏省标准规定值比国标规定值小 3%～9%。由此可见，在上述标准中，省标准规定值比国标规定值的节能先进性更强一些。

表 1-4-1　江苏省标与国标中的现有烧碱装置烧碱单位产品能源消耗限额值比较

DB 32/1369—2009 中现有烧碱装置的数值		GB 21257—2007 中现有烧碱装置的数值		省标值比国标值减小率(%)
产品规格 质量分数(%)	烧碱单位产品综合能耗限额 (kgce·t⁻¹)	产品规格(%)	烧碱单位产品综合能耗限额限定值 (kgce·t⁻¹)	
离子膜法液碱≥30.0	≤470	离子膜法液碱≥30.0	≤500	6
离子膜法液碱≥45.0	≤560	离子膜法液碱≥45.0	≤600	7
离子膜法固碱≥98.0	≤870	离子膜法固碱≥98.0	≤900	3
隔膜法液碱≥30.0	≤900	隔膜法液碱≥30.0	≤980	9
隔膜法液碱≥42.0	≤1100	隔膜法液碱≥42.0	≤1200	8
隔膜法固碱≥95.0	≤1300	隔膜法固碱≥95.0	≤1350	4

第二节　加强节能监督检查

《方案》第五部分"保障措施"的第二项措施内容是："加强节能监督检查。组织对万家企业执行节能法律法规和节能标准情况进行监督检查，严肃查处违法违规行为。对未按要求淘汰落后产能的企业，依法吊销排污许可证、生产许可证和安全生产许可证；对违规使用明令淘汰用能设备的企业，限期淘汰，未按期淘汰的，依法责令其停产整顿。对能源消耗超过国家和地区规定的单位产品能耗（电耗）限额标准的企业和产品，实行惩罚性电价，并公开通报，限期整改。对未设立能源管理岗位、聘任能源管理负责人，未按规定报送能源利用状况报告或报告内容不实的单位，按照节能法相关规定对其进行处罚。"

为切实推进万家企业低碳行动，必须依据法律法规，加强节能监督管理，并且严肃查处违法违规的行为。主要在两个方面实施监督检查：

一是主管部门或机构依据节能法律、法规、政策和标准，利用淘汰落后制度、能耗限额制度、节能评估和审查制度、节能考核与奖惩制度、能源利用状况报告制度，加强监督检查，督促万家企业完成节能任务；

二是企业要贯彻落实各级相关部门的节能低碳要求，并根据自身发展的需要，采取一系列措施，加强节能管理和内部督察，完成国家布置的万家企业节能低碳目标任务。

一、监督检查节能法规、标准执行情况

《节约能源法》规定“县级以上人民政府管理节能工作的部门和有关部门应当在各自的职责范围内，加强对节能法律、法规和节能标准执行情况的监督检查，依法查处违法用能行为”。在其他行政或地方性法规、部门或地方性政府规章以及各级规范性文件中，对违反节能法规和标准行为有明确查处规定的，也应参照执行。

监督检查万家企业节能法规和标准的执行情况，其监管主体、内容和程序如下：

1. 监管主体：国家发展改革委、工业和信息化、住房和城乡建设、交通运输、质量监督、科技、统计、标准化、商务等部门，以及银监会、管理机关事务工作的机构等；也可以是上述行政部门依法委托的有资质的机构。

2. 监督检查内容：①万家企业应该贯彻落实的节能法规，是否执行到位。节能法规包括涉及与节能有关的法律、节能的行政性法规和地方性法规，以及相关规范性文件等。②万家企业应该执行的标准，是否执行到位。节能标准包括国家标准、行业标准、地方标准，乃至企业标准。

3. 监督检查结论及其应用。对万家企业节能法规、标准的执行情况实施检查，并将检查结果向相关行政部门汇报。监管主体根据督察结果，按照法律法规规定，对规范、认真执行节能法规和标准的万家企业给予鼓励或表彰，对有违法用能行为的企业依法依规予以查处。

与此同时，鼓励企业自查自纠，严格贯彻落实节能法规和标准各项要求，将节能减排作为一个基本着力点，尽快建立资源节约型、环境友好型的企业发展模式。

二、查处未淘汰落后产能和使用淘汰用能设备的企业

淘汰落后制度追根溯源于《节约能源法》[①]，其规定“国家实行有利于节能和环境保护的产业政策，限制发展高耗能、高污染行业”，“淘汰落后的生产能力”，“国家对落后的耗能过高的用能产品、设备和生产工艺实行淘汰制度”。

自1997年《节约能源法》颁布后，我国淘汰落后产能和用能设备工作一直在逐步实施着。原机械工业部分期公布了我国第一至第十八批淘汰机电产品目录；1998年我国纺织业就开展了“减少纱锭的数目，限制纱厂的生产规模”的淘汰落后产能工作，全国共压缩淘汰了900多万棉纺锭；1999—2002年原国家经贸委先后公布了三批《落后生产能力、工艺和产品目录》；2005年国家发展改革委公布了《产业结构调整指导目录（2005年本）》；2011年国家发展改革委公布了《产业结构调整指导目录（2011年本）》，以及一些产业发展规划，等等。在这些规章政策中，明确了各行业中哪些是必须淘汰的，并甄别了允许类、限制类和鼓励发展类的生产设备和装置。

在“万家企业节能低碳行动”中，执行淘汰落后制度时，淘汰内容和程序、主管部门、奖惩规定等如下：

1. 淘汰内容：高能耗、高污染、高排放、低效益、低产出的落后产能、生产工艺和设备装置，以及耗能高的用能产品。

2. 淘汰程序：①国家发展改革委会同国务院有关部门制定淘汰目录和具体实施方法；②由县级以上地方各级人民政府管理节能工作的部门履行监督管理职责；③根据监督检查情况，县级以上地方各级人民政府管理节能工作的部门依据政策法规予以奖惩。

3. 主管部门：由县级以上地方各级人民政府管理节能工作的部门履行监督管理职责。

4. 奖惩规定：

（1）对完成淘汰落后产能、生产工艺和设备装置，以及耗能高的用能产品任务的万家企业，可以按照相关规定，享受国家和地方规定的有关经济支持政策；在节能目标责任制的考评中取得相应的评分，等等。

（2）《节约能源法》第七十一条规定：“使用国家明令淘汰的用能设备或者生产工艺的，由管理节能工作的部门责令停止使用，没收国家明令淘汰的用能设备；

---

① 《节约能源法》第七条、第十六条。

情节严重的,可以由管理节能工作的部门提出意见,报请本级人民政府按照国务院规定的权限责令停业整顿或者关闭。”

(3)根据国务院发布的《促进产业结构调整暂行规定》(国发〔2005〕40号)第十九条的规定,“对淘汰类项目,禁止投资”;对淘汰项目“各地区、各部门和有关企业要采取有力措施,按规定限期淘汰。在淘汰期限内国家价格主管部门可提高供电价格。对国家明令淘汰的生产工艺技术、装备和产品,一律不得进口、转移、生产、销售、使用和采用”,“对不按期淘汰生产工艺技术、装备和产品的企业,地方各级人民政府及有关部门要依据国家有关法律法规责令其停产或予以关闭”,“其产品属实行生产许可证管理的,有关部门要依法吊销生产许可证;工商行政管理部门要督促其依法办理变更登记或注销登记;环境保护管理部门要吊销其排污许可证;电力供应企业要依法停止供电。对违反规定者,要依法追究直接责任人和有关领导的责任”。

(4)《关于进一步加强工业节能工作的意见》(工信部节〔2012〕339号)中明确规定,对未按规定期限淘汰落后产能的企业,不予审批和核准新的投资项目,不予安排技术改造专项资金;对未按期完成落后产能淘汰任务的地区,暂停对该地区工业固定资产投资项目的审批、核准和备案。

万家企业要积极淘汰落后产能,淘汰落后工艺、设备和装置,淘汰高耗能用能产品。通过实施这项工作,可以腾出能源消费空间,促进能源消耗低、科技含量高、经济效益好、环境污染少、安全有保障的产能、工艺、设备、产品的普及应用和快速发展。

三、查处超限额用能企业和产品

单位产品能耗限额制度追根溯源于《节约能源法》[①],其规定在“生产过程中耗能高的产品的生产单位,应当执行单位产品能耗限额标准。对超过单位产品能耗限额标准用能的生产单位,由管理节能工作的部门按照国务院规定的权限责令限期治理”。

在万家企业低碳行动中,对于超限额用能的企业和产品查处主要方法和监管主体如下:

1. 实施监督查处主体:管理节能工作的部门、相关行政主管部门、有行政执法权力的监察机构。

---

① 《节约能源法》第十六条。

2. 工作程序：由有资质的节能监察机构实施能耗限额标准的监察，发现超过单位产品能耗限额标准用能的生产单位，相关部门或机构在规定权限内责令其限期治理，并依据政策法规的规定按照一定的工作程序，对其进行罚处。

3. 主要处罚办法：

（1）对能源消耗超过国家和地区规定的单位产品能耗（电耗）限额标准的企业和产品，实行惩罚性电价，并公开通报，限期整改。

这里介绍一下惩罚性电价。惩罚性电价政策实际上可视为差别电价的升级版，目的是进一步加强对高耗能产业的整治力度。其由来是：

①2004年6月以来，国家将电解铝、铁合金、电石、烧碱、水泥、钢铁等6个高耗能产业的企业区分淘汰类、限制类、允许和鼓励类并试行差别电价政策，即合理确定高耗能产业的总体电价水平，对允许和鼓励类企业执行正常电价水平，对限制类、淘汰类企业用电适当提高电价。

②2006年9月，国务院办公厅以《关于完善差别电价政策意见的通知》（国办发〔2006〕77号）的形式，发布了由国家发展改革委制定的《关于完善差别电价政策的意见》，其中规定了扩大差别电价实施范围，在对电解铝、铁合金、电石、烧碱、水泥、钢铁6个行业继续实行差别电价的同时，将黄磷、锌冶炼两个行业也纳入差别电价政策实施范围；并加大差别电价实施力度，从2006年开始3年内，将淘汰类企业电价提高到比2006年高耗能行业平均电价高50%左右的水平，而且各地可在此基础上，根据实际情况进一步提高标准，报国家发展改革委备案。

③2012年1月，工信部发布的《工业节能"十二五"规划》明确提出，"十二五"期间尽快建立和广泛实施基于能耗超限额标准的惩罚性电价政策，即"加大差别电价、惩罚性电价实施范围和力度，将收缴的差别电费、惩罚性电费重点用于支持当地节能技术改造和淘汰落后产能工作，根据产业发展需要修订加价范围、提高加价标准。鼓励企业利用低碳能源和可再生能源。"

（2）对于"超过单位产品能耗限额标准用能，情节严重，经限期治理逾期不治理或者没有达到治理要求的"生产单位，《节约能源法》第七十二条还规定，"可以由管理节能工作的部门提出意见，报请本级人民政府按照国务院规定的权限责令停业整顿或者关闭"。

（3）《关于进一步加强工业节能工作的意见》（工信部节〔2012〕339号）中明确规定，要加强政策协调和落实，根据本地区实际情况，扩大执行惩罚性电价的产品范围，提高惩罚性电价加价标准，加大惩罚性电价实施力度；惩罚性电价收入应优先用于支持被惩罚企业实施强制性能源审计、节能技术改造等，发挥好惩罚性电价政策对促进高耗能行业能效提升的政策效应。

(4)在其他行政或地方性法规、部门或地方性政府规章以及各级规范性文件中，对超限额用能的企业和产品有明确查处规定的，应参照执行。

列入本次节能低碳行动中的万家企业，特别是工业企业要认真执行相关的单位产品能耗限额标准，并将其作为企业节能低碳工作的一个切入点。

四、查处未依法设立能源管理岗位和未聘任能源管理负责人的企业

《节约能源法》要求[①]，"重点用能单位应当设立能源管理岗位，在具有节能专业知识、实际经验以及中级以上技术职称的人员中聘任能源管理负责人，并报管理节能工作的部门和有关部门备案"。

在万家企业低碳行动中，对设立能源管理岗位和聘任能源管理负责人的职责、监管和罚则是：

1. 万家企业应设立能源管理岗位、聘任能源管理负责人。能源管理负责人的职责是：负责组织对本单位用能状况进行分析、评价，组织编写本单位能源利用状况报告，提出本单位节能工作的改进措施并组织实施。能源管理负责人应当接受节能培训。

2. 对设立能源管理岗位和聘任能源管理负责人的监管由各级管理节能工作的部门和有关部门负责。

3. 对未设立能源管理岗位、未聘任能源管理负责人的企业，主要罚则是：

(1)按照《节约能源法》相关规定对其进行处罚。具体罚则是：重点用能单位未按照本法规定设立能源管理岗位，聘任能源管理负责人，并报管理节能工作的部门和有关部门备案的，由管理节能工作的部门责令改正；拒不改正的，处一万元以上三万元以下罚款[②]。

(2)在其他行政或地方性法规、部门或地方性政府规章以及各级规范性文件中，对未依法设立能源管理岗位和未聘任能源管理负责人的行为有明确查处规定的，应参照执行。

(3)在节能目标责任制的考评中扣除相应评分，等等。

---

① 《节约能源法》第五十五条。

② 《节约能源法》第八十四条。

五、查处未依法报送能源利用状况报告的企业

《节约能源法》规定[1]，重点用能单位所聘任的能源管理负责人组织编写本单位能源利用状况报告，能源利用状况包括能源消费情况、能源利用效率、节能目标完成情况和节能效益分析、节能措施等内容。编写完成后，重点用能单位应当每年向管理节能工作的部门报送上年度的能源利用状况报告。列入万家企业节能低碳行动的企业均为重点用能单位。

万家企业如果未按规定报送能源利用状况报告或报告内容不实，主要罚则是：

1. 对节能管理制度不健全、节能措施不落实、能源利用效率低的重点用能单位，管理节能工作的部门应当开展现场调查，组织实施用能设备能源效率检测，责令实施能源审计，并提出书面整改要求，限期整改。

2. 万家企业如无正当理由拒不落实上述规定的整改要求或者整改没有达到要求的，由管理节能工作的部门处十万元以上三十万元以下罚款。

3. 万家企业如未按照本法规定报送能源利用状况报告或者报告内容不实的，由管理节能工作的部门责令限期改正；逾期不改正的，处一万元以上五万元以下罚款。

4. 在节能目标责任制的考评中取得相应的评分，等等。

六、查处违反固定资产投资项目节能评估和审查制度的行为

节能评估审查制度是在2007年修订的《节约能源法》中明确提出的。该法第十五条规定，“国家实行固定资产投资项目节能评估和审查制度。不符合强制性节能标准的项目，依法负责项目审批或者核准的机关不得批准或者核准建设；建设单位不得开工建设；已经建成的，不得投入生产、使用。具体办法由国务院管理节能工作的部门会同国务院有关部门制定”。这里“出现违反节能评估审查制度的行为”主要指两个主体的违法行为：一是负责审批或者核准固定资产投资项目的机关；二是固定资产投资项目建设单位。

企业如有违反固定资产投资项目节能评估和审查制度的行为，将会受到如下处理：

1. 根据《节约能源法》第六十八条规定：固定资产投资项目建设单位开工建

① 《节约能源法》第五十三条、第五十四条、第八十二条、第八十三条。

设不符合强制性节能标准的项目或者将该项目投入生产、使用的，由管理节能工作的部门责令停止建设或者停止生产、使用，限期改造；不能改造或者逾期不改造的生产性项目，由管理节能工作的部门报请本级人民政府按照国务院规定的权限责令关闭。

2.《关于进一步加强工业节能工作的意见》(工信部节〔2012〕339号)中规定：①(1)对节能减排目标任务未达进度要求的地区，新上项目的单位产品能耗必须达到全行业先进水平。②建立新建项目与污染减排、淘汰落后产能衔接的审批机制，进一步加强高耗能和产能过剩行业项目管理。③对年综合能源消费量在20万吨标准煤及以上项目，各省级工业主管部门应将项目节能评估报告书和审查批复意见报送工业和信息化部。

该文件还要求加强工业固定资产投资项目能评，切实发挥能评的前置性作用，遏制高耗能行业能耗过快增长势头；各省级工业主管部门应尽快完善工业固定资产投资项目节能评估审查办法，切实加强高耗能行业项目节能评估审查工作，把好能评关。

3. 在行政或地方性法规、部门或地方性政府规章以及各级规范性文件中，对违反节能评估审查制度的行为有明确查处规定的，也应参照执行。

对于不符合强制性节能标准的固定资产投资项目，在项目实施或建设阶段，承担法律责任的主体是固定资产投资项目的建设单位。换言之，万家企业在投资固定资产项目时应严格遵守相关法律法规。

第三节　加大节能财税金融政策支持

《方案》第五部分“保障措施”的第三项措施内容是：“加大节能财税金融政策支持。加大中央预算内投资和中央财政节能专项资金的投入力度，加快节能重点工程实施。国有资本经营预算要继续支持企业实施节能项目。落实国家支持节能所得税、增值税等优惠政策，积极推进资源税费改革。加大各类金融机构对节能项目的信贷支持力度，鼓励金融机构创新适合节能项目特点的信贷管理模式。引导各类社会资金、国际援助资金增加对节能领域的投入。建立银行绿色评级制度，将绿色信贷成效与银行机构高管人员履职、机构准入、业务发展相挂钩。”

万家企业开展节能工作，实施节能技术研发、节能产品生产和节能技改，资金投入必不可少。

目前企业节能获得资金投入的渠道较少。缺乏有效资金支持是制约我国节能活动发展的重要因素。为此,国家制定了支持节能的经济政策,综合运用财政、税收、价格、金融等一系列经济手段,并安排资金支持节能工作,目的是向社会发出政府支持节能发展的信号,起到引导、动员全社会积极参与节能的作用。

“十一五”至今,政府支持节能的经济政策主要有如下几类。

1. 财政政策

(1)中央财政和省级地方财政安排节能专项资金,支持节能技术研究开发、节能技术和产品的示范与推广、重点节能工程的实施、节能宣传培训、信息服务和表彰奖励等。

(2)国家通过财政补贴支持节能照明器具等节能产品的推广和使用。

(3)利用中央财政资金,支持列入预算内的各类节能项目,如中央财政利用现有资金渠道,统筹支持各地区开展淘汰落后产能工作[①]。用中央国有资本经营预算支持企业实施节能低碳项目等。

2. 税收政策。支持节能低碳的税收政策包括优惠政策及调整性的税收政策。

(1)税收优惠指国家根据一定时期政治、经济和社会发展的需要,对某纳税人或某些征税对象给予减轻或免除其税收负担的政策,主要包括减税、免税。

①国家对生产、使用列入节能技术、节能产品的推广目录的需要支持的节能技术、节能产品,实行税收优惠等扶持政策。

②国家对从事节能环保、资源综合利用的企业给予一定的税收减免。

③加大对节能设备和产品研发费用的税前抵扣比例;对生产节能产品的专用设备,可以实行加速折旧法计提折旧;对购置生产节能产品的设备,可以在一定额度内实行投资抵免企业当年新增所得税优惠政策;对重大节能设备和产品,在一定限期内实行一定的增值税减免优惠政策等。

(2)调整性的税收政策,包括鼓励先进节能技术、设备的进口,控制在生产过程中资源消耗多、耗能高、污染重的产品的出口。

3. 金融政策。国家引导金融机构增加对节能低碳项目的信贷支持,为符合条件的节能低碳技术研究开发、节能产品生产以及节能技术改造等项目提供优惠贷款。

4. 价格政策。国家实行有利于节能的价格政策,引导用能单位和个人节能。例如国家实行峰谷分时电价、季节性电价、可中断负荷电价制度,鼓励电力用户合

---

① 《关于进一步加强淘汰落后产能工作的通知》(国发〔2010〕7 号)。

理调整用电负荷；对钢铁、有色金属、建材、化工和其他主要耗能8个行业的企业，分淘汰、限制、允许和鼓励类实行差别电价政策，对单位产品（工序）能耗超过限定值标准的企业实行惩罚性电价，等等。

"十二五"政府将继续实行支持节能低碳的经济政策，并加大节能财税和金融政策的支持力度。

一、中央财政节能资金支持

有效资金支持是我国节能活动发展的重要因素。政府安排专门资金支持节能工作，可以向社会发出政府支持节能发展的信号，起到引导、动员全社会积极参与节能活动发展的作用。因此，《节约能源法》第六十条规定，"中央财政和省级地方财政安排节能专项资金，支持节能技术研究开发、节能技术和产品的示范与推广、重点节能工程的实施、节能宣传培训、信息服务和表彰奖励等"。该条规定只明确中央财政和省级地方财政要设立节能专项资金，没有要求其他地方财政设立节能专项资金，但地方政府在其财力许可的范围内，也应当安排相应资金支持节能活动。

"十一五"以来，国家出台的中央财政节能资金支持政策见表2-5-1。

2012年以来，国家出台的中央财政节能资金支持政策主要有：

1. 中央财政支持绿色生态城区建设。2012年4月，财政部、住房和城乡建设部联合发文《关于加快推动我国绿色建筑发展的实施意见》（财建〔2012〕167号）。

2. 中央财政设立专项资金，支持夏热冬冷地区既有居住建筑节能改造工作。2012年4月，住房和城乡建设部、财政部联合发文《住房和城乡建设部财政部"关于推进夏热冬冷地区既有居住建筑节能改造的实施意见"》（建科〔2012〕55号）。

3. 中央财政安排专项资金用于补助夏热冬冷地区2012年及以后开工实施的既有居住建筑节能改造项目。2012年4月，财政部发布《关于印发"夏热冬冷地区既有居住建筑节能改造补助资金管理暂行办法"的通知》（财建〔2012〕148号）。

4. 中央财政安排专项资金，按实施效果对以城市为单位开展电力需求侧管理综合试点工作给予适当奖励。2012年7月，《关于印发"电力需求侧管理城市综合试点工作中央财政奖励资金管理暂行办法"的通知》（财建〔2012〕367号）。

5. "十二五"，国家继续安排中央财政资金支持节能。2012年5月16日，国务院常务会议确定，采取促进节能家电等产品消费的政策措施。国家将安排财政资金用于补贴促进节能家电推广和节能产品推广……

以上述第5项国家财政节能资金为例,说明其支持方式、支持范围、申报主体和申报程序。

（一）高效照明产品财政补贴资金

1. 发布文号:财建〔2007〕1027号。

2. 支持方式:补贴资金采取间接补贴方式,由财政补贴给中标企业,再由中标企业按中标协议供货价格减去财政补贴资金后的价格销售给终端用户,最终受益人是大宗用户和城乡居民。

3. 支持范围:主要是普通照明用自镇流荧光灯、三基色双端直管荧光灯(T8、T5型)、金属卤化物灯、高压钠灯等电光源产品,半导体(LED)照明产品,以及必要的配套镇流器。

4. 申报主体:中标企业。

5. 申报程序:①省级节能主管部门会同财政部门根据国家发展改革委、财政部下达的高效照明产品年度推广任务,明确所需产品的名称、型号、数量、厂家和推广地区等,联合报国家发展改革委、财政部备案。②高效照明产品推广企业及协议供货价格通过招标产生。③中标企业根据实施细则申请,经高效照明产品推广所在地财政部门和节能主管部门审核后,报省级财政和节能主管部门。④审核后,报财政部、国家发展改革委,财政部、国家发展改革委进行抽查,根据情况下达财政补贴资金预算。⑤各级财政部门将财政补贴资金及时拨付给有关单位和中标企业。

（二）合同能源管理项目财政奖励资金

1. 发布文号:财建〔2010〕249号。

2. 支持方式:财政对合同能源管理项目按年节能量和规定标准给予一次性奖励。奖励资金主要用于合同能源管理项目及节能服务产业发展相关支出。奖励资金由中央财政和省级财政共同负担,其中:中央财政奖励标准为240元/吨标准煤,省级财政奖励标准不低于60元/吨标准煤。有条件的地方,可视情况适当提高奖励标准。

3. 支持范围:支持采用节能效益分享型合同能源管理方式实施的工业、建筑、交通等领域以及公共机构节能改造项目。

4. 申报主体:实施节能效益分享型合同能源管理项目的节能服务公司。

5. 申报程序:①符合支持条件的节能服务公司在合同能源管理项目完工后,

向项目所在地省级财政部门、节能主管部门提出财政奖励资金申请。②省级节能主管部门会同财政部门组织对申报项目和合同进行审核，确认项目年节能量后，省级财政部门将中央财政奖励资金和省级财政配套奖励资金拨付给节能服务公司。③国家发展改革委会同财政部组织对合同能源管理项目实施情况、节能效果以及合同执行情况等进行检查。

（三）节能技术改造财政奖励资金

1. 发布文号：财建〔2011〕367号。

2. 支持方式：采取奖励资金与节能量挂钩的支持方式。东部地区节能技术改造项目根据项目完工后实现的年节能量按240元/吨标准煤给予一次性奖励，中西部地区按300元/吨标准煤给予一次性奖励。

3. 支持范围：满足规定条件的对现有生产工艺和设备实施节能技术改造的项目。

4. 申报主体：实施符合条件的节能技术改造项目的重点用能单位。

5. 申报程序：①符合条件的节能技术改造项目，由项目单位（包括中央直属企业）提出奖励资金申请报告，并经法人代表签字后，报项目所在地节能主管部门和财政部门。②省级节能主管部门、财政部门组织专家对项目资金申请报告进行初审后，委托有规定资格的第三方机构对初审通过的项目进行现场审核，根据第三方机构审核结果，将符合条件的项目资金申请报告和审核报告汇总后上报国家发展改革委、财政部。③国家发展改革委、财政部组织专家对地方上报的资金申请报告和审核报告进行复审，国家发展改革委根据复审结果下达项目实施计划，财政部根据项目实施计划按照奖励金额的60%下达预算。各级财政部门按照国库管理制度有关规定将资金及时拨付到项目单位。④项目完工后，项目单位及时向所在地财政部门和节能主管部门提出清算申请，省级财政部门会同节能主管部门组织第三方机构对项目进行现场审核，并依据第三方机构出具的审核报告，审核汇总后向财政部、国家发展改革委申请清算奖励资金。⑤财政部会同国家发展改革委委托第三方机构对项目实际节能效果进行抽查，根据各地资金清算申请和第三方机构抽查结果与省级财政部门进行清算，由省级财政部门负责拨付或扣回企业奖励资金。

（四）淘汰落后产能中央财政奖励资金

1. 发布文号：财建〔2011〕180号。

2. 支持方式："十二五"期间，中央财政将继续采取专项转移支付方式对经济欠发达地区淘汰落后产能工作给予奖励。奖励门槛依据国家相关文件、产业政策等确定，并根据国家产业政策、产业结构调整等情况逐步提高。奖励资金由地方统筹安排使用。

3. 支持范围：①国务院有关文件规定的电力、炼铁、炼钢、焦炭、电石、铁合金、电解铝、水泥、平板玻璃、造纸、酒精、味精、柠檬酸、铜冶炼、铅冶炼、锌冶炼、制革、印染、化纤以及涉及重金属污染的行业中，符合规定条件的淘汰落后产能项目。②优先支持淘汰落后产能企业职工安置、企业转产、化解债务等淘汰落后产能相关支出。优先支持淘汰落后产能任务重、职工安置数量多和困难大的企业，主要是整体淘汰企业。优先支持通过兼并重组淘汰落后产能的企业。

4. 申报主体：企业按地方规定向地方工业和信息化或能源主管部门申报，由其汇总报省级人民政府批准后，由省级财政部门向国家申报。申报主体是省级财政部门。

5. 申报程序：①每年 3 月底前，省级财政会同相关部门根据省级人民政府批准上报的本年度重点行业淘汰落后产能年度目标任务及计划淘汰落后产能企业名单，提出计划淘汰且符合奖励条件的落后产能规模、具体企业名单以及计划淘汰的主要设备等，联合上报财政部、工业和信息化部、国家能源局。中央企业按属地原则上报，同等享受奖励资金支持。②财政部、工业和信息化部、国家能源局审核下达奖励资金预算。各地区安排的支持淘汰落后产能资金，与中央奖励资金一并使用。③省级财政部门按规定审核下达和拨付奖励资金。奖励资金由地方按照相关的规定统筹安排使用。

（五）夏热冬冷地区既有居住建筑节能改造补助资金

1. 发布文号：财建〔2012〕148 号。

2. 支持方式：补助资金采取由中央财政对省级财政专项转移支付方式。补助资金将综合考虑不同地区经济发展水平、改造内容、改造实施进度、节能及改善热舒适性效果等因素进行计算，并将考虑技术进步与产业发展等情况逐年进行调整。具体项目实施管理由省级人民政府相关职能部门负责。

3. 支持范围：这是中央财政安排的专项用于补助夏热冬冷地区既有居住建筑节能改造的资金。补助资金使用范围是上海市、重庆市、江苏省、浙江省、安徽省、江西省、湖北省、湖南省、四川省、河南省、贵州省、福建省等夏热冬冷地区既有居住建筑，包括：①建筑外门窗节能改造支出；②建筑外遮阳系统节能改造支出；③建筑屋顶及外墙保温节能改造支出；④财政部、住房城乡建设部批准的与夏热冬冷地区既有居住建筑节能改造相关的其他支出。

4. 申报主体：省级财政部门。

5. 申报程序：①省级财政部门会同住房城乡建设部门分年度对本地区既有居住建筑节能改造面积、具体内容、实施计划等进行汇总，上报财政部、住房城乡建设部。财政部会同住房城乡建设部综合考虑有关省（自治区、直辖市、计划单列市）改造积极性、配套政策制定情况等因素，核定每年的改造任务及补助资金额度，并将70%补助资金预拨到省级财政部门。②省级财政部门在收到补助资金后，会同住房城乡建设部门及时将资金落实到具体项目。③财政部会同住房城乡建设部根据各地每年实际完成的工作量、改造内容及实际效果核拨剩余补助资金，并在改造任务完成后，对当地补助资金进行清算。④补助资金支付管理按照财政国库管理制度有关规定执行。

二、国有资本经营预算支持

我国开始正式建立国有资本经营预算制度是，2007年9月国务院发布《关于试行国有资本经营预算的意见》。

国有资本经营预算是政府以所有者身份依法取得国有资本收益，并对所得收益进行分配而发生的各项收支预算，是政府预算的重要组成部分。国有资本经营预算的基本内容包括收入预算和支出预算。

按照2008年10月中华人民共和国第十一届全国人民代表大会常务委员会通过的《中华人民共和国企业国有资产法》规定，国有资本经营预算支出按照当年预算收入规模安排，不列赤字。

"十一五"以来，国家出台的国有资本经营预算和中央预算内资金支持节能低碳的政策详见表2-5-1。

以下是中央预算内资金和中央国有资本经营预算资金支持节能低碳项目时，其支持方式、支持范围、申报主体和申报程序：

（一）中央预算内投资补助和贴息项目

1. 发布文号：国家发展改革委令〔2011〕第31号。

2. 支持方式：以投资补助和贴息方式使用中央预算内投资（包括长期建设国债投资）的节能低碳项目；投资补助和贴息资金均为无偿投入。

投资补助主要采用货币补助方式，也可根据国家有关政策和项目具体情况，采用设备、材料等实物补助方式；贴息率不得超过当期银行中长期贷款利率，原则上按项目的建设实施进度和贷款的实际发生额分期安排贴息资金。

3. 支持范围:①重点用于市场不能有效配置资源、需要政府支持的经济和社会领域。主要包括:公益性和公共基础设施投资项目、保护和改善生态环境的投资项目、促进欠发达地区的经济和社会发展的投资项目、推进科技进步和高新技术产业化的投资项目和符合国家有关规定的其他项目。②具体的支持的重点投资项目,以每年的申报通知为准,近几年节能环保项目均列入其中。

4. 申报主体:计划单列企业集团、中央管理企业、省级发展改革委、计划单列市发改委。

5. 申报程序:①计划单列企业集团和中央管理企业可直接向国家发展改革委报送资金申请报告;地方政府投资项目和地方企业投资项目的资金申请报告,须报省级和计划单列市发展改革委初审;审查通过后,由省级和计划单列市发展改革委报送国家发展改革委。对资金申请报告的审核部门、上报程序有特定要求的,按规定办理。②国家发展改革委按规定对资金申请报告进行审查,可委托有关机构进行评审,根据评审结果决定投资补助或贴息资金的具体数额;对同意安排投资补助或贴息资金的资金申请报告做出批复,并将批复意见下达给申报单位;并根据资金申请报告的批复文件、项目建设进度和项目建设资金到位等情况,可一次或分次下达投资资金计划。③项目单位应按要求定期向国家发展改革委或其委托机构报告项目建设实施情况和重大事项。投资补助和贴息项目竣工后,国家发展改革委会及时对重点项目进行检查总结,必要时可委托中介机构进行后评价。

(二)中央国有资本经营预算节能减排资金

1. 发布文号:财企〔2008〕438 号。

2. 支持方式:①资金安排采取资本金注入、补助或贷款贴息方式;②原则上根据项目性质、投资总额等测算后确定。

3. 支持范围:①各年度节能减排资金具体安排、支持重点及项目申请事宜每年都有详细规定,由财政部通知。②2011 年主要支持范围是:a. 符合国家规定的关停小火电机组项目;b. 工业重点节能工程项目,包括燃煤工业锅炉(窑炉)改造、余热余压利用、区域热电联产(供热部分)、节约和替代石油,以及中央企业所属专业节能服务公司按照合同能源管理方式投资的综合节能改造等项目;c. 建筑、交通节能项目,包括建筑施工领域综合节能应用项目、建材领域新型节能建筑材料应用项目、交通领域民用飞机、大型船舶及其附属设施节能改造项目;e. 循环经济项目;f. 重点行业减排项目,指符合国家规定的燃煤电厂烟气脱硫、脱硝改造项目,钢铁企业烧结烟气脱硫改造项目;g. 重点行业节能技术、低碳技术及循环经济领域关键技术示范应用项目;h. 中央企业实施的与节能减排有关的其他项目。

4. 申报主体:中央企业。

5. 申报程序:①由中央企业集团按要求组织申报,符合条件的项目经审核后汇总上报财政部。②财政部根据年度中央国有资本经营预算额度及支持重点,审核并下达节能减排资金。③年度终了,中央企业集团要向财政部报送上年度节能减排资金使用情况报告,内容包括资金的拨付、使用、成效及汇总分析和评价。④中央企业集团和项目单位按规定管好用好节能减排资金,并接受财政、审计部门的监督检查。

三、节能所得税、增值税等优惠政策

《中华人民共和国企业所得税法》规定[①]:"从事符合条件的环境保护、节能节水项目的所得","企业可以免征、减征企业所得税";"企业综合利用资源,生产符合国家产业政策规定的产品所取得的收入,可以在计算应纳税所得额时减计收入";"企业购置用于环境保护、节能节水、安全生产等专用设备的投资额,可以按一定比例实行税额抵免"。

"十一五"以来,国家出台的节能所得税和增值税优惠政策见表 2-5-1。

"十二五"国家不仅继续实施上述节能所得税和增值税的优惠政策,而且正在制定其他相关政策,如对用于制造大型环保及资源综合利用设备确有必要进口的关键零部件及原材料,国家正在抓紧研究制定税收优惠政策[②]。

四、资源税费改革

我国能源价格长期以来实行政府定价,不能反映资源稀缺程度和环境影响,是导致能源过度消费的重要原因。低能源价格导致企业去购买能源效率低的廉价设备和技术,致使对能源的低效使用。我国的工业能源效率远远低于发达国家。因此,实行有利于节能的价格政策是抑制高耗能产业、促进节能和降低能源消费的有效手段,首先就是实施资源税费改革。

早在 1993 年 12 月,我国就发布了《中华人民共和国资源税暂行条例》(国务

---

① 《中华人民共和国企业所得税法》第二十七、三十三、三十四条。

② 《国务院关于印发"十二五"节能减排综合性工作方案的通知》(国发〔2011〕26 号)。

院令第139号),2011年9月又发布了《国务院关于修改〈中华人民共和国资源税暂行条例〉的决定》(国务院令第605号)。修订后的条例:

1. 对原油、天然气、煤炭、其他非金属矿原矿、黑色金属矿原矿、有色金属矿原矿、盐等七大类资源,规定了税率,见表1-4-2;

2. 规定了资源税的应纳税额的计算方法,按照从价定率或者从量定额的办法,分别以应税产品的销售额乘以纳税人具体适用的比例税率或者以应税产品的销售数量乘以纳税人具体适用的定额税率计算。

3. 还规定了减征或者免征资源税的范围、资源税加纳、征收的方法和时间,等等。

表1-4-2　资源税税目税率表

税目		税率
一、原油		销售额的5%~10%
二、天然气		销售额的5%~10%
三、煤炭	焦煤	每吨8~20元
	其他煤炭	每吨0.3~5元
四、其他非金属矿原矿	普通非金属矿原矿	每吨或者每立方米0.5~20元
	贵重非金属矿原矿	每千克或者每克拉0.5~20元
五、黑色金属矿原矿		每吨2~30元
六、有色金属矿原矿	稀土矿	每吨0.4~60元
	其他有色金属矿原矿	每吨0.4~30元
七、盐	固体盐	每吨10~60元
	液体盐	每吨2~10元

"十二五"国家将积极推进资源税费改革,将原油、天然气和煤炭资源税计征办法由从量征收改为从价征收并适当提高税负水平,依法清理取消涉及矿产资源的不合理收费基金项目①。

五、金融机构信贷支持

金融支持政策是国家节能减排的经济支持政策之一。适用于"十二五"万家

① 《国务院关于印发"十二五"节能减排综合性工作方案的通知》(国发〔2011〕26号)。

企业节能的金融支持政策如下。

（一）《关于印发节能减排授信工作指导意见的通知》（银监发〔2007〕83 号）

对节能减排的授信工作，提出了银行业金融机构要认真贯彻落实国家方针政策，将促进全社会节能减排作为本机构的重要使命和履行社会责任的具体体现，增强授信工作的科学性和预见性，具体要求如下：

1. 银行业金融机构对列入国家产业政策限制和淘汰类的新建项目，不得提供授信支持；对属于限制类的现有生产能力，且国家允许企业在一定期限内采取措施升级的，可按信贷原则继续给予授信支持；对于淘汰类项目，原则上应停止各类形式的新增授信支持，并采取措施收回已发放的授信。

2. 要及时跟踪国家确定的节能重点工程、再生能源项目、水污染治理工程、二氧化硫治理、循环经济试点、水资源节约利用、资源综合利用、废弃物资源化利用、清洁生产、节能减排技术研发和产业化示范及推广、节能技术服务体系、环保产业等重点项目，综合考虑信贷风险评估、成本补偿机制和政府扶持政策等因素，有重点地给予信贷需求的满足，并做好相应的投资咨询、资金清算、现金管理等金融服务。

3. 银行业金融机构对得到国家和地方财税等政策性支持的企业和项目，对节能减排效果显著并得到国家主管部门表彰、推荐、鼓励的企业和项目，在同等条件下，可优先给予授信支持。

（二）《关于改进和加强节能环保领域金融服务工作的指导意见》（银发〔2007〕215 号）

对改进和加强节能环保领域的金融服务，提出工作要求如下：

1. 要以坚持区别对待、有保有压的信贷为原则，合理配置信贷资源。

（1）对鼓励类投资项目，要从简化贷款手续、完善金融服务的角度，积极给予信贷支持。

（2）对限制类投资项目，要区别对待存量项目和增量项目，对于限制类的增量项目，不提供信贷支持，对于限制类的存量项目，若国家允许企业在一定时期内整改，可按照信贷原则给予必要的信贷支持。

（3）对淘汰类投资项目，要从防范信贷风险的角度，停止各类形式的授信，并采取措施收回和保护已发放的贷款。

（4）对允许类投资项目，在按照信贷原则提供信贷支持时，要充分考虑项目的资源节约和环境保护等因素。

2. 要着重支持技术创新和改造。

(1)各政策性银行对国家重大科技专项、国家重大科技产业化项目、科技成果转化项目、高新技术产业化项目、引进技术消化吸收项目、高新技术产品出口项目等提供贷款,给予重点支持。

(2)各商业银行要探索创新信贷管理模式,对国家和省级立项的高新技术项目,根据国家投资政策及金融政策规定,给予信贷支持;对有效益、有还贷能力的自主创新产品生产所需的流动资金贷款根据信贷原则优先安排、重点支持,对资信好的自主创新产品生产企业可核定一定的授信额度,在授信额度内,根据信贷、结算管理要求,及时提供多种金融服务。

(三)《关于进一步做好支持节能减排和淘汰落后产能金融服务工作的意见》(银发〔2010〕170 号)

支持淘汰落后产能和节能减排的金融服务重点是:

1. 在各银行业金融机构节能减排和淘汰落后产能的贷款摸底排查的基础上,各银行业金融机构进一步优化信贷结构,更好地支持节能减排和淘汰落后产能。

2. 在审批新的信贷项目和发债融资时,严格审核高耗能、高排放企业的融资申请,对产能过剩、落后产能以及节能减排控制行业;违规在建项目,不得提供任何形式的新增授信支持;对违规已经建成的项目,不得新增任何流动资金贷款,已经发放的贷款,要采取妥善措施保全银行债权安全;对国家已明确的限批区域、限贷企业或限贷项目,实施行业名单制管理制度,实行严格的信贷管理;地方性银行业法人金融机构要从严审查和控制对“五小”企业及低水平重复建设项目的贷款。

3. 要建立和完善银行业支持节能减排和淘汰落后产能的长效机制,大力支持培育新的经济增长点。

(1)对列入国家重点节能技术推广目录的项目、国家节能减排十大重点工程、重点污染源治理项目和市场效益好、自主创新能力强的节能减排企业,要积极提供银行贷款、发行短期融资券、中期票据等融资支持。

(2)积极鼓励银行业金融机构加快金融产品和服务方式创新,通过应收账款抵押、清洁发展机制(CDM)预期收益抵押、股权质押、保理等方式扩大节能减排和淘汰落后产能的融资来源。

(3)支持加快推进合同能源管理,大力发展服务节能产业。

(4)全面做好中小企业,特别是小企业的节能减排金融服务。

(5)支持发展循环经济和森林碳汇经济。

除了金融支持政策外,金融机构的信贷支持还可以通过现有的银行的各种信贷项目实施。我国的五大国有大型商业银行,即工行、农行、中行、建行、交行等都有与政府合作的“政府信贷融资平台”,该平台按照一定要求和条件选取项目,由政府提供贷款担保。如农行在每年的信贷总额中划出一定额度,扶持选中的项目,这些项目中就有节能低碳项目。

六、社会资金、国际援助资金投入

节能减排项目,在开发初期投资大,即期经济效益不确定,而社会效益很强,因此投资存在一定风险。国际经验表明,支持节能减排项目的实施,需要政府财政的介入;但是过分依赖政府,节能减排成了政府单方面的行为和责任,从某种角度看约束了节能减排的发展进程。

(一)社会资金投入

目前节能低碳项目资金主要来源于政府经济政策和企业自筹资金,点多面少,资金量小,效果不尽如人意,社会资金基本上没有得到利用是一个问题。

引入社会资金投入节能是促进节能减排的重要手段,引入模式多样。

合同能源管理就是一种节能投资体制新模式,它有利于政府充分调动社会力量,有效配置社会资金,引导民间资金投向节能减排领域,并且实现企业零投资、节能公司有收益的多赢局面。

政府制定政策引导种种创业投资企业、股权投资企业、社会捐赠资金等投入节能领域,促进节能减排的开展。

国内一些银行陆续设立用于节能低碳领域的各种基金,以及为节能低碳项目提供资金投入服务。如中信银行总行与财政部中国清洁发展机制基金管理中心签署委托贷款协议,成为财政部清洁基金委托贷款项目唯一入选银行,该委托贷款资金主要用于节能减排和低碳领域,是清洁基金首次尝试通过商业银行为节能减排项目提供资金支持。还有华夏银行早在2005年,就参与了节能转贷业务,并签约节能转贷项目。华夏银行的节能贷款期限按照项目投资回收期匹配,且利率要低于市场平均利率,在实际运作中,其除了会在每一个项目上按照规定的金额来利用外国政府的转贷资金外,其余不足的资金通过商业信贷资金来配套,满足企业资金需求的同时为企业降低融资成本。

(二)国际援助资金投入

国际援助资金投入主要是通过国际合作项目实现,目前主要有如下项目。

1. 世界银行/全球环境基金(GEF)中国促进项目

该项目是国家发展改革委、世界银行和GEF共同实施的项目，旨在节能和提高能效，减排温室气体，保护全球环境；同时我国政府利用外资推进合同能源管理等节能机制实施。2009年1月，合作第三期项目——中国节能融资项目(GHEEF)，主要是通过3家转贷银行利用世行贷款，向国内工业领域的重点用能企业节能技改项目提供贷款。

2. 中国能效融资项目(GHUEE)

该项目意在解决两个主要问题：一是确保提高能源利用率的行动有足够的资金支持；二是努力获得更高的能源利用率。

根据我国财政部的要求，由世界银行旗下的国际金融公司(IFC)设计的一种新型融资模式，《能源效率融资项目(CHUEE)合作协议》(即《损失分担协议》)约定，IFC将向合作银行提供数亿元人民币不等的本金损失分担，以支持这些银行更大额度的贷款组合，投向IFC认定的节能、环保型企业和项目，IFC则为贷款项目提供相关的技术援助和业绩激励，并收取一定的手续费。

IFC认定的节能、环保型企业和项目主要是能源终端用户和能效设备商、服务商，目的是提高能效项目的开发和处理能力，使更多的能效项目满足金融机构融资的要求，从而促使金融机构深度地介入能效市场，配合以国家支持政策，使更多能效和清洁能源项目得以实施，最终实现节能减排的目标，同时这对金融机构、最终用户以及能效项目的参与各方提高可持续发展能力具有深远意义。

目前与IFC合作的银行有兴业银行、北京银行和浦发银行，跟国内几家主要的商业银行也在进行谈判，包括工商银行、招商银行、建设银行、国家开发银行等。

3. 法国开发署的绿色信贷项目

法国开发署是法国政府官方发展援助的执行机构，在中国，法国开发署致力于支持应对气候变化、减少温室气体排放的项目。在中法两国双边合作的框架下，法国开发署与中国财政部于2007年签署了专门用于支持提高能效及可再生能源项目的6000万欧元贷款协议，即“绿色中间信贷项目”。

该项目不仅为提高能效和可再生能源领域的项目提供优惠的资金支持，还以帮助受益银行建立起绿色融资专业团队为目标。现在合作伙伴为招商银行、华夏银行和浦东发展银行。

法国开发署及其中方合作伙伴——国家财政部和国家发展改革委，共同决定自2010年起开展第二期中间信贷，将贷款总额扩大至1.2亿欧元，并于2010年3月签署了二期贷款协议。

七、建立银行绿色评级制度

绿色信贷是一项全新的信贷政策，鼓励商业银行创新贷款模式，主要为了抑制高耗能高污染产业的盲目扩张，给节能减排产业发放贷款等。其核心要义是在商业银行信贷管理和投放中，加入对贷款申请者的环境保护信息、节能减排状况等环保风险审查评价，以求发放的信贷能够符合绿色环保要求，发挥对绿色环保产业、产品的支持作用。

近年来，银行业金融机构以绿色信贷为抓手，创新信贷产品，积极支持节能减排和环境保护。2012 年在推行“绿色信贷”时，银行要做宏观形势和行业形势分析，贷款的准入、管理和退出机制制定，环保和新能源产业研究等一系列工作。为了保障这些工作顺利进行，以我国的五大国有大型商业银行，即工行、农行、中行、建行、交行为主的各行都出台了有关“绿色信贷”的相关业务规范，一套完整的业务流程也已建立。以中国工商银行为例，2007 年 9 月，该行在同行业中率先出台了《关于推进“绿色信贷”建设的意见》；2011 年 5 月，工行又明确提出了本行“绿色信贷”的内涵、工作目标和政策导向，要求全行全面推动信贷结构“绿色”调整；该行还充分利用国家相关监管部门提供的企业和项目环保信息，安排专人跟踪环保部门通报以及媒体披露的环境事件或安全生产事故，及时核查是否涉及自己的客户。又如，中国银行在 2011 年发布了《支持节能减排信贷指引》，采取差别化的行业授权管理，上收部分“两高”行业的审批权限，严格控制相关行业贷款投放，对于部分“两高”行业实施名单式管理，同时加大贷前、贷中及贷后调查。

2012 年，政府和金融监管部门正在通过发布绿色信贷相关指引性文件，建立绿色信贷目录和绿色信贷统计系统，引入项目环保分类和环境社会风险评估等措施，为银行开展绿色金融指明方向。2012 年 2 月 24 日，银监会发布了《绿色信贷指引》(银监发〔2012〕4 号)，要求商业银行应当制定针对客户的环境和社会风险评估标准，对客户的环境和社会风险进行动态评估与分类，相关结果应当作为其评级，信贷准入、管理和退出的重要依据。同时，还要求商业银行对存在重大环境和社会风险的客户实行名单制管理。这是银行为开展绿色信贷对客户实施信用绿色评级的第一步。我国的绿色信贷事业正处于腾飞的起步阶段，需要社会各界的共同关注与支持。

“十二五”下一阶段的工作——建立银行绿色评级制度，就是将绿色信贷成效作为对银行机构进行监管和绩效评价的要素。金融监管部门将尽快建立和完善绿色金融监管指标体系和监督机制，推进银行绿色评级制度和实施细则的研究、制定,并在今后的实践中完善。

对银行实施绿色信贷等绿色金融的考评也正在酝酿中。银监会将加强非现场监管和现场检查,并定期对金融机构实施绿色金融的情况进行评估,将评估结果作为金融机构监管评级、高管履职评价等考核内容。

第四节　建立健全企业节能目标奖惩机制

《方案》第五部分“保障措施”的第四项措施内容是:“建立健全企业节能目标奖惩机制。探索建立重点耗能企业节能量交易机制。对在节能工作中表现突出的单位和个人进行表彰奖励。对未完成年度节能目标责任的万家企业,由地方节能主管部门对其强制开展能源审计,责令限期整改,并通过新闻媒体进行曝光,金融机构要对其实施限制性贷款政策。对未完成节能目标的中央和地方国有企业,要在经营业绩考核中实行降级降分处理,并与企业负责人薪酬紧密挂钩。”

《节约能源法》规定国家实行节能目标责任制和节能考核评价制度,用能单位应当建立节能目标责任制。节能目标责任制和节能考核评价制度分为三个层次的内容:一是节能目标的层层分解,明确各层级的考评对象。用能单位将节能目标和责任分解并层层落实到车间、班组和有关职工,根据用能单位实际情况将节能目标明确化、具体化、定量化。国家将节能目标分解,落实到省、自治区、直辖市人民政府,各省、自治市、直辖市,省级人民政府再将目标逐级分解落实到各市、县人民政府。二是建立节能统计、监测和考评体系。对重点用能单位而言,首先要按照 GB 17167《用能单位能源计量器具配备和管理通则》的要求,配备合理的能源计量器具;然后要建立健全能源消费原始记录和统计台账,定期开展能耗数据分析,依法按规上报;在重点用能单位每年上报的能源利用状况报告中有一项重要内容,就是节能目标完成情况,即按照规定的程序确定的节能目标完成了没有,完成到何种程度,差额比例是多少,超额比例是多少等,这就是考评重点用能企业负责人工作业绩的重要内容之一。三是考核结果的运用。将节能减排目标完成情况和政策措施落实情况纳入政府绩效和国有企业业绩管理,实行问责制和“一票否决”制,要对节能工作取得成绩的单位和个人给予表彰奖励。对严重违反节能环保法律法规,未按要求淘汰落后产能、违规使用明令淘汰用能设备、虚标产品能效标识、减排设施未按要求运行等行为,公开通报或挂牌督办,限期整改,对有关责任人进行严肃处理。

在“十二五”万家企业节能低碳行动中,对企业节能目标责任制和奖惩制度提出了要求:万家企业"十二五"年度节能目标完成进度不得低于时间进度。政府相关部门综合运用经济、法律、技术和必要的行政手段,强化对万家企业的责任考核,地方节能主管部门每年组织对进入万家企业节能低碳行动的企业节能目标完成情况进行考核,并公告考核结果。对于中央企业,将节能目标完成情况纳入企业业绩考核范围,作为企业领导班子和领导干部综合评价考核的重要内容。落实奖惩机制。建立完善问责制度,每年汇总并公布各地区万家企业节能目标考核结果。对成绩突出的单位和个人给予表彰奖励,对未完成年度节能目标责任的万家企业采取惩处措施。对于中央企业,其节能目标完成情况和考核结果抄送国资委、银监会等有关部门。地方国资委要相应加强对地方国有企业的节能考核,落实奖惩机制。

万家企业要建立和强化节能目标责任制,将本企业的节能目标和任务,层层分解,落实到具体的车间、班组和岗位。建立和完善企业内部的节能奖惩制度。

一、探索建立重点耗能企业节能量交易机制

国外节能量交易初始于美国。1999 年美国的得克萨斯州率先实行了能效配额制度。所谓能效配额制度(EEPS)是一项要求能源供应机构满足节能目标的制度,即要求指定机构在规定时期必须完成一定的节能量。随后在能效配额制度下,出现了节能量证书,也称白色标签,是权威机构经过测量和确认的一定单位的节能量。该证书是一种市场化的交易工具,它是独立的并代表了对相应节能量的所有权。为了完成目标任务,能源供应商通常会从其他机构或第三方能效服务机构购买节能量证书。2005 年,欧盟成员国如法国、意大利也提出了节能的白色证书资质,并在市场上进行交易,它本质上是基于政府的证书交易。

我国政府在单位 GDP 能耗上提出了节能的总量控制指标,这给开展节能量交易提供了坚实的政策基础。同时,有市场需求,由于重点耗能企业在各个阶段完成节能任务情况不同,在节能总量控制的前提下,建立节能量交易市场,由企业根据节能量的价格,选择买卖配额。

节能量交易指各类用能单位(或政府)在其具体节能目标下,根据目标完成情况而采取的买入或卖出节能量(或能源消费权)的市场交易行为。节能量交易机制里面的交易品种是节能量或能源消费总量,具体分为两类:一是基于能源消费权(能源消费指标)的交易。政府制定能源消费总量目标,并将其分解到各类用能单位或政府。各单位根据其持有能源消费指标数量和实际能源消费量决定购买或者出售能源消费量指标。二是基于项目的节能量交易。项目业主实施节

能项目经核证产生的节能量可参与市场交易。

目前,我国节能量交易在政策层面上推行节能量交易的努力已经展开;在学术研究层面上我国节能量交易机制是一个热点课题;在实践层面上,目前北京环境交易所、天津排放权交易所、上海环境能源交易所、上海零碳中心等机构的挂牌项目中就有节能量交易项目。

我国第一个涉及节能量交易的国标即将出台。由全国能源基础与管理标准化技术委员会(SAC/TC20)归口,中国标准化研究院等单位起草的《节能量测量和验证技术通则》国家标准于2011年12月9日通过审查,该标准将不仅为相关政策措施的落实提供技术依据,还将为我国制定节能量测量、计算和验证相关国际标准打下坚实的基础,为推进节能量交易和碳交易迈出了重要的一步。该标准包括六个方面的主要内容:①节能测量和验证的术语和定义。对项目边界、基期、统计报告期、基期能耗、统计报告期能耗和校准能耗等术语和定义做了解释。②节能量计算的基本原则。对节能量计算中的基期能耗、统计报告期能耗和校准能耗等参数的关系做了描述,并定义了节能量的基本计算公式。③节能量测量、计算和验证方法。介绍了"基期能耗—影响因素"模型法、直接比较法和模拟软件法三种方法。④测量和验证工作的主要内容。包括划定项目边界、确定基期及统计报告期、制定方案、选择测量和验证方法等。⑤测量和验证技术要求。规定了数据及其方法的不确定度。⑥测量和验证方案。规定了测量和验证方案的详细内容和技术要求。

国家发展改革委正组织有关部门和机构,研究建立万家企业科学、可行的节能量交易机制,开展相关试点工作。在这个过程中,政府的监管是不可缺失的环节;可信、独立的机构认证节能量对于建立一个长期健康的市场也是必不可缺的;同时,鼓励企业积极参与节能量交易和碳交易,推进节能市场化,对实现我国具有挑战性的节能总目标是非常必要的。

二、节能表彰奖励

根据国家有关政策法规,在万家企业节能低碳行动中,对于节能工作好的企业将给予节能表表彰奖励,具体措施有:

1. 国家将节能减排目标完成情况和政策措施落实情况作为领导班子和领导干部综合考核评价的重要内容,纳入政府绩效和国有企业业绩管理,实行问责制和“一票否决”制，并对成绩突出的单位和个人给予表彰奖励[①]。

2. 对在公共机构节能工作中作出显著成绩的单位和个人，按照国家规定予以表彰和奖励[②]。

3. 中央财政和省级地方财政安排节能专项资金，支持节能技术研究开发、节能技术和产品的示范与推广、重点节能工程的实施、节能宣传培训、信息服务和表彰奖励等。[③]

4. 各级人民政府对在节能管理、节能科学技术研究和推广应用中有显著成绩以及检举严重浪费能源行为的单位和个人，给予表彰和奖励。[④]

万家企业要建立和完善节能内部奖惩制度，将节能任务完成情况与干部职工工作绩效相挂钩，并作为企业内部评先评优的重要指标。安排一定的节能奖励资金，对节能工作取得成绩的车间、班组等集体或个人给予奖励。对在节能管理、节能发明创造、节能挖潜降耗等工作中取得优秀成绩的集体和个人给予奖励。

三、对未完成节能目标责任企业的措施

《“十二五”节能减排综合性工作方案》（国发〔2011〕26 号）规定，对未完成年度节能任务的企业，强制进行能源审计，限期整改。

对未完成年度节能目标责任的万家企业，由地方节能主管部门对其强制开展能源审计，责令限期整改，并通过新闻媒体进行曝光，金融机构要对其实施限制性贷款政策。在企业信用评级、信贷准入和退出管理中充分考虑企业节能目标完成情况，对节能严重不达标且整改不力的企业，严格控制贷款投放。

由于中央和地方国有企业是节能减排工作的“排头兵”，对未完成节能目标的中央和地方国有企业，要在经营业绩考核中实行降级降分处理，并与企业负责人薪酬紧密挂钩。

在其他行政或地方性法规、部门或地方性政府规章以及各级规范性文件中，有相关规定的应参照执行。

---

① 《国务院关于印发“十二五”节能减排综合性工作方案的通知》（国发〔2011〕26 号）。

② 《公共机构节能条例》第九条。

③ 《节约能源法》第六十条。

④ 《节约能源法》第六十七条。

第五节　加强节能能力建设

《方案》第五部分“保障措施”的第五项措施内容是:“加强节能能力建设。建立健全节能管理、监察、服务‘三位一体’的节能管理体系,加强政府节能管理能力建设,完善机构,充实人员。加强节能监察机构能力建设,明确基本条件及要求,建立和完善覆盖全国的省、市、县三级节能监察体系。配备监测和检测设备,加强人员培训,提高执法能力。建立企业能源计量数据在线采集、实时监测系统。”

众所周知,能源消耗水平是一个国家经济结构、增长方式、科技水平、管理能力、消费模式以及国民素质的综合反映。同样,节能能力也涉及节能管理、节能科技、节能服务、节能人才等多个方面。

加强节能管理能力建设,首先要建立健全节能管理体系,完善节能政策和标准体系;其次要采取政策和手段,对节能任务完成的质量和数量实施有效督察;最后,以行之有效的政策措施进行奖励和约束。

加强节能科技能力建设,要引进消化与自主研发相结合,关键技术政府组织协调与企业、科研院所适用节能技术独力研发相结合,尖端节能技术研发和先进节能技术推广应用相结合。

加强节能服务能力建设,要支持节能服务机构开展节能咨询、设计、评估、检测、审计、认证等技术服务;支持节能服务机构开展节能知识宣传和节能技术培训,提供节能信息、节能示范和其他公益性节能服务。

加强节能人才建设,注重节能技术和管理人才的培养。要将节能知识纳入国民教育和培训体系,一些节能技术、管理岗位的人员进行培训做到持证上岗,在节能科技研发和技术创新中有意识地培养节能技术人才等。

一、建立健全节能管理体系

我国“十二五”节能管理体系是节能管理、监察、服务“三位一体”节能管理体系。

在节能管理层面,县级以上人民政府管理节能工作的部门和有关部门作为节能管理的行政执法部门,要加强政府节能监督检查和执法等能力建设,完善机构,充实人员。

在监察层面,要建立覆盖全国的省、市、县三级的节能监察体系,对从事能源生产、使用、经营等相关活动的单位执行节能法律、法规、规章和标准的情况进行监督检查,并对违法行为依法予以处理;实行节能减排执法责任制,对行政不作为、执法不严等行为,严肃追究有关部门和执法机构负责人的责任。

在服务层面,国家鼓励节能服务机构的发展,支持节能服务机构开展节能咨询、设计、评估、检测、审计、认证等服务;支持节能服务机构开展节能知识宣传和节能技术培训,提供节能信息、节能示范和其他公益性节能服务;鼓励大型重点用能单位利用自身技术优势和管理经验,组建专业化节能服务公司。

二、加强节能监察机构能力建设

目前,全国30个省份成立了省级节能监察机构,全国333个地级市中,成立了227家节能监察机构,占68%;全国2858个县级市中,成立了347个节能监察机构,占12%①。"十二五"国家要进一步加强节能监察机构能力建设,配备监测和检测设备,加强人员培训,提高执法能力,完善覆盖全国的省、市、县三级节能监察体系。

节能监察机构的主要职责:①监督检查被监察单位执行节能法律、法规、规章和标准,依法查处违法行为;②指导被监察单位合理用能和节约用能;③受理违反节能法律、法规、规章和标准行为的举报投诉;④加强节能监察工作信息化建设,建立节能监察监控系统;⑤法律、法规规定的其他职责。

节能监察主要工作内容:①固定资产投资项目节能评估和审查制度的执行情况,以及项目投入运行后能源消耗指标达到节能评估审查要求情况;②国家明令淘汰或者限制的用能产品、设备和生产工艺规定的执行情况;③不符合强制性能源效率标准的用能产品和设备规定的执行情况;④单位产品能耗限额标准的执行情况;⑤主要用能设备合理用能情况;⑥制定和落实节能目标责任制情况;⑦法律、法规规定的其他事项。

对照节能监察机构的主要职责和工作内容,节能监察人员应当熟悉与节能有关的法律、法规、规章和标准,并按照规定取得行政执法资格,或由有关部门依照节能法律、法规规定实施的行政处罚,委托节能监察机构实施行政执法时,也应达到行政执法资格的岗位水平。节能监察机构应当定期向社会公布节能监察情况、被监察单位违法行为查处情况以及限期整改情况等信息。此外,三

---

① 国宏美亚(北京)工业节能减排技术促进中心. 2011中国工业节能进展报告——"十一五"工业节能成效和经验回顾[R]. 北京:海洋出版社,2012.

级节能监察所属的人民政府要加强节能监察工作领导，协调解决节能监察工作中的重大事项。

三、建立企业能源计量数据在线采集、实时监测系统

众所周知，有健全的能源统计制度、完善的能源统计指标体系、规范的能源统计方法，才能确保能源统计数据真实、完整，这是完成节能任务的基础。

目前，我国已经建立了国家、省、市三级节能减排监控体系，各地区也分别实施了省、市、县综合能耗指标层层核算，但仍存在统计数据相对滞后，不能适时反映各地区耗能情况等问题。因此，应用信息化技术实现能耗在线采集和监测，实时、准确地把握重点行业、重点企业及关键工序的能耗，不仅是企业实现精细化节能管理、促进节能降耗的必然要求，也是各级节能主管部门、工业和信息化部门等相关部门把握能源消费趋势、加强能耗预测预警、科学制定产业政策的前提和基础，更是推动工业转型升级和绿色发展、构建资源节约型和环境友好型工业体系的内在要求。

在万家企业节能行动中，从企业层面上看，每个企业要按照 GB 17167《用能单位能源计量器具配备和管理通则》的要求，配备合理的能源计量器具，这是能源数据采集的第一步。采用自动化、信息化技术和集约化技术，对企业的能源生产、输送、分配、使用各环节的计量数据进行在线采集和实时监测，这是第二步。采用先进节能技术方法，对企业能源利用全过程集中监控管理，建立企业能源管控中心，这是第三步。在这方面，相关政策有《工业企业能源管理中心建设示范项目财政补助资金管理的暂行办法》(财建〔2009〕647 号)、《关于印发〈钢铁企业能源管理中心建设实施方案〉的通知》(工信部〔2009〕365 号)，等等。

在万家企业节能行动中，从国家层面来看，《工业和信息化部关于开展工业能耗在线监测试点工作的通知》(工信部节〔2012〕340 号)中明确提出，“2013 年前，在全国选择部分省、市率先开展工业能耗在线监测试点。通过 2 年时间，试点地区完成区域工业能耗在线监测平台建设，纳入监测范围的重点用能企业基本建成能源管控中心。初步构建监测指标体系，健全互联互通标准，完善监测管理制度，为建立全国工业能耗在线监测系统积累建设经验，奠定技术、标准和管理基础”。首批开展工业能耗在线监测试点工作的省、市为河北省、上海市、浙江省、江苏省无锡市、福建省福州市、江西省新余市、山东省济南市、广东省东莞市。

第六节　强化新闻宣传和舆论监督

《方案》第五部分“保障措施”的第六项措施内容是：“强化新闻宣传和舆论监督。新闻媒体要积极宣传节能的重要性和紧迫性，报道万家企业节能行动的先进典型、先进经验、先进技术，普及节能知识和方法，曝光和揭露浪费能源的反面典型，公布未完成节能目标的万家企业名单，追踪报道节能整改情况。”

任何国家政策要顺利地贯彻落实，宣传教育、舆论监督是不可或缺的重要措施。万家企业低碳行动亦不例外，新闻媒体利用现有的节能宣传工作机制，如全国节能宣传周等，开展形式多样的宣传监督工作，为万家企业节能任务的顺利实施营造良好氛围。

一、发挥新闻媒体的宣传作用

报刊、电视、广播电台、网络等新闻媒体应当开展以下工作：宣传节能法律、法规政策；宣传我国的能源形势和节能的重要性、紧迫性；宣传我国“十一五”节能成果，介绍“十二五”已经取得的节能成绩；普及节能减排知识和方法；报道万家企业节能行动的先进典型、先进经验、先进技术、先进产品和设备，宣传万家企业取得的节能成果和对“十二五”目标任务的完成所起的作用。

二、发挥舆论监督作用

在万家企业活动中，各种新闻大众媒体要有效发挥舆论监督作用。曝光严重浪费能源的行为，曝光在节能行动中的造假行为，曝光未完成节能目标的万家企业名单，追踪报道节能整改情况，等等。

2

第二部分

重点节能法规政策解读

第一章 中国节能法律法规体系

我国的节能法规体系由法律,行政法规、地方性法规,部门规章、地方性政府规章,以及规范性文件等组成(见表2-1-1)。

表2-1-1 我国节能法律法规体系组成

名称和类别		制定者	公布形式	效力
法律		全国人民代表大会或全国人民代表大会常务委员会	主席令	最高级
法规	行政法规	国务院	国务院令	高于地方性法规、规章
	地方性法规	省、自治区、直辖市或较大的市的人民代表大会或其常务委员会	人民代表大会主席团发布公告;人大常务委员会发布公告;较大的市的人大常务委员会发布公告	高于本级和下级地方政府规章
规章	部门规章	国务院各部、委员会、中国人民银行、审计署和具有行政管理职能的直属机构	部门首长令	部门规章之间、部门规章与地方政府规章之间具有同等效力
	地方政府规章	省、自治区、直辖市和较大的市的人民政府	省长或者自治区主席或者市长令	
规范性文件		各级党组织、各级人民政府及其所属工作部门,人民团体、社团组织、企事业单位、法院、检察院等	制发主体发布的文件	低于上述各类的效力

1997年11月,全国人大通过了《节约能源法》。在此基础上,我国政府又制定了一系列配套法规和规章,各地方政府、部门也先后制定了有关的配套法规和制度(见表2-1-2)。

表 2-1-2　与"万家企业节能低碳行动"相关的法律、法规和部门规章

序号	名称	发布号	属性
1	中华人民共和国建筑法	国家主席令〔1997〕91 号	法律
2	中华人民共和国清洁生产促进法	国家主席令〔2002〕72 号	法律
3	中华人民共和国政府采购法	国家主席令〔2002〕68 号	法律
4	中华人民共和国可再生能源法	国家主席令〔2005〕33 号,2009 年修订	法律
5	中华人民共和国节约能源法	国家主席令〔2007〕77 号	法律
6	中华人民共和国企业所得税法	国家主席令〔2007〕63 号	法律
7	中华人民共和国循环经济促进法	国家主席令〔2008〕4 号	法律
8	中华人民共和国认证认可条例	国务院令〔2003〕390 号	法规
9	企业所得税实施条例	国务院令〔2007〕512 号	法规
10	民用建筑节能条例	国务院令〔2008〕530 号	法规
11	公共机构节能条例	国务院令〔2008〕531 号	法规
12	节能产品认证管理办法	国家节能产品认证委员会 1999 年发布	部门规章
13	能源效率标识管理办法	国家发展改革委　国家质检总局令〔2004〕17 号	部门规章
14	汽车产业发展政策	国家发展改革委令〔2004〕8 号	部门规章
15	民用建筑节能管理规定	建设部部长令〔2005〕143 号	部门规章
16	产业结构调整指导目录(2005 年本)	国家发展改革委令〔2005〕40 号	部门规章
17	公路、水路交通实施节约能源法办法	交通部 2008 年 9 月 1 日发布	部门规章
18	固定资产投资项目节能评估与审查暂行办法	国家发展改革委令〔2010〕6 号	部门规章
19	钢铁产业发展政策	国家发展改革委令〔2005〕35 号	部门规章
20	水泥工业产业发展政策	国家发展改革委令〔2006〕50 号	部门规章
21	能源计量监督管理办法	国家质监总局令〔2010〕132 号	部门规章
22	清洁发展机制项目运行管理办法(修订)	国家发展改革委、科技部、外交部、财政部令〔2011〕11 号	部门规章
23	中华人民共和国资源税暂行条例实施细则	国家财政部令〔2011〕66 号	部门规章
24	产业结构调整指导目录(2011 年本)	国家发展改革委令〔2011〕9 号	部门规章

我国对于节能领域的法律法规体系建设基本形成了以《节约能源法》为核心,《中华人民共和国循环经济促进法》、《中华人民共和国清洁生产促进法》、《中华人民共和国可再生能源法》、《中华人民共和国企业所得税法》等相关法律为辅助,《民用建筑节能条例》、《公共机构节能条例》、《中国节能产品认证管理办法》、《能源效率标识管理办法》等法规为配套的法律法规体系架构(见图2-1-1)。

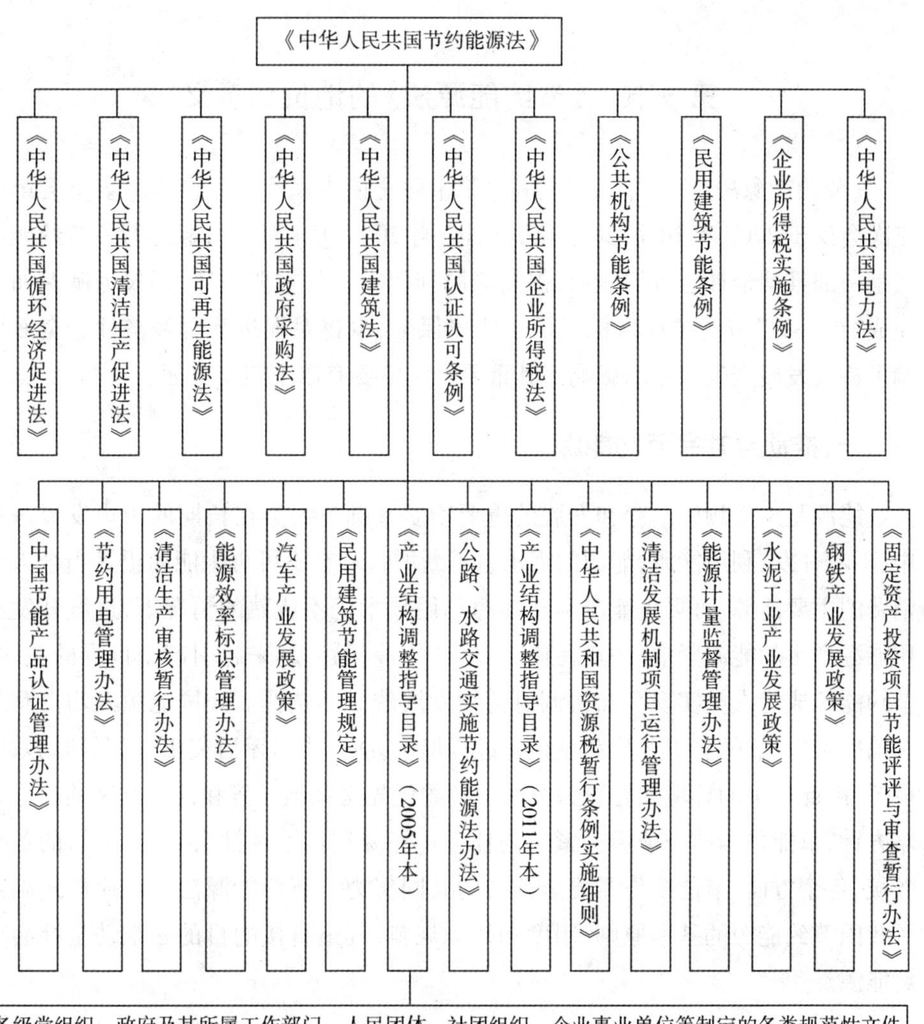

图2-1-1　中国节能法律法规体系

第二章 《节约能源法》

第一节 《节约能源法》的地位和意义

《节约能源法》由中华人民共和国第十届全国人民代表大会常务委员会第十三次会议于2007年10月28日修订通过,自2008年4月1日起施行。节约能源法是一部推动全社会节约能源,提高能源利用效率的重要法律,不仅为确保如期完成"十一五"节能减排目标提供了法律保障,也将对促进我国经济社会全面协调可持续发展产生深远的影响。其重要意义主要有以下四个方面。

一、推动全社会节约能源

能源是人类赖以生存和发展的重要物质基础。人类在长期的历史发展进程中,不断开发、利用能源,能源的需求量不断增长。在不可再生能源仍是当今人类消费的主要能源,可再生能源和新能源利用技术仍不成熟的情况下,过度开发利用能源产生的能源紧缺、环境污染、气候变化等问题,越来越引起全世界的关注,节约能源成为人类实现全面协调可持续发展的必然选择。我国能源人均占有量和消费量较低,随着工业化和城镇化进程加快,能源供需矛盾突出,能源利用效率较低,由此产生的环境问题更为突出。节约优先是我国经济和社会发展的长远战略方针,节能是当前一项极为紧迫的任务。能源利用涉及社会生产、生活的各个领域、各个方面,节能工作需要全社会的共同努力。节约能源法以法律形式确定了我国节约能源的基本原则、制度和行为规范,其最直接的目的是推动全社会节约能源。

二、提高能源利用效率

推动全社会节约能源,不是要抑制和减少人类的生产、生活需求,其关键是加强用能管理,采取技术上可行、经济上合理以及环境和社会可以承受的措施,提高能源利用效率。从总体上看,我国能源浪费严重,能源利用效率较低,与能源短缺形成强烈反差。2003 年,我国单位国内生产总值能耗是世界平均水平的 3.1 倍;2004 年我国国内生产总值约占全世界的 4.4%,而煤炭消费量占世界煤炭消费总量的 35% 以上,原油消费占 7.8% 以上。近年来单位国内生产总值能耗不降反升,2002 年至 2004 年每万元国内生产总值能耗分别为 1.3 吨、1.36 吨、1.43 吨标准煤,2005 年与 2004 年持平。我国能源利用总体效率约为 33%,比国际先进水平约低 10%,单位产品能耗平均比国际先进水平高 40%,主要耗能设备能源效率比国际先进水平低 15% 以上。为实现节约能源,一方面应当通过调整产业结构、淘汰落后的耗能过高的产品、设备和生产工艺,减少能源使用量。更为重要的是要通过加强用能管理,采用先进的节能技术,努力提高能源利用效率。因此,制定节约能源法将提高能源利用效率作为重要目的之一。

三、保护和改善环境

多年来,中国在实施可持续发展、推进环境保护方面采取了一系列重大措施,各地方、有关部门在治理污染、保护环境方面付出了艰苦的努力,并取得了明显成效。但我国的环境形势丝毫不容乐观:水体污染、大气污染、固体废弃物污染、农村面源污染等有加重的趋势,生态系统退化依然十分严重,污染排放和生态破坏导致自然环境恶化,对人民群众身体健康和环境安全构成了严重威胁。能源的开发利用是造成环境破坏的重要因素。目前,中国二氧化硫排放的 90% 是燃煤造成的,化石能源消费产生的温室气体排放也是导致全球变暖的主要原因。从二氧化碳排放看,虽然我国人均碳排放不到全球平均水平的一半,不到美国的 1/10,但排放总量已居世界第二,并仍在持续增加。科技部、国家气象局和中科院等六部门 2006 年年底公布的气候变化国家评估报告预测,我国温室现象将有所加剧,到 2020 年我国年平均气温可能比目前上升 1.3℃ ~2.1℃,到 2030 年上升 1.5℃ ~2.8℃,到 2050 年上升 2.3℃ ~3.3℃,这将对各类自然生态系统,农牧业、卫生、旅游店里等行业,以及海岸带社会经济系统造成巨大的负面影响。在此意义上,节约能源对保护和改善环境、保卫人类生存家园意义重大。

四、促进经济社会全面协调可持续发展

党的十七大报告指出,实现经济社会全面协调可持续发展,就是要坚持生产发展、生活富裕、生态良好的文明发展道路,建设资源节约型、环境友好型社会,实现速度和结构质量效益相统一、经济发展与人口资源环境相协调,使人民在良好的生态环境中生产生活,实现经济社会永续发展。大力推进能源节约,提高能源

利用效率,缓解能源供求矛盾,促进环境质量改善,是落实十七大精神、实现经济社会全面协调可持续发展的重要措施。

第二节 《节约能源法》的制修订历程

节能减排是关系经济社会永续发展的重大战略问题,也是社会各界普遍关注的热点问题。该法于 1997 年 11 月 1 日第八届全国人大通过,2007 年 10 月 28 日第十届全国人大修订,2008 年 4 月 1 日起施行。修订后的节约能源法由原来的 6 章 50 条增加为 7 章 87 条。

一、修订《节约能源法》的必要性

近年来,我国能源消费增长很快,能源消耗强度高、利用效率低的问题比较严重,经济发展与能源资源及环境的矛盾日趋尖锐,现行节约能源法已经不能完全适应当前及今后节能工作的要求,需要修订。一是随着经济社会的发展和城镇化进程的加快,建筑、交通运输、公共机构等领域的能源消费增长很快,是节能工作的薄弱环节,需要在进一步规范工业节能的基础上,扩展现行法律的调整范围,对建筑节能、交通运输节能和公共机构节能做出规定。二是根据立法调研和执法检查中了解的情况,现行节约能源法的一些倡导性条款和原则性要求难以落到实处,需要针对法律实施中存在的突出问题,对一些规定加以细化,并加大对违法行为的处罚力度,进一步增强法律的可操作性和约束力。三是目前基层普遍存在节能管理职责交叉的问题,造成节能监管工作有所削弱,需要进一步理顺相关部门在节能监管中的职责。四是加强节能工作,应更好地运用市场机制和经济手段引导和推动合理用能。需要进一步明确有关政策措施,建立促进节能的激励与约束机制。近年来,许多全国人大代表、专家学者,特别是基层单位要求修改节约能源法的呼声很高。从当前的情况看,实现"十一五"规划纲要确定的节能减排约束性目标,还存在很多困难和问题,有些地区和行业能耗指标不降反升,2006 年全国没有实现年初确定的节能降耗目标,增加了"十一五"后几年节能减排工作的难度。近年来,高耗能、高污染行业增长仍然过快。节能减排工作形势严峻,任务艰巨,压力很大。迫切需要在总结节约能源法实施情况的基础上,通过完善法律,加大对节能减排工作的推动力度。

二、修订《节约能源法》的基本思路

修订《节约能源法》,必须贯彻科学发展观,落实节约资源的基本国策,从我国实际出发,借鉴国外先进经验,健全节能管理制度,为推动全社会节约能源,提供必要的法律保障。具体讲,包括以下几个方面。

(一)完善节能的基本制度

节能是我国的一项长期方针。这次法律修订,不仅着眼于解决当前存在的突出问题,更着眼于长远的制度规范,明确了节能在我国经济社会发展中的战略地位,规定了一系列节能管理的基本制度,如实行节能目标责任制和节能评价考核制度,将节能目标完成情况作为对地方人民政府及其负责人考核评价的内容,省级人民政府每年向国务院报告节能目标责任制的履行情况;国务院和县级以上地方各级人民政府每年向本级人民代表大会或者其常务委员会报告节能工作;实行固定资产投资项目节能评估和审查制度;对落后的耗能过高的用能产品、设备和生产工艺实行淘汰制度等。

(二)体现市场调节与政府管理的有机结合

一方面,注重发挥经济手段和市场经济规律在节能管理中的作用,对运用财税、价格、信贷、政府采购等政策鼓励和引导节能做了规定,对支持推广电力需求侧管理、合同能源管理、节能自愿协议等节能办法也做了规定。另一方面,规定了一些强制性的节能管理措施。比如,生产高耗能产品必须符合单位产品能耗限额标准;对家用电器等使用面广、耗能量大的用能产品,实行能效标识管理;禁止生产、进口、销售国家明令淘汰或者不符合强制性能源效率标准的用能产品、设备,禁止使用国家明令淘汰的用能设备、生产工艺;生产或进口列入国家能源效率标识管理产品目录的用能产品,必须标注能源效率标识等。

(三)增强法律的针对性和可操作性

针对法律实施中存在的突出问题,对一些规定进行了细化。近几年国务院发布了关于加强节能工作的决定,印发了节能减排综合性工作方案,国务院有关部门也出台了一些节能规章、政策和措施,对其中一些被实践证明是有效的,尽量吸收到了法律之中。同时,由于节能工作涉及面广,环节也很多,有些问题还比较复杂,很难完全在法律中做出具体规定。为此,法律在提出一些原则性、方向性的要求的同时,授权有关部门制定具体办法。

抓好节能工作,必须调整和优化产业结构,推动节能技术进步。法律明确提出,国家实行有利于节能和环境保护的产业政策,限制发展高耗能、高污染行业,发展节能环保型产业。法律还对有关部门发布节能技术政策大纲,制定并公布节能技术推广目录和主要耗能行业的节能技术政策,以及控制高耗能、高污染产品出口等做了规定。这些管理制度和措施将会推动产业结构的调整,促进节能技术的推广应用。

第三节 《节约能源法》的结构、特点及重要制度

一、《节约能源法》的总体结构

第一章 总则

第二章 节能管理

第三章 合理使用与节约能源

　　第一节 一般规定

　　第二节 工业节能

　　第三节 建筑节能

　　第四节 交通运输节能

　　第五节 公共机构节能

　　第六节 重点用能单位节能

第四章 节能技术进步

第五章 激励措施

第六章 法律责任

第七章 附则

二、《节约能源法》特点

(一)扩大了调整范围

在完善现行法律有关工业节能的规定的同时,新增加了建筑节能、交通运输节能和公共机构节能的内容,主要规定了一些重要的节能管理制度和措施,如:使用空调采暖、制冷的公共建筑必须实行室内温度控制制度;对实行集中供热的建筑分步骤实行供热分户计量、按照用热量计量收费的制度;房地产开发企业在销售房屋时,应当明示节能措施、保温工程保修期等信息;鼓励开发、生产、使用节能

环保型汽车、摩托车、铁路机车车辆、船舶和其他交通运输工具，实行老旧交通运输工具的报废、更新制度；鼓励开发和推广应用交通运输工具使用的清洁燃料、石油替代燃料；公共机构必须制定年度节能目标和实施方案，向本级政府管理机关事务工作的机构报送上年度的能源消费状况报告；实施政府机构能源消耗定额管理；公共机构必须加强单位用能系统管理，保证用能系统运行符合国家相关标准，必须优先采购列入节能政府采购名录中的产品、设备，等等。

关于工业节能，法律增加了推进能源资源优化开发利用和合理配置，优化用能结构和企业布局；限制新建不符合国家规定的燃煤发电机组、燃油发电机组和燃煤热电机组；实行电网节能发电调度，安排清洁、高效和符合规定的热电联产、利用余热余压发电的机组与电网并网运行等内容。

此外，法律专设了“重点用能单位节能”一节，规定重点用能单位必须设立能源管理岗位，每年必须向管理节能工作的部门报送上年度的能源利用状况报告；有关部门要对该报告进行审查，对节能管理制度不健全、节能措施不落实、能源利用效率低的重点用能单位责令实施源审计，并提出书面整改要求，限期整改，从而进一步明确了重点用能单位的节能义务，强化了管理和监督。

(二)明确了节能标准的基础作用

进一步明确要建立和完善节能标准体系，制定强制性的用能产品、设备能效标准和生产过程中耗能高的产品的单位产品能耗限额标准，健全建筑节能标准、交通运输营运车船的燃料消耗量限值标准等。以上述标准为基础，法律规定了更加严格的节能管理办法，比如，对超过单位产品能耗限额标准用能的生产单位，责令限期治理；禁止生产、进口、销售不符合强制性能效标准的用能产品、设备；不符合建筑节能标准的建筑工程，建设主管部门不得批准开工建设，已经开工建设的要责令停征施工、限期改正，已经建成的不得销售或者使用。这些标准和管理办法的制定和完善，将有利于从源头上控制能源消耗，遏制重大浪费能源的行为，加快淘汰落后的高耗能产品和设备。

(三)加大了政策激励力度

增设了激励措施一章，明确国家实行促进节能的财政、税收、政府采购、信贷和价格政策。主要包括：对生产、使用列入推广目录的节能技术和产品，实行税收优惠，并通过财政补贴政策，支持节能照明器具等的推广和使用；实行有利于节约能源资源的税收政策，健全能源矿产资源有偿使用制度，提高能源资源开采利用水平；运用税收等政策，鼓励先进节能技术、设备的进口，控制在生产过程中耗能高、污染重的产品的出口;中央和省级财政设立节能专项资金,支持节能技术研究开发、示范与推广以及重点节能工程的实施等;制定节能产品、设备政府采购名录,通过政府采购政策促进节能;引导金融机构增加对节能项目的信贷支持,为符合条件的节能技术研究开发、节能产品生产以及节能技术改造等项目提供优惠贷款;实行峰谷分时电价、季节性电价等有利于节能的价格政策,对钢铁、有色、建材、化工等主要耗能行业的企业分别不同情况实行差别电价政策等。

(四)理顺了相关部门的监管职责

为了解决节能监管职责交叉问题,法律规定,国务院和县级以上地方各级人民政府管理节能工作的部门分别负责全国和地方行政区域内的节能监督管理工作,政府其他有关部门在各自的职责范围内负责节能监督管理工作,并接受同级管理节能工作的部门的指导,以确保法律规定的节能制度和措施有人抓,违法用能行为有人查。

(五)强化了法律责任

主要是增加了法律责任条款,加大了对包括政府部门、企业以及其他单位和个人在内的各类主体违反本法规定的行为的处罚力度。修订后的法律规定了19项法律责任,比现行法律增加11项,包括:建设、设计、施工、监理等单位违反建筑节能标准,重点用能单位不按规定报送能源利用状况报告或报告内容不实、拒不落实整改要求或整改未达到要求和不按规定设立能源管理岗位,用能单位未按规定配备、使用能源计量器具,电网企业未按规定安排符合规定的热电联产和利用余热余压发电的机组与电网并网运行或者未执行国家有关上网电价规定,房地产开发企业销售房屋时未向购买人明示节能措施等信息或对以上信息作虚假宣传,负责审批或核准的机关对不符合强制性节能标准的固定资产投资项目予以批准或核准建设,公共机构不优先采购节能产品、设备或采购国家明令淘汰的用能产品、设备,节能评估、检测、认证等服务机构提供虚假信息,以及瞒报、伪造、篡改能源统计资料或编造虚假能源统计数据等方面的法律责任。

三、《节约能源法》重要制度简介

(一)节能目标责任制和节能考核评价制度

修订后的《节约能源法》规定,国家实行节能目标责任制和节能评价考核制度,将节能目标完成情况作为对地方政府及其负责人考核评价的内容;省级地方政府每年要向国务院报告节能目标责任的履行情况。这使节能问责制的要求刚性化、法定化,有利于增强各级领导干部的节能责任意识,强化政府的主导责任。(第六条 国家实行节能目标责任制和节能考核评价制度,将节能目标完成情况作为对地方人民政府及其负责人考核评价的内容。省、自治区、直辖市人民政府每年向国务院报告节能目标责任的履行情况。第二十五条 用能单位应当建立节能目标责任制,对节能工作取得成绩的集体、个人给予奖励。)

(二)固定资产投资项目节能评估和审查制度

《节约能源法》规定建立固定资产投资项目节能评估和审查制度,通过项目评估和节能评审,控制不符合强制性节能标准和节能设计规范的投资项目,遏制高耗能行业盲目发展和过快增长。(第十五条 国家实行固定资产投资项目节能评估和审查制度。不符合强制性节能标准的项目,依法负责项目审批或者核准的机关不得批准或者核准建设;建设单位不得开工建设;已经建成的,不得投入生产、使用。具体办法由国务院管理节能工作的部门会同国务院有关部门制定。第六十八条 负责审批或者核准固定资产投资项目的机关违反本法规定,对不符合强制性节能标准的项目予以批准或者核准建设的,对直接负责的主管人员和其他直接责任人员依法给予处分。固定资产投资项目建设单位开工建设不符合强制性节能标准的项目或者将该项目投入生产、使用的,由管理节能工作的部门责令停止建设或者停止生产、使用,限期改造;不能改造或者逾期不改造的生产性项目,由管理节能工作的部门报请本级人民政府按照国务院规定的权限责令关闭。)

(三)落后高耗能产品、设备和生产工艺淘汰制度

《节约能源法》规定,国家要制定并公布淘汰的用能产品、设备和生产工艺的目录及实施办法;禁止生产、进口、销售国家明令淘汰的用能产品、设备。这一方面把住了高耗能产品、设备和生产工艺的市场入口关,也加大了淘汰力度。(第十六条 国家对落后的耗能过高的用能产品、设备和生产工艺实行淘汰制度。淘汰的用能产品、设备、生产工艺的目录和实施办法,由国务院管理节能工作的部门会同国务院有关部门制定并公布。生产过程中耗能高的产品的生产单位,应当执行单位产品能耗限额标准。对超过单位产品能耗限额标准用能的生产单位,由管理节能工作的部门按照国务院规定的权限责令限期治理。对高耗能的特种设备,按照国务院的规定实行节能审查和监管。第七十一条 使用国家明令淘汰的用能设备或者生产工艺的,由管理节能工作的部门责令停止使用,没收国家明令淘汰的用能设备;情节严重的,可以由管理节能工作的部门提出意见,报请本级人民政府按照国务院规定的权限责令停业整顿或者关闭。)

（四）重点用能单位节能管理制度

《节约能源法》明确了重点用能单位的范围，对重点用能单位和一般用能单位实行分类指导和管理；规定重点用能单位应每年向管理节能工作部门报送能源利用状况报告；要求管理节能工作的部门加强对重点用能单位的监督和管理；规定重点用能单位必须设立能源管理岗位，聘任能源管理负责人。（第五十二条 国家加强对重点用能单位的节能管理。下列用能单位为重点用能单位：一是年综合能源消费总量一万吨标准煤以上的用能单位；二是国务院有关部门或者省、自治区、直辖市人民政府管理节能工作的部门指定的年综合能源消费总量五千吨以上不满一万吨标准煤的用能单位。重点用能单位节能管理办法，由国务院管理节能工作的部门会同国务院有关部门制定。第五十三条 重点用能单位应当每年向管理节能工作的部门报送上年度的能源利用状况报告。能源利用状况包括能源消费情况、能源利用效率、节能目标完成情况和节能效益分析、节能措施等内容。第五十四条 管理节能工作的部门应当对重点用能单位报送的能源利用状况报告进行审查。对节能管理制度不健全、节能措施不落实、能源利用效率低的重点用能单位，管理节能工作的部门应当开展现场调查，组织实施用能设备能源效率检测，责令实施能源审计，并提出书面整改要求，限期整改。第五十五条 重点用能单位应当设立能源管理岗位，在具有节能专业知识、实际经验以及中级以上技术职称的人员中聘任能源管理负责人，并报管理节能工作的部门和有关部门备案。能源管理负责人负责组织对本单位用能状况进行分析、评价，组织编写本单位能源利用状况报告，提出本单位节能工作的改进措施并组织实施。能源管理负责人应当接受节能培训。）

（五）能效标识管理制度

新修订的《节约能源法》将能效标识管理作为一项法律制度确立下来，明确了能效标识的实施对象，要求生产者和进口商必须对能效标识及相关信息的准确性负责，并对应标未标、违规使用能效标识等行为规定了具体的处罚措施。（第十八条 国家对家用电器等使用面广、耗能量大的用能产品，实行能源效率标识管理。实行能源效率标识管理的产品目录和实施办法，由国务院管理节能工作的部门会同国务院产品质量监督部门制定并公布。第十九条 生产者和进口商应当对列入国家能源效率标识管理产品目录的用能产品标注能源效率标识，在产品包装物上或者说明书中予以说明，并按照规定报国务院产品质量监督部门和国务院管理节能工作的部门共同授权的机构备案。生产者和进口商应当对其标注的能源效率标识及相关信息的准确性负责。禁止销售应当标注而未标注能源效率标识的产品。禁止伪造、冒用能源效率标识或者利用能源效率标识进行虚假宣传。第七十三条　违反本法规定，应当标注能源效率标识而未标注的，由产品质量监督部门责令改正，处三万元以上五万元以下罚款。违反本法规定，未办理能源效率标识备案，或者使用的能源效率标识不符合规定的，由产品质量监督部门责令限期改正；逾期不改正的，处一万元以上三万元以下罚款。伪造、冒用能源效率标识或者利用能源效率标识进行虚假宣传的，由产品质量监督部门责令改正，处五万元以上十万元以下罚款；情节严重的，由工商行政管理部门吊销营业执照。）

（六）节能表彰奖励制度

《节约能源法》规定，各级人民政府对在节能管理、节能科学技术研究和推广应用中有显著成绩以及检举严重浪费能源行为的单位和个人，给予表彰和奖励。这是加强节能管理的一项鼓励措施，旨在为全社会树立先进典型，激发全社会做好节能工作的积极性。（第六十条　中央财政和省级地方财政安排节能专项资金，支持节能技术研究开发、节能技术和产品的示范与推广、重点节能工程的实施、节能宣传培训、信息服务和表彰奖励等。第六十七条　各级人民政府对在节能管理、节能科学技术研究和推广应用中有显著成绩以及检举严重浪费能源行为的单位和个人，给予表彰和奖励。）

第三章　相关法律法规解读

第一节《清洁生产促进法》

2002 年 6 月 29 日第九届全国人大常委会第二十八次会议通过《中华人民共和国清洁生产促进法》(以下简称《清洁生产促进法》)。2012 年 2 月 29 日，第十一届全国人大常委会第二十五次会议通过了《全国人民代表大会常务委员会关于修改〈中华人民共和国清洁生产促进法〉的决定》，自 2012 年 7 月 1 日起施行。

一、《清洁生产促进法》的意义、目的与范围

《清洁生产促进法》的颁布，有助于促进我国污染防治方式的转变，适应全球经济可持续发展的趋势，在保证环境的前提下实现中国经济迅速发展，在深层次上解决了我国目前经济高速发展与能源消耗以及环境保护的矛盾。

这部法律是一部以推行清洁生产为目的的法律，有利于促进我国污染防治方式的转变，从深层次上解决我国环境保护和经济发展之间的矛盾。清洁生产强调从产品的原材料采用到最终处置的整个生产过程进行全方位的控制，采用先进的工艺技术与设备、改善管理、综合利用等措施。清洁生产要求对自然资源的合理利用，要求投入最少的原材料和能源，生产出尽可能多的产品，提供尽可能多的服务，包括最大限度节约能源和原材料，利用可再生能源或者清洁能源、减少使用稀有原材料、循环利用物料等措施。清洁生产还要求经济效益的最大化，通过节约资源、降低损耗、提高生产效益和产品质量，达到降低生产成本、提升企业竞争力的目的。提高资源的利用效率主要是依靠清洁生产的技术方法来实现的，目前清洁生产的主要技术方法包括源头削减、生产过程控制和回收利用三种。通过上述方法，清洁生产可以实现节省资源，提高资源利用效率的目的，也符合当前环境保护与资源利用的趋势，符合我国可持续发展的战略。

法律修订后，强化和完善了企业清洁生产审核制度。强化了清洁生产审核相关内容：一是明确国家建立清洁生产审核制度。二是明确企业是清洁生产审核的

主体，强化企业实施清洁生产的责任。三是扩大了实施强制性清洁生产审核的企业范围：规定有下列情形之一的企业，依据国家清洁生产推行规划、行业规划和本地区清洁生产推行实施规划，实施强制性清洁生产审核：污染物排放达到国家和地方规定的排放标准，但与国家或地方下达的节能减排约束性指标仍有差距的；属于高耗能、高污染和资源性行业的；位于超过经国务院环境保护行政主管部门核定的节能减排控制指标的重点地区或者重点流域，能耗和排放超过同行业平均能耗和排放水平的；使用有毒有害原料进行生产或者在生产中排放有毒有害物质、可以选择替代技术和工艺进行改造的。四是明确实施强制性清洁生产审核的企业将审核结果向所在地县级以上地方人民政府有关部门报告，并在当地主要媒体上公布，接受社会监督。五是明确了地方人民政府有关部门对实行强制性审核的企业实施清洁生产效果的评估职责，特别规定政府履行评估职责不得向被评估企业收取费用，明确由同级财政预算予以保障。六是草案明确了违反清洁生产审核制度的相关法律责任。七是明确污染物排放超过国家和地方规定的排放标准或者超过经有关地方人民政府核定的污染物排放总量控制指标的企业，按照环境保护相关法律规定执行。八是明确了由国务院有关部门制定实施清洁生产审核的具体办法。（第一条　为了促进清洁生产，提高资源利用效率，减少和避免污染物的产生，保护和改善环境，保障人体健康，促进经济与社会可持续发展，制定本法。第二条　本法所称清洁生产，是指不断采取改进设计、使用清洁的能源和原料、采用先进的工艺技术与设备、改善管理、综合利用等措施，从源头削减污染，提高资源利用效率，减少或者避免生产、服务和产品使用过程中污染物的产生和排放，以减轻或者消除对人类健康和环境的危害。）

该法规定的企业单位涵盖了工业企业、建筑业、服务行业等从事生产和服务活动的单位。同时，该法规定适用于这些从事直接生产、服务活动企业的相关的管理单位，包括政府行政机关单位等。将从事清洁生产相关管理活动的部门包含在本法的适用范围内，有利于明确各部门的相关职责，有利于清洁生产工作的促进与发展，也有利于对企业从事清洁生产工作进行引导与扶持。（第三条　在中华人民共和国领域内，从事生产和服务活动的单位以及从事相关管理活动的部门依照本法规定，组织、实施清洁生产。）

二、《清洁生产促进法》的相关要求、制度与奖惩措施

（一）监督管理与相关要求

《清洁生产促进法》对从事生产、服务活动的企业做了相关要求，包括淘汰落

后技术、工艺和设施等，接受相关机构监管，对生产和服务实施清洁生产审核。该法同时规定了对企业的奖惩措施。

法律明确了清洁生产必须要淘汰的技术、工艺和设备。规定加以淘汰以下四种技术工艺设备：一是浪费资源和严重污染环境的落后生产技术。二是浪费资源和严重污染环境的落后生产工艺。以上两方面包括土法炼油、平炉炼钢、汞法制碱、水泥土（蛋）窑、普通立窑等。三是浪费资源和严重污染环境的落后设备。四是浪费资源和严重污染环境的落后产品等。后两方面包括叠轧冷板、1800 千伏安以下的钛合金电炉、2V－0.3/7、V－0.3/7 空气压缩机、直径 1.98 米水煤气发生炉等，还包括严重浪费能源、污染环境的空调、电冰箱、炉具等。（第十一条　国务院清洁生产综合协调部门会同国务院环境保护、工业、科学技术、建设、农业等有关部门定期发布清洁生产技术、工艺、设备和产品导向目录。国务院清洁生产综合协调部门、环境保护部门和省、自治区、直辖市人民政府负责清洁生产综合协调的部门、环境保护部门会同同级有关部门，组织编制重点行业或者地区的清洁生产指南，指导实施清洁生产。第十二条　国家对浪费资源和严重污染环境的落后生产技术、工艺、设备和产品实行限期淘汰制度。国务院有关部门按照职责分工，制定并发布限期淘汰的生产技术、工艺、设备以及产品的名录。）

同时，该法借鉴发达国家的经验，结合我国的具体国情，明确规定省、自治区、直辖市人民政府环境保护行政主管部门可以按照促进清洁生产的需要，根据企业污染物的排放情况，在当地主要媒体上定期公布污染物超标排放或者污染物排放总量超过规定限额的污染严重企业的名单。根据本法规定，企业一旦被列入黑名单，就要接受广大公众的监督，广大公众有权监督污染严重的企业是否减少了污染物的产生和排放，从而为推动企业实施清洁生产提供强大的动力和压力。（第十七条　省、自治区、直辖市人民政府负责清洁生产综合协调的部门、环境保护部门，根据促进清洁生产工作的需要，在本地区主要媒体上公布未达到能源消耗控制指标、重点污染物排放控制指标的企业的名单，为公众监督企业实施清洁生产提供依据。列入前款规定名单的企业，应当按照国务院清洁生产综合协调部门、环境保护部门的规定公布能源消耗或者重点污染物产生、排放情况，接受公众监督。）

另外，该法还规定了餐饮、娱乐、宾馆等服务性企业以及建筑工程企业的节能、节水与环境保护的要求。（第二十三条　餐饮、娱乐、宾馆等服务性企业，应当采用节能、节水和其他有利于环境保护的技术和设备，减少使用或者不使用浪费资源、污染环境的消费品。第二十四条　建筑工程应当采用节能、节水等有利于环境与资源保护的建筑设计方案、建筑和装修材料、建筑构配件及设备。建筑和装修材料必须符合国家标准。禁止生产、销售和使用有毒、有害物质超过国家标准的建筑和装修材料。）

《清洁生产法》明确国家建立清洁生产审核制度，明确企业是清洁生产审核的主体，强化企业实施清洁生产的责任。相关高污染、高耗能、处于重点区域以及涉及有毒有害物质的企业必须实施强制性清洁生产审核。审核结果向所在地县级以上地方人民政府有关部门报告，并在当地主要媒体上公布，接受社会监督。政府有关部门对实行强制性审核的企业实施清洁生产效果的评估职责，明确由同级财政预算予以保障。（第二十七条　企业应当对生产和服务过程中的资源消耗以及废物的产生情况精细检测，并根据需要对生产和服务实施清洁生产审核。有下列情形之一的企业，应当实施强制性清洁生产审核：①污染物排放超过国家或者地方规定的排放标准，或者虽未超过国家或者地方规定的排放标准，但超过重点污染物排放总量控制指标的；②超过单位产品能源消耗限额标准构成高耗能的；③使用有毒、有害原料进行生产或者在生产中排放有毒、有害物质的。污染物排放超过国家或者地方规定的排放标准的企业，应当按照环境保护相关法律的规定治理。实施强制性清洁生产审核的企业，应当对审核结果向所在地县级以上地方人民政府负责清洁生产综合协调的部门、环境保护部门报告，并在本地区主要媒体上公布，接受公众监督，但涉及商业秘密的除外。县级以上地方人民政府有关部门应当对企业实施强制性清洁生产审核的情况进行监督，必要时可以组织对企业实施清洁生产的效果进行评估验收，所需费用纳入同级政府预算。承担评估验收工作的部门或者单位不得向被评估验收企业收取费用。实施清洁生产审核的具体办法由国务院清洁生产综合协调部门、环境保护部门会同国务院有关部门制定。）

（二）奖惩措施

该法规定了企业单位和个人的清洁生产活动奖惩制度。国家政府对在清洁生产工作中做出显著成绩的单位个人给予奖励。同时，政府对相关清洁生产研究、示范培训和节能减排技术改造项目给予资金的支持，中小企业进行清洁生产也会得到相关资金支持。财政方面，国家在财政政策上推行清洁生产，规定企业用于清洁生产审核、清洁生产培训的费用可以纳入企业成本。（第三十条　国家建立清洁生产表彰奖励制度。对在清洁生产工作中做出显著成绩的单位和个人，由人民政府给予表彰和奖励。第三十一条　对从事清洁生产研究、示范和培训，实施国家清洁生产重点技术改造项目和本法第二十八条规定的自愿节约资源、削减污染物排放量协议中载明的技术改造项目,由县级以上人民政府给予资金支持。第三十二条　在依照国家规定设立的中小企业发展基金中,应当根据需要安排适当数额用于支持中小企业实施清洁生产。第三十三条　依法利用废物和从废物中回收原料生产产品的,按照国家规定享受税收优惠。第三十四条　企业用于清洁生产审核和培训的费用,可以列入企业经营成本。)

第二节　《循环经济促进法》

2008 年 8 月 29 日第十一届全国人大常委会第四次会议通过了《循环经济促进法》,于 2009 年 1 月 1 日起施行。

一、《循环经济促进法》的意义、目的与范围

发展循环经济是建设资源节约型、环境友好型社会和实现可持续发展的重要途径。颁布《循环经济促进法》,将发展循环经济纳入统一的社会规范和法律体系中,能把资源节约、环境保护和经济社会发展结合起来,实现可持续发展战略的良性循环。

《循环经济促进法》立法目的就是为了以尽可能少的资源消耗和尽可能小的环境代价,取得最大的经济产出和最少的废物排放,实现经济、环境和社会效益相统一,建设资源节约型和环境友好型社会,促进循环经济的任务和目的包括提高资源利用效率。《循环经济促进法》突出“减量化、再利用、资源化”原则,并以此为主线解决发展循环经济所面临的突出问题。具体的实现方式有:①提高资源利用效率,用尽可能少的资源创造最大经济效益;②保护改善环境,通过源头消减、过程控制和末端治理来缓解现实环境压力;③实现可持续发展。(第一条　为了促进循环经济发展,提高资源利用效率,保护和改善环境,实现可持续发展,制定本法。)

《循环经济促进法》涵盖的企业包括了钢铁、有色金属、煤炭、电力、石油加工、化工、建材、建筑、造纸、印染等各个工业企业,以及餐饮、娱乐、宾馆等服务性企业。(第十六条　国家对钢铁、有色金属、煤炭、电力、石油加工、化工、建材、建筑、造纸、印染等行业年综合能源消费量、用水量超过国家规定总量的重点企业,实行能耗、水耗的重点监督管理制度。第二十六条　餐饮、娱乐、宾馆等服务性企业,应当采用节能、节水、节材和有利于保护环境的产品,减少使用或者不使用浪

费资源、污染环境的产品。)

二、《循环经济促进法》的相关要求、制度与奖惩措施

(一)监督管理与相关要求

《循环经济促进法》强化了对高耗能、高耗水企业的监督管理。为保证节能减排任务的落实,对重点行业的高耗能、高耗水企业进行监督管理十分必要。(第十六条　国家对钢铁、有色金属、煤炭、电力、石油加工、化工、建材、建筑、造纸、印染等行业年综合能源消费量、用水量超过国家规定总量的重点企业,实行能耗、水耗的重点监督管理制度。第二十六条　餐饮、娱乐、宾馆等服务性企业,应当采用节能、节水、节材和有利于保护环境的产品,减少使用或者不使用浪费资源、污染环境的产品。)

该法强化了产业政策的规范和引导。产业政策不仅是促进产业结构调整的有效手段,更是政府规范和引导产业发展的重要依据。为此,《循环经济促进法》规定,国务院循环经济发展综合管理部门会同国务院环境保护等有关主管部门,定期发布鼓励、限制和淘汰的技术、工艺、设备、材料和产品名录。同时,该法为保障实施,对企业使用鼓励的技术、工艺、设备、材料和产品进行财政激励,对企业违反规定使用这些技术、工艺、设备、材料和产品进行相应的经济和行政处罚。(第十八条　国务院循环经济发展综合管理部门会同国务院环境保护等有关主管部门,定期发布鼓励、限制和淘汰的技术、工艺、设备、材料和产品名录。禁止生产、进口、销售列入淘汰名录的设备、材料和产品,禁止使用列入淘汰名录的技术、工艺、设备和材料。第四十四条　国家对促进循环经济发展的产业活动给予税收优惠,并运用税收等措施鼓励进口先进的节能、节水、节材等技术、设备和产品,限制在生产过程中耗能高、污染重的产品的出口。具体办法由国务院财政、税收主管部门制定。企业使用或者生产列入国家清洁生产、资源综合利用等鼓励名录的技术、工艺、设备或者产品的,按照国家有关规定享受税收优惠。第五十条　生产、销售列入淘汰目录的产品、设备的,依照《中华人民共和国产品质量法》的规定处罚。使用列入淘汰名录的技术、工艺、设备、材料的,由县级以上地方人民政府循环经济发展综合管理部门责令停止使用,没收违法使用的设备、材料,并处五万元以上二十万元以下的罚款;情节严重的,由县级以上人民政府循环经济发展综合管理部门提出意见,报请本级人民政府按照国务院规定的权限责令停业或者关闭。违反本法规定,进口列入淘汰名录的设备、材料或者产品的,由海关责令退

运,可以处十万元以上一百万元以下的罚款。进口者不明的,由承运人承担退运责任,或者承担有关处置费用。)

该法还明确了关于减量化的具体要求。对于生产过程,《循环经济促进法》规定了产品的生态设计制度,对工业企业的节水节油提出了基本要求,对矿业开采、建筑建材、农业生产等领域发展循环经济提出了具体要求。对于流通和消费过程,《循环经济促进法》对服务业提出了节能、节水、节材的要求;国家在保障产品安全和卫生的前提下,限制一次性消费品的生产和消费等。此外,还对政府机构提出了厉行节约、反对浪费的要求。(第二十条　工业企业应当采用先进或者适用的节水技术、工艺和设备,制定并实施节水计划,加强节水管理,对生产用水进行全过程控制。第二十一条　国家鼓励和支持企业使用高效节油产品。电力、石油加工、化工、钢铁、有色金属和建材等企业,必须在国家规定的范围和期限内,以洁净煤、石油焦、天然气等清洁能源替代燃料油,停止使用不符合国家规定的燃油发电机组和燃油锅炉。内燃机和机动车制造企业应当按照国家规定的内燃机和机动车燃油经济性标准,采用节油技术,减少石油产品消耗量。第二十三条　建筑设计、建设、施工等单位应当按照国家有关规定和标准,对其设计、建设、施工的建筑物及构筑物采用节能、节水、节地、节材的技术工艺和小型、轻型、再生产品。有条件的地区,应当充分利用太阳能、地热能、风能等可再生能源。第五十二条　违反本法规定,电力、石油加工、化工、钢铁、有色金属和建材等企业未在规定的范围或者期限内停止使用不符合国家规定的燃油发电机或者燃油锅炉的,由县级以上人民政府循环经济发展综合管理部门责令限期改正;逾期不改正的,责令拆除该燃油发电机组或者燃油锅炉,并处五万元以上五十万元以下的罚款。)

(二)奖惩措施

为促进循环经济,该法还针对相关企业单位和个人建立了激励机制。主要包括:建立循环经济发展专项资金;对循环经济重大科技攻关项目实行财政支持;对促进循环经济发展的产业活动给予税收优惠;对有关循环经济项目实行投资倾斜;实行有利于循环经济发展的价格政策、收费制度和有利于循环经济发展的政府采购政策;对循环经济相关工作中有突出贡献的单位和个人进行表彰。(第四十五条　县级以上人民政府循环经济发展综合管理部门在制定和实施投资计划时,应当将节能、节水、节地、节材、资源综合利用等项目列为重点投资领域。对符合国家产业政策的节能、节水、节地、节材、资源综合利用等项目,金融机构应当给予优先贷款等信贷支持,并积极提供配套金融服务。对生产、进口、销售或者使用列入淘汰名录的技术、工艺、设备、材料或者产品的企业,金融机构不得提供任何形式的信贷支持。第四十七条　国家实行有利于循环经济发展的政府采购政策。使用财政性资金进行采购的,应当优先采购节能、节水、节材和有利于保护环境的产品和再生产品。第四十八条　县级以上人民政府及其有关部门应当对在循环经济管理、科学技术研究、产品开发、示范和推广工作中做出显著成绩的单位和个人给予表彰和奖励。企业事业单位应当对在循环经济发展中做出突出贡献的集体和个人给予表彰和奖励。)

第三节　《民用建筑节能条例》

2008 年 7 月 23 日,国务院第十八次常务会议通过了《民用建筑节能条例》,该条例从 2008 年 10 月 1 日起正式实施。

一、《民用建筑节能条例》的意义、目的与范围

该条例的颁布,使我国民用建筑节能标准体系已基本形成。该体系涵盖了新建和改造的民用建筑从设计规划、技术标准、施工、检测、能耗统计、运行管理、节能范围以及政策法规等在其实施节能工程方面涉及的各方面内容,基本实现对民用建筑领域的全面覆盖,促进了许多先进适用技术通过标准得以推广,是加快建筑节能事业又好又快发展的行动指南,为民用建筑节能的推广提供了法律保障,对加快建设资源节约型和环境友好型社会,全面完成节能减排的目标任务发挥有力的保障作用,对于坚持科学发展观,更好地推动经济社会发展,具有重要而深远的意义。

《民用建筑节能条例》一共分为六章总计 44 条具体条款,分别按照相关定义和总体框架(总则)、新建建筑节能、既有建筑节能、建筑用能系统运行节能、法律责任和实施时间来划分章节,旨在加强居住建筑、国家机关办公建筑和商业、服务业、教育、卫生等其他民用建筑节能管理,降低民用建筑使用过程中的能源消耗,提高能源利用效率。

二、《民用建筑节能条例》的相关要求、制度与奖惩措施

(一)监督管理与相关要求

明确提出推广使用民用建筑节能的新技术、新工艺、新材料和新设备,要求建

设单位、设计单位、施工单位不得在建筑活动中使用列入禁止使用目录的技术、工艺、材料和设备。(第十一条　建设单位、设计单位、施工单位不得在建筑活动中使用列入禁止使用目录的技术、工艺、材料和设备。)

强制性要求建筑设计单位或施工单位应按照有关标准进行设计和施工,并使用符合规定的相关材料和设备。(第十四条　建设单位不得明示或者暗示设计单位、施工单位违反民用建筑节能强制性标准进行设计、施工,不得明示或者暗示施工单位使用不符合施工图设计文件要求的墙体材料、保温材料、门窗、采暖制冷系统和照明设备。)

在监督管理中,明确施工单位和监理单位在施工和监理工作中,要对进入现场的相关材料和设备进行查验,不得使用不合要求的材料和设备。(第二章第十六条 施工单位应当对进入施工现场的墙体材料、保温材料、门窗、采暖制冷系统和照明设备进行查验;不符合施工图设计文件要求的,不得使用。)

在验收过程中,明确建筑单位要按照建筑节能强制性标准进行核验并出具相关报告。(第十七条　建设单位组织竣工验收,应当对民用建筑是否符合民用建筑节能强制性标准进行查验;对不符合民用建筑节能强制性标准的,不得出具竣工验收合格报告。)

要求企业在集中供暖的建筑应依法安装供热系统调控装置、用热计量装置和室内温度调控装置。(第十八条　实行集中供热的建筑应当安装供热系统调控装置、用热计量装置和室内温度调控装置;公共建筑还应当安装用电分项计量装置。居住建筑安装的用热计量装置应当满足分户计量的要求。)

企业在实施建筑改造时,应因地制宜地进行改造(第二十四条　既有建筑节能改造应当根据当地经济、社会发展水平和地理气候条件等实际情况,有计划、分步骤地实施分类改造)。

明确企业在实施建筑节能改造时的优先方向是遮阳、改善通风等低成本措施。(第二十八条　实施既有建筑节能改造,应当符合民用建筑节能强制性标准,优先采用遮阳、改善通风等低成本改造措施。既有建筑围护结构的改造和供热系统的改造应当同步进行。)

明确了供热企业应从制度、人员培训、装备、监测、维护等方面进行全方位加强,以确保其供热系统符合有关标准。(第三十三条　供热单位应当建立健全相关制度,加强对专业技术人员的教育和培训。供热单位应当改进技术装备,实施计量管理,并对供热系统进行监测、维护,提高供热系统的效率,保证供热系统的运行符合民用建筑节能强制性标准。)

(二)奖惩措施

鼓励企业或个人积极开展民用建筑节能工作,对民用建筑节能工作做出成绩的单位和个人,将予以奖励。(第十条　对在民用建筑节能工作中做出显著成绩的单位和个人,按照国家有关规定给予表彰和奖励。)

对于违规的建设、设计、施工和监理单位,根据其不同行为处数额不等的罚款、停业整顿、降低和吊销资质等处罚措施。(第三十七至第四十二条　违反本条例规定,建设单位有下列行为之一的——行为描述省略,由县级以上地方人民政府建设主管部门责令改正,处20万元以上50万元以下的罚款;建设单位对不符合民用建筑节能强制性标准的民用建筑项目出具竣工验收合格报告的,由县级以上地方人民政府建设主管部门责令改正,处民用建筑项目合同价款2%以上4%以下的罚款;造成损失的,依法承担赔偿责任。)

第四节　《公共机构节能条例》

2008年8月1日,国务院总理温家宝签署国务院令,公布了《公共机构节能条例》,该条例于2008年10月1日起施行。

一、《公共机构节能条例》的意义、目的与范围

近年来,各级政府及有关部门积极开展公共机构节能工作,为了将公共机构节能工作规范化、制度化,通过法律手段推动公共机构节能,提高公共机构能源利用效率,充分发挥公共机构在全社会节能中的表率作用,开创公共机构节能工作的新局面,特制定此条例。

二、《公共机构节能条例》的相关要求、制度与奖惩措施

(一)基本管理制度

针对当前公共机构节能工作中存在的责任不明晰、规章制度不健全、能耗底数不清、监督和约束不力等问题,条例规定了八个方面的基本管理制度:

1.明确规定公共机构负责人对本单位节能工作全面负责。公共机构的节能工作实行目标责任制和考核评价制度,节能目标完成情况作为对公共机构负责人考核评价的依据。(第六条　公共机构负责人对本单位节能工作全面负责。公共机构的节能工作实行目标责任制和考核评价制度,节能目标完成情况应当作为对

公共机构负责人考核评价的内容。)

2. 规定公共机构应当建立、健全本单位节能管理的规章制度。(第七条　公共机构应当建立、健全本单位节能管理的规章制度,开展节能宣传教育和岗位培训,增强工作人员的节能意识,培养节能习惯,提高节能管理水平。)

3. 规定公共机构应当实行能源消费计量制度,区分用能种类、用能系统实行能源消费分户、分类、分项计量,并加强对本单位能源消耗状况的实时监测,及时发现、纠正用能浪费现象。(第十四条　公共机构应当实行能源消费计量制度,区分用能种类、用能系统实行能源消费分户、分类、分项计量,并对能源消耗状况进行实时监测,及时发现、纠正用能浪费现象。)

4. 规定公共机构应当指定专人负责能源消费统计,如实记录能源消费计量原始数据,建立统计台账,并于每年 3 月 31 日前向本级人民政府管理机关事务工作的机构报送上一年度能源消费状况报告。(第十五条　公共机构应当指定专人负责能源消费统计,如实记录能源消费计量原始数据,建立统计台账。公共机构应当于每年 3 月 31 日前,向本级人民政府管理机关事务工作的机构报送上一年度能源消费状况报告。)

5. 规定公共机构应当在有关部门制定的能源消耗定额范围内使用能源,加强能源消耗支出管理;超过能源消耗定额使用能源的,应当向本级人民政府管理机关事务工作的机构作出说明。(第十七条　公共机构应当在能源消耗定额范围内使用能源,加强能源消耗支出管理;超过能源消耗定额使用能源的,应当向本级人民政府管理机关事务工作的机构作出说明。)

6. 明确规定公共机构应当优先采购列入节能产品、设备政府采购名录和环境标志产品政府采购名录中的产品、设备,不得采购国家明令淘汰的用能产品、设备。(第十八条　公共机构应当按照国家有关强制采购或者优先采购的规定,采购列入节能产品、设备政府采购名录和环境标志产品政府采购名录中的产品、设备,不得采购国家明令淘汰的用能产品、设备。)

7. 规定公共机构新建建筑和既有建筑维修改造应当严格执行国家有关建筑节能设计、施工、调试、竣工验收等方面的规定和标准。公共机构的建设项目应当通过节能评估和审查。(第二十条　公共机构新建建筑和既有建筑维修改造应当严格执行国家有关建筑节能设计、施工、调试、竣工验收等方面的规定和标准,国务院和县级以上地方人民政府建设主管部门对执行国家有关规定和标准的情况应当加强监督检查。国务院和县级以上地方各级人民政府负责审批或者核准固定资产投资项目的部门,应当严格控制公共机构建设项目的建设规模和标准,统筹兼顾节能投资和效益，对建设项目进行节能评估和审查；未通过节能评估和审查的项目，不得批准或者核准建设。）

8. 实行能源审计制度，规定公共机构应当对本单位用能系统、设备的运行及能源使用情况进行技术和经济性评价，并根据审计结果采取提高能源利用效率的措施。（第二十二条　公共机构应当按照规定进行能源审计，对本单位用能系统、设备的运行及使用能源情况进行技术和经济性评价，根据审计结果采取提高能源利用效率的措施。具体办法由国务院管理节能工作的部门会同国务院有关部门制定。）

（二）具体措施规定

针对公共机构用能的实际情况和特点，条例从七个方面规定了公共机构节能的具体措施：

1. 规定公共机构应当加强用能系统和设备运行调节、维护保养和巡视检查，推行低成本、无成本节能措施。（第二十四条　公共机构应当建立、健全本单位节能运行管理制度和用能系统操作规程，加强用能系统和设备运行调节、维护保养、巡视检查，推行低成本、无成本节能措施。）

2. 规定公共机构应当设置能源管理岗位，实行能源管理岗位责任制，并在重点用能系统、设备的操作岗位上配备专业技术人员。（第二十五条　公共机构应当设置能源管理岗位，实行能源管理岗位责任制。重点用能系统、设备的操作岗位应当配备专业技术人员。）

3. 鼓励公共机构采用合同能源管理方式，委托节能服务机构进行节能诊断、设计、融资、改造和运行管理。（第二十六条　公共机构可以采用合同能源管理方式，委托节能服务机构进行节能诊断、设计、融资、改造和运行管理。）

4. 规定公共机构选择物业服务企业应当考虑其节能管理能力，并在物业服务合同中载明节能管理的目标和要求。（第二十七条　公共机构选择物业服务企业，应当考虑其节能管理能力。公共机构与物业服务企业订立物业服务合同，应当载明节能管理的目标和要求。）

5. 规定公共机构实施节能改造应当进行能源审计和投资收益分析，并在节能改造后采用计量方式对节能指标进行考核和综合评价。（第二十八条　公共机构实施节能改造，应当进行能源审计和投资收益分析，明确节能指标，并在节能改造后采用计量方式对节能指标进行考核和综合评价。）

6. 规定了公共机构办公设备、空调、电梯、照明等用能系统和设备以及网络机房、食堂、锅炉房等重点用能部位的节能运行规范。（第二十九条　公共机构应当减少空调、计算机、复印机等用电设备的待机能耗,及时关闭用电设备。第三十三条　公共机构应当对网络机房、食堂、开水间、锅炉房等部位的用能情况实行重点监测,采取有效措施降低能耗。)

7. 规定公共机构的公务用车应当按照标准配备,并严格执行车辆报废制度,推行单车能耗核算制度。(第三十四条　公共机构的公务用车应当按照标准配备,优先选用低能耗、低污染、使用清洁能源的车辆,并严格执行车辆报废制度。公共机构应当按照规定用途使用公务用车,制定节能驾驶规范,推行单车能耗核算制度。公共机构应当积极推进公务用车服务社会化,鼓励工作人员利用公共交通工具、非机动交通工具出行。)

第五节　《能源效率标识管理办法》

2004 年 8 月 13 日,国家发展改革委和国家质检总局第 17 号令发布了《能源效率标识管理办法》。办法自 2005 年 3 月 1 日起实施。

能效标识管理办法自 2005 年 3 月 1 日起开始实施至今,国家制定并公布了 8 批实行能效标识管理的产品目录,涉及家用电器、办公用品、工业设备、照明设备、商用设备共 5 大领域的 25 类产品。

一、《能源效率标识管理办法》的意义、目的与范围

《能源效率标识管理办法》是对终端用能产品实施能源效率标识管理,是以市场为导向,以服务消费者为宗旨,是市场经济条件下政府节能管理的重要方式。能效标识制度为消费者提供了不同类型、不同品牌用能产品的能效和费用情况,促进消费者购买高效能产品,同时刺激制造商及时调整用能产品的开发、生产和推广销售计划,减少低效产品的生产,并在技术可行、经济合理的前提下,开发新的、更高效的技术和产品,促进节能产品市场的良性竞争,使产品的能效水平得以持续提高。实施能源效率标识制度能够通过影响消费者的购买行为,促进企业积极改进技术,不断提高产品的能效水平,拉动市场向高效市场的转换。

实施能效标识管理的用能产品,国家制定并公布《中华人民共和国实行能源效率标识的产品目录》(以下简称《目录》)。国家以分批发布目录的形式,逐步对使用面广、节能潜力大的用能产品实施能效标识制度。实施规则是《目录》内产品的实施能源效率标识的基本规则和程序。能源效率等级是能源效率标识的核心内容,能源效率等级划分的依据是能源效率国家标准。目录内产品标注统一的

标识样式和规格。(第三条　国家对节能潜力大、使用面广的用能产品实行统一的能源效率标识制度。国家制定并公布《中华人民共和国实行能源效率标识的产品目录》,以下简称《目录》,确定统一适用的产品能效标准、实施规则、能源效率标识样式和规格。)

二、《能源效率标识管理办法》的相关要求、制度和奖惩措施

第五条　列入《目录》的产品的生产者或进口商应当在使用能源效率标识后,向国家质量监督检验检疫总局(以下简称国家质检总局)和国家发展和改革委员会(以下简称国家发展改革委)授权的机构(以下简称授权机构)备案能源效率标识及相关信息。

(一)能效标识的基本内容

包括生产者名称或简称、产品规格型号、能源等级效率、能源消耗量、执行的能源效率国家标准号。其中,能源等级效率是表示同类产品能源效率高低差别的一种分级方法,能源效率等级应依据产品能源效率检测报告和能源效率国家标准标注确定。能源消耗量表示用能产品在规定的时间内消耗能源量的高低水平和具体数值,能源消耗量的标注项目和要求由具体产品实施规则确定,根据产品的不同用能特性,标注的项目不同。(第八条　能源效率标识的名称为"中国能效标识",英文名称为 China Energy Label,能源效率标识应当包括以下基本内容:①生产者名称或者简称;②产品规格型号;③能源效率等级;④能源消耗量;⑤执行的能源效率国家标准编号。)

(二)能效标识的申请与实施

能效标识实行企业自我声明 + 备案 + 监督管理的实施模式。能源效率标识是生产者和进口商向社会公众的明示承诺和保证。企业通过加施统一的能效标识自我声明产品的能效等级后,尚需向授权机构进行备案。企业自使用能源效率标识之日起 30 日内,向授权机构备案并提交相应材料。能效标识备案不收取任何费用,授权机构定期公告备案信息,并对生产者和进口商使用的能源效率标识进行核验。(第十一条　生产者或进口商应当自使用能源效率标识之日起 30 日内,向授权机构备案,可以通过信函、电报、电传、传真、电子邮件等方式提交以下材料——此处省略具体材料内容。上述材料应当真实、准确、完整。外文材料应当附有中文译本,并以中文文本为准。第十四条　授权机构应当定期公告备案信息,并对生产者和进口商使用的能源效率标识进行核验。能源效

率标识备案不收取费用。)

（三）能效标识的监督管理

生产者和进口商应当对其标注的能源效率标识及相关信息的准确性负责。

销售商对列入《目录》的产品验明是否标注的能源效率标识，保证所销售的《目录》内每一个产品都标注的符合本规定要求的能源效率标识。销售商不得伪造或冒用能源效率标识，否则按照本办法第二十五条承担法律责任。

国家质检总局和国家发展改革委依据各自职责，对列入《目录》的产品进行抽检(检查)，核实能源效率标识信息。(第十五条　生产者和进口商应当对其使用的能源效率标识信息准确性负责，不得伪造或冒用能源效率标识。第十六条　销售者不得销售应当标注但未标注能源效率标识的产品，不得伪造或冒用能源效率标识。第十九条　国家质检总局和国家发展改革委依据各自职责，对列入《目录》的产品进行检查，核实能源效率标识信息。)

《能源效率标识管理办法》还对企业未按规定标明统一能效标识，未按规定合法使用能效标识，或伪造、非法利用能效标识的行为作出了相关行政处罚规定。处罚措施包括限期整改、整顿、罚金等。(第二十三条　违反本办法规定，生产者或进口商应当标注统一的能源效率标识而未标注的，由地方节能管理部门或者地方质检部门责令限期改正，逾期未改正的予以通报。第二十四条　违反本办法规定，有下列情形之一的，由地方节能管理部门或者地方质检部门责令限期改正和停止使用能源效率标识；情节严重的，由地方质检部门处1万元以下罚款：①未办理能源效率标识备案的，或者应当办理变更手续而未办理的；②使用的能源效率标识的样式和规格不符合规定要求的。第二十五条　伪造、冒用、隐匿能源效率标识以及利用能源效率标识做虚假宣传、误导消费者的，由地方质检部门依照《中华人民共和国节约能源法》和《中华人民共和国产品质量法》以及其他法律法规的规定予以处罚。)

第六节　《中国节能产品认证管理办法》

《中国节能产品认证管理办法》由国家发展改革委发布，于1999年2月11日颁布实施。目前相关部门正在拟修订新的节能产品认证管理办法。

一、《中国节能产品认证管理办法》的目的、意义和范围

节能产品认证是一项自愿性认证，旨在节约能源、保护环境，节能产品认证制

度是为了有效开展节能产品的认证工作，保障节能产品的健康发展和市场公平竞争，促进节能产品的国际贸易，是规范节能产品市场、促进节能产品推广和使用的有效途径，可以提高节能产品的市场知名度，增加节能产品的市场竞争力，有利于引导和激励企业保证用能产品的质量，加快节能产品的研究和开发。截至 2011 年年底，节能产品认证范围包括家电、办公、机械、照明、电力、新能源、建筑节能等领域 75 类用能产品；节水产品认证范围包括农业、工业、城镇生活用水等领域 35 类用水产品。

《中国节能产品认证管理办法》一共分为六章，共计 31 条。内容包括：总则、认证条件、认证程序、认证证书和节能标志的使用、认证后的监督检查、罚则、申诉与处理及附则八部分。

二、《中国节能产品认证管理办法》的相关要求、规定

申请原则：节能产品认证遵循自愿申请原则，是一项激励和引导的措施，而不是行政强制性措施。由于节能产品认证依据较高的节能指标要求，获得节能产品认证证书和准许使用节能产品认证标志，意味着该产品具有较好的能效性能，可使该产品信誉获得消费者的普遍认可，因此，为了提高产品的市场信誉，增强产品在国内外市场上的竞争力，用能产品的生产者和销售者也有动力去申请节能产品认证。（第四条）

认证模式：节能产品认证作为第三方产品质量认证的一种，采用的是“产品实验 + 工厂检查 + 获证后监督”的认证模式。认证机构负责对申请认证的产品进行随机抽样和封样，由企业将封存的产品送指定的认证检验机构进行产品型式试验。检验机构节能产品认证用标准或技术要求对样品进行检验，并在规定时间内出具《产品检验报告》。产品检验合格，认证中心组织工厂检查，按程序对申请企业的质量体系进行现场检查，核查企业生产能力，确保产品一致性。在完成产品实验，工厂检查合格后，认证中心向企业发证。（第七条至第十四条）

在认证证书有效期内，认证中心定期或不定期地组织对通过认证的产品及其企业进行监督性抽查或检验，两次监督性抽查或检验之间的间隔最长不得超过十二个月。（第二十条）

认证证书和节能标志的使用：认证的企业，允许遵照认证中心相关要求在认证的产品、包装、说明书、合格证及广告宣传中使用节能标志。未参与认证或没有通过认证的企业的分厂、联营厂和附属厂均不得使用认证证书和节能标志。

第四章 标准、标识与认证

第一节 节能标准体系

节能标准体系由国家标准、行业标准、地方标准和企业标准构成，主要包括基础通用、方法、管理、产品、工程建设标准等(见表2-4-1~表2-4-4)。到目前为止，国家已制定了节能标准300余项，强制性标准94项，约占30%；其余为推荐性标准。其中基础通用标准74项，管理标准73项，产品标准37项，方法标准110项，工程建设标准33项。

国家节能标准包括，强制性的终端用能产品能效标准44项，生产过程中耗能高的产品能耗限额标准27项，重点工业用能设备节能监测标准21项，重点工业用能设备经济运行标准8项，能源计量器具配备标准7项，节能基础标准10余项，其他重要管理标准20余项。节能标准分体系框架见图2-4-1，节水标准分体系框架见图2-4-2。

表2-4-1 已出台的节能管理及设计标准目录

编号	标准号	标准名称
1	GB/T 23331—2009	能源管理体系要求
2	GB/T 15587—1995	工业企业能源管理导则
3	能源节能〔1991〕98号	火力发电厂节约能源规定
4	SDGJ 56—1993	火力发电厂和变电所照明设计技术规定
5	GB/T 18710—2002	风电场风能资源评估方法
6	DL/T 5140—2001	水力发电厂照明设计规范
7	电综〔1997〕577号	电力行业一流火力发电厂考核标准
8	DL/T 606.2—1996	火力发电厂燃料平衡导则
9	DL/T 606.3—1996	火力发电厂热平衡导则
10	GB/T 15586—1995	设备及管道保冷设计导则

续表

编号	标准号	标准名称
11	GB 50264—1997	工业设备及管道绝热工程设计规范
12	GB 50376—2006	橡胶工厂节能设计规范
13	YY/T 0247—1996	医药工业企业合理用能设计导则
14	SY/T 6331—1997	气田地面工程设计节能技术规定
15	YB 9051—1998	钢铁企业设计节能技术规定
16	SY/T 6375—1998	石油企业能源综合利用技术导则
17	SY/T 6420—1999	石油地面工程设计节能技术规范
18	SY/T 6393—1999	原油长输管道工程设计节能技术规定
19	SH/T 3003—2000	石油化工合理利用能源设计导则
20	SH/T 3002—2000	石油库节能设计导则
21	JBJ 14—2004	机械行业节能设计规范
22	SY/T 6638—2005	天然气长输管道和地下储气库工程设计节能技术规范
23	DL/T 606.3—2006	火力发电厂能源平衡导则第3部分:热平衡
24	GB/T 21084—2007	绿色饭店
25	GB/T 12712—1991	蒸汽供热系统凝结水回收及蒸汽疏水阀技术管理要求
26	GB/T 16618—1996	工业窑炉保温技术通则
27	GB/T 11790—1996	设备及管道保冷技术通则
28	GB/T 3485—1998	评价企业合理用电技术导则
29	GB/T 17719—1999	工业锅炉及火焰加热炉烟气余热资源量计算方法与利用导则
30	GB/T 17654—2007	工业锅炉经济运行
31	GB/T 15320—2001	节能产品评价导则
32	DB 31/176—2002	蒸汽锅炉房安全、环保、经济运行管理
33	GB/Z 18718—2002	热处理节能技术导则
34	GB/T 18870—2002	节水型产品技术条件与管理通则
35	GB/T 14909—2005	能量系统火用分析技术导则
36	GB 17167—2006	用能单位能源计量器具配备和管理通则
37	GB/T 7119—2006	节水型企业评价导则
38	GB/T 14951—2007	汽车节油技术评定方法

续表

编号	标准号	标准名称
39	GB/T 177981—2007	空气调节系统经济运行
40	QJ 3070—1998	航天工业合理用能综合评价方法
41	SY/T 6422—1999	石油企业节能产品节能效果测定
42	DL/T 686—1999	电力网电能损耗计算导则
43	DB 31/T 34—1999	工业炉窑热平衡测定与计算
44	DB 31/T 42—1999	锅炉烟气余热资源量与可用余热量的计算方法
45	DB 31/T 154—1999	余热资源回收利用的评价方法
46	DB 31/T 178—2002	照明设备合理用电导则
47	DL/T 985—2005	配电变压器能效技术经济评价导则
48	DL/T 1052—2007	节能技术监督导则

表 2-4-2　已出台的终端用能产品能效标准目录

编号	标准号	标准名称
1	GB 12021.2—2008	家用电冰箱耗电量限定值及能源效率等级
2	GB 12021.3—2010	房间空气调节器能效限定值及能源效率等级
3	GB 12021.4—2004	电动洗衣机能耗限定值及能源效率等级
4	GB 12021.6—2008	自动电饭锅能效限定值及能效等级
5	GB 12021.7—2005	彩色电视广播接收机能效限定值及节能评价值(新发布)
6	GB 12021.9—2008	交流电风扇能效限定值及能效等级
7	GB 17896—1999	管形荧光灯镇流器能效限定值及节能评价值
8	GB 18613—2006	中小型三相异步电动机能效限定值及能效等级
9	GB 19043—2003	普通照明用双端荧光灯能效限定值及能效等级
10	GB 19044—2003	普通照明用自镇流荧光灯能效限定值及能效等级
11	GB 19153—2009	容积式空气压缩机能效限定值及能效等级
12	GB 19415—2003	单端荧光灯能效限定值及节能评价值
13	GB 19573—2004	高压钠灯能效限定值及能效等级
14	GB 19574—2004	高压钠灯用镇流器能效限定值及节能评价值
15	GB 19576—2004	单元式空气调节机能效限定值及能源效率等级
16	GB 19577—2004	冷水机组能效限定值及能源效率等级

续表

编号	标准号	标准名称
17	GB 19578—2004	乘用车燃料消耗量限值
18	GB 19761—2005	通风机能效限定值及节能评价值(新发布)
19	GB 19762—2005	清水离心泵能效限定值及节能评价值(新发布)
20	GB 20052—2006	三相配电变压器能效限定值及节能评价值
21	GB 20053—2006	金属卤化物灯镇流器能效限定值及能效等级
22	GB 20054—2006	金属卤化物灯能效限定值及能效等级
23	GB 20665—2006	家用燃气快速热水器和燃气采暖热水炉能效限定值及能效等级
24	GB 20943—2007	单路输出式交流—直流和交流—交流外部电源能效限定值及节能评价值
25	GB 21377—2008	三轮汽车　燃料消耗量限值及测量方法
26	GB 21378—2008	低速货车　燃料消耗量限值及测量方法
27	GB 20997—2007	轻型商用车燃料消耗量限值
28	GB 21454—2008	多联式空调(热泵)机组能效限定值及能效等级
29	GB 21455—2008	转速可控型房间空气调节器能效限定值及能效等级
30	GB 21456—2008	家用电磁灶能效限定值及能效等级
31	GB 21518—2008	交流接触器能效限定值及能效等级
32	GB 21519—2008	储水式电热水器能效限定值及能效等级
33	GB 21520—2008	计算机显示器能效限定值及能效等级
34	GB 21521—2008	复印机能效限定值及能效等级

表2－4－3　已出台的能源计量标准目录

编号	标准号	标准名称
1	GB 17167—2006	用能单位能源计量器具配备和管理通则
2	GB/T 21367—2008	化工企业能源计量器具配备和管理要求
3	GB/T 21368—2008	钢铁企业能源计量器具配备和管理要求
4	GB/T 21369—2008	火力发电企业能源计量器具配备和管理要求

表 2-4-4　已出台的行业标准与规范目录

行业	标准号	标准名称
工业类	国经贸资源〔2000〕1256 号	九种高耗电产品电耗最高限额
	LY/T 1451—1999	湿法硬质纤维板生产综合能耗
	LY/T 1529	胶合板生产综合能耗
	LY/T 1530	刨花板生产综合能耗
	DB 31/T 6	日用玻璃池窑管理及产品能耗定额
	DB 31/T 47	纸及纸板单位产品取水定额指标与计算方法
	DB 31/T 48	味精、啤酒单位产品能耗定额与计算细则
	DB 31/T 227	胶粘纤维可比单位产量综合能耗计算方法
	DB 31/T 228	针织坯布及内外衣折标准品用电单耗计算方法
	DB 31/T 230	日化行业产品能耗定额及其计算细则
	YS/T 101	铜冶炼企业产品能耗
	YS/T 102.1	铅、锌冶炼企业产品能耗第一部分:铅冶炼企业产品能耗
	YS/T 102.2	铅、锌冶炼企业产品能耗第二部分:锌冶炼企业产品能耗
	YS/T 103	铝生产能源消耗
	YS/T 105.1	锡、锑冶炼企业产品能耗第 1 部分:锡冶炼企业产品能耗
	YS/T 105.2	锡、锑冶炼企业产品能耗第 2 部分:锑冶炼企业产品能耗
	LY/T 1062	锯材生产综合能耗
	GB 16780—2007	水泥单位产品能源消耗限额
	GB 21248—2007	铜冶炼企业单位产品能源消耗限额
	GB 21249—2007	锌冶炼企业单位产品能源消耗限额
	GB 21250—2007	铅冶炼企业单位产品能源消耗限额
	GB 21251—2007	镍冶炼企业单位产品能源消耗限额
	GB 21252—2007	建筑卫生陶瓷单位产品能源消耗限额
	GB 21256—2007	粗钢生产主要工序单位产品能源消耗限额
	GB 21257—2007	烧碱单位产品能源消耗限额
	GB 21258—2007	常规燃煤发电机组单位产品能源消耗限额
	GB 21340—2008	平板玻璃单位产品能源消耗限额
	GB 21341—2008	铁合金单位产品能源消耗限额

续表

行业	标准号	标准名称
工业类	GB 21342—2008	焦炭单位产品能源消耗限额
	GB 21343—2008	电石单位产品能源消耗限额
	GB 21344—2008	合成氨单位产品能源消耗限额
	GB 21345—2008	黄磷单位产品能源消耗限额
	GB 21346—2008	电解铝企业单位产品能源消耗限额
	GB 21347—2008	镁冶炼企业单位产品能源消耗限额
	GB 21348—2008	锡冶炼企业单位产品能源消耗限额
	GB 21349—2008	锑冶炼企业单位产品能源消耗限额
	GB 21350—2008	铜及铜合金管材单位产品能源消耗限额
	GB 21351—2008	铝合金建筑型材单位产品能源消耗限额
	GB 21370—2008	炭素单位产品能源消耗限额
	GB 25323—2010	再生铅单位产品能源消耗限额
	GB 25324—2010	铝电解用石墨质阴极炭块单位产品能源消耗限额
	GB 25325—2010	铝电解用预焙阳极单位产品能源消耗限额
	GB 25326—2010	铝及铝合金轧、拉制管、棒材单位产品能源消耗限额
	GB 25327—2010	氧化铝企业单位产品能源消耗限额
	GB 26756—2011	铝及铝合金热挤压棒材单位产品能源消耗限额
建筑类	DG/TJ 08	住宅建筑节能设计标准
	JGJ 129	既有采暖居住建筑节能改造技术规程
	JGJ 132	采暖居住建筑节能检验标准
	JGJ 134	夏热冬冷地区居住建筑节能设计标准
	GB/T 18713	太阳热水系统设计、安装及工程验收技术规范
	DG/TJ 08	住宅建筑围护结构节能应用技术规程
	CJJ 34	城市热力网设计规范
	GB 50019	采暖通风与空气调节设计规范
	GB 50034	建筑照明设计标准
	JGJ 142	地面辐射供暖技术规程
	DB31/T 316	城市环境(装饰)照明规范

续表

行业	标准号	标准名称
建筑类	DGJ 08	公共建筑节能设计标准
	DB31/T 317	黄浦江两岸滨江公共环境建设标准
	DG/TJ 08	住宅建筑节能检测评估标准
	GB 50189	公共建筑节能设计标准
	GB 50366	地源热泵系统工程技术规范
	GB 50364	民用建筑太阳能热水系统应用技术规范
	GB/T 50362	住宅性能评定技术标准
	JGJ 144	外墙外保温工程技术规程
	GB/T 50378	绿色建筑评价标准
	DGJ 08	民用建筑太阳能应用技术规程(热水系统分册)
	DB31/T 366	外墙外保温专用砂浆技术要求
	SB/T 10427	大型商场、超市空调制冷的节能要求
交通类	TB/T 1597	铁路企业综合能耗计算方法
	JT/T 0025	沿海港口企业能量平衡导则
	TB/T 1749	铁路运输企业单位产品综合能耗换算系数
	JT/T 202	内河港口能量通则
	JT/T 423	新建及购置运输船舶节能技术要求
	JT/T 491	港口基本建设(技术改造)工程项目设计能源综合单耗评价
	JTJ 228	水运工程设计节能规范
	TB 10016	铁路工程节能设计规范
	DB31/T 390	节能环保型小排量汽车技术条件
农业类	GB/T 7636	农村家用沼气管路设计规范
	GB/T 17522	微型水力发电设备基本技术要求
	NY/T 465	户用农村能源生态工程南方模式设计施工与使用规范
	DL/T 738	农村电网节电技术规程
	NY/T 443	秸秆气化供气系统技术条件及验收规范
	NY/T 845	微型水力发电机技术条件

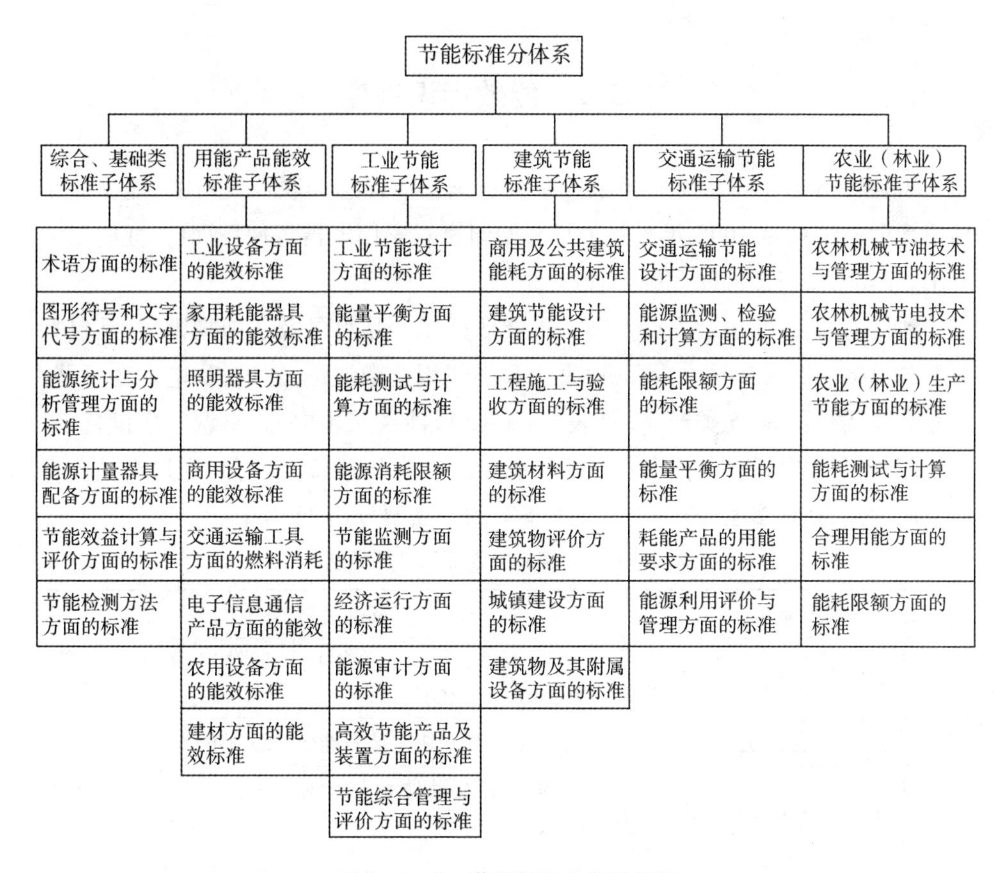

图 2－4－1　节能标准分体系框架

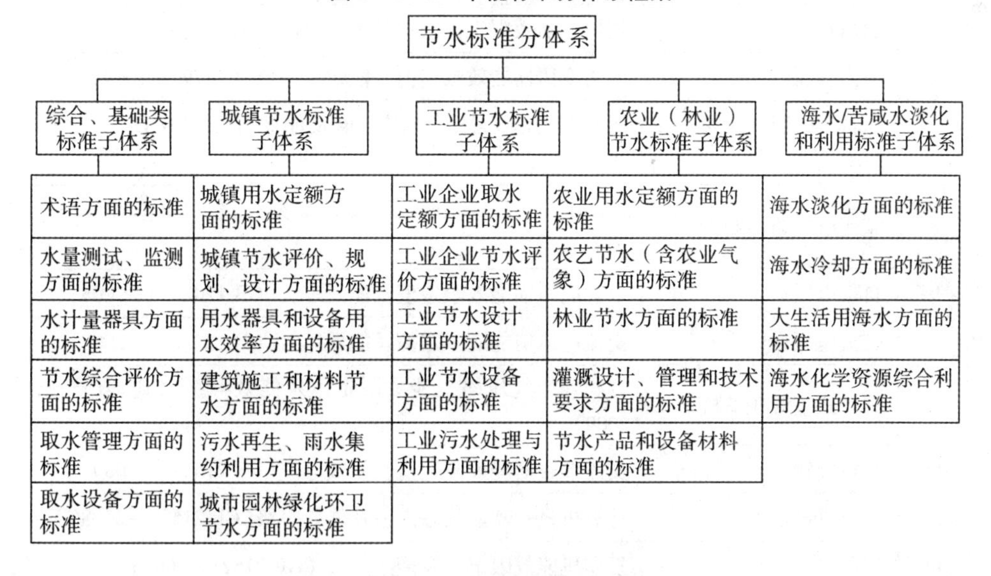

图 2－4－2　节水标准分体系框架

第二节　能效标识制度

2004年8月13日,国家发展改革委和国家质检总局联合发布了《能源效率标识管理办法》,从2005年3月1日开始国家对家用电器等使用面广、耗能量大的用能产品,实行能源效率标识管理。

到目前为止,我国已先后发布五批能效标识产品目录及实施规则,产品包括数字电视接收器、打印机、传真机、家用和类似用途微波炉、通风机、电力变压器、房间空气调节器等25类产品(见表2-4-5),涉及家用电器、空调制冷设备、工业产品、照明器具及办公设备领域的用能产品。截至2012年4月,通过产品备案的企业达到5000多家,通过产品文本备案的产品型号达26万个。

表2-4-5　实施能效标识产品类别

序号	产品名称	标准名称
1	数字电视接收器	数字电视接收器(机顶盒)能效限定值及能效等级(GB 25957—2010)
2	打印机、传真机	打印机、传真机能效限定值及能效等级(GB 25956—2010)
3	家用和类似用途微波炉	家用和类似用途微波炉能效限定值及能效等级(GB 24849—2010)
4	平板电视	平板电视能效限定值及能效等级(GB 24850—2010)
5	通风机	通风机能效限定值及能效等级(GB 19761—2009)
6	电力变压器	电力变压器能效限定值及能效等级(GB 24790—2009)
7	房间空气调节器(修订)	房间空气调节器能效限定值及能效等级(GB 12021.3—2010)
8	家用电冰箱(修订)	家用电冰箱耗电量限定值及能源效率等级(GB 12021.2—2008)
9	自动电饭锅	自动电饭锅能效限定值及能效等级(GB 12021.6—2008)
10	交流电风扇	交流电风扇能效限定值及能效等级(GB 12021.9—2008)
11	容积式空气压缩机	容积式空气压缩机能效限定值及能效等级(GB 19153—2009)
12	交流接触器	交流接触器能效限定值及能效等级(GB 21518—2008)
13	计算机显示器	计算机显示器能效限定值及能效等级(GB 21520—2008)
14	复印机	复印机能效限定值及能效等级(GB 21521—2008)

续表

序号	产品名称	标准名称
15	储水式电热水器	储水式电热水器能效限定值及能效等级(GB 21519—2008)
16	多联式空调	多联式空调(热泵)机组能效限定值及能源效率等级(GB 21454—2008)
17	家用电磁灶	家用电磁灶能效限定值及能源效率等级(GB 21456—2008)
18	转速可控型房间空调器	转速可控型房间空气调节器能效限定值及能源效率等级(GB 21455—2008)
19	家用燃气快速热水器和燃气采暖热水炉	家用燃气快速热水器和燃气采暖热水炉能效限定值及能效等级(GB 20665—2006)
20	冷水机组	冷水机组能效限定值及能源效率等级(GB 19577—2004)
21	中小型三相异步电动机	中小型三相异步电动机能效限定值及能效等级(GB 18613—2006)
22	高压钠灯	高压钠灯能效限定值及能效等级(GB 19573—2004)
23	自镇流荧光灯	普通照明用自镇流荧光灯能效限定值及能效等级(GB 19044—2003)
24	单元式空气调节机	单元式空气调节机能效限定值及能源效率等级(GB 19576—2004)
25	电动洗衣机	电动洗衣机能效限定值及能源效率等级(GB 12021.4—2004)

上述产品的生产商及进口商必须按照规定对其生产或进口的列入能源效率标识管理产品目录的产品标注统一的能源效率标识,同时向能效标识管理中心提请备案。

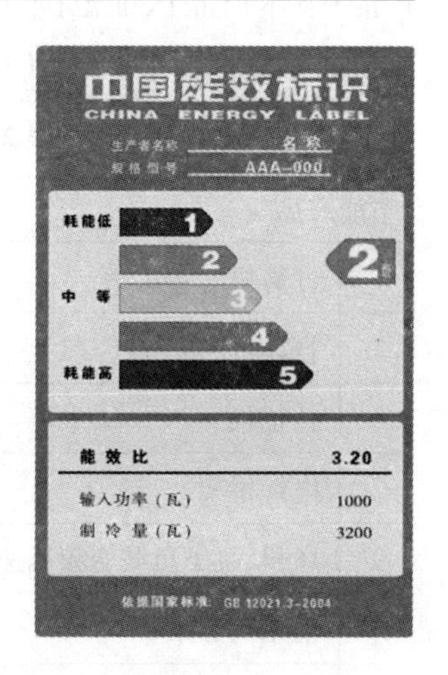

图 2-4-3

中国能效标识样式

我国的能源效率标识基本样式中(如图 2-4-3),对能效等级用三种形式来表达,包括:文字部分——耗能低、耗能中等、耗能高;数字部分——1、2、3、4、5;色标——红色代表禁止,橙色、黄色代表警告,绿色代表环保和节能。如空调等产品实行的能效等级分类中,1 级表示能效最高,2 级表示比较节能,3 级表示处于我国市场的平均水平,4 级表示低于我国市场平均水平,5 级为最低能效限定值。

第三节　节能产品认证制度

依据《节约能源法》,我国于1998年正式启动了节能(水)产品认证工作。

节能(水)产品是指符合与该种产品有关的质量、安全等方面的标准要求,在社会使用中与同类产品或完成相同功能的产品相比,它的效率或能耗指标相当于国际先进水平或达到接近国际水平的国内先进水平。节能(水)产品认证以其投入少、见效快、对消费者影响大等优点,成为节能减排的重要措施之一。目前,世界上包括欧盟、美国、加拿大、澳大利亚、巴西、日本、韩国、菲律宾和泰国等37个国家和地区开展了节能产品认证制度。

根据《节约能源法》规定,用能产品的生产者和销售者,可以根据自愿原则,按照国家有关节能产品认证的规定,向经国务院认证认可监督管理部门认可的从事节能产品认证的机构提出节能产品认证申请;经认证合格后,取得节能产品认证证书,可以在用能产品或者其包装物上使用节能产品认证证书。

图2-4-4
"节"字认证标志样式

目前,中国质量认证中心承担节能产品认证工作。截至2011年年底,节能产品认证范围包括家电、办公、机械、照明、电力、新能源、建筑节能等领域75类用能产品;节水产品认证范围包括农业、工业、城镇生活用水等领域35类用水产品(见表2-4-6)。

表2-4-6　节能(节水)产品认证类别

节能产品			
1	计算机	2	微型计算机用开关电源
3	打印机	4	复印机
5	扫描仪	6	服务器
7	电缆桥架	8	低压配电节电器
9	风机、泵类负载变频调速节电装置	10	通风机
11	清水离心泵	12	电脑控制高速平缝缝纫机
13	密集绝缘型母线槽	14	三相永磁同步电动机

续表

节能产品			
15	交流接触器	16	家用微波炉
17	家用自动电饭锅	18	单元式空气调节机
19	溴化锂吸收式冷水机组	20	多联式空调(热泵)机组
21	彩色电视广播接收机	22	房间空气调节器
23	转速可控型房间空气调节器	24	商业或工业用及类似用途的空气源热泵热水机
25	计算机和数据处理机房用单元式空气调节机	26	数字电视接收器(机顶盒)
27	商用电磁灶	28	普通照明用双端荧光灯
29	高压钠灯	30	管型荧光灯镇流器
31	金属卤化物灯用镇流器	32	LED 筒灯
33	普通照明用非定向自镇流 LED 灯	34	中空玻璃
35	无机绝热制品	36	微型水力发电设备
37	燃气灶具	38	数字投影机
39	单路输出式交流—直流和交流—交流外部电源	40	传真机
41	数字式多功能办公设备	42	显示器
43	道路照明灯具系统	44	电缆桥架
45	电力金具	46	不间断电源
47	容积式空气压缩机	48	中小型三相异步电动机
49	三相配电变压器	50	离心耐腐蚀泵
51	电源插座和转换器	52	油浸式电力变压器
53	小功率电动机	54	储水式电热水器
55	家用电磁灶	56	冷水机组
57	饮水机	58	水源热泵机组
59	家用电冰箱	60	家用燃气快速热水器和燃气采暖热水炉
61	空调用制冷压缩机	62	交流电风扇节能产品
63	平板电视	64	商用开水器

续表

节能产品			
65	普通照明用自镇流荧光灯	66	单端荧光灯
67	金属卤化物灯	68	高压钠灯镇流器
69	LED 道路/隧道照明产品	70	反射型自镇流 LED 灯
71	建筑门窗	72	铝合金建筑型材
73	汽车	74	太阳热水系统
75	家用吸油烟机	—	—
节水产品			
1	水嘴	2	整体浴室
3	水资源管理系统	4	淋浴器
5	工业洗衣机	6	洗衣粉
7	液体洗涤剂	8	旋转式滗水器
9	反渗透海水淡化装置	10	再生水利用装置
11	水暖用内螺纹连接阀门	12	管材
13	丙烯酸—丙烯酸酯类共聚物	14	IC 卡冷水水表
15	蝶阀	16	旋转式喷头
17	轻小型喷灌机	18	自动清洗网式过滤器
19	水箱配件	20	便器冲洗阀
21	便器	22	淋浴房
23	花洒	24	织物漂洗产品
25	格栅除污机	26	中空纤维超滤膜组件
27	冷却塔	28	空冷式换热器
29	2-膦酸基-1,2,4-三羧基丁烷	30	异噻唑啉酮衍生物
31	氨制冷装置用淋水式冷凝器	32	给、排水及污水管道用接口密封圈
33	滴灌带(管)	34	电动大型喷灌机
35	非旋转式喷头	—	—

第五章 节能经济政策

“十二五”期间,我国继续将节能指标作为约束性指标,并提出到2015年单位国内生产总值能耗要比2010年降低16%的目标。为实现“十二五”节能减排目标,我国将完善财政激励政策、健全税收支持政策、强化金融支持力度,进一步完善有利于节能减排的支持奖励政策。节能支持奖励政策包括国家财政、税收、金融、价格等多种政策,它们是政府宏观调控的主要手段。国家出台支持节能的主要奖励政策见表2-5-1。

表2-5-1 国家出台支持节能的主要经济政策

国有资本预算支持政策		
1	中央预算内投资补助和贴息项目管理暂行办法	国家发改委第31号令
2	财政部关于印发《中央国有资本经营预算节能减排资金管理暂行办法》的通知	财企〔2008〕438号
	财政奖励政策	
3	关于印发《节能技术改造财政奖励资金管理办法》的通知	财建〔2011〕367号
4	关于印发《合同能源管理项目财政奖励资金管理暂行办法》的通知	财建〔2010〕249号
5	关于印发《淘汰落后产能中央财政奖励资金管理办法》的通知	财建〔2011〕180号
6	工业企业能源管理中心建设示范项目财政补助资金管理的暂行办法	财建〔2009〕647号
财政补贴政策		
7	高效照明产品推广财政补贴资金管理暂行办法	财建〔2007〕1027号
8	关于开展“节能产品惠民工程”的通知	财建〔2009〕213号
9	关于印发“节能产品惠民工程”高效节能房间空调推广实施细则的通知	财建〔2009〕214号

续表

财政补贴政策		
10	“节能产品惠民工程”节能汽车(1.6 升及以下乘用车)推广实施细则	财建〔2010〕219 号
11	“节能产品惠民工程”高效电机推广实施细则	财建〔2010〕232 号
12	节能与新能源汽车示范推广财政补助资金管理暂行办法	财建〔2009〕6 号
13	关于印发《节能产品惠民工程高效节能平板电视推广实施细则》的通知	财建〔2012〕259 号
14	关于印发《节能产品惠民工程高效节能房间空气调节器推广实施细则》的通知	财建〔2012〕260 号
15	关于印发《节能产品惠民工程高效节能家用电冰箱推广实施细则》的通知	财建〔2012〕276 号
16	关于印发《节能产品惠民工程高效节能电动洗衣机推广实施细则》的通知	财建〔2012〕277 号
17	关于印发节能产品惠民工程高效节能家用热水器推广实施细则的通知	财建〔2012〕278 号
18	关于调整节能汽车推广补贴政策的通知	财建〔2011〕754 号
建筑节能财政奖励政策		
19	关于印发“太阳能光电建筑应用财政补助资金管理暂行办法”的通知	财建〔2009〕129 号
20	关于印发“国家机关办公建筑和大型公共建筑节能专项资金管理暂行办法”的通知	财建〔2007〕558 号
21	关于印发“北方采暖区既有居住建筑供热计量及节能改造奖励资金管理暂行办法”的通知	财建〔2007〕957 号
22	关于加快推动我国绿色建筑发展的实施意见	财建〔2012〕167 号
23	住房和城乡建设部财政部“关于推进夏热冬冷地区既有居住建筑节能改造的实施意见”	建科〔2012〕55 号
24	关于印发“夏热冬冷地区既有居住建筑节能改造补助资金管理暂行办法”的通知	财建〔2012〕148 号
节能税收优惠政策		
25	关于企业所得税若干优惠政策的通知(2008)	财建〔2008〕1 号
26	关于执行环境保护专用设备企业所得税优惠目录、节能节水专用设备企业所得税优惠目录和安全生产专用设备企业所得税优惠目录有关问题的通知	财税〔2008〕48 号

续表

节能税收优惠政策		
27	关于再生资源增值税政策的通知	财税〔2008〕157 号
28	关于资源综合利用企业所得税优惠管理问题的通知	国税函〔2009〕185 号
29	关于公布资源综合利用企业所得税优惠目录(2008 年版)的通知	财税〔2008〕117 号
30	关于中国清洁发展机制基金及清洁发展机制项目实施企业有关企业所得税政策问题的通知	财税〔2009〕30 号
31	财政部、国家税务总局关于促进节能服务产业发展增值税、营业税和企业所得税政策问题的通知	财税〔2010〕110 号
32	关于调整部分商品出口退税和增补加工毛衣禁止商品目录的通知	财税〔2006〕139 号
33	关于取消部分商品出台退税的通知	财税〔2010〕57 号
34	关于节约能源、使用新能源车船税政策的通知	财税〔2012〕19 号
35	关于调整完善资源综合利用产品及劳务增值税政策的通知	财税〔2011〕115 号
节能价格政策		
36	国家发展改革委关于完善差别电价政策的意见	国办发〔2006〕77 号
37	国家发展改革委关于完善垃圾焚烧发电价格政策的通知	发改价格〔2012〕801 号
38	关于印发《可再生能源电价附加补助资金管理暂行办法》的通知	财建〔2012〕102 号
39	印发关于居民生活用电试行阶梯电价的指导意见的通知	发改价格〔2011〕2617 号
40	关于完善太阳能光伏发电上网电价政策的通知	发改价格〔2011〕1594 号

第一节 中央预算内投资补助和贴息项目管理暂行办法

2005 年 8 月 1 日,国家发展改革委发布实施了《中央预算内投资补助和贴息项目管理暂行办法》(国家发展改革委令第 31 号),适用于以投资补助和贴息方式使用中央预算内投资(包括长期建设国债投资)的项目管理。办法中所称投资补助,是指国家发展改革委对符合条件的企业投资项目和地方政府投资项目给予的投资资金补助;办法中所称贴息,是指国家发展改革委对符合条件、使用了中长期银行贷款的投资项目给予的贷款利息补贴。投资补助和贴息资金均为无偿投入。

一、支持对象

投资补助和贴息资金重点用于市场不能有效配置资源、需要政府支持的经济和社会领域。主要包括:①公益性和公共基础设施投资项目;②保护和改善生态环境的投资项目;③促进欠发达地区的经济和社会发展的投资项目;④推进科技进步和高新技术产业化的投资项目;⑤符合国家有关规定的其他项目。

二、支持额度

单个投资项目的投资补助或贴息资金的最高限额原则上不超过2亿元。超过2亿元的,按直接投资或资本金注入方式管理,由国家发展改革委审批可行性研究报告。

安排给单个投资项目的中央预算内投资资金不超过2亿元,但超过3000万元且占项目总投资的比例超过50%的,也按直接投资或资本金注入方式管理,由国家发展改革委审批可行性研究报告。

安排给单个地方政府投资项目的中央预算内投资资金在3000万元及以下的,一律按投资补助或贴息方式管理,只审批资金申请报告。

三、补贴资金申报

申请中央预算内投资补助或贴息资金的投资项目,应按照有关工作方案、投资政策的要求,向国家发展改革委报送资金申请报告。按有关规定应报国务院或国家发展改革委审批、核准的项目,可在报送可行性研究报告或项目申请报告时一并提出资金申请,不再单独报送资金申请报告;也可在项目经审批或核准同意后,根据国家有关投资补助、贴息的政策要求,另行报送资金申请报告。按有关规定应由地方政府审批的地方政府投资项目,应在可行性研究报告经有权审批单位批准后提出资金申请报告。按有关规定应由地方政府核准或备案的企业投资项目,应在核准或备案后提出资金申请报告。

资金申请报告应包括以下主要内容:①项目单位的基本情况和财务状况;②项目的基本情况,包括建设背景、建设内容、总投资及资金来源、技术工艺、各项建设条件落实情况等;③申请投资补助或贴息资金的主要原因和政策依据;④项目招标内容(适用于申请投资补助或贴息资金500万元及以上的投资项目);⑤国家发展改革委要求提供的其他内容。已经国家发展改革委审批或核准的投资项目,其资金申请报告的内容可适当简化,重点论述申请投资补助或贴息资金的主要原因和政策依据。

四、项目实施管理

凡使用投资补助和贴息资金的项目，要严格执行国家有关政策要求，不得擅自改变主要建设内容和建设标准，不得转移、侵占或者挪用投资补助和贴息资金。

使用投资补助和贴息资金500万元及以上的项目，要严格按照经国家发展改革委核准的项目招标内容和有关招标投标的法律法规开展招标工作。

其他使用投资补助和贴息资金的项目，也要按照国家有关招标投标的法律法规依法开展招标工作。

五、项目补贴说明

中央预算内投资节能备选项目按照项目总投资比例，东部地区8%、中部地区10%、西部地区12%予以支持，且最多补贴1000万元。具体支持项目范围、项目条件和申报要求等参见当年国家发展改革委办公厅关于组织申报资源节约和环境保护中央预算内投资备选项目的通知(2013年《通知》见本教材附录)。

第二节　节能技术改造财政奖励资金管理办法

一、节能技术改造财政奖励项目基本要求

1. 总体前置否决项目(见表2－5－2)

表2－5－2　总体前置否决项目

<table>
<tr><td>项目建设性质</td><td>以扩大产能为主的新建项目，非技术改造项目</td></tr>
<tr><td rowspan="3">项目改造主体</td><td>项目所依附主体装置不符合国家政策，如：炉顶压差发电的高炉容积小于450m^3，改良焦炉如全燃烧式焦炉，矿热炉东部地区小于25000kVA，中西部小于12500kVA，烧结机小于180m^{2}等</td></tr>
<tr><td>已列入国家产业政策明令淘汰目录——《产业结构调整指导目录(2011年本)》中第三类“淘汰类”执行</td></tr>
<tr><td>属违规审批或违规建设，审批、建设手续不齐全，或未建成投产</td></tr>
<tr><td>项目实施内容</td><td>项目内容不属于锅炉(窑炉)改造、余热余压利用、节约和替代石油、电机节能和能量优化五大工程；或内容包括绿色照明部分</td></tr>
</table>

续表

项目建设性质	以扩大产能为主的新建项目,非技术改造项目
项目节能能力	项目年可实现的节能量无法测算或监测,节能量小于5000吨
	项目利用外购或外供的余热、余能、余气,或淘汰落后实现节能
项目实施时间	项目在2011年11月30日前已经建成或主体工程已完工;项目2013年后才能完成
其他	不同法人单位打包(打捆上报类)
	以扩大节能产品或节能设备生产能力为主(产品或设备制造类)
	以节能技术研发或节能新技术产业化为主(节能技术产业化)
	通过优化管理系统或管理系统延伸实现节能(管理节能类)
	异地新建,上大压小,等量淘汰等(变相新建类)
	奖励资金占总投资比例超过50%
	节能量占企业总能耗偏高,明显不合理的

2. 分工程前置否决项目(见表2-5-3)

表2-5-3 分工程前置否决项目

电机系统节能工程	高效节能电机生产及生产线改造,非电机及传动系统改造
能量系统优化工程	利用太阳能、煤层气以及水源、地源热泵等(利用工业废弃物制沼气除外);明显拼凑节能量
燃煤锅炉(窑炉)改造工程	项目以热电联产为目的;建设内容以新建管网为主
	利用天然气、煤气等替代煤,或利用非废弃生物质;通过利用秸秆、稻壳和其他废弃生物质掺烧;以煤泥、煤矸石等劣质煤代煤
节约和替代石油工程	以粮食或农业油料作物为原料;生产替代石油产品,其原料来源不明确或难以落实;项目主要替代石油或替代煤炭为主
余热余压利用工程	新建水泥生产线配套建设纯低温余热发电项目,新建高炉、焦炉配套建设炉顶压差发电和干法熄焦项目等应同步配套建设类余热余压资源量不能满足项目需要的

二、被审核时企业应准备的资料

1. 企业提交的财政节能奖励资金申请报告。

2. 项目可行性研究报告(编制部门应具有国家相关部门颁发的甲级资质)。

3. 项目的备案、核准或批准文件：相应级别环保部门对项目环境影响报告书(表)的批复。

4. 企业基本情况(性质、生产工艺、生产规模、主要产品、产值、总体用能情况等)。

5. 企业能源管理、制度、程序文件、能源统计、能源计量体系情况。

6. 企业能源审计报告和近3年的能源消耗指标。

7. 项目工艺流程(图)、技术改造措施、产能、主体设备、建设投资、改造及投运时间等情况。

8. 项目实施前、后的能源消耗、生产运行、监测能源计量和情况。

9. 项目实施前、后节能量计算的边界(文字+框图形式)。

10. 项目实施前、后节能量计算的方法和依据。

11. 项目实施前基准能耗指标,项目实施后的能耗指标。

12. 影响节能量的其他因素。

13. 节能量计算和说明。

14. 有关项目节能量计算的测试报告及相关资料。

15. 提供项目审核所需要的会计报表及账簿、会计凭证。

16. 提供项目节能量审核所需要的能源统计报表、原始凭证、财簿等相关资料。

三、监督管理

1. 地方节能主管部门和财政部门要加大项目申报的初审核查力度,并对项目的真实性负审查责任。对存在项目弄虚作假、重复上报等骗取、套取国家资金的地区,取消项目所在地节能财政奖励申报资格。同时,按照《财政违法行为处罚处分条例》(国务院令第427号)规定,依法追究有关单位和人员责任。

2. 地方节能主管部门和财政部门要加强对项目实施的监督检查,对因工作不力造成项目整体实施进度较慢或未实现预期节能效果的地区,国家将给予通报批评。

3. 项目申报单位须如实提供项目材料,并按计划建成达产。对有下列情形的项目单位,国家将扣回奖励资金,取消“十二五”期间中央预算内和节能财政奖励申报资格,并将追究相关人员的法律责任:①提供虚假材料,虚报冒领财政奖励资金的;②无特殊原因,未按计划实施项目的;③项目实施完成后,长期不能实现节能效果的;④同一项目多渠道重复申请财政资金的。

4. 财政部、国家发展改革委对第三方机构的审核工作进行监管，对审核报告失真的第三方机构给予通报批评，情节严重的，取消该机构的审核工作资格，并追究相关人员的法律责任。

第三节 合同能源管理项目财政奖励资金管理暂行办法

2010年政府加大力度支持、促进节能服务产业发展，将合同能源管理纳入中央财政支持范围，相继出台了五部全国适用的财政资金管理政策。

一是2010年4月2日，国务院办公厅转发了由国家发展改革委、财政部、人民银行、税务总局联合发布的《关于加快推行合同能源管理促进节能服务产业发展的意见》(国办发〔2010〕25号，以下简称《意见》)，该《意见》中明确要完善促进节能服务产业发展的政策措施，其中重要的一项措施是加大资金支持力度，将合同能源管理项目纳入中央预算内投资和中央财政节能减排专项资金支持范围，对节能服务公司采用合同能源管理方式实施的节能改造项目，符合相关规定的，给予资金补助或奖励。

二是2010年6月3日财政部、国家发展改革委发布了《合同能源管理项目财政奖励资金管理暂行办法》(财建〔2010〕249号，以下简称《暂行办法》)。三是2010年6月29日财政部办公厅、国家发展改革委办公厅发布了《关于合同能源管理财政奖励资金需求及节能服务公司审核备案有关事项的通知》(财办建〔2010〕60号，以下简称《备案通知》)。四是2010年10月19日财政部办公厅、国家发展改革委办公厅又出台了《关于财政奖励合同能源管理项目有关事项的补充通知》(发改办环资〔2010〕2528号，以下简称《补充通知》)。五是2010年11月19日国家发展改革委办公厅发布了《关于组织第二批节能服务公司审核备案有关事项的通知》(发改办环资〔2010〕2877号)。现对财政部、国家发展改革委制定的《合同能源管理项目财政奖励资金管理暂行办法》(财建〔2010〕249号)进行解读。

一、支持对象

合同能源管理项目包括节能效益分享型、节能量保证型、能源费用托管型、融资租赁型、混合型等类型。根据该文的要求，此次财政专项奖励资金仅支持的是采用节能效益分享型合同能源管理方式实施的节能改造项目，其他类型的项目暂时尚未纳入奖励资金的支持范围。

二、支持范围

1. 财政奖励资金用于支持采用合同能源管理方式实施的工业、建筑、交通等领域以及公共机构节能改造项目。项目包括：锅炉（窑炉）改造、余热余压利用、电机系统节能、能量系统优化、绿色照明改造、建筑节能改造等节能改造项目，且采用的技术、工艺、产品先进适用。

2. 符合支持条件的节能服务公司实行审核备案、动态管理制度。节能服务公司向公司注册所在地省级节能主管部门提出申请，省级节能主管部门会同财政部门进行初审，汇总上报国家发展改革委、财政部。国家发展改革委会同财政部组织专家评审后，对外公布节能服务公司名单及业务范围。

3. 明确不予以支持项目包括：

（1）新建、异地迁建项目。

（2）以扩大产能为主的改造项目，或"上大压小"、等量淘汰类项目。

（3）改造所依附的主体装置不符合国家政策，已列入国家明令淘汰或按计划近期淘汰的目录。

（4）改造主体属违规审批或违规建设的项目。

（5）太阳能、风能利用类项目。

（6）以全烧或掺烧秸秆、稻壳和其他废弃生物质燃料，或以劣质能源替代优质能源类项目。

（7）煤矸石发电、煤层气发电、垃圾焚烧发电类项目。

（8）热电联产类项目。

（9）添加燃煤助燃剂类项目。

（10）2007 年 1 月 1 日以后建成投产的水泥生产线余热发电项目，以及 2007 年 1 月 1 日以后建成投产的钢铁企业高炉煤气、焦炉煤气、烧结余热余压发电项目。

（11）已获得国家其他相关补助的项目。

三、支持条件

申请财政奖励资金的合同能源管理项目须符合下述条件：

1. 节能服务公司投资 70% 以上，并在合同中约定节能效益分享方式。

2. 单个项目年节能量（指节能能力）在 10000 吨标准煤以下、100 吨标准煤以上（含），其中工业项目年节能量在 500 吨标准煤以上（含）。

3. 用能计量装置齐备,具备完善的能源统计和管理制度,节能量可计量、可监测、可核查。

四、申请财政奖励资金的节能服务公司须符合的条件

1. 具有独立法人资格,以节能诊断、设计、改造、运营等节能服务为主营业务,并通过国家发展改革委、财政部审核备案。

2. 注册资金 500 万元以上(含),具有较强的融资能力。

3. 经营状况和信用记录良好,财务管理制度健全。

4. 拥有匹配的专职技术人员和合同能源管理人才,具有保障项目顺利实施和稳定运行的能力。

五、支持方式和奖励标准

1. 支持方式

财政对合同能源管理项目按年节能量和规定标准给予一次性奖励。奖励资金主要用于合同能源管理项目及节能服务产业发展相关支出。

2. 奖励标准及负担办法

(1)奖励资金由中央财政和省级财政共同负担,其中:中央财政奖励标准为 240 元/吨标准煤,省级财政奖励标准不低于 60 元/吨标准煤。有条件的地方,可视情况适当提高奖励标准。

(2)财政部安排一定的工作经费,支持地方有关部门及中央有关单位开展与合同能源管理有关的项目评审、审核备案、监督检查等工作。

六、奖励资金的申请和拨付

1. 财政部会同国家发展改革委综合考虑各地节能潜力、合同能源管理项目实施情况、资金需求以及中央财政预算规模等因素,统筹核定各省(区、市)财政奖励资金年度规模。财政部将中央财政应负担的奖励资金按一定比例下达给地方。

2. 合同能源管理项目完工后,节能服务公司向项目所在地省级财政部门、节能主管部门提出财政奖励资金申请。具体申报格式及要求由地方确定。

3. 省级节能主管部门会同财政部门组织对申报项目和合同进行审核,并确认项目年节能量。

4. 省级财政部门根据审核结果,据实将中央财政奖励资金和省级财政配套奖励资金拨付给节能服务公司,并在季后 10 日内填制《合同能源管理财政奖励资金

安排使用情况季度统计表》报财政部、国家发展改革委。

5. 国家发展改革委会同财政部组织对合同能源管理项目实施情况、节能效果以及合同执行情况等进行检查。

6. 每年2月底前，省级财政部门根据上年度本省（区、市）合同能源管理项目实施及节能效果、中央财政奖励资金安排使用及结余、地方财政配套资金等情况，编制《合同能源管理中央财政奖励资金年度清算情况表》，以文件形式上报财政部。

7. 财政部结合地方上报和专项检查情况，据实清算财政奖励资金。地方结余的中央财政奖励资金指标结转下一年度安排使用。

七、监督处理和处罚

1. 财政部会同国家发展改革委组织对地方推行合同能源管理情况及资金使用效益进行综合评价，并将评价结果作为下一年度资金安排的依据之一。

2. 地方财政部门、节能主管部门要建立健全监管制度，加强对合同能源管理项目和财政奖励资金使用情况的跟踪、核查和监督，确保财政资金安全有效。

3. 节能服务公司对财政奖励资金申报材料的真实性负责。对弄虚作假、骗取财政奖励资金的节能服务公司，除追缴扣回财政奖励资金外，将取消其财政奖励资金申报资格。对每年实施并获得国家财政奖励资金的合同能源管理项目数少于2个或项目实现的总节能能力不足1000吨标准煤/年的，将取消其备案资格。

4. 财政奖励资金必须专款专用，任何单位不得以任何理由、任何形式截留、挪用。对违反规定的，按照《财政违法行为处罚处分条例》（国务院令第427号）等有关规定进行处理处分。

第四节 淘汰落后产能中央财政奖励资金管理办法

为加快产业结构调整升级，提高经济增长质量，深入推进节能减排，根据《国务院关于进一步加强淘汰落后产能工作的通知》（国发〔2010〕7号）、《国务院办公厅转发环境保护部等部门关于加强重金属污染防治工作指导意见的通知》（国办发〔2010〕61号）以及国务院制定的钢铁、有色金属、纺织行业等产业调整和振兴规划等文件要求，“十二五”期间，中央财政将继续采取专项转移支付方式对经济欠发达地区淘汰落后产能工作给予奖励。为加强财政资金管理，提高资金使用效益，财政部、工业和信息化部、国家能源局制定了《淘汰落后产能中央财政奖励资金管理办法》(财建〔2011〕180号)。现对该文进行解读。

适用范围为国务院有关文件规定的电力、炼铁、炼钢、焦炭、电石、铁合金、电解铝、水泥、平板玻璃、造纸、酒精、味精、柠檬酸、铜冶炼、铅冶炼、锌冶炼、制革、印染、化纤以及涉及重金属污染的行业。

一、奖励条件

奖励资金支持淘汰的落后产能项目必须具备以下条件:

1. 满足奖励门槛要求。奖励门槛依据国家相关文件、产业政策等确定,并根据国家产业政策、产业结构调整等情况逐步提高,淘汰落后产能中央财政奖励范围见表2-5-4。

2. 相关生产线和设备型号与项目批复等有效证明材料相一致,必须在当年拆除或废毁,不得转移。

3. 近三年处于正常生产状态(根据企业纳税凭证、电费清单、生产许可证等确定),如年均实际产量比项目批复生产能力少20%以上,落后产能按年均实际产量确定。

4. 所属企业相关情况与项目批复、工商营业执照、生产许可证等有效证明材料相一致。

5. 经整改环保不达标,规模较小的重金属污染企业应整体淘汰。

6. 未享受与淘汰落后产能相关的其他财政资金支持。

二、奖励标准

中央财政根据年度预算安排、地方当年淘汰落后产能目标任务、上年度目标任务实际完成和资金安排使用情况等因素安排奖励资金。对具体项目的奖励标准和金额由地方根据本办法要求和当地实际情况确定。

三、资金安排和使用

1. 每年3月底前,省级财政会同工业和信息化、能源主管部门根据省级人民政府批准上报的本年度重点行业淘汰落后产能年度目标任务及计划淘汰落后产能企业名单,提出计划淘汰且符合奖励条件的落后产能规模、具体企业名单以及计划淘汰的主要设备等,联合上报财政部、工业和信息化部、国家能源局。中央企业按属地原则上报,同等享受奖励资金支持。

2. 财政部、工业和信息化部、国家能源局审核下达奖励资金预算。

3. 各地区要积极安排资金支持淘汰落后产能，与中央奖励资金一并使用。

4. 省级财政部门会同工业和信息化部、能源主管部门，根据中央财政下达的奖励资金预算，制定切实可行的资金使用管理办法和资金分配方案，按规定审核下达和拨付奖励资金。

5. 奖励资金必须专项用于淘汰落后产能企业职工安置、企业转产、化解债务等淘汰落后产能相关支出，不得用于平衡地方财力。

6. 奖励资金由地方统筹安排使用，但必须坚持以下原则：

（1）支持的淘汰落后产能项目须符合本办法第三条和第四条规定。

（2）优先支持淘汰落后产能企业职工安置，妥善安置职工后，剩余资金再用于企业转产、化解债务等相关支出。

（3）优先支持淘汰落后产能任务重、职工安置数量多和困难大的企业，主要是整体淘汰企业。

（4）优先支持通过兼并重组淘汰落后产能的企业。

四、监督管理

1. 每年 12 月底前，各地区要按照《关于印发淘汰落后产能工作考核实施方案的通知》（工信部联产业〔2011〕46 号）要求，对落后产能实际淘汰情况进行现场检查和验收，出具书面验收意见，并在省级人民政府网站和当地主流媒体上向社会公告本地区已完成淘汰落后产能任务的企业名单。

次年 2 月底前，省级财政、工业和信息化、能源等部门要将奖励资金安排和使用情况、落后产能实际淘汰情况和书面验收意见等上报财政部、工业和信息化部、国家能源局。同时，要将使用中央财政奖励资金的企业基本情况、录像、图片等相关资料整理成卷，以备检查。

2. 工业和信息化部、国家能源局、财政部组织对地方落后产能实际淘汰、奖励资金安排使用等情况进行专项检查。

3. 对有下列情形的，各级财政部门应扣回相关奖励资金，情节严重的，按照《财政违法行为处罚处分条例》（国务院令第 427 号）规定，依法追究有关单位和人员责任。

（1）提供虚假材料，虚报冒领奖励资金的；

（2）转移淘汰设备，违规恢复生产的；

（3）重复申报淘汰落后产能项目的；

（4）出具虚假报告和证明材料的。

4. 对未完成淘汰落后产能任务及未按规定安排使用奖励资金的地方，财政部将收回相关奖励资金，情节严重的，将对项目所在市县给予通报批评、暂停中央财政淘汰落后产能奖励资金申请资格等处罚，并依法追究有关单位和人员责任。

5. 各级财政部门应结合当地实际情况，可采取先淘汰后奖励、先制定职工安置方案后安排资金、按落后产能淘汰进度拨付资金等方式，加强资金监督管理，确保奖励资金的规范性、安全性和有效性。淘汰落后产能中央财政奖励范围见表2－5－4。

表2－5－4　淘汰落后产能中央财政奖励范围

行业	2011 年	2012 年	2013 年
电力	—	—	装机容量 5 万千瓦以上的火电机组
炼铁	200 立方米及以上高炉	300 立方米及以上高炉	400 立方米及以上高炉
炼钢	20 吨及以上转炉、电炉	30 吨及以上转炉、电炉	30 吨及以上转炉、电炉
焦炭	炭化室 2.5 米及以上小机焦炉	炭化室 3.2 米及以上小机焦炉	炭化室 4.3 米（捣固焦炉 3.8 米）及以上机焦炉
焦炭	单炉产能 5 万吨/年及以上炭化炉（兰炭）	单炉产能 7.5 万吨/年及以上炭化炉（兰炭）	单炉产能 7.5 万吨/年及以上炭化炉（兰炭）
焦炭	未达到准入条件的热回收焦炉	未达到准入条件的热回收焦炉	产能 40 万吨及以上的热回收焦炉
铁合金	5000 千伏安及以上铁合金矿热电炉	6300 千伏安及以上铁合金矿热电炉	6300 千伏安及以上铁合金矿热电炉
行业	2011 年	2012 年	2013 年
铁合金	1500 千伏安以下铁合金硅钙合金电炉和硅钙钡铝合金电炉	1500 千伏安及以上铁合金硅钙合金电炉和硅钙钡铝合金电炉	1500 千伏安及以上铁合金硅钙合金电炉和硅钙钡铝合金电炉
铁合金	电解金属锰 5000 千伏安及以下的整流变压器生产线	电解金属锰 5000 千伏安以上的整流变压器生产线	电解金属锰 5000 千伏安以上的整流变压器生产线
电石	单台变压器容量 6300 千伏安及以上电石炉	单台变压器容量 12500 千伏安及以上电石炉	单台变压器容量 12500 千伏安及以上电石炉

续表

行业	2011 年	2012 年	2013 年
造纸	单条年生产能力 5000 吨及以上的非木浆生产线	单条年生产能力 3.4 万吨及以上的非木浆生产线	单条年生产能力 3.4 万吨及以上的非木浆生产线
	年生产能力 5000 吨及以上的化学木浆生产线	年生产能力 1.7 万吨及以上的化学木浆生产线	年生产能力 1.7 万吨及以上的化学木浆生产线
	单条年生产能力 5000 吨及以上以废纸为原料的制浆生产线	单条年生产能力 1 万吨及以上以废纸为原料的制浆生产线	单条年生产能力 1 万吨及以上以废纸为原料的制浆生产线
水泥	窑径 2.2 米及以上的机械化立窑生产线、窑径 2.5 米及以上的干法中空窑生产线、1000 吨/日以下的干法旋窑	窑径 2.8 米及以上的机械化立窑生产线、窑径 2.5 米及以上的干法中空窑生产线、1000 吨/日以下的干法旋窑	窑径 3 米及以上的机械化立窑生产线、窑径 2.5 米及以上的干法中空窑生产线、1000 吨/日以下的干法旋窑
玻璃	30 万重量箱及以上平拉(含格法)生产线	60 万重量箱及以上平拉(含格法)生产线	60 万重量箱及以上平拉(含格法)生产线
电解铝	80 千安及以上预焙槽	100 千安及以上预焙槽	100 千安及以上预焙槽
酒精	—	年产 3 万吨及以上的酒精生产企业	年产 3 万吨及以上的酒精生产企业
味精	—	年产 3 万吨及以上的味精生产企业	年产 3 万吨及以上的味精生产企业
柠檬酸	环保不达标的生产企业	年产 2 万吨及以上的柠檬酸生产企业	年产 2 万吨及以上的柠檬酸生产企业
铜冶炼	密闭鼓风炉、反射炉、电炉炼铜工艺及设备	密闭鼓风炉、反射炉、电炉炼铜工艺及设备	密闭鼓风炉、反射炉、电炉炼铜工艺及设备
铅冶炼	烧结机炼铅工艺及设备	已配套建设制酸及尾气吸收系统的烧结机炼铅工艺及设备	已配套建设制酸及尾气吸收系统的烧结机炼铅工艺及设备
锌冶炼	单日单罐产量 8 吨及以下竖罐炼锌工艺及设备	单日单罐产量 8 吨以上竖罐炼锌工艺及设备	单日单罐产量 8 吨以上竖罐炼锌工艺及设备

续表

行业	2011 年	2012 年	2013 年
印染	74 型生产线（包括前处理、染色或印花、后整理）	74 型生产线（包括前处理、染色或印花、后整理）	—
	使用年限超过 15 年的前处理生产线	使用年限超过 15 年的前处理生产线	使用年限超过 15 年的前处理生产线
	使用年限超过 15 年的后整理生产线（包括拉幅、定形设备）	使用年限超过 15 年的后整理生产线（包括拉幅、定形设备）	使用年限超过 15 年的后整理生产线（包括拉幅、定形设备）
	使用年限超过 15 年的印花生产线（包括圆网或平网印花机）	使用年限超过 15 年的印花生产线（包括圆网或平网印花机）	使用年限超过 15 年的印花生产线（包括圆网或平网印花机）
印染	使用年限超过 15 年的连续染色生产线	使用年限超过 15 年的连续染色生产线	使用年限超过 15 年的连续染色生产线
	浴比超过 1:10 的间歇式染色机	浴比超过 1:10 的间歇式染色机	浴比超过 1:10 的间歇式染色机
化纤	5000 吨/年及以上粘胶短纤生产线	5000 吨/年及以上粘胶短纤生产线	1 万吨/年及以上粘胶短纤生产线
	DMF 溶剂法氨纶生产线	DMF 溶剂法氨纶生产线	—
	DMF 溶剂法腈纶生产线	DMF 溶剂法腈纶生产线	DMF 溶剂法腈纶生产线
	采用锭轴长 900mm 以下半自动卷绕设备的涤纶长丝生产线	采用锭轴长 900mm 以下半自动卷绕设备的涤纶长丝生产线	采用锭轴长 900mm 以下半自动卷绕设备的涤纶长丝生产线
	1 万吨/年及以上间歇法聚酯聚合生产线	2 万吨/年及以上间歇法聚酯聚合生产线	3 万吨/年及以上间歇法聚酯聚合生产线
制革	年加工生皮能力 1.5 万标张牛皮及以上的生产线	年加工生皮能力 3 万标张牛皮及以上的生产线	年加工生皮能力 3 万标张牛皮及以上的生产线
	年加工蓝湿皮能力 1.5 万标张牛皮及以上的生产线	年加工蓝湿皮能力 1.5 万标张牛皮及以上的生产线	年加工蓝湿皮能力 3 万标张牛皮及以上的生产线

第五节　节能税收优惠政策

日前,国家税务总局下发了《关于进一步做好税收促进节能减排工作的通知》(国税函〔2010〕180号),对进一步做好税收促进节能减排工作作出部署。通知要求各级税务机关认真落实促进节能减排的各项税收政策,并切实做好节能减排税收政策的宣传、咨询和辅导。

节能减排是实现科学发展,构建资源节约型和环境友好型社会的重要举措。目前,我国已出台了支持节能减排技术研发与转让,鼓励企业使用节能减排专用设备,倡导绿色消费和适度消费,抑制高耗能、高排放及产能过剩行业过快增长等一系列税收优惠政策,现将相关政策梳理如下:

一、节能节水及环境保护专用设备企业所得税优惠政策

(一)政策依据

《中华人民共和国企业所得税法实施条例》第一百条中规定:企业购置并实际使用《环境保护专用设备企业所得税优惠目录》、《节能节水专用设备企业所得税优惠目录》和《安全生产专用设备企业所得税优惠目录》规定的环境保护、节能节水、安全生产等专用设备的,该专用设备投资额的10%可以从企业当年的应纳税额中抵免;当年不足抵免的,可以在以后5个纳税年度结转抵免。

(二)优惠目录(财税〔2009〕166号)

节能、节水专用设备企业所得税优惠目录见表2-5-5,环境保护专用设备企业所得税优惠目录见表2-5-6。

表2-5-5　节能、节水专用设备企业所得税优惠目录(2008年版)

序号	设备类型	设备名称	性能参数	应用领域	能效标准
一、节能设备					
1	中小型三相电动机	节能中小型三相异步电动机	电压660V及以下、额定功率0.55~315kW范围内,单速封闭扇冷式、N设计的一般途径、防爆电动机。效率指标不小于节能评价值	工业生产电力拖动	GB 18613—2002

续表

序号	设备类型	设备名称	性能参数	应用领域	能效标准
2	空气调节设备	能效等级1级的单元式空气调节机	名义制冷量大于7000W,能效比达到能效等级1级要求	工业制冷	GB 19576—2004
		能效等级1级的风管送风式空调(热泵)机组	能效比达到能效等级1级要求	工业制冷	GB 19576—2004
		能效等级1级的屋顶式空调(热泵)机组	制冷量为28~420kW,能效比达到能效等级1级要求	工业制冷	GB 19576—2004
		能效等级1级的冷水机组	能效比达到能效等级1级要求	工业制冷	GB 19577—2004
		能效等级1级的房间空气调节器	名义制冷量小于等于14000W,能效比达到能效等级1级要求	工业制冷	GB 12021.3—2004
3	通风机	节能型离心通风机	效率达到节能评价值要求	工业生产传输	GB 19761—2005
		节能型轴流通风机	效率达到节能评价值要求	工业生产传输	
		节能型空调离心通风机	效率达到节能评价值要求	工业生产传输	
4	水泵	节能型单级清水离心泵	单级清水离心泵(单吸和双吸),效率达到节能评价值要求	工业生产传输	GB 19762—2005
		节能型多级清水离心泵	多级清水离心泵,效率达到节能评价值要求	工业生产传输	
5	空气压缩机	高效空气压缩机	输入比功率应不小于节能评价值的103%	工业生产	GB 19153—2003
6	变频器	高压大容量变频器	额定电压不超过10kV、额定容量500kVA以上	高压大功率电动机	—

续表

序号	设备类型	设备名称	性能参数	应用领域	能效标准
6	配电变压器	高效油浸式配电变压器	三相10kV,无励磁调压额定容量30～1600kVA的油浸式,空载损耗和负载损耗应不大于节能评价值的36%	电力输配电	GB 20052—2006
		高效干式配电变压器	三相10kV,无励磁调压,额定容量30～2500kVA的干式配电变压器,空载损耗和负载损耗应不大于节能评价值的36%	电力输配电	
7	高压电动机	节能型三相异步高压电动机	机座号355～560,效率指标不小于节能评价值	工业生产电力拖动	—
8	节电器	电机轻载节电器	额定电压不超过10kV、50/60Hz,额定容量500～2500kVA,节电效率达到30%以上	工业生产电力拖动	—
9	交流接触器	永磁式交流接触器	1000V及以下的电压;50Hz交流电源供电、额定电流1000A及以下的接触器。功率小于0.5VA	电力控制	—
10	用电过程优化控制器	配电系统节电设备	额定电压不超过10kV、50/60Hz、额定容量不超过2500kVA。采用微电脑实时控制。具有电压自动检测控制、时间+电压控制、电压梯度控制模式,可根据不同的输入电压、不同时间及工艺要求进行过程能量优化控制的功能	工业生产及商用配电系统	—
11	工业锅炉	热水锅炉	热效率在GB/T 17954—2000表2中一级指标的基础上再提高5%	工业生产	GB/T 17954—2000
		蒸汽锅炉			
12	工业加热装置	铜锭感应加热炉	额定功率1600kW,加热处理每吨铜锭,单耗电量从250kW·h/t降到180kW·h/t	铜加工业	GB 5959.3—1988 GB/10067.3—2005
		高阻抗电弧炉	容量40t,熔炼每吨钢节能20kW·h/t,电极消耗机降低15%～20%	钢铁冶炼	GB 5959.2—1988 GB/10067.2—2005

续表

序号	设备类型	设备名称	性能参数	应用领域	能效标准
13	节煤、节油、节气关键件	汽车电磁风扇离合器	不少于3级变速;第2级变速是柔性联接	汽车节能	QC/T 777—2007

表2-5-6　环境保护专用设备企业所得税优惠目录(2008年版)

序号	类别	设备名称	性能参数	应用领域
1	一、水污染治理设备	高负荷厌氧EGSB反应器	有机负荷≥20kg /m^3 · d;BOD_5去除率≥90%	工业废水处理和垃圾渗透液处理
2		膜生物反应器	进水水质:COD < 400mg/L;BOD_5 < 200mg/L;pH值6~9;NH_4 - N≤20mg/L;工作通量≥120L /(m^2 · h);水回收率≥95%;出水达到《城市污水再生利用城市杂用水水质》(GB/T 18920)。使用寿命≥5年	生活污水处理和中水回用处理
3		反渗透过滤器	采用聚酰胺复合反渗透膜,净水寿命(膜材料的更换周期)≥2年;对规定分子量物质的截留率应达到设计的额定值	工业废水处理
4		重金属离子去除器	对重金属离子(Cr^{3+}、Cu^{2+}、Ni^{2+}、Pb^{2+}、Cd^{2+}、Hg^{2+})去除率≥99.9%,废渣达到无害化处理	工业废水处理
5		紫外消毒灯	杀菌效率≥99.99%;紫外剂量≥16mj /cm^2;灯管寿命≥9000h;设备耐压:0.1~0.8MP_a/cm^2;使用寿命≥10年	城市污水处理和工业废水处理
6		污泥浓缩脱水一体机	脱水后泥饼含固率≥25%	城市污水处理和工业废水处理
7		污泥干化机	单台蒸发水量1~15t /h;单台污泥日处理能力≥100t;干化后污泥固含量≥80%	污水处理
8	二、大气污染防治设备	湿法脱硫专用喷嘴	流量≥40m^3/h;雾化浆滴平均直径≤2100μm;流速:额定值±10%;喷雾角:额定值±10%;粒径分布均匀度:0.8~1.2;流量密度变化幅度:±10%	燃煤发电机组脱硫

续表

序号	类别	设备名称	性能参数	应用领域
9	二、大气污染防治设备	湿法脱硫专用除雾器	在除雾器出口雾滴夹带的浓度≤75 mg/Nm^3，除雾器阻力≤150Pa；临界分离粒径≤25～35μm	燃煤发电机组脱硫
10		袋式除尘器	除尘效率≥99.5%；排放浓度≤75 mg/m^3；出口温度≤120℃；林格曼一级；设备阻力低＜1200Pa；漏风率≤3%；耐压强度＞5kPa；滤袋寿命≥3年；耐高温、高湿，耐腐蚀	发电机组、工业锅炉、工业窑炉除尘
11		型煤锅炉	热效率≥80%，煤渣含灰量≤2%；低热负荷燃烧运行良好；各项污染物排放指标均低于《锅炉大气污染物排放标准》(GB 13271)	用于采暖、洗浴、饮用水、制冷的热水锅炉
12	三、固体废物处置设备	危险废弃物焚烧炉	处理量＞10t/d；焚烧温度：危险废物≥1100℃、多氯联苯≥1200℃、医院临床废物≥850℃；烟气停留时间＞2s；残渣热灼减率＜5%；焚烧炉燃烧效率＞65%；烟气排放达到《危险废物焚烧污染控制标准》(GB 18484)	工业、医疗垃圾和危险废弃物焚烧处理
13		医疗废物高温高压灭菌锅	灭菌温度≥1100℃，压力≥200kPa，灭菌时间≤25min，干燥时间≤15min。灭菌效率99.99%，气体中的微生物被截留的效率99.99%，达到100%灭活，排水排气均达到国家相应的排放标准	医疗废物处理
14	四、环境监测仪器仪表	在线固定污染源排放烟气连续监测仪	含尘量测量范围：0－200－2000mg/m^3；精度：±2%；气体污染物测量范围：SO_2/NO_x：0－250－2500mg/m^3；CO：0－500－5000mg/m^3；气体污染物测量精度：±0.1%满量程；流速测量范围：0～35m/s；流速测量精度±0.2m/s；压力：±3000Pa；精度：±1%；温度：0～200℃；精度：±1℃；湿度：0～20%；精度：±2%满量程	大气污染源监测

(三)应用示例

某企业2009年度应纳税所得额2800万元,购置并实际使用节能用水专用设备一台,该设备属于《节能节水专用设备企业所得税优惠目录》范围,专用发票注明价款100万元,增值税17万元。该设备所含的增值税符合进项税额抵扣的政策规定。适用企业所得税税率25%,不考虑其他因素。

1. 优惠政策应用前

应纳税所得额=2800万元

应纳所得税额=2800×25%=700万元

2. 优惠政策应用后

应纳税所得额=2800万元

可抵免应纳所得税额=100×10%=10万元

实际应纳所得税额=2800×25%-10=690万元

二、资源综合利用企业所得税优惠政策

(一)政策依据

《中华人民共和国企业所得税法》第三十三条中规定:企业综合利用资源,生产符合国家产业政策规定的产品所取得的收入,可以在计算应纳税所得额时减计收入。

《中华人民共和国企业所得税法实施条例》第九十九条中规定:企业以《资源综合利用企业所得税优惠目录》规定的资源作为主要原材料,生产国家非限制和禁止并符合国家和行业相关标准的产品取得的收入,减按90%计入收入总额。

(二)优惠目录

资源综合利用企业所得税优惠目录见表2-5-7。

表2-5-7 资源综合利用企业所得税优惠目录(2008年版)

类别	序号	综合利用的资源	生产的产品	技术标准
一、共生、伴生矿产资源	1	煤系共生、伴生矿产资源、瓦斯	高岭岩、铝钒土、膨润土,电力、热力及燃气	1. 产品原料100%来自所列资源 2. 煤炭开发中的废弃物 3. 产品符合国家和行业标准

续表

类别	序号	综合利用的资源	生产的产品	技术标准
二、废水（液）、废气、废渣	2	煤矸石、石煤、粉煤灰、采矿和选矿废渣、冶炼废渣、工业炉渣、脱硫石膏、磷石膏、江河（渠）道的清淤（淤沙）、风积沙、建筑垃圾、生活垃圾焚烧余渣、化工废渣、工业废渣	砖（瓦）、砌块、墙板类产品、石膏类制品以及商品粉煤灰	产品原料70%以上来自所列资源
	3	转炉渣、电炉渣、铁合金炉渣、氧化铝赤泥、化工废渣、工业废渣	铁、铁合金料、精矿粉、稀土	产品原料100%来自所列资源
	4	化工、纺织、造纸工业废液及废渣	银、盐、锌、纤维、碱、羊毛脂、聚乙烯醇、硫化钠、亚硫酸钠、硫氰酸钠、硝酸、铁盐、铬盐、木素硝酸盐、乙酸、乙二酸、乙酸钠、盐酸、粘合剂、酒精、香兰素、饲料酵母、肥料、甘油、乙氰	产品原料70%以上来自所列资源
	5	制盐液（苦卤）及硼酸废液	氯化钾、硝酸钾、溴素、氯化镁、氢氧化镁、无水硝、石膏、硫酸镁、硫酸钾、肥料	产品原料70%以上来自所列资源
	6	工矿废水、城市污水	再生水	产品原料100%来自所列资源达到国家有关标准
	7	废生物质油，废气润滑油	生物柴油及工业油料	产品原料100%来自所列资源
	8	焦炉煤气，化工、石油（炼油）化工废气、发酵废气、火炬气、炭黑尾气	硫磺、硫酸、磷铵、硫铵、脱硫石膏，可燃气、轻烃、氢气、硫酸亚铁、有色金属、二氧化碳、干冰、甲醇、合成氨	—

续表

类别	序号	综合利用的资源	生产的产品	技术标准
二、废水（液）、废气、废渣	9	转炉煤气、高炉煤气、火炬气以及除焦炉煤气以外的工业炉气，工业过程中的余热、余压	电力、热力	—
	10	废旧电池、电子电器产品	金属（包括稀贵金属）、非金属	产品原料100%来自所列资源
	11	废感光材料、废灯泡（管）	有色（稀贵）金属及其产品	产品原料100%来自所列资源
	12	锯末、树皮、枝丫材	人造板及其制品	1. 符合产品标准 2. 产品原料100%来自所列资源
	13	废塑料	塑料制品	产品原料100%来自所列资源
	14	废、旧轮胎	翻新轮胎、胶粉	1. 产品符合GB 9037和GB 14646标准 2. 产品原料100%来自所列资源 3. 符合GB/T 19208等标准规定的性能指标。
	15	废气天然纤维：化学纤维及其制品	造纸原料、纤维纱及织物、无纺布、毡、粘合剂、再生聚酯	产品原料100%来自所列资源
	16	农作物秸秆及壳皮（包括粮食作物秸秆、农业经济作物秸秆、粮食壳皮、玉米芯）	代木产品，电力，热力及燃气	产品原料70%以上来自所列资源

（三）应用示例

某企业2009年度以《资源综合利用企业所得税优惠目录》规定的资源作为主要原材料，生产国家非限制和禁止并符合国家和行业相关标准的产品取得的收入200万元，这一项目的成本费用为95万元；企业的其他项目收入50万元，成本费用30万元（不考虑其他因素）。

1. 优惠政策应用前

应纳税所得额 =(200 +50)-(95 +30)=125 万元

应纳所得税额 =125 ×25% =31.25 万元

2. 优惠政策应用后

应纳税所得额 =(200 ×90% +50)-(95 +30)=105 万元

应纳所得税额 =105 ×25% =26.25 万元

三、合同能源管理税收优惠政策

由国家发展改革委、财政部、人民银行、税务总局联合发布的《关于加快推行合同能源管理促进节能服务产业发展的意见》(国办发〔2010〕25 号)中做出以下规定:

1. 对节能服务公司实施合同能源管理项目,取得的营业税应税收入,暂免征收营业税,对其无偿转让给用能单位的因实施合同能源管理项目形成的资产,免征增值税。

2. 节能服务公司实施合同能源管理项目,符合税法有关规定的,自项目取得第一笔生产经营收入所属纳税年度起,第一年至第三年免征企业所得税,第四年至第六年减半征收企业所得税。

3. 用能企业按照能源管理合同实际支付给节能服务公司的合理支出,均可以在计算当期应纳税所得额时扣除,不再区分服务费用和资产价款进行税务处理。

4. 能源管理合同期满后,节能服务公司转让给用能企业的因实施合同能源管理项目形成的资产,按折旧或摊销期满的资产进行税务处理。节能服务公司与用能企业办理上述资产的权属转移时,也不再另行计入节能服务公司的收入。

5. 上述税收政策的具体实施办法由财政部、税务总局会同发展改革委等部门另行制定。

附件 1:企业财政节能奖励资金申请报告

企业财政节能奖励资金申请报告的主要内容

一、企业基本情况表和项目基本情况表(见附表 1、附表 2)

二、企业能源管理情况

三、项目实施前用能状况

四、项目拟采用的节能技术措施

五、项目节能量测算和监测方法

六、其他需要说明的事项

七、附件:

1. 项目可行性研究报告。

2. 项目的备案、核准或审批文件。

3. 相应级别环保部门对项目环境影响报告书(表)的批复。

附表 1:

企业基本情况表

企业签章　　　　　　　　　　　　　　　　　　　　　　　　　　单位:万元

<table>
<tr><td>企业名称</td><td colspan="4"></td><td>法定代表人</td><td colspan="2"></td></tr>
<tr><td>企业地址</td><td colspan="4"></td><td>联系电话</td><td colspan="2"></td></tr>
<tr><td>企业登记
注册类型</td><td colspan="2"></td><td>职工人
数(人)</td><td></td><td>其中:技术
人员(人)</td><td colspan="2"></td></tr>
<tr><td>隶属关系</td><td colspan="2"></td><td>银行信用等级</td><td></td><td>有无国家认定的技术中心</td><td colspan="2"></td></tr>
<tr><td>企业总资产</td><td></td><td>固定资
产原值</td><td></td><td>固定资
产净值</td><td></td><td>资产
负债率</td><td></td></tr>
<tr><td>企业贷款余额</td><td colspan="2"></td><td>其中:中长期
贷款余额</td><td></td><td>短期贷
款余额</td><td colspan="2"></td></tr>
<tr><td colspan="2">主要产品生产能力,国内市场占有率,改造前一年水、能源及相关资源消费量</td><td colspan="6"></td></tr>
<tr><td colspan="2">年度(近三年)
企业经营情况</td><td colspan="2">年</td><td>年</td><td>年</td><td colspan="2">备　注</td></tr>
<tr><td colspan="2">销售收入</td><td colspan="2"></td><td></td><td></td><td colspan="2"></td></tr>
<tr><td colspan="2">利　　润</td><td colspan="2"></td><td></td><td></td><td colspan="2"></td></tr>
<tr><td colspan="2">税　　金</td><td colspan="2"></td><td></td><td></td><td colspan="2"></td></tr>
</table>

附表 2：

项目基本情况表

单位：万元、万美元

企业名称			所属行业		所属工程类别		
项目名称				建设年限		项目责任人及联系电话	
项目建设必要性（企业资源消耗的现状、存在的主要问题）							
项目建设内容							
建成后达到目标（节能情况、污染物减排放情况）	（注：必须注明项目实施后可能达到的具体目标，如节能××吨标准煤，节油××吨，节电××万千瓦时，削减二氧化硫××吨，减排二氧化碳××吨等）						
项目总投资		固定资产投资		银行贷款		自筹及其他	
新增销售收入		新增利润		新增税金		新增出口创汇	
项目前期工作情况							

注：建成后达到目标必须注明实施后可能达到的具体目标，如节能××吨标准煤，节油××吨，节电××万千瓦时。

附件 2:节能量审核报告

编号:____________

××××单位

××项目现场审核报告

审核机构:（加盖公章）

负 责 人:____________

编制日期:_____年____月____日

<table>
<tr><td rowspan="2">审核项目</td><td>名称</td><td></td><td>所属单位</td><td></td></tr>
<tr><td>地址</td><td></td><td>电话</td><td></td></tr>
<tr><td rowspan="3">审核组组成</td><td>组长</td><td>（亲笔签名）</td><td>所在机构</td><td></td></tr>
<tr><td>成员</td><td>（亲笔签名）</td><td>所在机构</td><td></td></tr>
<tr><td>成员</td><td>（亲笔签名）</td><td>所在机构</td><td></td></tr>
<tr><td>审核日期</td><td colspan="4">20　年　月　日</td></tr>
<tr><td>审核目的</td><td colspan="4">A. 评价项目实施前能源利用情况和预期年节能量。
B. 评价项目实施后实际年节能量。</td></tr>
<tr><td rowspan="5">审核技术
指标</td><td colspan="2">名　称</td><td>项目实施前</td><td>项目实施后</td></tr>
<tr><td colspan="2">综合能耗</td><td></td><td></td></tr>
<tr><td colspan="2">产品产量</td><td></td><td></td></tr>
<tr><td colspan="2">单位产品能耗</td><td></td><td></td></tr>
<tr><td colspan="2">项目年节能量</td><td colspan="2"></td></tr>
<tr><td>审核结论</td><td colspan="4">受审核方提出的项目实施前（后）的能源消耗为　　　吨标准煤，预期（实际）年节能量为　　　吨标准煤　。
经审核，××项目实施前（后）的能源消耗为　　　吨标准煤，预期（实际）年节能量为　　　吨标准煤。
项目预期目标与实际效果之间产生差距的原因是：

受审核方法人代表：________________
受审核方公章：________________
审核组长：________（亲笔签名）________
审核员：________（亲笔签名）________</td></tr>
<tr><td>审核报告
报送部门：</td><td colspan="4"></td></tr>
</table>

注：受审核方不接受审核结论时，应出具由受审核方的法人代表签字的书面意见。

报告编制大纲：

一、受审核方及项目简介

1. 受审核方基本情况（性质、主要产品、生产流程、产值、总体用能情况等）

2. 受审核项目的工艺流程及其重点耗能设备在生产中的作用

3. 受审核项目拟投资情况

二、审核过程描述

1. 审核的部门及活动

2. 审核的时间安排

3. 审核实施

三、项目实施前(后)的能源利用情况

1. 项目实施前(后)的生产情况

2. 项目实施前(后)的能源消费情况

3. 重点用能工艺设备情况

4. 项目实施前(后)能量平衡表

四、节能技术措施描述

1. 技术原理或工艺特点

2. 技术指标

3. 节能效果

五、项目节能量监测

1. 能源计量器具配备与管理

2. 能源统计与上报制度

3. 重点用能工艺设备运行监测

六、预期(实际)年节能量

1. 确定方法选用

2. 节能量确定

七、报告附件

1. 项目节能量审核委托材料

2. 项目节能量审核计划 × × 页

3. 项目节能量审核人员名单

3

第三部分

附　录

一、中华人民共和国节约能源法

（1997 年 11 月 1 日第八届全国人民代表大会常务委员会第二十八次会议通过 2007 年 10 月 28 日第十届全国人民代表大会常务委员会第三十次会议修订）

目 录

第一章 总 则

第一条 为了推动全社会节约能源，提高能源利用效率，保护和改善环境，促进经济社会全面协调可持续发展，制定本法。

第二条 本法所称能源，是指煤炭、石油、天然气、生物质能和电力、热力以及其他直接或者通过加工、转换而取得有用能的各种资源。

第三条 本法所称节约能源(以下简称节能),是指加强用能管理,采取技术上可行、经济上合理以及环境和社会可以承受的措施,从能源生产到消费的各个环节,降低消耗、减少损失和污染物排放、制止浪费,有效、合理地利用能源。

第四条 节约资源是我国的基本国策。国家实施节约与开发并举、把节约放在首位的能源发展战略。

第五条 国务院和县级以上地方各级人民政府应当将节能工作纳入国民经济和社会发展规划、年度计划,并组织编制和实施节能中长期专项规划、年度节能计划。

国务院和县级以上地方各级人民政府每年向本级人民代表大会或者其常务委员会报告节能工作。

第六条 国家实行节能目标责任制和节能考核评价制度,将节能目标完成情况作为对地方人民政府及其负责人考核评价的内容。

省、自治区、直辖市人民政府每年向国务院报告节能目标责任的履行情况。

第七条 国家实行有利于节能和环境保护的产业政策,限制发展高耗能、高污染行业,发展节能环保型产业。

国务院和省、自治区、直辖市人民政府应当加强节能工作,合理调整产业结构、企业结构、产品结构和能源消费结构,推动企业降低单位产值能耗和单位产品能耗,淘汰落后的生产能力,改进能源的开发、加工、转换、输送、储存和供应,提高能源利用效率。

国家鼓励、支持开发和利用新能源、可再生能源。

第八条 国家鼓励、支持节能科学技术的研究、开发、示范和推广,促进节能技术创新与进步。

国家开展节能宣传和教育,将节能知识纳入国民教育和培训体系,普及节能科学知识,增强全民的节能意识,提倡节约型的消费方式。

第九条 任何单位和个人都应当依法履行节能义务,有权检举浪费能源的行为。

新闻媒体应当宣传节能法律、法规和政策,发挥舆论监督作用。

第十条 国务院管理节能工作的部门主管全国的节能监督管理工作。国务院有关部门在各自的职责范围内负责节能监督管理工作,并接受国务院管理节能工作的部门的指导。

县级以上地方各级人民政府管理节能工作的部门负责本行政区域内的节能监督管理工作。县级以上地方各级人民政府有关部门在各自的职责范围内负责节能监督管理工作，并接受同级管理节能工作的部门的指导。

第二章 节能管理

第十一条 国务院和县级以上地方各级人民政府应当加强对节能工作的领导，部署、协调、监督、检查、推动节能工作。

第十二条 县级以上人民政府管理节能工作的部门和有关部门应当在各自的职责范围内，加强对节能法律、法规和节能标准执行情况的监督检查，依法查处违法用能行为。

履行节能监督管理职责不得向监督管理对象收取费用。

第十三条 国务院标准化主管部门和国务院有关部门依法组织制定并适时修订有关节能的国家标准、行业标准，建立健全节能标准体系。

国务院标准化主管部门会同国务院管理节能工作的部门和国务院有关部门制定强制性的用能产品、设备能源效率标准和生产过程中耗能高的产品的单位产品能耗限额标准。

国家鼓励企业制定严于国家标准、行业标准的企业节能标准。

省、自治区、直辖市制定严于强制性国家标准、行业标准的地方节能标准，由省、自治区、直辖市人民政府报经国务院批准；本法另有规定的除外。

第十四条 建筑节能的国家标准、行业标准由国务院建设主管部门组织制定，并依照法定程序发布。

省、自治区、直辖市人民政府建设主管部门可以根据本地实际情况，制定严于国家标准或者行业标准的地方建筑节能标准，并报国务院标准化主管部门和国务院建设主管部门备案。

第十五条 国家实行固定资产投资项目节能评估和审查制度。不符合强制性节能标准的项目，依法负责项目审批或者核准的机关不得批准或者核准建设；建设单位不得开工建设；已经建成的，不得投入生产、使用。具体办法由国务院管理节能工作的部门会同国务院有关部门制定。

第十六条 国家对落后的耗能过高的用能产品、设备和生产工艺实行淘汰制度。淘汰的用能产品、设备、生产工艺的目录和实施办法，由国务院管理节能工作的部门会同国务院有关部门制定并公布。

生产过程中耗能高的产品的生产单位，应当执行单位产品能耗限额标准。对超过单位产品能耗限额标准用能的生产单位，由管理节能工作的部门按照国务院规定的权限责令限期治理。

对高耗能的特种设备,按照国务院的规定实行节能审查和监管。

第十七条 禁止生产、进口、销售国家明令淘汰或者不符合强制性能源效率标准的用能产品、设备;禁止使用国家明令淘汰的用能设备、生产工艺。

第十八条 国家对家用电器等使用面广、耗能量大的用能产品,实行能源效率标识管理。实行能源效率标识管理的产品目录和实施办法,由国务院管理节能工作的部门会同国务院产品质量监督部门制定并公布。

第十九条 生产者和进口商应当对列入国家能源效率标识管理产品目录的用能产品标注能源效率标识,在产品包装物上或者说明书中予以说明,并按照规定报国务院产品质量监督部门和国务院管理节能工作的部门共同授权的机构备案。

生产者和进口商应当对其标注的能源效率标识及相关信息的准确性负责。禁止销售应当标注而未标注能源效率标识的产品。

禁止伪造、冒用能源效率标识或者利用能源效率标识进行虚假宣传。

第二十条 用能产品的生产者、销售者,可以根据自愿原则,按照国家有关节能产品认证的规定,向经国务院认证认可监督管理部门认可的从事节能产品认证的机构提出节能产品认证申请;经认证合格后,取得节能产品认证证书,可以在用能产品或者其包装物上使用节能产品认证标志。

禁止使用伪造的节能产品认证标志或者冒用节能产品认证标志。

第二十一条 县级以上各级人民政府统计部门应当会同同级有关部门,建立健全能源统计制度,完善能源统计指标体系,改进和规范能源统计方法,确保能源统计数据真实、完整。

国务院统计部门会同国务院管理节能工作的部门,定期向社会公布各省、自治区、直辖市以及主要耗能行业的能源消费和节能情况等信息。

第二十二条 国家鼓励节能服务机构的发展,支持节能服务机构开展节能咨询、设计、评估、检测、审计、认证等服务。

国家支持节能服务机构开展节能知识宣传和节能技术培训,提供节能信息、节能示范和其他公益性节能服务。

第二十三条 国家鼓励行业协会在行业节能规划、节能标准的制定和实施、节能技术推广、能源消费统计、节能宣传培训和信息咨询等方面发挥作用。

第三章　合理使用与节约能源

第一节　一般规定

第二十四条　用能单位应当按照合理用能的原则，加强节能管理，制定并实施节能计划和节能技术措施，降低能源消耗。

第二十五条　用能单位应当建立节能目标责任制，对节能工作取得成绩的集体、个人给予奖励。

第二十六条　用能单位应当定期开展节能教育和岗位节能培训。

第二十七条　用能单位应当加强能源计量管理，按照规定配备和使用经依法检定合格的能源计量器具。

用能单位应当建立能源消费统计和能源利用状况分析制度，对各类能源的消费实行分类计量和统计，并确保能源消费统计数据真实、完整。

第二十八条　能源生产经营单位不得向本单位职工无偿提供能源。任何单位不得对能源消费实行包费制。

第二节　工业节能

第二十九条　国务院和省、自治区、直辖市人民政府推进能源资源优化开发利用和合理配置，推进有利于节能的行业结构调整，优化用能结构和企业布局。

第三十条　国务院管理节能工作的部门会同国务院有关部门制定电力、钢铁、有色金属、建材、石油加工、化工、煤炭等主要耗能行业的节能技术政策，推动企业节能技术改造。

第三十一条　国家鼓励工业企业采用高效、节能的电动机、锅炉、窑炉、风机、泵类等设备，采用热电联产、余热余压利用、洁净煤以及先进的用能监测和控制等技术。

第三十二条　电网企业应当按照国务院有关部门制定的节能发电调度管理的规定，安排清洁、高效和符合规定的热电联产、利用余热余压发电的机组以及其他符合资源综合利用规定的发电机组与电网并网运行，上网电价执行国家有关规定。

第三十三条　禁止新建不符合国家规定的燃煤发电机组、燃油发电机组和燃煤热电机组。

第三节　建筑节能

第三十四条　国务院建设主管部门负责全国建筑节能的监督管理工作。

县级以上地方各级人民政府建设主管部门负责本行政区域内建筑节能的监督管理工作。

县级以上地方各级人民政府建设主管部门会同同级管理节能工作的部门编制本行政区域内的建筑节能规划。建筑节能规划应当包括既有建筑节能改造计划。

第三十五条　建筑工程的建设、设计、施工和监理单位应当遵守建筑节能标准。

不符合建筑节能标准的建筑工程,建设主管部门不得批准开工建设;已经开工建设的,应当责令停止施工、限期改正;已经建成的,不得销售或者使用。

建设主管部门应当加强对在建建筑工程执行建筑节能标准情况的监督检查。

第三十六条　房地产开发企业在销售房屋时,应当向购买人明示所售房屋的节能措施、保温工程保修期等信息,在房屋买卖合同、质量保证书和使用说明书中载明,并对其真实性、准确性负责。

第三十七条　使用空调采暖、制冷的公共建筑应当实行室内温度控制制度。具体办法由国务院建设主管部门制定。

第三十八条　国家采取措施,对实行集中供热的建筑分步骤实行供热分户计量、按照用热量收费的制度。新建建筑或者对既有建筑进行节能改造,应当按照规定安装用热计量装置、室内温度调控装置和供热系统调控装置。具体办法由国务院建设主管部门会同国务院有关部门制定。

第三十九条　县级以上地方各级人民政府有关部门应当加强城市节约用电管理,严格控制公用设施和大型建筑物装饰性景观照明的能耗。

第四十条　国家鼓励在新建建筑和既有建筑节能改造中使用新型墙体材料等节能建筑材料和节能设备,安装和使用太阳能等可再生能源利用系统。

第四节　交通运输节能

第四十一条　国务院有关交通运输主管部门按照各自的职责负责全国交通运输相关领域的节能监督管理工作。

国务院有关交通运输主管部门会同国务院管理节能工作的部门分别制定相关领域的节能规划。

第四十二条 国务院及其有关部门指导、促进各种交通运输方式协调发展和有效衔接,优化交通运输结构,建设节能型综合交通运输体系。

第四十三条 县级以上地方各级人民政府应当优先发展公共交通,加大对公共交通的投入,完善公共交通服务体系,鼓励利用公共交通工具出行;鼓励使用非机动交通工具出行。

第四十四条 国务院有关交通运输主管部门应当加强交通运输组织管理,引导道路、水路、航空运输企业提高运输组织化程度和集约化水平,提高能源利用效率。

第四十五条 国家鼓励开发、生产、使用节能环保型汽车、摩托车、铁路机车车辆、船舶和其他交通运输工具,实行老旧交通运输工具的报废、更新制度。

国家鼓励开发和推广应用交通运输工具使用的清洁燃料、石油替代燃料。

第四十六条 国务院有关部门制定交通运输营运车船的燃料消耗量限值标准;不符合标准的,不得用于营运。

国务院有关交通运输主管部门应当加强对交通运输营运车船燃料消耗检测的监督管理。

第五节　公共机构节能

第四十七条 公共机构应当厉行节约,杜绝浪费,带头使用节能产品、设备,提高能源利用效率。

本法所称公共机构,是指全部或者部分使用财政性资金的国家机关、事业单位和团体组织。

第四十八条 国务院和县级以上地方各级人民政府管理机关事务工作的机构会同同级有关部门制定和组织实施本级公共机构节能规划。公共机构节能规划应当包括公共机构既有建筑节能改造计划。

第四十九条 公共机构应当制定年度节能目标和实施方案,加强能源消费计量和监测管理,向本级人民政府管理机关事务工作的机构报送上年度的能源消费状况报告。

国务院和县级以上地方各级人民政府管理机关事务工作的机构会同同级有关部门按照管理权限,制定本级公共机构的能源消耗定额,财政部门根据该定额制定能源消耗支出标准。

第五十条 公共机构应当加强本单位用能系统管理,保证用能系统的运行符合国家相关标准。

公共机构应当按照规定进行能源审计,并根据能源审计结果采取提高能源利用效率的措施。

第五十一条 公共机构采购用能产品、设备,应当优先采购列入节能产品、设备政府采购名录中的产品、设备。禁止采购国家明令淘汰的用能产品、设备。

节能产品、设备政府采购名录由省级以上人民政府的政府采购监督管理部门会同同级有关部门制定并公布。

第六节 重点用能单位节能

第五十二条 国家加强对重点用能单位的节能管理。

下列用能单位为重点用能单位:

(一)年综合能源消费总量一万吨标准煤以上的用能单位;

(二)国务院有关部门或者省、自治区、直辖市人民政府管理节能工作的部门指定的年综合能源消费总量五千吨以上不满一万吨标准煤的用能单位。

重点用能单位节能管理办法,由国务院管理节能工作的部门会同国务院有关部门制定。

第五十三条 重点用能单位应当每年向管理节能工作的部门报送上年度的能源利用状况报告。能源利用状况包括能源消费情况、能源利用效率、节能目标完成情况和节能效益分析、节能措施等内容。

第五十四条 管理节能工作的部门应当对重点用能单位报送的能源利用状况报告进行审查。对节能管理制度不健全、节能措施不落实、能源利用效率低的重点用能单位,管理节能工作的部门应当开展现场调查,组织实施用能设备能源效率检测,责令实施能源审计,并提出书面整改要求,限期整改。

第五十五条 重点用能单位应当设立能源管理岗位,在具有节能专业知识、实际经验以及中级以上技术职称的人员中聘任能源管理负责人,并报管理节能工作的部门和有关部门备案。

能源管理负责人负责组织对本单位用能状况进行分析、评价,组织编写本单位能源利用状况报告,提出本单位节能工作的改进措施并组织实施。

能源管理负责人应当接受节能培训。

第四章 节能技术进步

第五十六条 国务院管理节能工作的部门会同国务院科技主管部门发布节

能技术政策大纲，指导节能技术研究、开发和推广应用。

第五十七条 县级以上各级人民政府应当把节能技术研究开发作为政府科技投入的重点领域，支持科研单位和企业开展节能技术应用研究，制定节能标准，开发节能共性和关键技术，促进节能技术创新与成果转化。

第五十八条 国务院管理节能工作的部门会同国务院有关部门制定并公布节能技术、节能产品的推广目录，引导用能单位和个人使用先进的节能技术、节能产品。

国务院管理节能工作的部门会同国务院有关部门组织实施重大节能科研项目、节能示范项目、重点节能工程。

第五十九条 县级以上各级人民政府应当按照因地制宜、多能互补、综合利用、讲求效益的原则，加强农业和农村节能工作，增加对农业和农村节能技术、节能产品推广应用的资金投入。

农业、科技等有关主管部门应当支持、推广在农业生产、农产品加工储运等方面应用节能技术和节能产品，鼓励更新和淘汰高耗能的农业机械和渔业船舶。

国家鼓励、支持在农村大力发展沼气，推广生物质能、太阳能和风能等可再生能源利用技术，按照科学规划、有序开发的原则发展小型水力发电，推广节能型的农村住宅和炉灶等，鼓励利用非耕地种植能源植物，大力发展薪炭林等能源林。

第五章 激励措施

第六十条 中央财政和省级地方财政安排节能专项资金，支持节能技术研究开发、节能技术和产品的示范与推广、重点节能工程的实施、节能宣传培训、信息服务和表彰奖励等。

第六十一条 国家对生产、使用列入本法第五十八条规定的推广目录的需要支持的节能技术、节能产品，实行税收优惠等扶持政策。

国家通过财政补贴支持节能照明器具等节能产品的推广和使用。

第六十二条 国家实行有利于节约能源资源的税收政策，健全能源矿产资源有偿使用制度，促进能源资源的节约及其开采利用水平的提高。

第六十三条 国家运用税收等政策，鼓励先进节能技术、设备的进口，控制在生产过程中耗能高、污染重的产品的出口。

第六十四条 政府采购监督管理部门会同有关部门制定节能产品、设备政府采购名录，应当优先列入取得节能产品认证证书的产品、设备。

第六十五条 国家引导金融机构增加对节能项目的信贷支持，为符合条件的节能技术研究开发、节能产品生产以及节能技术改造等项目提供优惠贷款。

国家推动和引导社会有关方面加大对节能的资金投入，加快节能技术改造。

第六十六条 国家实行有利于节能的价格政策，引导用能单位和个人节能。

国家运用财税、价格等政策，支持推广电力需求侧管理、合同能源管理、节能自愿协议等节能办法。

国家实行峰谷分时电价、季节性电价、可中断负荷电价制度，鼓励电力用户合理调整用电负荷；对钢铁、有色金属、建材、化工和其他主要耗能行业的企业，分淘汰、限制、允许和鼓励类实行差别电价政策。

第六十七条 各级人民政府对在节能管理、节能科学技术研究和推广应用中有显著成绩以及检举严重浪费能源行为的单位和个人，给予表彰和奖励。

第六章　法律责任

第六十八条 负责审批或者核准固定资产投资项目的机关违反本法规定，对不符合强制性节能标准的项目予以批准或者核准建设的，对直接负责的主管人员和其他直接责任人员依法给予处分。

固定资产投资项目建设单位开工建设不符合强制性节能标准的项目或者将该项目投入生产、使用的，由管理节能工作的部门责令停止建设或者停止生产、使用，限期改造；不能改造或者逾期不改造的生产性项目，由管理节能工作的部门报请本级人民政府按照国务院规定的权限责令关闭。

第六十九条 生产、进口、销售国家明令淘汰的用能产品、设备的，使用伪造的节能产品认证标志或者冒用节能产品认证标志的，依照《中华人民共和国产品质量法》的规定处罚。

第七十条 生产、进口、销售不符合强制性能源效率标准的用能产品、设备的，由产品质量监督部门责令停止生产、进口、销售，没收违法生产、进口、销售的用能产品、设备和违法所得，并处违法所得一倍以上五倍以下罚款；情节严重的，由工商行政管理部门吊销营业执照。

第七十一条 使用国家明令淘汰的用能设备或者生产工艺的，由管理节能工作的部门责令停止使用，没收国家明令淘汰的用能设备；情节严重的，可以由管理节能工作的部门提出意见，报请本级人民政府按照国务院规定的权限责令停业整顿或者关闭。

第七十二条 生产单位超过单位产品能耗限额标准用能,情节严重,经限期治理逾期不治理或者没有达到治理要求的,可以由管理节能工作的部门提出意见,报请本级人民政府按照国务院规定的权限责令停业整顿或者关闭。

第七十三条 违反本法规定,应当标注能源效率标识而未标注的,由产品质量监督部门责令改正,处三万元以上五万元以下罚款。

违反本法规定,未办理能源效率标识备案,或者使用的能源效率标识不符合规定的,由产品质量监督部门责令限期改正;逾期不改正的,处一万元以上三万元以下罚款。

伪造、冒用能源效率标识或者利用能源效率标识进行虚假宣传的,由产品质量监督部门责令改正,处五万元以上十万元以下罚款;情节严重的,由工商行政管理部门吊销营业执照。

第七十四条 用能单位未按照规定配备、使用能源计量器具的,由产品质量监督部门责令限期改正;逾期不改正的,处一万元以上五万元以下罚款。

第七十五条 瞒报、伪造、篡改能源统计资料或者编造虚假能源统计数据的,依照《中华人民共和国统计法》的规定处罚。

第七十六条 从事节能咨询、设计、评估、检测、审计、认证等服务的机构提供虚假信息的,由管理节能工作的部门责令改正,没收违法所得,并处五万元以上十万元以下罚款。

第七十七条 违反本法规定,无偿向本单位职工提供能源或者对能源消费实行包费制的,由管理节能工作的部门责令限期改正;逾期不改正的,处五万元以上二十万元以下罚款。

第七十八条 电网企业未按照本法规定安排符合规定的热电联产和利用余热余压发电的机组与电网并网运行,或者未执行国家有关上网电价规定的,由国家电力监管机构责令改正;造成发电企业经济损失的,依法承担赔偿责任。

第七十九条 建设单位违反建筑节能标准的,由建设主管部门责令改正,处二十万元以上五十万元以下罚款。

设计单位、施工单位、监理单位违反建筑节能标准的,由建设主管部门责令改正,处十万元以上五十万元以下罚款;情节严重的,由颁发资质证书的部门降低资质等级或者吊销资质证书;造成损失的,依法承担赔偿责任。

第八十条 房地产开发企业违反本法规定,在销售房屋时未向购买人明示所售房屋的节能措施、保温工程保修期等信息的,由建设主管部门责令限期改正,逾期不改正的,处三万元以上五万元以下罚款;对以上信息作虚假宣传的,由建设主管部门责令改正,处五万元以上二十万元以下罚款。

第八十一条 公共机构采购用能产品、设备,未优先采购列入节能产品、设备政府采购名录中的产品、设备,或者采购国家明令淘汰的用能产品、设备的,由政府采购监督管理部门给予警告,可以并处罚款;对直接负责的主管人员和其他直接责任人员依法给予处分,并予通报。

第八十二条 重点用能单位未按照本法规定报送能源利用状况报告或者报告内容不实的,由管理节能工作的部门责令限期改正;逾期不改正的,处一万元以上五万元以下罚款。

第八十三条 重点用能单位无正当理由拒不落实本法第五十四条规定的整改要求或者整改没有达到要求的,由管理节能工作的部门处十万元以上三十万元以下罚款。

第八十四条 重点用能单位未按照本法规定设立能源管理岗位,聘任能源管理负责人,并报管理节能工作的部门和有关部门备案的,由管理节能工作的部门责令改正;拒不改正的,处一万元以上三万元以下罚款。

第八十五条 违反本法规定,构成犯罪的,依法追究刑事责任。

第八十六条 国家工作人员在节能管理工作中滥用职权、玩忽职守、徇私舞弊,构成犯罪的,依法追究刑事责任;尚不构成犯罪的,依法给予处分。

第七章 附 则

第八十七条 本法自2008年4月1日起施行。

二、民用建筑节能条例

第一章　总　　则

第一条　为了加强民用建筑节能管理,降低民用建筑使用过程中的能源消耗,提高能源利用效率,制定本条例。

第二条　本条例所称民用建筑节能,是指在保证民用建筑使用功能和室内热环境质量的前提下,降低其使用过程中能源消耗的活动。

本条例所称民用建筑,是指居住建筑、国家机关办公建筑和商业、服务业、教育、卫生等其他公共建筑。

第三条　各级人民政府应当加强对民用建筑节能工作的领导,积极培育民用建筑节能服务市场,健全民用建筑节能服务体系,推动民用建筑节能技术的开发应用,做好民用建筑节能知识的宣传教育工作。

第四条　国家鼓励和扶持在新建建筑和既有建筑节能改造中采用太阳能、地热能等可再生能源。

在具备太阳能利用条件的地区,有关地方人民政府及其部门应当采取有效措施,鼓励和扶持单位、个人安装使用太阳能热水系统、照明系统、供热系统、采暖制冷系统等太阳能利用系统。

第五条　国务院建设主管部门负责全国民用建筑节能的监督管理工作。县级以上地方人民政府建设主管部门负责本行政区域民用建筑节能的监督管理工作。

县级以上人民政府有关部门应当依照本条例的规定以及本级人民政府规定的职责分工,负责民用建筑节能的有关工作。

第六条　国务院建设主管部门应当在国家节能中长期专项规划指导下,编制全国民用建筑节能规划,并与相关规划相衔接。

县级以上地方人民政府建设主管部门应当组织编制本行政区域的民用建筑节能规划,报本级人民政府批准后实施。

第七条 国家建立健全民用建筑节能标准体系。国家民用建筑节能标准由国务院建设主管部门负责组织制定,并依照法定程序发布。

国家鼓励制定、采用优于国家民用建筑节能标准的地方民用建筑节能标准。

第八条 县级以上人民政府应当安排民用建筑节能资金,用于支持民用建筑节能的科学技术研究和标准制定、既有建筑围护结构和供热系统的节能改造、可再生能源的应用,以及民用建筑节能示范工程、节能项目的推广。

政府引导金融机构对既有建筑节能改造、可再生能源的应用,以及民用建筑节能示范工程等项目提供支持。

民用建筑节能项目依法享受税收优惠。

第九条 国家积极推进供热体制改革,完善供热价格形成机制,鼓励发展集中供热,逐步实行按照用热量收费制度。

第十条 对在民用建筑节能工作中做出显著成绩的单位和个人,按照国家有关规定给予表彰和奖励。

第二章 新建建筑节能

第十一条 国家推广使用民用建筑节能的新技术、新工艺、新材料和新设备,限制使用或者禁止使用能源消耗高的技术、工艺、材料和设备。国务院节能工作主管部门、建设主管部门应当制定、公布并及时更新推广使用、限制使用、禁止使用目录。

国家限制进口或者禁止进口能源消耗高的技术、材料和设备。

建设单位、设计单位、施工单位不得在建筑活动中使用列入禁止使用目录的技术、工艺、材料和设备。

第十二条 编制城市详细规划、镇详细规划,应当按照民用建筑节能的要求,确定建筑的布局、形状和朝向。

城乡规划主管部门依法对民用建筑进行规划审查,应当就设计方案是否符合民用建筑节能强制性标准征求同级建设主管部门的意见;建设主管部门应当自收到征求意见材料之日起10日内提出意见。征求意见时间不计算在规划许可的期限内。

对不符合民用建筑节能强制性标准的,不得颁发建设工程规划许可证。

第十三条 施工图设计文件审查机构应当按照民用建筑节能强制性标准对施工图设计文件进行审查;经审查不符合民用建筑节能强制性标准的,县级以上地方人民政府建设主管部门不得颁发施工许可证。

第十四条 建设单位不得明示或者暗示设计单位、施工单位违反民用建筑节能强制性标准进行设计、施工,不得明示或者暗示施工单位使用不符合施工图设计文件要求的墙体材料、保温材料、门窗、采暖制冷系统和照明设备。

按照合同约定由建设单位采购墙体材料、保温材料、门窗、采暖制冷系统和照明设备的,建设单位应当保证其符合施工图设计文件要求。

第十五条 设计单位、施工单位、工程监理单位及其注册执业人员,应当按照民用建筑节能强制性标准进行设计、施工、监理。

第十六条 施工单位应当对进入施工现场的墙体材料、保温材料、门窗、采暖制冷系统和照明设备进行查验;不符合施工图设计文件要求的,不得使用。

工程监理单位发现施工单位不按照民用建筑节能强制性标准施工的,应当要求施工单位改正;施工单位拒不改正的,工程监理单位应当及时报告建设单位,并向有关主管部门报告。

墙体、屋面的保温工程施工时,监理工程师应当按照工程监理规范的要求,采取旁站、巡视和平行检验等形式实施监理。

未经监理工程师签字,墙体材料、保温材料、门窗、采暖制冷系统和照明设备不得在建筑上使用或者安装,施工单位不得进行下一道工序的施工。

第十七条 建设单位组织竣工验收,应当对民用建筑是否符合民用建筑节能强制性标准进行查验;对不符合民用建筑节能强制性标准的,不得出具竣工验收合格报告。

第十八条 实行集中供热的建筑应当安装供热系统调控装置、用热计量装置和室内温度调控装置;公共建筑还应当安装用电分项计量装置。居住建筑安装的用热计量装置应当满足分户计量的要求。

计量装置应当依法检定合格。

第十九条 建筑的公共走廊、楼梯等部位,应当安装、使用节能灯具和电气控制装置。

第二十条 对具备可再生能源利用条件的建筑,建设单位应当选择合适的可再生能源,用于采暖、制冷、照明和热水供应等;设计单位应当按照有关可再生能源利用的标准进行设计。

建设可再生能源利用设施,应当与建筑主体工程同步设计、同步施工、同步验收。

第二十一条 国家机关办公建筑和大型公共建筑的所有权人应当对建筑的

能源利用效率进行测评和标识，并按照国家有关规定将测评结果予以公示，接受社会监督。

国家机关办公建筑应当安装、使用节能设备。

本条例所称大型公共建筑，是指单体建筑面积2万平方米以上的公共建筑。

第二十二条 房地产开发企业销售商品房，应当向购买人明示所售商品房的能源消耗指标、节能措施和保护要求、保温工程保修期等信息，并在商品房买卖合同和住宅质量保证书、住宅使用说明书中载明。

第二十三条 在正常使用条件下，保温工程的最低保修期限为5年。保温工程的保修期，自竣工验收合格之日起计算。

保温工程在保修范围和保修期内发生质量问题的，施工单位应当履行保修义务，并对造成的损失依法承担赔偿责任。

第三章 既有建筑节能

第二十四条 既有建筑节能改造应当根据当地经济、社会发展水平和地理气候条件等实际情况，有计划、分步骤地实施分类改造。

本条例所称既有建筑节能改造，是指对不符合民用建筑节能强制性标准的既有建筑的围护结构、供热系统、采暖制冷系统、照明设备和热水供应设施等实施节能改造的活动。

第二十五条 县级以上地方人民政府建设主管部门应当对本行政区域内既有建筑的建设年代、结构形式、用能系统、能源消耗指标、寿命周期等组织调查统计和分析，制定既有建筑节能改造计划，明确节能改造的目标、范围和要求，报本级人民政府批准后组织实施。

中央国家机关既有建筑的节能改造，由有关管理机关事务工作的机构制定节能改造计划，并组织实施。

第二十六条 国家机关办公建筑、政府投资和以政府投资为主的公共建筑的节能改造，应当制定节能改造方案，经充分论证，并按照国家有关规定办理相关审批手续方可进行。

各级人民政府及其有关部门、单位不得违反国家有关规定和标准，以节能改造的名义对前款规定的既有建筑进行扩建、改建。

第二十七条 居住建筑和本条例第二十六条规定以外的其他公共建筑不符合民用建筑节能强制性标准的，在尊重建筑所有权人意愿的基础上，可以结合扩建、改建,逐步实施节能改造。

第二十八条 实施既有建筑节能改造,应当符合民用建筑节能强制性标准,优先采用遮阳、改善通风等低成本改造措施。

既有建筑围护结构的改造和供热系统的改造,应当同步进行。

第二十九条 对实行集中供热的建筑进行节能改造,应当安装供热系统调控装置和用热计量装置;对公共建筑进行节能改造,还应当安装室内温度调控装置和用电分项计量装置。

第三十条 国家机关办公建筑的节能改造费用,由县级以上人民政府纳入本级财政预算。

居住建筑和教育、科学、文化、卫生、体育等公益事业使用的公共建筑节能改造费用,由政府、建筑所有权人共同负担。

国家鼓励社会资金投资既有建筑节能改造。

第四章 建筑用能系统运行节能

第三十一条 建筑所有权人或者使用权人应当保证建筑用能系统的正常运行,不得人为损坏建筑围护结构和用能系统。

国家机关办公建筑和大型公共建筑的所有权人或者使用权人应当建立健全民用建筑节能管理制度和操作规程,对建筑用能系统进行监测、维护,并定期将分项用电量报县级以上地方人民政府建设主管部门。

第三十二条 县级以上地方人民政府节能工作主管部门应当会同同级建设主管部门确定本行政区域内公共建筑重点用电单位及其年度用电限额。

县级以上地方人民政府建设主管部门应当对本行政区域内国家机关办公建筑和公共建筑用电情况进行调查统计和评价分析。国家机关办公建筑和大型公共建筑采暖、制冷、照明的能源消耗情况应当依照法律、行政法规和国家其他有关规定向社会公布。

国家机关办公建筑和公共建筑的所有权人或者使用权人应当对县级以上地方人民政府建设主管部门的调查统计工作予以配合。

第三十三条 供热单位应当建立健全相关制度,加强对专业技术人员的教育和培训。

供热单位应当改进技术装备,实施计量管理,并对供热系统进行监测、维护,提高供热系统的效率,保证供热系统的运行符合民用建筑节能强制性标准。

第三十四条 县级以上地方人民政府建设主管部门应当对本行政区域内供热单位的能源消耗情况进行调查统计和分析,并制定供热单位能源消耗指标;对超过能源消耗指标的,应当要求供热单位制定相应的改进措施,并监督实施。

第五章 法律责任

第三十五条 违反本条例规定,县级以上人民政府有关部门有下列行为之一的,对负有责任的主管人员和其他直接责任人员依法给予处分;构成犯罪的,依法追究刑事责任:

(一)对设计方案不符合民用建筑节能强制性标准的民用建筑项目颁发建设工程规划许可证的;

(二)对不符合民用建筑节能强制性标准的设计方案出具合格意见的;

(三)对施工图设计文件不符合民用建筑节能强制性标准的民用建筑项目颁发施工许可证的;

(四)不依法履行监督管理职责的其他行为。

第三十六条 违反本条例规定,各级人民政府及其有关部门、单位违反国家有关规定和标准,以节能改造的名义对既有建筑进行扩建、改建的,对负有责任的主管人员和其他直接责任人员,依法给予处分。

第三十七条 违反本条例规定,建设单位有下列行为之一的,由县级以上地方人民政府建设主管部门责令改正,处20万元以上50万元以下的罚款:

(一)明示或者暗示设计单位、施工单位违反民用建筑节能强制性标准进行设计、施工的;

(二)明示或者暗示施工单位使用不符合施工图设计文件要求的墙体材料、保温材料、门窗、采暖制冷系统和照明设备的;

(三)采购不符合施工图设计文件要求的墙体材料、保温材料、门窗、采暖制冷系统和照明设备的;

(四)使用列入禁止使用目录的技术、工艺、材料和设备的。

第三十八条 违反本条例规定,建设单位对不符合民用建筑节能强制性标准的民用建筑项目出具竣工验收合格报告的,由县级以上地方人民政府建设主管部门责令改正,处民用建筑项目合同价款2%以上4%以下的罚款;造成损失的,依法承担赔偿责任。

第三十九条 违反本条例规定,设计单位未按照民用建筑节能强制性标准进行设计,或者使用列入禁止使用目录的技术、工艺、材料和设备的,由县级以上地方人民政府建设主管部门责令改正,处10万元以上30万元以下的罚款;情节严重的,由颁发资质证书的部门责令停业整顿,降低资质等级或者吊销资质证书;造成损失的,依法承担赔偿责任。

第四十条 违反本条例规定,施工单位未按照民用建筑节能强制性标准进行施工的,由县级以上地方人民政府建设主管部门责令改正,处民用建筑项目合同价款2%以上4%以下的罚款;情节严重的,由颁发资质证书的部门责令停业整顿,降低资质等级或者吊销资质证书;造成损失的,依法承担赔偿责任。

第四十一条 违反本条例规定,施工单位有下列行为之一的,由县级以上地方人民政府建设主管部门责令改正,处10万元以上20万元以下的罚款;情节严重的,由颁发资质证书的部门责令停业整顿,降低资质等级或者吊销资质证书;造成损失的,依法承担赔偿责任:

(一)未对进入施工现场的墙体材料、保温材料、门窗、采暖制冷系统和照明设备进行查验的;

(二)使用不符合施工图设计文件要求的墙体材料、保温材料、门窗、采暖制冷系统和照明设备的;

(三)使用列入禁止使用目录的技术、工艺、材料和设备的。

第四十二条 违反本条例规定,工程监理单位有下列行为之一的,由县级以上地方人民政府建设主管部门责令限期改正;逾期未改正的,处10万元以上30万元以下的罚款;情节严重的,由颁发资质证书的部门责令停业整顿,降低资质等级或者吊销资质证书;造成损失的,依法承担赔偿责任:

(一)未按照民用建筑节能强制性标准实施监理的;

(二)墙体、屋面的保温工程施工时,未采取旁站、巡视和平行检验等形式实施监理的。

对不符合施工图设计文件要求的墙体材料、保温材料、门窗、采暖制冷系统和照明设备,按照符合施工图设计文件要求签字的,依照《建设工程质量管理条例》第六十七条的规定处罚。

第四十三条 违反本条例规定,房地产开发企业销售商品房,未向购买人明示所售商品房的能源消耗指标、节能措施和保护要求、保温工程保修期等信息,或者向购买人明示的所售商品房能源消耗指标与实际能源消耗不符的,依法承担民事责任;由县级以上地方人民政府建设主管部门责令限期改正;逾期未改正的,处交付使用的房屋销售总额2%以下的罚款;情节严重的,由颁发资质证书的部门降低资质等级或者吊销资质证书。

第四十四条 违反本条例规定，注册执业人员未执行民用建筑节能强制性标准的，由县级以上人民政府建设主管部门责令停止执业3个月以上1年以下；情节严重的，由颁发资格证书的部门吊销执业资格证书，5年内不予注册。

第六章 附 则

第四十五条 本条例自2008年10月1日起施行。

三、公共机构节能条例

第一章　总　　则

第一条　为了推动公共机构节能，提高公共机构能源利用效率，发挥公共机构在全社会节能中的表率作用，根据《中华人民共和国节约能源法》，制定本条例。

第二条　本条例所称公共机构，是指全部或者部分使用财政性资金的国家机关、事业单位和团体组织。

第三条　公共机构应当加强用能管理，采取技术上可行、经济上合理的措施，降低能源消耗，减少、制止能源浪费，有效、合理地利用能源。

第四条　国务院管理节能工作的部门主管全国的公共机构节能监督管理工作。国务院管理机关事务工作的机构在国务院管理节能工作的部门指导下，负责推进、指导、协调、监督全国的公共机构节能工作。

国务院和县级以上地方各级人民政府管理机关事务工作的机构在同级管理节能工作的部门指导下，负责本级公共机构节能监督管理工作。

教育、科技、文化、卫生、体育等系统各级主管部门在同级管理机关事务工作的机构指导下，开展本级系统内公共机构节能工作。

第五条　国务院和县级以上地方各级人民政府管理机关事务工作的机构应当会同同级有关部门开展公共机构节能宣传、教育和培训，普及节能科学知识。

第六条　公共机构负责人对本单位节能工作全面负责。

公共机构的节能工作实行目标责任制和考核评价制度，节能目标完成情况应当作为对公共机构负责人考核评价的内容。

第七条　公共机构应当建立、健全本单位节能管理的规章制度，开展节能宣传教育和岗位培训，增强工作人员的节能意识，培养节能习惯，提高节能管理水平。

第八条　公共机构的节能工作应当接受社会监督。任何单位和个人都有权举报公共机构浪费能源的行为，有关部门对举报应当及时调查处理。

第九条 对在公共机构节能工作中做出显著成绩的单位和个人，按照国家规定予以表彰和奖励。

第二章 节能规划

第十条 国务院和县级以上地方各级人民政府管理机关事务工作的机构应当会同同级有关部门，根据本级人民政府节能中长期专项规划，制定本级公共机构节能规划。

县级公共机构节能规划应当包括所辖乡（镇）公共机构节能的内容。

第十一条 公共机构节能规划应当包括指导思想和原则、用能现状和问题、节能目标和指标、节能重点环节、实施主体、保障措施等方面的内容。

第十二条 国务院和县级以上地方各级人民政府管理机关事务工作的机构应当将公共机构节能规划确定的节能目标和指标，按年度分解落实到本级公共机构。

第十三条 公共机构应当结合本单位用能特点和上一年度用能状况，制定年度节能目标和实施方案，有针对性地采取节能管理或者节能改造措施，保证节能目标的完成。

公共机构应当将年度节能目标和实施方案报本级人民政府管理机关事务工作的机构备案。

第三章 节能管理

第十四条 公共机构应当实行能源消费计量制度，区分用能种类、用能系统实行能源消费分户、分类、分项计量，并对能源消耗状况进行实时监测，及时发现、纠正用能浪费现象。

第十五条 公共机构应当指定专人负责能源消费统计，如实记录能源消费计量原始数据，建立统计台账。

公共机构应当于每年 3 月 31 日前，向本级人民政府管理机关事务工作的机构报送上一年度能源消费状况报告。

第十六条 国务院和县级以上地方各级人民政府管理机关事务工作的机构应当会同同级有关部门按照管理权限，根据不同行业、不同系统公共机构能源消耗综合水平和特点，制定能源消耗定额，财政部门根据能源消耗定额制定能源消耗支出标准。

第十七条 公共机构应当在能源消耗定额范围内使用能源，加强能源消耗支出管理；超过能源消耗定额使用能源的，应当向本级人民政府管理机关事务工作的机构作出说明。

第十八条 公共机构应当按照国家有关强制采购或者优先采购的规定，采购列入节能产品、设备政府采购名录和环境标志产品政府采购名录中的产品、设备，不得采购国家明令淘汰的用能产品、设备。

第十九条 国务院和省级人民政府的政府采购监督管理部门应当会同同级有关部门完善节能产品、设备政府采购名录，优先将取得节能产品认证证书的产品、设备列入政府采购名录。

国务院和省级人民政府应当将节能产品、设备政府采购名录中的产品、设备纳入政府集中采购目录。

第二十条 公共机构新建建筑和既有建筑维修改造应当严格执行国家有关建筑节能设计、施工、调试、竣工验收等方面的规定和标准，国务院和县级以上地方人民政府建设主管部门对执行国家有关规定和标准的情况应当加强监督检查。

国务院和县级以上地方各级人民政府负责审批或者核准固定资产投资项目的部门，应当严格控制公共机构建设项目的建设规模和标准，统筹兼顾节能投资和效益，对建设项目进行节能评估和审查；未通过节能评估和审查的项目，不得批准或者核准建设。

第二十一条 国务院和县级以上地方各级人民政府管理机关事务工作的机构会同有关部门制定本级公共机构既有建筑节能改造计划，并组织实施。

第二十二条 公共机构应当按照规定进行能源审计，对本单位用能系统、设备的运行及使用能源情况进行技术和经济性评价，根据审计结果采取提高能源利用效率的措施。具体办法由国务院管理节能工作的部门会同国务院有关部门制定。

第二十三条 能源审计的内容包括：

（一）查阅建筑物竣工验收资料和用能系统、设备台账资料，检查节能设计标准的执行情况；

（二）核对电、气、煤、油、市政热力等能源消耗计量记录和财务账单，评估分类与分项的总能耗、人均能耗和单位建筑面积能耗；

（三）检查用能系统、设备的运行状况，审查节能管理制度执行情况；

（四）检查前一次能源审计合理使用能源建议的落实情况；

（五）查找存在节能潜力的用能环节或者部位，提出合理使用能源的建议；

（六）审查年度节能计划、能源消耗定额执行情况，核实公共机构超过能源消耗定额使用能源的说明；

（七）审查能源计量器具的运行情况，检查能耗统计数据的真实性、准确性。

第四章　节能措施

第二十四条　公共机构应当建立、健全本单位节能运行管理制度和用能系统操作规程，加强用能系统和设备运行调节、维护保养、巡视检查，推行低成本、无成本节能措施。

第二十五条　公共机构应当设置能源管理岗位，实行能源管理岗位责任制。重点用能系统、设备的操作岗位应当配备专业技术人员。

第二十六条　公共机构可以采用合同能源管理方式，委托节能服务机构进行节能诊断、设计、融资、改造和运行管理。

第二十七条　公共机构选择物业服务企业，应当考虑其节能管理能力。公共机构与物业服务企业订立物业服务合同，应当载明节能管理的目标和要求。

第二十八条　公共机构实施节能改造，应当进行能源审计和投资收益分析，明确节能指标，并在节能改造后采用计量方式对节能指标进行考核和综合评价。

第二十九条　公共机构应当减少空调、计算机、复印机等用电设备的待机能耗，及时关闭用电设备。

第三十条　公共机构应当严格执行国家有关空调室内温度控制的规定，充分利用自然通风，改进空调运行管理。

第三十一条　公共机构电梯系统应当实行智能化控制，合理设置电梯开启数量和时间，加强运行调节和维护保养。

第三十二条　公共机构办公建筑应当充分利用自然采光，使用高效节能照明灯具，优化照明系统设计，改进电路控制方式，推广应用智能调控装置，严格控制建筑物外部泛光照明以及外部装饰用照明。

第三十三条　公共机构应当对网络机房、食堂、开水间、锅炉房等部位的用能情况实行重点监测，采取有效措施降低能耗。

第三十四条　公共机构的公务用车应当按照标准配备，优先选用低能耗、低污染、使用清洁能源的车辆，并严格执行车辆报废制度。

公共机构应当按照规定用途使用公务用车,制定节能驾驶规范,推行单车能耗核算制度。

公共机构应当积极推进公务用车服务社会化,鼓励工作人员利用公共交通工具、非机动交通工具出行。

第五章 监督和保障

第三十五条 国务院和县级以上地方各级人民政府管理机关事务工作的机构应当会同有关部门加强对本级公共机构节能的监督检查。监督检查的内容包括:

(一)年度节能目标和实施方案的制定、落实情况;

(二)能源消费计量、监测和统计情况;

(三)能源消耗定额执行情况;

(四)节能管理规章制度建立情况;

(五)能源管理岗位设置以及能源管理岗位责任制落实情况;

(六)用能系统、设备节能运行情况;

(七)开展能源审计情况;

(八)公务用车配备、使用情况。

对于节能规章制度不健全、超过能源消耗定额使用能源情况严重的公共机构,应当进行重点监督检查。

第三十六条 公共机构应当配合节能监督检查,如实说明有关情况,提供相关资料和数据,不得拒绝、阻碍。

第三十七条 公共机构有下列行为之一的,由本级人民政府管理机关事务工作的机构会同有关部门责令限期改正;逾期不改正的,予以通报,并由有关机关对公共机构负责人依法给予处分:

(一)未制定年度节能目标和实施方案,或者未按照规定将年度节能目标和实施方案备案的;

(二)未实行能源消费计量制度,或者未区分用能种类、用能系统实行能源消费分户、分类、分项计量,并对能源消耗状况进行实时监测的;

(三)未指定专人负责能源消费统计,或者未如实记录能源消费计量原始数据,建立统计台账的;

(四)未按照要求报送上一年度能源消费状况报告的;

（五）超过能源消耗定额使用能源，未向本级人民政府管理机关事务工作的机构作出说明的；

（六）未设立能源管理岗位，或者未在重点用能系统、设备操作岗位配备专业技术人员的；

（七）未按照规定进行能源审计，或者未根据审计结果采取提高能源利用效率的措施的；

（八）拒绝、阻碍节能监督检查的。

第三十八条 公共机构不执行节能产品、设备政府采购名录，未按照国家有关强制采购或者优先采购的规定采购列入节能产品、设备政府采购名录中的产品、设备，或者采购国家明令淘汰的用能产品、设备的，由政府采购监督管理部门给予警告，可以并处罚款；对直接负责的主管人员和其他直接责任人员依法给予处分，并予通报。

第三十九条 负责审批或者核准固定资产投资项目的部门对未通过节能评估和审查的公共机构建设项目予以批准或者核准的，对直接负责的主管人员和其他直接责任人员依法给予处分。

公共机构开工建设未通过节能评估和审查的建设项目的，由有关机关依法责令限期整改；对直接负责的主管人员和其他直接责任人员依法给予处分。

第四十条 公共机构违反规定超标准、超编制购置公务用车或者拒不报废高耗能、高污染车辆的，对直接负责的主管人员和其他直接责任人员依法给予处分，并由本级人民政府管理机关事务工作的机构依照有关规定，对车辆采取收回、拍卖、责令退还等方式处理。

第四十一条 公共机构违反规定用能造成能源浪费的，由本级人民政府管理机关事务工作的机构会同有关部门下达节能整改意见书，公共机构应当及时予以落实。

第四十二条 管理机关事务工作的机构的工作人员在公共机构节能监督管理中滥用职权、玩忽职守、徇私舞弊，构成犯罪的，依法追究刑事责任；尚不构成犯罪的，依法给予处分。

第六章 附 则

第四十三条 本条例自2008年10月1日起施行。

四、能源效率标识管理办法

第一章 总 则

第一条 为加强节能管理，推动节能技术进步，提高能源效率，依据《中华人民共和国节约能源法》、《中华人民共和国产品质量法》、《中华人民共和国认证认可条例》，制定本办法。

第二条 本办法所称能源效率标识，是指表示用能产品能源效率等级等性能指标的一种信息标识，属于产品符合性标志的范畴。

第三条 国家对节能潜力大、使用面广的用能产品实行统一的能源效率标识制度。国家制定并公布《中华人民共和国实行能源效率标识的产品目录》（以下简称《目录》），确定统一适用的产品能效标准、实施规则、能源效率标识样式和规格。

第四条 凡列入《目录》的产品，应当在产品或者产品最小包装的明显部位标注统一的能源效率标识，并在产品说明书中说明。

第五条 列入《目录》的产品的生产者或进口商应当在使用能源效率标识后，向国家质量监督检验检疫总局（以下简称国家质检总局）和国家发展和改革委员会（以下简称国家发展改革委）授权的机构（以下简称授权机构）备案能源效率标识及相关信息。

第六条 国家发展改革委、国家质检总局和国家认证认可监督管理委员会（以下简称国家认监委）负责能源效率标识制度的建立并组织实施。

地方各级人民政府节能管理部门（以下简称地方节能管理部门）、地方质量技术监督部门和各级出入境检验检疫机构（以下简称地方质检部门），在各自的职责范围内对所辖区域内能源效率标识的使用实施监督检查。

第二章　能源效率标识的实施

第七条　国家发展改革委、国家质检总局和国家认监委制定《目录》和实施规则。国家发展改革委和国家认监委制定和公布适用产品的统一的能源效率标识样式和规格。

第八条　能源效率标识的名称为"中国能效标识"（英文名称为 China Energy Label），能源效率标识应当包括以下基本内容：

（一）生产者名称或者简称；

（二）产品规格型号；

（三）能源效率等级；

（四）能源消耗量；

（五）执行的能源效率国家标准编号。

第九条　列入《目录》的产品的生产者或进口商，可以利用自身的检测能力，也可以委托国家确定的认可机构认可的检测机构进行检测，并依据能源效率国家标准，确定产品能源效率等级。

利用自身检测能力确定能源效率等级的生产者或进口商，其检测资源应当具备按照能源效率国家标准进行检测的基本能力，国家鼓励其实验室取得认可机构的国家认可。

第十条　生产者或进口商应当根据国家统一规定的能源效率标识样式、规格以及标注规定，印制和使用能源效率标识。

在产品包装物、说明书以及广告宣传中使用的能源效率标识，可按比例放大或者缩小，并清晰可辨。

第十一条　生产者或进口商应当自使用能源效率标识之日起 30 日内，向授权机构备案，可以通过信函、电报、电传、传真、电子邮件等方式提交以下材料：

（一）生产者营业执照或者登记注册证明复印件；进口商与境外生产者订立的相关合同副本；

（二）产品能源效率检测报告；

（三）能源效率标识样本；

（四）初始使用日期等其他有关材料；

（五）由代理人提交备案材料时，应有生产者或进口商的委托代理文件等。

上述材料应当真实、准确、完整。

外文材料应当附有中文译本,并以中文文本为准。

第十二条 能源效率标识内容发生变化,应当重新备案。

第十三条 对产品的能源效率指标发生争议时,企业应当委托经依法认定或者认可机构认可的第三方检测机构重新进行检测,并以其检测结果为准。

第十四条 授权机构应当定期公告备案信息,并对生产者和进口商使用的能源效率标识进行核验。

能源效率标识备案不收取费用。

第三章 监督管理

第十五条 生产者和进口商应当对其使用的能源效率标识信息准确性负责,不得伪造或冒用能源效率标识。

第十六条 销售者不得销售应当标注但未标注能源效率标识的产品,不得伪造或冒用能源效率标识。

第十七条 认可机构认可的检测机构接受生产者或进口商的委托进行检测,应当客观、公正,保证检测结果的准确,承担相应的法律责任,并保守受检产品的商业秘密。

第十八条 任何单位和个人不得利用能源效率标识对其用能产品进行虚假宣传,误导消费者。

第十九条 国家质检总局和国家发展改革委依据各自职责,对列入《目录》的产品进行检查,核实能源效率标识信息。

第二十条 列入《目录》的产品的生产者、销售者和进口商应当接受监督检查。

第二十一条 任何单位和个人对违反本办法的行为,可以向地方节能管理部门、地方质检部门举报。地方节能管理部门、地方质检部门应当及时调查处理,并为举报人保密。

第四章 罚 则

第二十二条 地方节能管理部门、地方质检部门依据《中华人民共和国节约能源法》的有关规定,在各自的职责范围内负责对违反本办法规定的行为进行处罚。

第二十三条 违反本办法规定,生产者或进口商应当标注统一的能源效率标识而未标注的,由地方节能管理部门或者地方质检部门责令限期改正,逾期未改正的予以通报。

第二十四条 违反本办法规定,有下列情形之一的,由地方节能管理部门或者地方质检部门责令限期改正和停止使用能源效率标识;情节严重的,由地方质检部门处1万元以下罚款:

(一)未办理能源效率标识备案的,或者应当办理变更手续而未办理的;

(二)使用的能源效率标识的样式和规格不符合规定要求的。

第二十五条 伪造、冒用、隐匿能源效率标识以及利用能源效率标识做虚假宣传、误导消费者的,由地方质检部门依照《中华人民共和国节约能源法》和《中华人民共和国产品质量法》以及其他法律法规的规定予以处罚。

第五章 附 则

第二十六条 本办法由国家发展改革委和国家质检总局负责解释。

第二十七条 本办法自2005年3月1日起施行。

五、中国节能产品认证管理办法

1999 年 2 月 11 日

第一章　总　　则

第一条　为节约能源、保护环境,有效开展节能产品的认证工作,保障节能产品的健康发展和市场公平竞争,促进节能产品的国际贸易,根据《中华人民共和国产品质量法》、《中华人民共和国产品质量认证管理条例》和《中华人民共和国节约能源法》,制定本办法。

第二条　本办法中所称的节能产品,是指符合与该种产品有关的质量、安全等方面的标准要求,在社会使用中与同类产品或完成相同功能的产品相比,它的效率或能耗指标相当于国际先进水平或达到接近国际水平的国内先进水平。

第三条　节能产品认证(以下简称认证)是依据相关的标准和技术要求,经节能产品认证机构确认并通过颁布节能产品认证证书和节能标志,证明某一产品为节能产品的活动。节能产品认证采用自愿的原则。

第四条　中华人民共和国境内企业和境外企业及其代理商(以下简称企业)均可向中国节能产品认证管理委员会(以下简称"管理委员会")及中国节能产品认证中心(以下简称"中心")自愿申请节能产品认证。

第五条　节能产品认证工作受国家经贸委的领导,接受国家质量技术监督局的管理以及全社会的监督。

第二章　认证条件

第六条　申请认证的条件:

(一)中华人民共和国境内企业应持有工商行政主管部门颁发的《企业法人营业执照》,境外企业应持有有关机构的登记注册证明;

(二)生产企业的质量体系符合国家质量管理和质量保证标准及补充要求,

或者外国申请人所在国等同采用 ISO 9000 系列标准及补充要求；

（三）产品属国家颁布的可开展节能产品认证的产品目录；

（四）产品符合国家颁布的节能产品认证用标准或技术要求；

（五）产品应注册，质量稳定，能正常批量生产，有足够的供货能力，具备售前、售后的优良服务和备品备件的保证供应，并能提供相应的证明材料。

第三章　认证程序

第七条　申请认证的国内企业，应按管理委员会确定的认证范围和产品目录提出书面申请，按规定格式填写认证申请书，并按程序将申请书和需要的有关资料提交给中心；境外企业或代理商均可向管理委员会或中心申请，其申请书及材料应有中英文对照。

第八条　中心经审查决定受理认证申请后，向企业发出《受理节能产品认证申请通知书》。企业应按照《节能产品认证收费管理办法》的有关规定，向中心交纳有关认证费用。

第九条　中心组织检查组，按程序对申请企业的质量体系进行现场检查。检查组应在规定时间内向中心提交《企业质量体系审核报告》。

第十条　对需要进行检验的产品，由中心指定的人员（或委托的检验机构）负责对申请认证的产品进行随机抽样和封样，由企业将封存的产品送指定的认证检验机构进行检验。必须在现场检验时，由检验机构派人到现场检验。

第十一条　检验机构应依据管理委员会确认的节能产品认证用标准或技术要求对样品进行检验，并在规定时间内向中心提交《产品检验报告》。

第十二条　中心将企业申请材料、质量体系审核报告、产品检验报告等进行汇总整理，然后提交给由中心成员、相关专家工作组的专家和管理委员会部分委员组成的认证评定组，评定组撰写综合评审意见，报中心主任审批。

第十三条　中心主任批准认证合格的产品，颁发认证证书，并准许使用节能标志。

中心负责将通过认证的产品及其生产企业名单报送国家经贸委和国家质量技术监督局备案，并向社会发布公告、进行宣传。

第十四条　对未通过认证的产品，由中心向企业发出认证不合格通知书，说明不合格原因。

第四章 认证证书和节能标志的使用

第十五条 通过认证的企业，在公告发布后两个月内，到中心签订认证证书和节能标志使用协议书，领取认证证书和节能标志。认证证书由中心印制并统一编号。

第十六条 认证证书和节能标志使用有效期为四年。有效期满，愿继续认证的企业应在有效期满前三个月重新提出认证申请，由中心按照认证程序进行评审，并可区别情况简化部分评审内容。不重新认证的企业不得继续使用认证证书和节能标志，或向中心申请注销认证证书。

第十七条 通过认证的企业，允许在认证的产品、包装、说明书、合格证及广告宣传中使用节能标志（节能标志管理办法另行规定）。

未参与认证或没有通过认证的企业的分厂、联营厂和附属厂均不得使用认证证书和节能标志。

第十八条 在认证证书有效期内，出现下列情况之一的，应当按照有关规定重新换证：

（一）使用新的商标名称；

（二）认证证书持有者变更；

（三）产品型号、规格变更，经确认仍能满足有关标准和技术要求。

第十九条 认证证书持有者必须建立节能标志使用制度，每年向中心报告节能标志的使用情况。

第五章 认证后的监督检查

第二十条 在认证证书有效期内，中心应定期或不定期地组织对通过认证的产品及其企业进行监督性抽查或检验，两次监督性抽查或检验之间的间隔最长不得超过十二个月。

第二十一条 在认证证书有效期内，凡有下列情况之一者，暂停企业使用认证证书和节能标志。

（一）监督检查时，发现通过认证的产品及其生产现状不符合认证要求；

（二）通过认证的产品在销售和使用中达不到认证时的各项技术经济指标；

（三）用户和消费者对通过认证的产品提出严重质量问题，并经查实的；

（四）认证证书或节能标志的使用不符合规定要求。

第二十二条 当认证证书持有者违反第二十一条时，中心向认证证书持有者发出《暂停使用认证证书和节能标志的通知书》，并令其限期整改，整改期限最长不超过半年。整改结束后，企业向中心提交整改报告和申请恢复使用认证证书。中心经复查合格后，向认证证书持有者发出《恢复使用认证证书和节能标志通知书》。增加的检查费用按实际支出由企业负担。

第二十三条 在认证证书有效期内，有下列情况之一者，由中心主任批准撤消认证证书，禁止使用节能标志，并向社会公告。

（一）经监督检查和检验判定通过认证的产品为不合格产品；

（二）整改期满不能达到整改目标；

（三）通过认证的产品质量严重下降，或出现重大质量问题，且造成严重后果；

（四）转让认证证书、节能标志或违反有关规定、损害节能标志的信誉；

（五）拒绝按规定缴纳年金；

（六）没有正当理由而拒绝监督检查。

被撤销认证证书的企业，自发出通知之日起一年内不得再次向中心提出认证申请。

第六章 罚 则

第二十四条 使用伪造的节能标志或冒用节能标志、转让节能标志的企业，按《中华人民共和国产品质量认证管理条例》第十九条和《中华人民共和国节约能源法》第四十八条的规定处罚。

第二十五条 通过认证的产品出厂销售时，其产品达不到认证时的各项技术经济指标的，生产企业应当负责包修、包换、包退，给用户或消费者造成经济损失或造成危害的，生产企业应当依法承担赔偿责任。

第七章 申诉与处理

第二十六条 有下列情况之一时，企业和用户可向中心、管理委员会提出申诉：

（一）符合认证条件要求，但认证机构不予受理申请；

(二)对检查、检验或暂停、撤销认证证书有异议;

(三)认证机构、检验机构或其工作人员有违纪行为;

(四)认证工作违章收费;

(五)用户对获证产品有异议。

第二十七条 申诉调查和处理工作一般由中心的申诉监理部组织进行。对处理结果有异议者可向管理委员会或国家质量技术监督局提出申诉。

第八章 附 则

第二十八条 认证收费遵循不营利原则,从申请认证的企业收取,具体收费办法及标准按照国家有关规定另行制定。

第二十九条 本办法经管理委员会全体会议讨论通过后,报国家质量技术监督局批准。

第三十条 本办法由管理委员会负责解释。

第三十一条 本办法自批准之日起生效。

六、节能技术改造财政奖励资金管理办法

第一章 总 则

第一条 根据《中华人民共和国节约能源法》、《中华人民共和国国民经济和社会发展第十二个五年规划纲要》，为加快推广先进节能技术，提高能源利用效率，“十二五”期间，中央财政继续安排专项资金，采取“以奖代补”方式，对节能技术改造项目给予适当支持和奖励（以下简称奖励资金）。为加强财政资金管理，提高资金使用效率，特制定本办法。

第二条 为了保证节能技术改造项目的实际效果，奖励资金与节能量挂钩，对完成预期目标的项目承担单位给予奖励。

第三条 奖励资金实行公开、透明原则，接受社会各方面监督。

第二章 奖励对象和条件

第四条 奖励资金支持对象是对现有生产工艺和设备实施节能技术改造的项目。

第五条 申请奖励资金支持的节能技术改造项目必须符合下述条件：

（一）按照有关规定完成审批、核准或备案；

（二）改造主体符合国家产业政策，且运行时间3年以上；

（三）节能量在5000吨（含）标准煤以上；

（四）项目单位改造前年综合能源消费量在2万吨标准煤以上；

（五）项目单位具有完善的能源计量、统计和管理措施，项目形成的节能量可监测、可核实。

第三章 奖励标准

第六条 东部地区节能技术改造项目根据项目完工后实现的年节能量按240元/吨标准煤给予一次性奖励，中西部地区按300元/吨标准煤给予一次性奖励。

第七条 省级财政部门要安排一定经费，主要用于支付第三方机构审核费用等。

第四章 奖励资金的申报和下达

第八条 符合条件的节能技术改造项目，由项目单位（包括中央直属企业）提出奖励资金申请报告（具体要求见附1），并经法人代表签字后，报项目所在地节能主管部门和财政部门。省级节能主管部门、财政部门组织专家对项目资金申请报告进行初审；省级财政部门、节能主管部门委托第三方机构（必须在财政部、国家发展改革委公布的第三方机构名单内）对初审通过的项目进行现场审核，由第三方机构针对项目的节能量、真实性等相关情况出具审核报告（格式见附2）。

第九条 省级节能主管部门、财政部门根据第三方机构审核结果，将符合条件的项目资金申请报告和审核报告汇总后上报国家发展改革委、财政部（格式见附3）。

第十条 国家发展改革委、财政部组织专家对地方上报的资金申请报告和审核报告进行复审，国家发展改革委根据复审结果下达项目实施计划，财政部根据项目实施计划按照奖励金额的60%下达预算。

第十一条 各级财政部门按照国库管理制度有关规定将资金及时拨付到项目单位。

第十二条 地方节能主管部门会同财政部门加强项目监管，督促项目按时完工。

第十三条 项目完工后，项目单位及时向所在地财政部门和节能主管部门提出清算申请，省级财政部门会同节能主管部门组织第三方机构对项目进行现场审核，并依据第三方机构出具的审核报告（格式见附2），审核汇总后向财政部、国家发展改革委申请清算奖励资金（格式见附3）。

第十四条 财政部会同国家发展改革委委托第三方机构对项目实际节能效

果进行抽查,根据各地资金清算申请和第三方机构抽查结果与省级财政部门进行清算,由省级财政部门负责拨付或扣回企业奖励资金。

第五章 审核机构管理

第十五条 财政部会同国家发展改革委对第三方机构实行审查备案、动态管理,并向社会公布第三方机构名单。

第十六条 列入财政部、国家发展改革委备案名单的第三方机构接受各地方委托,独立开展现场审查工作,并对现场审查过程和出具的核查报告承担全部责任。同时接受社会各方监督。

第十七条 委托核查费用由地方参考财政性投资评审费用及委托代理业务补助费付费管理等有关规定支付。

第十八条 地方委托第三方机构必须坚持以下原则:

(一)第三方机构及其审核人员近三年内不得为项目单位提供过咨询服务。

(二)项目实施前、后的节能量审核工作原则上委托不同的第三方机构。

(三)优先选用实力强、审核项目经验丰富的第三方机构。

第六章 监督管理

第十九条 地方节能主管部门和财政部门要加大项目申报的初审核查力度,并对项目的真实性负审查责任。对存在项目弄虚作假、重复上报等骗取、套取国家资金的地区,取消项目所在地节能财政奖励申报资格。同时,按照《财政违法行为处罚处分条例》(国务院令第427号)规定,依法追究有关单位和人员责任。

第二十条 地方节能主管部门和财政部门要加强对项目实施的监督检查,对因工作不力造成项目整体实施进度较慢或未实现预期节能效果的地区,国家发展改革、财政部将给予通报批评。

第二十一条 项目申报单位须如实提供项目材料,并按计划建成达产。对有下列情形的项目单位,国家将扣回奖励资金,取消"十二五"期间中央预算内和节能财政奖励申报资格,并将追究相关人员的法律责任。

(一)提供虚假材料,虚报冒领财政奖励资金的;

(二)无特殊原因,未按计划实施项目的;

(三)项目实施完成后,长期不能实现节能效果的;

（四）同一项目多渠道重复申请财政资金的。

第二十二条 财政部会同国家发展改革委对第三方机构的审核工作进行监管，对核查报告失真的第三方机构给予通报批评，情节严重的，取消该机构的审核工作资格，并追究相关人员的法律责任。

第七章 附 则

第二十三条 本办法由财政部会同国家发展改革委负责解释。

第二十四条 本办法自印发之日起实施，原《节能技术改造财政奖励资金管理暂行办法》（财建〔2007〕371 号）废止。

附：1. 企业财政节能奖励资金申请报告的主要内容（略）

2. ××××单位××项目现场审核报告（略）

3. ________年度节能技术改造财政奖励资金申请汇总表（略）

七、合同能源管理项目财政奖励资金管理暂行办法

第一章 总 则

第一条 根据《国务院办公厅转发发展改革委等部门关于加快推行合同能源管理促进节能服务产业发展意见的通知》(国办发〔2010〕25号),中央财政安排资金,对合同能源管理项目给予适当奖励(以下简称"财政奖励资金")。为规范和加强财政奖励资金管理,提高资金使用效益,特制定本办法。

第二条 本办法所称合同能源管理,是指节能服务公司与用能单位以契约形式约定节能目标,节能服务公司提供必要的服务,用能单位以节能效益支付节能服务公司投入及其合理利润。本办法支持的主要是节能效益分享型合同能源管理。

节能服务公司,是指提供用能状况诊断和节能项目设计、融资、改造、运行管理等服务的专业化公司。

第三条 财政奖励资金由中央财政预算安排,实行公开、公正管理办法,接受社会监督。

第二章 支持对象和范围

第四条 支持对象。财政奖励资金支持的对象是实施节能效益分享型合同能源管理项目的节能服务公司。

第五条 支持范围。财政奖励资金用于支持采用合同能源管理方式实施的工业、建筑、交通等领域以及公共机构节能改造项目。已享受国家其他相关补助政策的合同能源管理项目,不纳入本办法支持范围。

第六条 符合支持条件的节能服务公司实行审核备案、动态管理制度。节能服务公司向公司注册所在地省级节能主管部门提出申请,省级节能主管部门会同财政部门进行初审,汇总上报国家发展改革委、财政部。国家发展改革委会同财

政部组织专家评审后，对外公布节能服务公司名单及业务范围。

第三章 支持条件

第七条 申请财政奖励资金的合同能源管理项目须符合下述条件：

（一）节能服务公司投资70%以上，并在合同中约定节能效益分享方式；

（二）单个项目年节能量（指节能能力）在10000吨标准煤以下、100吨标准煤以上（含），其中工业项目年节能量在500吨标准煤以上（含）；

（三）用能计量装置齐备，具备完善的能源统计和管理制度，节能量可计量、可监测、可核查。

第八条 申请财政奖励资金的节能服务公司须符合下述条件：

（一）具有独立法人资格，以节能诊断、设计、改造、运营等节能服务为主营业务，并通过国家发展改革委、财政部审核备案；

（二）注册资金500万元以上（含），具有较强的融资能力；

（三）经营状况和信用记录良好，财务管理制度健全；

（四）拥有匹配的专职技术人员和合同能源管理人才，具有保障项目顺利实施和稳定运行的能力。

第四章 支持方式和奖励标准

第九条 支持方式。财政对合同能源管理项目按年节能量和规定标准给予一次性奖励。奖励资金主要用于合同能源管理项目及节能服务产业发展相关支出。

第十条 奖励标准及负担办法。奖励资金由中央财政和省级财政共同负担，其中：中央财政奖励标准为240元/吨标准煤，省级财政奖励标准不低于60元/吨标准煤。有条件的地方，可视情况适当提高奖励标准。

第十一条 财政部安排一定的工作经费，支持地方有关部门及中央有关单位开展与合同能源管理有关的项目评审、审核备案、监督检查等工作。

第五章 资金申请和拨付

第十二条 财政部会同国家发展改革委综合考虑各地节能潜力、合同能源管理项目实施情况、资金需求以及中央财政预算规模等因素，统筹核定各省（区、市）财政奖励资金年度规模。财政部将中央财政应负担的奖励资金按一定比例下达给地方。

第十三条 合同能源管理项目完工后，节能服务公司向项目所在地省级财政部门、节能主管部门提出财政奖励资金申请。具体申报格式及要求由地方确定。

第十四条 省级节能主管部门会同财政部门组织对申报项目和合同进行审核，并确认项目年节能量。

第十五条 省级财政部门根据审核结果，据实将中央财政奖励资金和省级财政配套奖励资金拨付给节能服务公司，并在季后10日内填制《合同能源管理财政奖励资金安排使用情况季度统计表》（格式见附1），报财政部、国家发展改革委。

第十六条 国家发展改革委会同财政部组织对合同能源管理项目实施情况、节能效果以及合同执行情况等进行检查。

第十七条 每年2月底前，省级财政部门根据上年度本省（区、市）合同能源管理项目实施及节能效果、中央财政奖励资金安排使用及结余、地方财政配套资金等情况，编制《合同能源管理中央财政奖励资金年度清算情况表》（格式见附2），以文件形式上报财政部。

第十八条 财政部结合地方上报和专项检查情况，据实清算财政奖励资金。地方结余的中央财政奖励资金指标结转下一年度安排使用。

第六章　监督管理及处罚

第十九条 财政部会同国家发展改革委组织对地方推行合同能源管理情况及资金使用效益进行综合评价，并将评价结果作为下一年度资金安排的依据之一。

第二十条 地方财政部门、节能主管部门要建立健全监管制度，加强对合同能源管理项目和财政奖励资金使用情况的跟踪、核查和监督，确保财政资金安全有效。

第二十一条 节能服务公司对财政奖励资金申报材料的真实性负责。对弄虚作假、骗取财政奖励资金的节能服务公司，除追缴扣回财政奖励资金外，将取消其财政奖励资金申报资格。

第二十二条 财政奖励资金必须专款专用，任何单位不得以任何理由、任何形式截留、挪用。对违反规定的，按照《财政违法行为处罚处分条例》（国务院令第427号)等有关规定进行处理处分。

第七章　附　　则

第二十三条　各地要根据本办法规定和本地实际情况,制定具体实施细则,及时报财政部、国家发展改革委备案。

第二十四条　本办法由财政部会同国家发展改革委负责解释。

第二十五条　本办法自印发之日起实施。

八、淘汰落后产能中央财政奖励资金管理办法

第一章 总 则

第一条 根据国务院节能减排工作部署和《国务院关于进一步加强淘汰落后产能工作的通知》(国发〔2010〕7号)、《国务院办公厅转发环境保护部等部门关于加强重金属污染防治工作指导意见的通知》(国办发〔2010〕61号)以及国务院制订的钢铁、有色金属、纺织行业等产业调整和振兴规划等文件要求,"十二五"期间,中央财政将继续安排专项资金,对经济欠发达地区淘汰落后产能工作给予奖励(以下简称奖励资金)。为规范奖励资金管理,提高资金使用效益,特制订本办法。

第二条 企业要切实承担起淘汰落后产能的主体责任,严格遵守节能、环保、质量、安全等法律法规,主动淘汰落后产能;地方政府要切实负担起本行政区域内淘汰落后产能工作的职责,依据有关法律、法规和政策组织督促企业淘汰落后产能。

第三条 本办法适用行业为国务院有关文件规定的电力、炼铁、炼钢、焦炭、电石、铁合金、电解铝、水泥、平板玻璃、造纸、酒精、味精、柠檬酸、铜冶炼、铅冶炼、锌冶炼、制革、印染、化纤以及涉及重金属污染的行业。

第二章 奖励条件和标准

第四条 奖励资金支持淘汰的落后产能项目必须具备以下条件:

1. 满足奖励门槛要求。奖励门槛依据国家相关文件、产业政策等确定,并根据国家产业政策、产业结构调整等情况逐步提高,2011年—2013年的奖励门槛详见附1。

2. 相关生产线和设备型号与项目批复等有效证明材料相一致,必须在当年拆除或废毁,不得转移。

3. 近三年处于正常生产状态(根据企业纳税凭证、电费清单、生产许可证等确定),如年均实际产量比项目批复生产能力少 20% 以上,落后产能按年均实际产量确定。

4. 所属企业相关情况与项目批复、工商营业执照、生产许可证等有效证明材料相一致。

5. 经整改环保不达标,规模较小的重金属污染企业应整体淘汰。

6. 未享受与淘汰落后产能相关的其他财政资金支持。

第五条　中央财政根据年度预算安排、地方当年淘汰落后产能目标任务、上年度目标任务实际完成和资金安排使用情况等因素安排奖励资金。对具体项目的奖励标准和金额由地方根据本办法要求和当地实际情况确定。

第三章　资金安排和使用

第六条　每年 3 月底前,省级财政会同工业和信息化、能源主管部门根据省级人民政府批准上报的本年度重点行业淘汰落后产能年度目标任务及计划淘汰落后产能企业名单,提出计划淘汰且符合奖励条件的落后产能规模、具体企业名单以及计划淘汰的主要设备等,联合上报财政部、工业和信息化部、国家能源局。中央企业按属地原则上报,同等享受奖励资金支持。

第七条　财政部、工业和信息化部、国家能源局审核下达奖励资金预算。

第八条　各地区要积极安排资金支持淘汰落后产能,与中央奖励资金一并使用。

第九条　省级财政部门会同工业和信息化、能源主管部门,根据中央财政下达的奖励资金预算,制定切实可行的资金使用管理办法和资金分配方案,按规定审核下达和拨付奖励资金。

第十条　奖励资金必须专项用于淘汰落后产能企业职工安置、企业转产、化解债务等淘汰落后产能相关支出,不得用于平衡地方财力。

第十一条　奖励资金由地方统筹安排使用,但必须坚持以下原则:

1. 支持的淘汰落后产能项目须符合本办法第三条和第四条规定。

2. 优先支持淘汰落后产能企业职工安置,妥善安置职工后,剩余资金再用于企业转产、化解债务等相关支出。

3. 优先支持淘汰落后产能任务重、职工安置数量多和困难大的企业,主要是整体淘汰企业。

4. 优先支持通过兼并重组淘汰落后产能的企业。

第四章　监督管理

第十二条　每年12月底前,各地区要按照《关于印发淘汰落后产能工作考核实施方案的通知》(工信部联产业〔2011〕46号)要求,对落后产能实际淘汰情况进行现场检查和验收,出具书面验收意见,并在省级人民政府网站和当地主流媒体上向社会公告本地区已完成淘汰落后产能任务的企业名单。

次年2月底前,省级财政、工业和信息化、能源等部门要将奖励资金安排和使用情况(详见附2)、落后产能实际淘汰情况和书面验收意见等上报财政部、工业和信息化部、国家能源局。同时,要将使用中央财政奖励资金的企业基本情况、录像、图片等相关资料整理成卷,以备检查。

第十三条　工业和信息化部、国家能源局、财政部组织对地方落后产能实际淘汰、奖励资金安排使用等情况进行专项检查。

第十四条　对有下列情形的,各级财政部门应扣回相关奖励资金,情节严重的,按照《财政违法行为处罚处分条例》(国务院令第427号)规定,依法追究有关单位和人员责任。

(一)提供虚假材料,虚报冒领奖励资金的;

(二)转移淘汰设备,违规恢复生产的;

(三)重复申报淘汰落后产能项目的;

(四)出具虚假报告和证明材料的。

第十五条　对未完成淘汰落后产能任务及未按规定安排使用奖励资金的地方,财政部将收回相关奖励资金,情节严重的,将对项目所在市县给予通报批评、暂停中央财政淘汰落后产能奖励资金申请资格等处罚,并依法追究有关单位和人员责任。

第十六条　各级财政部门应结合当地实际情况,可采取先淘汰后奖励、先制定职工安置方案后安排资金、按落后产能淘汰进度拨付资金等方式,加强资金监督管理,确保奖励资金的规范性、安全性和有效性。

第五章　附　　则

第十七条　本办法由财政部、工业和信息化部、国家能源局负责解释,各省

(区、市)要依据本办法和当地实际情况制订实施细则,明确奖励资金安排原则、支持重点、支持标准等,报财政部、工业和信息化部、国家能源局备案。

第十八条 本办法自印发之日起实施,同时《淘汰落后产能中央财政奖励资金管理暂行办法》(财建〔2007〕873 号)废止。

附:1. 淘汰落后产能中央财政奖励范围(略)

2. 淘汰落后产能财政奖励资金安排使用情况表(略)

九、固定资产投资项目节能评估和审查暂行办法

第一章　总　　则

第一条　为加强固定资产投资项目节能管理，促进科学合理利用能源，从源头上杜绝能源浪费，提高能源利用效率，根据《中华人民共和国节约能源法》和《国务院关于加强节能工作的决定》，制定本办法。

第二条　本办法适用于各级人民政府发展改革部门管理的在我国境内建设的固定资产投资项目。

第三条　本办法所称节能评估，是指根据节能法规、标准，对固定资产投资项目的能源利用是否科学合理进行分析评估，并编制节能评估报告书、节能评估报告表（以下统称节能评估文件）或填写节能登记表的行为。

本办法所称节能审查，是指根据节能法规、标准，对项目节能评估文件进行审查并形成审查意见，或对节能登记表进行登记备案的行为。

第四条　固定资产投资项目节能评估文件及其审查意见、节能登记表及其登记备案意见，作为项目审批、核准或开工建设的前置性条件以及项目设计、施工和竣工验收的重要依据。

未按本办法规定进行节能审查，或节能审查未获通过的固定资产投资项目，项目审批、核准机关不得审批、核准，建设单位不得开工建设，已经建成的不得投入生产、使用。

第二章　节能评估

第五条　固定资产投资项目节能评估按照项目建成投产后年能源消费量实行分类管理。

（一）年综合能源消费量3000吨标准煤以上（含3000吨标准煤，电力折算系数按当量值，下同），或年电力消费量500万千瓦时以上，或年石油消费量1000吨

以上,或年天然气消费量100万立方米以上的固定资产投资项目,应单独编制节能评估报告书。

（二）年综合能源消费量1000至3000吨标准煤（不含3000吨,下同）,或年电力消费量200万至500万千瓦时,或年石油消费量500至1000吨,或年天然气消费量50万至100万立方米的固定资产投资项目,应单独编制节能评估报告表。

上述条款以外的项目,应填写节能登记表。

第六条　固定资产投资项目节能评估报告书应包括下列内容:

（一）评估依据;

（二）项目概况;

（三）能源供应情况评估,包括项目所在地能源资源条件以及项目对所在地能源消费的影响评估;

（四）项目建设方案节能评估,包括项目选址、总平面布置、生产工艺、用能工艺和用能设备等方面的节能评估;

（五）项目能源消耗和能效水平评估,包括能源消费量、能源消费结构、能源利用效率等方面的分析评估;

（六）节能措施评估,包括技术措施和管理措施评估;

（七）存在问题及建议;

（八）结论。

节能评估文件和节能登记表应按照本办法附件要求的内容深度和格式编制。

第七条　固定资产投资项目建设单位应委托有能力的机构编制节能评估文件。项目建设单位可自行填写节能登记表。

第八条　固定资产投资项目节能评估文件的编制费用执行国家有关规定,列入项目概预算。

第三章　节能审查

第九条　固定资产投资项目节能审查按照项目管理权限实行分级管理。由国家发展改革委核报国务院审批或核准的项目以及由国家发展改革委审批或核准的项目,其节能审查由国家发展改革委负责;由地方人民政府发展改革部门审批、核准、备案或核报本级人民政府审批、核准的项目,其节能审查由地方人民政府发展改革部门负责。

第十条　按照有关规定实行审批或核准制的固定资产投资项目,建设单位应在报送可行性研究报告或项目申请报告时，一同报送节能评估文件提请审查或报送节能登记表进行登记备案。

按照省级人民政府有关规定实行备案制的固定资产投资项目，按照项目所在地省级人民政府有关规定进行节能评估和审查。

第十一条 节能审查机关收到项目节能评估文件后，要委托有关机构进行评审，形成评审意见，作为节能审查的重要依据。

接受委托的评审机构应在节能审查机关规定的时间内提出评审意见。评审机构在进行评审时，可以要求项目建设单位就有关问题进行说明或补充材料。

第十二条 固定资产投资项目节能评估文件评审费用应由节能审查机关的同级财政安排，标准按照国家有关规定执行。

第十三条 节能审查机关主要依据以下条件对项目节能评估文件进行审查：

（一）节能评估依据的法律、法规、标准、规范、政策等准确适用；

（二）节能评估文件的内容深度符合要求；

（三）项目用能分析客观准确，评估方法科学，评估结论正确；

（四）节能评估文件提出的措施建议合理可行。

第十四条 节能审查机关应在收到固定资产投资项目节能评估报告书后15个工作日内、收到节能评估报告表后10个工作日内形成节能审查意见，应在收到节能登记表后5个工作日内予以登记备案。

节能评估文件委托评审的时间不计算在前款规定的审查期限内，节能审查（包括委托评审）的时间不得超过项目审批或核准时限。

第十五条 固定资产投资项目的节能审查意见，与项目审批或核准文件一同印发。

第十六条 固定资产投资项目如申请重新审批、核准或申请核准文件延期，应一同重新进行节能审查或节能审查意见延期审核。

第四章 监管和处罚

第十七条 在固定资产投资项目设计、施工及投入使用过程中，节能审查机关负责对节能评估文件及其节能审查意见、节能登记表及其登记备案意见的落实情况进行监督检查。

第十八条 建设单位以拆分项目、提供虚假材料等不正当手段通过节能审查的，由节能审查机关撤销对项目的节能审查意见或节能登记备案意见，由项目审批、核准机关撤销对项目的审批或核准。

第十九条 节能评估文件编制机构弄虚作假,导致节能评估文件内容失实的,由节能审查机关责令改正,并依法予以处罚。

第二十条 负责节能评审、审查、验收的工作人员徇私舞弊、滥用职权、玩忽职守,导致评审结论严重失实或违规通过节能审查的,依法给予行政处分;构成犯罪的,依法追究刑事责任。

第二十一条 负责项目审批或核准的工作人员,对未进行节能审查或节能审查未获通过的固定资产投资项目,违反本办法规定擅自审批或核准的,依法给予行政处分;构成犯罪的,依法追究刑事责任。

第二十二条 对未按本办法规定进行节能评估和审查,或节能审查未获通过,擅自开工建设或擅自投入生产、使用的固定资产投资项目,由节能审查机关责令停止建设或停止生产、使用,限期改造;不能改造或逾期不改造的生产性项目,由节能审查机关报请本级人民政府按照国务院规定的权限责令关闭;并依法追究有关责任人的责任。

第五章 附 则

第二十三条 省级人民政府发展改革部门,可根据《中华人民共和国节约能源法》、《国务院关于加强节能工作的决定》和本办法,制定具体实施办法。

第二十四条 本办法由国家发展和改革委员会负责解释。

第二十五条 本办法自 2010 年 11 月 1 日起施行。

十、国家发展改革委办公厅关于请组织申报资源节约和环境保护2013年中央预算内投资备选项目的通知

各省、自治区、直辖市及计划单列市、新疆生产建设兵团、黑龙江农垦总局发展改革委，有关省(区、市)经贸委(经委、经信委、工信委)，有关中央管理企业：

按照《国家发展改革委关于做好2013年中央预算内投资计划草案编报工作的通知》(发改投资〔2012〕788号)要求，为加快前期工作，确保中央投资计划草案落实到具体项目，现就组织申报资源节约和环境保护2013年中央预算内投资备选项目有关事项通知如下：

一、选项范围

本次申报项目主要围绕节能、节水、循环经济、资源综合利用、污染防治五个方面。

(一)节能方面。主要包括：电机系统节能、能量系统优化、余热余压利用、锅炉(窑炉)改造、节约和替代石油、绿色照明、既有建筑节能改造等重点节能改造项目，高效节能技术和产品产业化项目，重大合同能源管理项目，节能监察机构能力建设项目，建筑节能(节能建材、绿色建筑)示范项目。

(二)节水方面。主要包括：海水淡化产业发展试点示范项目(海水淡化示范工程，海水淡化关键设备、成套装置及海水淡化用原材料等的生产、制造和应用，海水淡化产业基地、海水淡化试点城市、工业园区、海岛)；苦咸水淡化利用项目；高用水行业节水改造示范项目；矿井水利用示范项目。

(三)循环经济方面。主要包括：国家循环经济试点单位、国家循环经济教育示范基地、国家循环经济模式案例单位、国家循环经济先进单位、省级循环经济试点单位循环经济项目，省级产业园区循环化改造项目，再制造产业化示范项目，“城市矿产”项目，资源循环利用技术装备产业化示范项目，生产过程协同资源化处理废弃物示范项目，废电池以及园林废弃物资源化利用项目，农业循环经济项

目,循环型服务业示范项目。

(四)资源综合利用方面。主要包括:共伴生矿及尾矿综合利用示范项目(煤层气除外),粉煤灰、煤矸石(发电除外)、工业副产石膏、冶炼和化工废渣、建筑废物综合利用示范项目,废旧轮胎、废弃包装物、废旧纺织品再生利用示范项目,农林废弃物综合利用、新型利废墙体材料示范项目。

(五)污染防治方面。主要包括:历史遗留重金属污染治理项目,列入《湘江流域重金属污染治理实施方案》内的工业污染源治理项目,农业、服务业、能源行业等清洁生产示范项目,非电行业烟气脱硝示范项目,环保重大技术装备和产品产业化示范项目。

循环经济项目、综合利用项目、清洁生产项目不能重复申报。有关选项的具体内容和要求,详见附件一。

二、选项条件

(一)符合国家产业政策。不得申报项目主体属《产业结构调整指导目录(2011 年本)》限制类、淘汰类项目,严格限制"两高一资"行业借机扩大生产能力。

(二)节能减排效果明显。项目实施后能够迅速形成显著的节能、节水、节材能力、提高资源利用效率和减少污染物排放的效果。

(三)示范和带动作用明显。以推广潜力大的关键技术和推动试点工作为主,在行业内或某一地区具有较好的示范意义,对节能减排工作有较强的带动作用。凡明确安排示范项目的,不安排一般性、已经推广应用的项目。

(四)企业综合实力较强。承担项目的企业具有适度的经济规模,近三年经济效益较好,企业银行信用等级 AA 以上,资产负债率 60% 以下,项目资本金落实,企业净资产不低于所承担项目总投资。对于产业化示范项目,承担项目企业应在所属领域中具有较高知名度,生产规模、技术研发、经营业绩处于领先地位。

(五)具有一定的投资规模。除污染治理项目外,节能项目总投资原则上 3000 万元以上,其他项目的总投资原则上应在 5000 万元以上(西部地区可适当放宽)。

(六)项目前期工作扎实。项目配套条件好,前期工作基本落实,能够保证 2013 年上半年开工建设。

三、申报要求

（一）请各地发展改革委、经贸委（经委、经信委）及中央管理企业，按照选项范围和选项原则，认真组织遴选有关项目，严格审核把关，切实提高上报项目质量。

已经获得中央预算内投资或其他部门支持的项目不得重复申报，已经申报我委其他司局或国家其他部门的项目不得多头上报。如果企业以前曾获得我委中央预算内投资支持，已获支持的项目竣工验收后方可上报新项目，并随文上报已支持项目的竣工验收资料。中央管理企业的项目不得由地方申报。非本省（区、市）注册企业的项目，不得通过本地区申报。在近几年扩大内需项目执行中，对中央检查组发现问题或调整项目较多的地市，应采取限制申报的措施。

（二）请各地发展改革委切实做好项目申报的组织工作，加强与有关部门的沟通和协调。地方备选项目原则上由各地发展改革委上报；按照职责分工，主管部门在经贸委（经委、经信委）的地方，备选项目由发展改革委、经贸委（经委、经信委）联合上报，单独上报不予受理。

（三）项目材料要求

1. 各地发展改革委（或联合经贸委）及中央企业上报的备选项目资金申请报告正式文件（一式七份）。

2. 备选项目汇总表及电子版（样表见附件二，一式七份）。请严格按照选项的具体内容和要求，分为节能（其中：绿色照明、建筑节能项目单列）、节水、循环经济、资源综合利用、污染防治五个方面进行汇总，每个方面的项目按优先顺序排列。

3. 有关项目材料单行本（要求列出目录并装订成册，一式两份）。

（1）由甲级资质的咨询设计单位编制的项目可行性研究报告或项目申请报告及其论证意见。

（2）项目的备案、核准或审批文件。

（3）环保部门对项目环境影响报告书（表）的批复文件。

（4）节能审查意见或节能登记备案表。

（5）用地证明。需新征土地的项目，请提供国土资源部门出具的用地预审意见；无需新征土地的项目，请提供土地证的复印件。

（6）城市规划部门出具的城市规划选址意见（适用于以划拨方式提供国有土地使用权的项目）。

(7)自筹资金证明。包括:银行近期存款证明,经法定机构评估的项目前期资金投入证明和企业用款说明等。

(8)需要贷款的项目,需提供相应级别银行出具的贷款承诺函,或贷款合同、授信协议。对出具贷款承诺函银行的要求是:全国性银行需分行及以上级别,城市商业银行、农村信用联社需最高级别。对贷款合同、授信协议的要求是:合同或协议中应明确贷款或授信额度,用途应明确为固定资产投资或项目资金。

(9)申请补助500万元及以上中央预算内投资的项目需填报招标事项核准意见表。其中,不招标或者邀请招标的事项,务必在表格下方说明理由。申请中央预算内投资额度可参照2012年资源节约和环境保护相关项目的补助比例。

(10)项目实施单位对所附材料真实性的承诺声明。

(11)企业基本情况表。

(12)项目基本情况表(务必填写经济效益和社会效益情况,经济效益包括销售收入、利润、税金和创汇;社会效益包括节能量、节水量、资源循环利用量、污染物减排量等)。

4.“中央投资项目编报系统软件”(软件及使用说明在我委互联网 http://tzs.ndrc.gov.cn/xmrjxz 下载最新版本)导出的项目库文件电子版,与项目汇总表一并刻录成光盘(优盘无法受理)上报。请认真核对编报系统软件导出的电子版中,相关项目信息必须完整并与项目单行材料内容一致。

(四)请于2012年8月15日前,将项目资金申请报告及有关材料报送国家发展改革委(资源节约和环境保护司综合处)。我委将按照投资项目管理的相关规定,组织对备选项目进行评审和审核,并根据年度投资规模,对符合要求的备选项目分期分批办理项目资金申请报告的复函。

特此通知。

附件:一、选项范围的具体内容和要求

二、资源节约和环境保护2013年备选项目汇总表(样表)

三、企业基本情况表

四、项目基本情况表

五、招标事项核准意见表

国家发展改革委办公厅

二〇一二年五月二十三日

附件一：

选项范围的具体内容和要求

选项范围		具体内容	特别要求
节能	电机系统节能	采用高效节能电机、风机、水泵、变压器等更新淘汰低效落后耗电设备；对电机系统实施变频调速、永磁调速、无功补偿等节能改造；采用高新技术改造拖动装置，优化电机系统的运行和控制。输电、配电设备和系统节能改造等。	
	能量系统优化	钢铁、有色、合成氨、炼油、乙烯、化工等行业企业的生产工艺系统优化、能源梯级利用及高效换热、优化蒸汽、热水等载能介质的管网配置、能源系统整合改造等。发电机组通流改造等；新型阴极结构铝电解槽改造等。采用高效节能水动风机（水轮机）冷却塔技术、循环水系统优化技术等对冷却塔循环水系统进行节能改造等。企业能源管理中心建设（钢铁行业除外）等。	
	余热余压利用	钢铁行业干法熄焦、炉顶压差发电、烧结机余热发电、燃气－蒸汽联合循环发电改造等；有色行业烟气废热发电、窑炉烟气辐射预热器和废气热交换器改造等；建材行业余热发电、富氧（全氧）燃烧改造等；化工行业余热（尾气）利用、密闭式电石炉、余热发电改造等；纺织、轻工及其他行业供热管道冷凝水回收、供热锅炉压差发电改造等。油田伴生气回收利用等；企业生产有机废弃物沼气利用等。	煤矿瓦斯抽采利用类项目不在节能项目中支持。
	锅炉（窑炉）改造	老旧锅炉更新改造；集中供热改造，包括以大锅炉替代小锅炉、以高效节能锅炉替代低效锅炉、供热管网改造（不含新建管网）等；燃煤锅炉改为全烧或掺烧秸秆等生物质能源项目、窑炉综合节能改造等。	新建供热管网不在节能项目中支持。

续表

选项范围		具体内容	特别要求
节能	节约和替代石油	电力行业等离子无油点火、气化小油枪以及利用洁净煤、天然气替代燃油发电技术改造;石化行业放空天然气回收、可燃气代油等技术改造;建材行业以天然气、煤层气、水煤浆等替代重油改造;化工行业以煤炭气化替代燃料油和原料油改造等。公路甩挂运输试点项目。公路电子不停车收费技术改造;港口码头轮胎式集装箱起重机油改电、靠港船舶使用岸电改造等。铁路实施内燃机车和空调发电车节油、动态无功补偿和谐波负序治理等技术改造;机场装载配平、地面电源系统(GPU)代替辅助动力装置(APU)改造等。	生物柴油项目不在节能项目中支持。
	高效节能技术和产品产业化	节能潜力大、市场应用广的具有示范意义的高效节能锅炉窑炉、电机、变压器、换热器、变频调速、软启动装置、无功补偿装置、余热余压利用设备等节能技术、产品、装备、核心材料、零部件产业化生产项目。	拥有自主知识产权及核心技术。风电、太阳能利用等产品、装备项目不在节能项目中支持。
	重大合同能源管理项目	年节能量在1万吨标准煤以上的合同能源管理项目。	国家备案名单内的节能服务公司实施的合同能源管理项目。项目由节能服务公司通过项目所在地申报,须同时附报与用能单位签订的节能服务合同复印件。节能服务公司与用能单位不在同一省(区)的项目不予支持。
	节能监察机构能力建设	各省、市、县级已建立的专职节能监察机构,购置节能执法监察必需的仪器设备、执法车辆等,不含基建投资和重点用能单位能耗在线监测系统建设。	节能监察机构能力建设项目具体要求参照发改办环资〔2012〕659号文件。
	绿色照明	节能灯生产企业采用低汞、固汞技术(原则不超过1毫克/只)进行升级改造、回收处理废旧荧光灯项目;有核心技术的半导体照明优势企业进行上游外延芯片产业化、中游封装、下游应用集成及智能控制生产项目;道路照明节能改造项目。	

续表

选项范围		具体内容	特别要求
节能	建筑节能	阻燃型保温材料、节能门窗、保温玻璃等新型节能建材项目；建筑用能系统改造和“节能暖房子”工程项目；绿色建筑示范项目。	不支持利废建材类项目和商业房地产公司开发项目。
节水	海水淡化产业发展试点示范	海水淡化示范工程，海水淡化关键设备、成套装置及海水淡化用原材料等的生产、制造和应用，海水淡化产业基地，海水淡化试点城市（工业园区、海岛）	海水淡化示范工程：国产化率达到70%以上；海水淡化试点城市（工业园区、海岛）：须具备开发应用海水淡化水的条件，或在技术研发、装备制造、原材料生产、工程设计建设和应用等方面已有一定基础。
	苦咸水淡化利用	苦咸水、微咸水淡化利用示范项目	
	高用水行业节水改造示范	电力、钢铁、有色、石油石化、化工、造纸、纺织印染、食品加工、机械、电子等高用水行业具有示范意义的节水改造项目（节水工艺技术改造、冷凝水回用、循环水利用、废污水处理回用等）。	年节水量超过150万吨，注重工艺系统节水改造和废水处理回用，不安排单纯污水治理项目。
	矿井水利用	矿井水利用示范项目	管网建设应在合理范围内，年节水量超过150万吨。
循环经济	循环经济示范试点	国家循环经济试点单位、国家循环经济教育示范基地、国家循环经济模式案例单位、国家循环经济先进单位、省级循环经济试点示范单位的循环经济项目。	循环经济示范试点、先进单位、循环经济教育示范基地和模式案例单位限报1个项目，每个省限报3个省级试点单位内的项目。
	产业园区循环化改造	关键补链项目，废物交换利用、能量梯级利用、水的分类利用和循环使用等重大项目。	限于列入开发区审核公告目录，被列为省级园区循环化改造试点的园区优先，每个省总数不超过2个，不含已列入国家园区循环化改造试点的园区。

续表

选项范围		具体内容	特别要求
循环经济	再制造产业化示范	汽车零部件、工程机械、机床、工程轮胎翻新，再制造专业服务和装备生产等再制造项目，再制造示范基地内的再制造项目。	限于第二批再制造试点单位和验收通过的第一批再制造试点，工信部确定的机床再制造试点，再制造示范基地限报 2 个项目。
	资源循环利用技术装备产业化示范	重大循环经济共性、关键技术改造、示范和设备生产项目。	技术工艺示范推广限于《国家鼓励的循环经济技术、工艺和设备名录》范围，循环经济特征明显。
	“城市矿产”项目	技术水平先进，具有一定示范意义的再生资源加工利用重点项目。	限于第二批、第三批（近期下发）国家“城市矿产”示范基地之外的项目，每个省限报 2 个。第一批国家“城市矿产”示范基地可单报 2 个项目。
	农业循环经济	循环产业链条长、循环经济特色明显的资源化项目。	不含秸秆、三剩物单纯制板、发电，农业废弃物单纯制备沼气或有机肥项目。每省限报 6 个项目。放宽到总投资 2000 万元以上。
	生产过程协同资源化处理废弃物示范	利用生产过程（水泥、电力、钢铁）协同资源化处理废弃物项目。	不含单纯利用生产过程余热干化城市污水厂污泥、脱硫石膏等项目。
	废电池以及园林废弃物资源化利用	园林废弃物资源化利用指城市公园、景观带、绿化带的自然落叶、修剪枝材、杂草等资源化利用项目。	每个省每类限报 1 个，放宽到总投资 3000 万元以上。
	循环型服务业示范	宾馆餐饮、旅游、批发零售、物流的循环化改造项目。	每个省限报 2 个项目，放宽到总投资 2000 万元以上。

续表

选项范围		具体内容	特别要求
综合利用	大宗固体废物综合利用示范	共伴生矿及尾矿综合利用(煤层气除外),粉煤灰、煤矸石(发电除外)、工业副产石膏大掺量、高附加值利用,冶炼和化工废渣提取有价元素,建筑废物再生利用等综合利用项目,具有自主知识产权、技术工艺处于行业领先水平、经济和社会效益好。	优先推荐申报国家资源综合利用"双百工程"示范基地和骨干企业具体承担的项目,年利废能力不低于10万吨或废旧资源再生利用量不低于1万吨。
	农林废弃物综合利用示范	利用水平先进的农作物秸秆、林业三剩物综合利用等节材代木项目。	高中密度纤维板类项目生产能力不低于单线8万立方米/年,木塑产品类项目生产能力不低于1万吨/年。
	新型墙体材料示范	新型利废墙体材料示范项目。	产品要纳入《新型墙体材料目录》。砖类项目生产能力不低于1亿块标砖/年,砌块类项目生产能力不低于30万立方米/年,板材类项目不低于300万平方米/年。
	废旧资源综合利用	废旧轮胎、废弃包装物、废旧纺织品再生利用示范项目。	不含循环经济试点单位、"城市矿产"示范基地、餐厨废弃物资源化试点项目。
污染防治	湘江流域重金属污染治理	列入《湘江流域重金属污染治理实施方案》内的工业污染源治理项目、历史遗留污染治理项目。	仅限方案内项目。优先安排重点区域的项目。其中,历史遗留污染治理项目参照历史遗留重金属污染治理项目要求。
	历史遗留重金属污染治理项目	污染隐患严重且责任主体灭失的重金属废渣治理、受重金属污染土壤修复工程项目,重点支持主要污染物类型为铅、汞、镉、铬和类金属砷五种重金属的治理项目。铬渣治理项目不在申报范围内。	每省5个以内,其中受污染土壤修复项目限报1个。项目应列入省级重金属污染综合防治规划,具体要求参照我委门户网站发改办环资〔2012〕297号文。

续表

选项范围		具体内容	特别要求
污染防治	清洁生产示范项目	以农业（禽畜清洁养殖、农药化肥减施等）、服务业（餐饮、酒店、商场等），能源（电力、煤炭、石油石化等），要求在行业内具有示范和推广价值，规范开展清洁生产审核，且附具省级清洁生产主管部门对清洁生产审核报告的意见。	每省10个以内，其中，国家千亿斤粮食保障规划涉及的粮食主产区至少1个农业清洁生产项目，鼓励在三产发达的直辖市、省会城市、国家重点旅游城市申报服务业清洁生产项目。要求规范开展清洁生产审核且附具省级清洁生产主管部门对审核报告的意见的综合治理项目。
	非电行业烟气脱硝示范项目	钢铁、水泥等氮氧化物排放量大的非电行业烟气脱硝装置应用示范项目	申报项目应减排效果显著，所采用的脱硝装置或工艺应具有技术先进性和经济适用性，在行业内具有较好推广前景。
	环保重大技术装备和产品产业化项目	细微粉尘控制、挥发性有机物、重金属、持久性有机物及高浓度有机废水治理等环保技术装备（含核心零部件）、PM 2.5等污染物监测设备产业化生产项目和机动车尾气高效催化还原、除尘纤维及滤料、高效膜材料等环保材料及药剂产业化生产项目。	每省5个以内。产业化示范项目生产的技术装备、材料及药剂在国内应属空白或初期亟待完善，对提高我国相关领域污染防治水平具有较好的示范意义，对环保产业发展有较强的带动作用。

附件二：

资源节约和环境保护 2013 年备选项目汇总表（样表）

填报单位：________________　　　　单位：万元

序号	企业名称	隶属关系	项目内容	总投资			经济效益	社会效益	工程起止年限
					银行贷款	自筹及其他			
一、	合　计		填表说明： 1. 本表一律用 EXCEL 制作； 2. 按专题填报； 3. 隶属关系填地方或中央； 4. 项目内容包括项目名称和项目主要建设内容（不超过 100 字）； 5. 经济效益包括销售收入、利润、税金和创汇； 6. 社会效益指节能、节水、资源循环利用、污染物减排量等。						
	节能（　个）								
	1. ×××项目								
	2. ×××项目								
	绿色照明								
	建筑节能								
二、	节水								
三、	循环经济								
四、	资源综合利用								
五、	污染防治								

附件三：

企业基本情况表

单位：万元

<table>
<tr><td>企业名称</td><td colspan="4"></td><td colspan="2">法定代表人</td><td colspan="4"></td></tr>
<tr><td>企业地址</td><td colspan="4"></td><td colspan="2">联系电话</td><td colspan="4"></td></tr>
<tr><td>企业登记
注册类型</td><td colspan="2"></td><td>职工人数（人）</td><td colspan="2"></td><td colspan="2">其中：技术人员（人）</td><td colspan="3"></td></tr>
<tr><td>隶属关系</td><td colspan="2"></td><td>银行信用等级</td><td colspan="2"></td><td colspan="3">有无国家认定的技术中心</td><td colspan="2"></td></tr>
<tr><td>企业总资产</td><td></td><td>固定资产原值</td><td></td><td colspan="2">固定资产净值</td><td colspan="2"></td><td colspan="2">资产负债率</td><td></td></tr>
<tr><td colspan="2">企业贷款余额</td><td></td><td>其中：中长期贷款余额</td><td colspan="2"></td><td colspan="2">短期贷款余额</td><td colspan="3"></td></tr>
<tr><td colspan="2">主要产品生产能力，国内市场占有率，2011年水、能源及相关资源消费量</td><td colspan="9"></td></tr>
<tr><td colspan="2">年度（近三年）
企业经营情况</td><td>2010年</td><td>2011年</td><td colspan="3">2012年（预计）</td><td colspan="4">备　注</td></tr>
<tr><td colspan="2">销售收入</td><td></td><td></td><td colspan="3"></td><td colspan="4"></td></tr>
<tr><td colspan="2">利　润</td><td></td><td></td><td colspan="3"></td><td colspan="4"></td></tr>
<tr><td colspan="2">税　金</td><td></td><td></td><td colspan="3"></td><td colspan="4"></td></tr>
</table>

附件四：

项目基本情况表

单位：万元、万美元

<table>
<tr><td>企业名称</td><td colspan="2"></td><td>所属行业</td><td></td><td>所属专题</td><td colspan="2"></td></tr>
<tr><td>项目名称</td><td colspan="2"></td><td>建设年限</td><td></td><td>项目责任人
及联系电话</td><td colspan="2"></td></tr>
<tr><td>项目建设必要性（企业资源消耗和污染物排放的现状、存在的主要问题）</td><td colspan="7"></td></tr>
<tr><td>项目建设内容</td><td colspan="7"></td></tr>
<tr><td>建成后达到目标（节能、节水、资源循环利用、污染物排放量，或产业化示范带动作用）</td><td colspan="7">（注：必须注明项目实施后可能达到的具体目标，如节能＊＊吨标准煤，节电＊＊万千瓦时，节水＊＊万吨，循环利用＊＊废物＊＊万吨，减少废水排放＊＊万吨，减排 COD＊＊吨，削减二氧化硫＊＊吨，治理铬渣＊＊万吨等；产业化示范项目所解决的关键共性技术问题、填补国内空白情况，对节能环保产业发展的带动和支撑作用等）</td></tr>
<tr><td>项目总投资</td><td></td><td>固定资产投资</td><td></td><td>银行贷款</td><td></td><td>自筹及其他</td><td></td></tr>
<tr><td>新增销售收入</td><td></td><td>新增利润</td><td></td><td>新增税金</td><td></td><td>新增出口创汇</td><td></td></tr>
<tr><td>项目前期工作情况</td><td colspan="7"></td></tr>
</table>

附件五：

招标事项核准意见表

项目单位：

项目名称：

	招标范围		招标组织形式		招标方式		不采用招标方式
	全部招标	部分招标	自行招标	委托招标	公开招标	邀请招标	
勘察							
设计							
建筑工程							
安装工程							
监理							
主要设备							
重要原料							
其他							
审批部门核准意见说明：							

备注：在空格中注明“核准”或者“不予核准”。

十一、万家企业节能低碳行动实施方案

万家企业是指年综合能源消费量1万吨标准煤以上以及有关部门指定的年综合能源消费量5000吨标准煤以上的重点用能单位。初步统计,2010年全国共有17000家左右。万家企业能源消费量占全国能源消费总量的60%以上,是节能工作的重点对象。抓好万家企业节能管理工作,是实现"十二五"单位GDP能耗降低16%、单位GDP二氧化碳排放降低17%约束性指标的重要支撑和保证。根据《中华人民共和国国民经济和社会发展第十二个五年规划纲要》和《"十二五"节能减排综合性工作方案》,国家组织开展万家企业节能低碳行动,特制定本实施方案。

一、万家企业范围

纳入万家企业节能低碳行动的企业均为独立核算的重点用能单位,包括:

(一)2010年综合能源消费量1万吨标准煤及以上的工业企业;

(二)2010年综合能源消费量1万吨标准煤及以上的客运、货运企业和沿海、内河港口企业;或拥有600辆及以上车辆的客运、货运企业,货物吞吐量5千万吨以上的沿海、内河港口企业;

(三)2010年综合能源消费量5千吨标准煤及以上的宾馆、饭店、商贸企业、学校,或营业面积8万平方米及以上的宾馆饭店、5万平方米及以上的商贸企业、在校生人数1万人及以上的学校。

万家企业具体名单由各地区节能主管部门会同有关部门根据以上条件确定并上报国家发展改革委,国家发展改革委汇总后对外公布。为保持万家企业节能低碳行动的连续性,原则上"十二五"期间不对万家企业名单作大的调整。万家企业破产、兼并、改组改制以及生产规模变化和能源消耗发生较大变化,或按照产业政策需要关闭的,由各地省级节能主管部门自行调整并报国家发展改革委备案。"十二五"期间新增重点用能单位要按照本实施方案的要求开展相关工作。

二、指导思想、基本原则和主要目标

（一）指导思想

以科学发展观为指导，依法强化政府对重点用能单位的节能监管，推动万家企业加强节能管理，建立健全节能激励约束机制，加快节能技术改造和结构调整，大幅度提高能源利用效率，为实现"十二五"节能目标做出重要贡献。

（二）基本原则

1. 企业为主，政府引导。万家企业节能低碳行动以企业为主体，政府相关部门通过指导、扶持、激励、监管等措施，组织实施。

2. 统筹协调，属地管理。国家发展改革委负责万家企业节能行动的指导协调，相关部门共同参与，协同推进。地方节能主管部门会同有关部门，做好万家企业节能低碳行动的实施工作。中央企业接受所在地区节能主管部门和有关部门的监管，严格执行有关规定。

3. 多措并举，务求实效。综合运用经济、法律、技术和必要的行政手段，强化责任考核，落实奖惩机制，推动万家企业采取有效措施，切实加强节能管理，推广先进节能技术，不断提高能源利用效率，确保取得实实在在的节能效果。

（三）主要目标

万家企业节能管理水平显著提升，长效节能机制基本形成，能源利用效率大幅度提高，主要产品（工作量）单位能耗达到国内同行业先进水平，部分企业达到国际先进水平。"十二五"期间，万家企业实现节约能源2.5亿吨标准煤。

三、万家企业节能工作要求

（一）加强节能工作组织领导。万家企业要成立由企业主要负责人挂帅的节能工作领导小组，建立健全节能管理机构。设立专门的能源管理岗位，明确工作职责和任务，加强对能源管理负责人和相关人员的培训。开展能源管理师试点地区企业的能源管理负责人须具有节能主管部门认可的能源管理师资格。

（二）强化节能目标责任制。万家企业要建立和强化节能目标责任制，将本企业的节能目标和任务，层层分解，落实到具体的车间、班组和岗位。要将节能目标的完成情况纳入员工业绩考核范畴，加强监督，一级抓一级，逐级考核，落实奖惩。万家企业"十二五"年度节能目标完成进度不得低于时间进度。

（三）建立能源管理体系。万家企业要按照《能源管理体系要求》（GB/T

23331),建立健全能源管理体系,逐步形成自觉贯彻节能法律法规与政策标准,主动采用先进节能管理方法与技术,实施能源利用全过程管理,注重节能文化建设的企业节能管理机制,做到工作持续改进、管理持续优化、能效持续提高。

(四)加强能源计量统计工作。万家企业要按照《用能单位能源计量器具配备和管理通则》(GB 17167)的要求,配备合理的能源计量器具,努力实现能源计量数据在线采集、实时监测。要创造条件建立能源管控中心,采用自动化、信息化技术和集约化管理模式,对企业的能源生产、输送、分配、使用各环节进行集中监控管理。建立健全能源消费原始记录和统计台账,定期开展能耗数据分析。要按照节能主管部门的要求,安排专人负责填报并按时上报能源利用状况报告。

(五)开展能源审计和编制节能规划。万家企业要按照《企业能源审计技术通则》(GB/T 17166)的要求,开展能源审计,分析现状,查找问题,挖掘节能潜力,提出切实可行的节能措施。在能源审计的基础上,编制企业"十二五"节能规划并认真组织实施。各企业要在本实施方案下发的半年内,将能源审计报告报送地方节能主管部门审核,审核未通过的,应在告知后的3个月内进行修改或补充,并重新提交。

(六)加大节能技术改造力度。万家企业每年都要安排专门资金用于节能技术进步等工作。要加强节能新技术的研发和推广应用,积极采用国家重点节能技术推广目录中推荐的技术、产品和工艺,促进企业生产工艺优化和产品结构升级。要加快实施能量系统优化、余热余压利用、电机系统节能、燃煤锅炉(窑炉)改造、高效换热器、节约替代石油等重点节能工程。要积极开展与专业化节能服务公司的合作,采用合同能源管理模式实施节能改造。

(七)加快淘汰落后用能设备和生产工艺。万家企业要依照法律法规、产业政策和政府规划要求,按期淘汰落后产能,不得使用国家明令淘汰的用能设备和生产工艺。要加快老旧电机更新改造,积极使用国家重点推广的高效节能电机。交通运输企业要加快淘汰老旧汽车、船舶和黄标车,调整运力结构。

(八)开展能效达标对标工作。万家企业主要工业产品单耗应达到国家限额标准,有地方能耗限额标准的,要达到地方标准。客货运输企业要严格执行营运车辆燃料消耗量限值标准。要学习同行业能效水平先进单位的节能管理经验和做法,积极开展能效对标活动,制定详细的能效对标方案,认真组织实施,充分挖掘企业节能潜力,促进企业节能工作上水平、上台阶。集团企业要组织各下属企业开展能效竞赛活动。

(九)建立健全节能激励约束机制。万家企业要建立和完善节能奖惩制度,将节能任务完成情况与干部职工工作绩效相挂钩，并作为企业内部评先评优的重要指标。安排一定的节能奖励资金，对在节能管理、节能发明创造、节能挖潜降耗等工作中取得优秀成绩的集体和个人给予奖励，对浪费能源或完不成节能目标的集体和个人给予惩罚。

（十）开展节能宣传与培训。万家企业要提高资源忧患意识和节约意识，积极参与节能减排全民行动，加强节约型文化建设，增强员工节能的社会责任感。要组织开展经常性的节能宣传与培训，定期对能源计量、统计、管理和设备操作人员、车船驾驶人员等开展节能培训，主要耗能设备操作人员未经培训不得上岗。宾馆饭店、商贸企业要加强对消费者的节能宣传，学校要把节能教育、环境教育纳入素质教育体系，积极开展内容丰富、形式多样的节能教育、环境教育宣传活动。

四、相关部门工作职责

（一）国家发展改革委加强统筹协调，综合考虑万家企业区域分布、能源消费量、节能潜力等因素，将万家企业节能目标分解落实到各省、自治区、直辖市。会同有关部门指导、监督各地区开展万家企业节能低碳行动，将万家企业节能目标完成情况和节能措施落实情况纳入省级政府节能目标责任考核评价体系。每年汇总并公布各地区万家企业节能目标考核结果，主要公告各省、自治区、直辖市万家企业节能目标考核总体情况，中央企业节能目标完成情况、未完成年度节能目标的企业名单，并将考核结果抄送国资委、银监会等有关部门。推动建立万家企业能源利用状况在线监测系统，会同国家统计局，编制发布万家企业能源利用状况报告。研究建立万家企业节能量交易制度，开展相关试点工作。

（二）各省、自治区、直辖市节能主管部门负责组织指导和统筹推进本地区万家企业节能低碳行动。会同相关部门将国家下达的本地区万家企业节能目标分解落实到企业，做好监督、考核工作。督促万家企业建立健全能源管理体系、落实能源审计和能源利用状况报告制度，强化对万家企业的节能监察。每年 3 月底之前，完成本地区万家企业节能目标责任考核，公告考核结果，并于 4 月底前将考核结果上报国家发展改革委。

（三）工业和信息化、教育、交通运输、住房和城乡建设、商务、能源主管部门要按照各自职责，加强行业指导，强化行业监管，督促行动方案各项措施落到实处。

发展改革、财政部门要加大预算内投资和节能专项资金、减排专项资金对万家企业节能工作的支持力度，强化财政资金的引导作用。

质检部门要依据《能源计量监督管理办法》、《用能单位能源计量器具配备和管理通则》、《高耗能特种设备节能监督管理办法》和相关节能技术规范等要求，加强对万家企业能源计量器具及高耗能特种设备的配备、使用情况的监督检查和节能监管。

统计部门要做好万家企业节能统计工作，及时向节能主管部门通报企业相关数据。

国务院国资委要将中央企业节能目标完成情况纳入企业业绩考核范围，作为企业领导班子和领导干部综合评价考核的重要内容，建立完善问责制度，对成绩突出的单位和个人给予表彰奖励。地方国资委要相应加强对地方国有企业的节能考核，落实奖惩机制。

银监会要督促银行业金融机构按照风险可控，商业可持续的原则，加大对万家企业节能项目的信贷支持，在企业信用评级、信贷准入和退出管理中充分考虑企业节能目标完成情况，对节能严重不达标且整改不力的企业，严格控制贷款投放。

（四）各级节能监察机构要加大节能监察力度，依法对万家企业节能管理制度落实情况、固定资产投资项目节能评估与审查情况、能耗限额标准执行情况、淘汰落后设备情况、节能规划落实情况等开展专项监察，依法查处违法用能行为。

（五）节能中心等服务机构要配合节能主管部门，落实实施方案。传播推广先进节能技术，组织开展节能培训，指导万家企业定期填报能源利用状况报告、完善节能管理制度、开展能源审计、编制节能规划。

（六）有关行业协会要跟踪研究国内、国际先进能效水平和节能技术，指导企业开展能效对标工作，为企业节能管理、技术开发和节能改造提供咨询和培训。

五、保障措施

（一）健全节能法规和标准体系。修订重点用能单位节能管理办法、能效标识管理办法、节能产品认证管理办法以及建筑节能标准和设计规范等部门规章。加快制（修）订高耗能行业单位产品能耗限额、产品能效等强制性国家标准，提高准入门槛。完善机动车燃油消耗量限值标准。鼓励地方依法制定更加严格的节能地方标准。

（二）加强节能监督检查。组织对万家企业执行节能法律法规和节能标准情况进行监督检查，严肃查处违法违规行为。对未按要求淘汰落后产能的企业，依法吊销排污许可证、生产许可证和安全生产许可证；对违规使用明令淘汰用能设备的企业,限期淘汰,未按期淘汰的,依法责令其停产整顿。对能源消耗超过国家和地区规定的单位产品能耗(电耗)限额标准的企业和产品,实行惩罚性电价,并公开通报,限期整改。对未设立能源管理岗位、聘任能源管理负责人,未按规定报送能源利用状况报告或报告内容不实的单位,按照节能法相关规定对其进行处罚。

(三)加大节能财税金融政策支持。加大中央预算内投资和中央财政节能专项资金的投入力度,加快节能重点工程实施。国有资本经营预算要继续支持企业实施节能项目。落实国家支持节能所得税、增值税等优惠政策,积极推进资源税费改革。加大各类金融机构对节能项目的信贷支持力度,鼓励金融机构创新适合节能项目特点的信贷管理模式。引导各类社会资金、国际援助资金增加对节能领域的投入。建立银行绿色评级制度,将绿色信贷成效与银行机构高管人员履职、机构准入、业务发展相挂钩。

(四)建立健全企业节能目标奖惩机制。探索建立重点耗能企业节能量交易机制。对在节能工作中表现突出的单位和个人进行表彰奖励。对未完成年度节能目标责任的万家企业,由地方节能主管部门对其强制开展能源审计,责令限期整改,并通过新闻媒体进行曝光,金融机构要对其实施限制性贷款政策。对未完成节能目标的中央和地方国有企业,要在经营业绩考核中实行降级降分处理,并与企业负责人薪酬紧密挂钩。

(五)加强节能能力建设。建立健全节能管理、监察、服务"三位一体"的节能管理体系,加强政府节能管理能力建设,完善机构,充实人员。加强节能监察机构能力建设,明确基本条件及要求,建立和完善覆盖全国的省、市、县三级节能监察体系。配备监测和检测设备,加强人员培训,提高执法能力。建立企业能源计量数据在线采集、实时监测系统。

(六)强化新闻宣传和舆论监督。新闻媒体要积极宣传节能的重要性和紧迫性,报道万家企业节能行动的先进典型、先进经验、先进技术,普及节能知识和方法,曝光和揭露浪费能源的反面典型,公布未完成节能目标的万家企业名单,追踪报道节能整改情况。

十二、国家发展和改革委员会办公厅
关于印发万家企业节能目标责任考核实施方案的通知

各省、自治区、直辖市及计划单列市、新疆生产建设兵团发展改革委、经贸委（经信委、经委、工信委、工信厅），有关中央企业：

为深入推进万家企业节能低碳行动，确保实现万家企业“十二五”节能2.5亿吨标准煤的目标，根据《国务院批转节能减排统计监测及考核实施方案和办法的通知》（国发〔2007〕36号）、国家发展改革委等12个部门《关于印发万家企业节能低碳行动实施方案的通知》（发改环资〔2011〕2873号）要求，我们组织制定了《万家企业节能目标责任考核实施方案》（以下简称《考核实施方案》），现印发给你们，请结合实际情况，认真贯彻落实，并就有关事项通知如下。

一、各地区要充分认识开展万家企业节能目标责任考核的重要性，将万家企业节能目标责任考核工作，作为强化企业节能责任，推动落实万家企业节能低碳行动实施方案各项政策措施，促进企业建立节能长效机制的重要手段，切实加强组织领导，狠抓工作落实，确保考核工作取得实效。

二、各地区要将《考核实施方案》及时转发至当地相关企业，组织开展相关培训活动，使企业全面了解有关考核要求。要制定考核方案，落实工作经费、人员等保障条件，充分发挥节能监察机构和第三方节能量审核机构作用，确保考核工作顺利开展。我委将把各地区组织开展万家企业节能目标责任考核情况纳入对省级人民政府节能目标责任评价考核内容。对在万家企业节能考核工作中弄虚作假的地区和企业，予以通报批评，依法依纪追究相关人员责任。

三、各地区要按照《考核实施方案》要求，组织对万家企业2011年节能情况进行考核，于今年10月31日前，将考核结果报我委。国家将把2011年和2012年度万家企业节能考核工作情况纳入对2012年度省级人民政府节能目标责任考核内容，但不对万家企业2011年度节能考核结果进行奖惩问责。

附件：1. 万家企业节能目标责任考核实施方案
2. 万家企业节能目标责任评价考核指标及评分标准
3. 各地区万家企业节能目标完成情况汇总表
4. 各地区中央企业节能目标完成情况汇总表
5. 各地区未完成节能目标企业汇总表

国家发展改革委办公厅
2012 年 7 月 11 日

附件 1：

万家企业节能目标责任考核实施方案

一、总体思路

按照《万家企业节能低碳行动实施方案》的要求，坚持指标完成与措施落实相结合，定量考核与工作评价相结合，统一标准与分类考核相结合，依法强化对万家企业的节能监管，通过开展节能评价考核，形成倒逼机制，促进万家企业落实各项节能政策措施，提高节能管理水平，建立节能长效管理机制，确保实现“十二五”节能目标。

二、考核对象、内容和方法

（一）考核对象。国家发展改革委公告的万家企业节能低碳行动企业名单内的用能单位。

（二）考核内容。包括节能目标完成情况和节能措施落实情况两个部分。节能目标完成情况是指“十二五”节能量目标进度完成情况；节能措施落实情况包括组织领导、节能目标责任制、节能管理、技术进步、节能法律法规标准落实等情况。

（三）考核方法。采用量化评价办法，根据万家企业节能低碳行动实施方案要求，针对不同领域的企业，相应设置节能目标完成情况指标和节能措施落实情况指标，满分为 100 分。节能目标完成情况为定量考核指标，以国家发展改革委公告的“十二五”节能量目标为基准，根据企业每年完成节能量情况及进度要求进行评分，分值为 40 分，节能目标完成情况为否决性指标，未完成节能目标，考核结果即为未完成等级;节能目标完成超过进度要求的适当加分。节能措施落实情况为定性考核指标,根据企业落实各项节能政策措施情况进行评分,满分为60分,对开展创新性工作的,给予适当加分。具体考核指标及评分方法见附件2。

(四)考核结果。根据考核得分情况,考核结果分四个等级,95分及以上为超额完成、80分—95分为完成、60分—80分为基本完成、60分以下为未完成。

三、考核步骤

每年1月份,万家企业对上年度节能目标完成情况和节能工作进展情况进行自查,写出自查报告,按照属地管理原则,于2月1日前上报当地节能主管部门。地方节能主管部门要在认真审核企业自查报告基础上,组织对万家企业进行现场评价考核。省级节能主管部门要于3月31日前完成本地区万家企业考核工作,并于4月30日前将《各地区万家企业节能目标完成情况汇总表》(见附件3)、《各地区中央企业节能目标完成情况汇总表》(见附件4)、《各地区未完成节能目标企业汇总表》(见附件5)报国家发展改革委。

四、考核结果运用

(一)省级节能主管部门要于4月底前向社会公告本地区万家企业节能目标责任考核结果。

(二)国家发展改革委及时向社会公告各地区万家企业节能目标考核总体情况、中央企业节能目标完成情况和未完成节能目标的企业情况,并将考核结果抄送国资委、银监会等有关部门。

(三)对节能工作成绩突出的企业(单位),各地区和有关部门要进行表彰奖励。对考核等级为未完成等级的企业,要予以通报批评,并通过新闻媒体曝光,强制进行能源审计,责令限期整改。对未完成等级的企业一律不得参加年度评奖、授予荣誉称号,不给予国家免检等扶优措施,对其新建高耗能项目能评暂缓审批;在企业信用评级、信贷准入和退出管理以及贷款投放等方面,由银行业监管机构督促银行业金融机构按照有关规定落实相应限制措施;对国有独资、国有控股企业的考核结果,由各级国有资产监管机构根据有关规定落实奖惩措施。

附件 2：

表 1 工业企业节能目标责任评价考核指标及评分标准

考核指标	序号	考核内容	分值	评分标准	评分细则	得分
节能目标（40 分）	1	“十二五”节能量进度	40	完成节能量进度目标，40 分。	节能量进度目标按照每年完成“十二五”节能量目标的 20% 计算，即第一年实际完成节能量不低于“十二五”节能量目标的 20%，第二年累计不低于 40%，第三年累计不低于 60%，第四年累计不低于 80%，第五年累计不低于 100%。根据节能主管部门掌握的能耗数据，核算当年实际完成节能量，达到节能量进度目标的，得 40 分，未达到的不得分。每超过进度目标 10 个百分点加 1 分，最多加 2 分。本指标为否决性指标，未完成的不得分，并且直接考核为未完成等级。	
节能措施（60 分）	2	组织领导	6	1. 建立节能工作领导小组，2 分；	成立以企业主要负责人为组长的节能工作领导小组，得 1 分。定期研究部署企业节能工作，并推动工作落实，得 1 分。核查成立领导小组文件、相关会议纪要等。	
				2. 设立专门能源管理岗位，3 分；	设立专门能源管理岗位，得 1 分；聘任能源管理负责人，得 1 分；明确工作职责和任务，并提供工作保障，得 1 分。核查设立岗位的相关文件、聘任文件、工作职责和工作总结等材料。	
				3. 企业能源管理负责人具备能源管理师资格，1 分。	开展能源管理师试点地区的企业能源管理负责人取得节能主管部门颁发的能源管理师资格证书，得 1 分。非试点地区，本项不扣分。查看能源管理师证书。	
	3	节能目标责任制	6	1. 分解节能目标，2 分；	将节能目标分解到车间，得 1 分，分解到班组和岗位，得 1 分。核查分解和落实节能目标的相关证明材料。	
				2. 定期开展节能目标完成情况考评，2 分；	制定考核管理办法，得 1 分；定期对节能目标完成情况进行考评，得 1 分。核查考核办法、考评实施等相关文件。	

续表

考核指标	序号	考核内容	分值	评分标准	评分细则	得分
节能措施（60分）	3	节能目标责任制	6	3. 落实节能考核奖惩制度,2分。	将节能目标完成情况纳入员工业绩考核范围,得1分;根据节能目标完成情况,落实奖惩措施,得1分。核查绩效考核文件、实施奖励、处罚等相关材料。	
	4	节能管理	25	1. 建立企业能源管理体系,5分;	按照《能源管理体系要求》(GB/T 23331),建立体系文件,得1分;通过管理体系认证或评价,得2分;按照体系文件要求实际运行,形成持续改进能源管理体系,效果明显,得2分。核查能源管理体系文件、认证证书、评价报告、运行和改进记录等相关材料。	
				2. 组织参加能源管理师培训考试,1分;	有1人以上取得节能主管部门认可的能源管理师资格,得1分。核查参加培训的文件、能源管理师资格证书等。非试点地区,本项不扣分。	
				3. 配备和管理能源计量器具,2分;	按照《用能单位能源计量器具配备和管理通则》(GB 17167)要求,建立能源计量器具配备制度和管理制度,得1分(仅有一项制度的,得0.5分);能源计量器具配备符合标准要求,得1分。核查企业的相关文件以及质检部门出具的相关材料。	
				4. 实现能耗数据在线采集、实时监测,加1分;	建设完成系统,加0.5分;系统正常运行,加0.5分。现场核查系统运行情况。	
				5. 建立并运行能源管控中心,加1分;	建立能源管控中心,加0.5分;正常运行,加0.5分。现场核查能源管控中心情况。	
				6. 加强能源统计分析,3分;	设立能源统计岗位,得1分;建立健全能源消费原始记录和统计台账,得1分;定期开展能耗数据分析,得1分。核查相关文件及统计分析报表等材料。	

续表

考核指标	序号	考核内容	分值	评分标准	评分细则	得分
节能措施（60分）	4	节能管理	25	7. 执行能源利用状况报告制度,3分;	安排专人填写能源利用状况报告并按时上报,得1分;能源利用状况报告符合要求,得2分。根据节能主管部门掌握的情况和现场核查结果确定。	
				8. 开展能源审计,2分;	按照《企业能源审计技术通则》(GB/T 17166),开展能源审计,得1分;落实能源审计整改措施,得1分。核查向节能主管部门报送的能源审计报告和落实整改措施的相关材料。	
				9. 编制实施“十二五”节能规划和年度计划,2分;	编制“十二五”节能规划和年度计划,得1分;按规划和计划要求组织实施,得1分。核查节能规划、年度节能计划、实施项目的相关材料。	
				10. 开展能效对标活动,2分;	制定能效对标方案,得1分;组织实施,得1分。核查对标方案和实施活动的相关材料。	
				11. 建立健全节能激励约束机制,2分;	建立健全节能激励约束制度,安排节能奖励资金,得1分;奖励在节能管理、节能发明创造、节能挖潜降耗等工作中取得优秀成绩的集体和个人,惩罚浪费能源的集体和个人,得1分。核查建立实施奖励和处罚的相关材料。	
				12. 开展节能宣传教育,1分;	定期开展节能宣传教育活动,得1分。核查开展活动的相关材料。	
				13. 开展节能培训,2分。	定期组织对能源计量、统计、管理和设备操作人员进行节能培训,得1分;主要耗能设备操作人员经过培训上岗,得1分。核查企业节能培训计划、考试记录、培训证书等材料。	

续表

考核指标	序号	考核内容	分值	评分标准	评分细则	得分
节能措施（60分）	5	节能技术进步	15	1. 安排专门资金用于节能技术进步等工作，3分；	安排专门资金，开展技术研发和改造等工作，得3分。核查资金使用计划及实施项目等相关材料。	
				2. 制定实施年度节能技术改造计划，4分；	制定年度节能技术改造计划，得2分；按时完成节能技术改造计划，得2分。核查企业技改计划等有关资料和项目实施情况。	
				3. 研发和应用节能技术、产品和工艺，4分；	开展节能新技术研发和应用，得2分；采用节能主管部门重点推荐的节能技术、产品和工艺，得2分。核查研发项目、费用凭证和采用节能技术、产品、工艺的相关材料。	
				4. 淘汰落后产能和落后用能设备、生产工艺，4分；	按规定时间和要求淘汰落后产能，得2分；按规定，淘汰落后用能设备和生产工艺，得2分。企业没有需要淘汰的落后产能、落后用能设备和生产工艺，不扣分。核查主管部门公布的淘汰落后文件，现场检查企业淘汰落后情况。	
				5. 采用合同能源管理模式实施节能改造，加1分。	采用合同能源管理模式实施节能改造，加1分。核查相关文件和项目。	
	6	执行节能法律法规标准	8	1. 执行节能法律法规，2分；	认真贯彻执行节能法律法规，在当年节能执法监察中未发现节能违法违规行为，得2分。存在节能违法、违规行为不得分。通过节能主管部门及其他相关部门执法文书和企业现场核查打分。	
				2. 执行产品能耗限额标准，2分；	执行产品能耗限额标准，得2分。存在超能耗限额标准用能行为不得分。国家标准和地方标准限额值不一致时，按照从严标准打分。企业不适用产品能耗限额标准，不扣分。核查节能主管部门的相关文件。	

续表

考核指标	序号	考核内容	分值	评分标准	评分细则	得分
节能措施（60分）	6	执行节能法律法规标准	8	3. 执行节能评估审查制度，4分。	固定资产投资项目按规定进行节能评估审查，得2分；按照节能评估审查意见建设，得2分。核查有关主管部门公布的相关文件、节能评估审查意见。企业没有新、改、扩建项目，不扣分。	
合 计			100			

表2 交通运输企业（道路运输）节能目标责任评价考核指标及评分标准

考核指标	序号	考核内容	分值	评分标准	评分细则	得分
节能目标（40分）	1	“十二五”节能量进度	40	完成节能量进度目标，40分。	节能量进度目标按照每年完成“十二五”节能量目标的20%计算，即第一年实际完成节能量不低于“十二五”节能量目标的20%，第二年累计不低于40%，第三年累计不低于60%，第四年累计不低于80%，第五年累计不低于100%。根据节能主管部门掌握的能耗数据，核算当年实际完成节能量，达到节能量进度目标的，得40分，未达到的不得分。每超过进度目标10个百分点加1分，最多加2分。本指标为否决性指标，未完成的不得分，并且直接考核为未完成等级。	
节能措施（60分）	2	组织领导	6	1. 建立节能工作领导小组，2分；	成立以企业主要负责人为组长的节能工作领导小组，得1分；定期研究部署企业节能工作，并推动工作落实，得1分。核查成立领导小组文件、相关会议纪要等。	
				2. 设立专门能源管理岗位，3分；	设立专门能源管理岗位，得1分；聘任能源管理负责人，得1分；明确工作职责和任务，并提供工作保障，得1分。核查设立岗位的相关文件、聘任文件、工作职责和工作总结等材料。	
				3. 企业能源管理负责人具备能源管理师资格，1分。	开展能源管理师试点地区的企业能源管理负责人取得节能主管部门颁发的能源管理师资格证书，得1分。非试点地区，本项不扣分。查看能源管理师证书。	

续表

考核指标	序号	考核内容	分值	评分标准	评分细则	得分
节能措施（60分）	3	节能目标责任制	6	1. 分解节能目标,2分;	将节能目标分解到部门,得1分,分解到岗位,得1分。核查分解和落实节能目标的相关证明材料。	
				2. 定期开展节能目标完成情况考评,2分;	制定考核管理办法,得1分;定期对节能目标完成情况进行考评,得1分。核查考核办法、考评实施等相关文件。	
	3	节能目标责任制	6	3. 落实节能考核奖惩制度,2分。	将节能目标完成情况纳入员工业绩考核范围,得1分;根据节能目标完成情况,落实奖惩措施,得1分。核查绩效考核文件、实施奖励、处罚等相关材料。	
节能措施（60分）	4	节能管理	25	1. 建立企业能源管理体系,5分;	按照《能源管理体系要求》(GB/T 23331),建立体系文件,得1分;通过管理体系认证或评价,得2分;按照体系文件要求实际运行,形成持续改进能源管理体系,效果明显,得2分。核查能源管理体系文件、认证证书、评价报告、运行和改进记录等相关材料。	
				2. 组织参加能源管理师培训考试,1分;	有1人以上取得节能主管部门认可的能源管理师资格,得1分。核查参加培训的文件、能源管理师资格证书等。非试点地区,本项不扣分。	
				3. 加强能源统计分析,2分;	设立能源统计岗位,建立健全能源消费原始记录和统计台账,得1分;定期开展能耗数据分析,得1分。核查相关文件及统计分析报表等材料。	
				4. 执行能源利用状况报告制度,3分;	安排专人填写能源利用状况报告并按时上报,得1分;能源利用状况报告符合要求,得2分。根据节能主管部门掌握的情况和现场核查结果确定。	
				5. 开展能源审计,2分;	按照《企业能源审计技术通则》(GB/T 17166),开展能源审计,得1分;落实能源审计整改措施,得1分。核查向节能主管部门报送的能源审计报告和落实整改措施的相关材料。	

续表

考核指标	序号	考核内容	分值	评分标准	评分细则	得分
节能措施（60分）	4	节能管理	25	6. 编制实施“十二五”节能规划和年度计划，2分；	编制“十二五”节能规划和年度计划，得1分；按规划和计划要求组织实施，得1分。核查节能规划、年度节能计划、实施项目的相关材料。	
节能措施（60分）	4	节能管理	25	7. 开展能效对标活动，2分；	制定能效对标方案，得1分；组织实施，得1分。核查对标方案和实施活动的相关材料。	
				8. 优化运输组织方式，提升运输效能，2分；	新增运力采用能效较高的运输工具，得1分；利用信息通信等技术，提高运输效率，减少空驶率，得1分。根据交通运输主管部门提供情况或企业提供的具体证明材料确定。	
				9. 建立健全节能激励约束机制，2分；	建立健全节能激励约束制度，安排节能奖励资金，得1分；奖励在节能管理、节能发明创造、节能挖潜降耗等工作中取得优秀成绩的集体和个人，惩罚浪费能源的集体和个人，得1分。核查建立实施奖励和处罚的相关材料。	
				10. 开展节能宣传教育，1分；	定期开展节能宣传教育活动，得1分。核查开展活动的相关材料。	
				11. 执行运输车辆燃油消耗量限值准入制度，2分；	以油耗量限制标准作为采购运输工具的依据，得2分。根据交通运输主管部门提供情况或查阅车辆技术资料确定。	
				12. 开展节能培训和岗位技能竞赛，1分。	定期组织对能源计量、统计、管理和驾驶员进行节能培训，开展岗位技能竞赛，得1分。核查培训证书和开展活动的文件等。	
节能措施（60分）	5	技术进步	15	1. 安排专门资金用于节能技术进步等工作，3分；	安排专门资金，开展技术研发和改造等工作，得3分。核查资金使用计划及实施项目等相关材料。	

续表

考核指标	序号	考核内容	分值	评分标准	评分细则	得分
节能措施（60分）	5	技术进步	15	2. 制定节能与新能源运输车辆发展计划并组织实施，2分；	制定计划，得1分；组织实施，得1分。核查有关文件及车辆档案或台账等情况。	
节能措施（60分）	5	技术进步	15	3. 研发和应用节能技术、产品和工艺，4分；	开展节能新技术研发和应用，得2分；采用节能主管部门重点推荐的节能技术、产品和工艺，得2分。核查研发项目、费用凭证和采用节能技术、产品、工艺的相关材料。	
				4. 节能、绿色装备和车辆比例逐年提升，2分。	推广使用节能、绿色装备和车辆，得1分；占比逐年提升，得1分。根据交通运输主管部门检查情况确定。	
				5. 淘汰落后装备、运力，4分；	淘汰落后车辆、装备、运力等，得4分。没有淘汰落后车辆、装备、运力，不扣分。存在未按规定淘汰落后的不得分。根据交通运输主管部门检查情况确定。	
				6. 采用合同能源管理模式实施节能改造，加1分。	采用合同能源管理模式实施节能改造，加1分。核查相关文件和项目。	
	6	执行节能法律法规标准	8	1. 执行节能法律法规，2分；	认真贯彻执行节能法律法规，在当年节能执法监察中未发现节能违法违规行为，得2分。存在节能违法、违规行为不得分。通过节能主管部门及其他相关部门执法文书和企业现场核查打分。	
				2. 执行能耗限额标准，2分；	执行国家或地方营业性道路运输企业载客汽车燃料消耗限额和营运性道路运输企业载货汽车燃料消耗限额，得2分。存在超限额标准行为不得分。以交通主管部门检查结果为准。没有产品能耗限额标准的，不扣分。	
				3. 执行节能评估审查制度，4分。	新、改、扩建项目落实固定资产投资节能评估审查规定，得2分；按节能设计规范和能耗标准建设场站，得2分。存在未落实评估审查制度的项目或未按节能设计规范与能耗标准建设的项目不得分。核查节能主管部门公布的相关文件。没有新、改、扩建项目，不扣分。	
合计			100			

表 3 交通运输企业(港航)节能目标责任评价考核指标及评分标准

考核指标	序号	考核内容	分值	评分标准	评分细则	得分
节能目标(40 分)	1	“十二五”节能量进度	40	完成节能量进度目标,40 分。	节能量进度目标按照每年完成“十二五”节能量目标的 20% 计算,即第一年实际完成节能量不低于“十二五”节能量目标的 20%,第二年累计不低于 40%,第三年累计不低于 60%,第四年累计不低于 80%,第五年累计不低于 100%。根据节能主管部门掌握的能耗数据,核算当年实际完成节能量,达到节能量进度目标的,得 40 分,未达到的不得分。每超过进度目标 10 个百分点加 1 分,最多加 2 分。本指标为否决性指标,未完成的不得分,并且直接考核为未完成等级。	
节能措施(60 分)	2	组织领导	6	1. 建立节能工作领导小组,2 分;	成立以企业主要负责人为组长的节能工作领导小组,得 1 分;定期研究部署企业节能工作,并推动工作落实,得 1 分。核查成立领导小组文件、相关会议纪要等。	
				2. 设立专门能源管理岗位,3 分;	设立专门能源管理岗位,得 1 分;聘任能源管理负责人,得 1 分;明确工作职责和任务,并提供工作保障,得 1 分。核查设立岗位的相关文件、聘任文件、工作职责和工作总结等材料。	
				3. 企业能源管理负责人具备能源管理师资格,1 分。	开展能源管理师试点地区的企业能源管理负责人取得节能主管部门颁发的能源管理师资格证书,得 1 分。非试点地区,本项不扣分。查看能源管理师证书。	
	3	节能目标责任制	6	1. 分解节能目标,2 分;	将节能目标分解到船舶(装卸公司),得 1 分,分解到班组和岗位,得 1 分。核查分解节能目标的相关证明材料。	
				2. 定期开展节能目标完成情况考评,2 分;	制定考核管理办法,得 1 分;定期对节能目标完成情况进行考评,得 1 分。核查考核办法、考评实施等相关文件。	

续表

考核指标	序号	考核内容	分值	评分标准	评分细则	得分
节能措施（60分）	3	节能目标责任制	6	3. 落实节能考核奖惩制度，2分。	将节能目标完成情况纳入员工业绩考核范围，得1分；根据节能目标完成情况，落实奖惩措施，得1分。核查绩效考核文件、实施奖励、处罚等相关材料。	
	4	节能管理	25	1. 建立企业能源管理体系，5分；	按照《能源管理体系要求》（GB/T 23331），建立体系文件，得1分；通过管理体系认证或评价，得2分；按照体系文件要求实际运行，形成持续改进能源管理体系，效果明显，得2分。核查能源管理体系文件、认证证书、评价报告、运行和改进记录等相关材料。	
				2. 组织参加能源管理师培训考试，1分；	有1人以上取得节能主管部门认可的能源管理师资格，得1分。核查参加培训的文件、能源管理师资格证书等。非试点地区，本项不扣分。	
				3. 加强能源统计分析，3分；	设立能源统计岗位，得1分；建立健全能源消费原始记录和统计台账，得1分；定期开展能耗数据分析，得1分。核查相关文件及统计分析报表等材料。	
				4. 执行能源利用状况报告制度，3分；	安排专人填写能源利用状况报告并按时上报，得1分；能源利用状况报告符合要求，得2分。根据节能主管部门掌握的情况和现场核查结果确定。	
				5. 开展能源审计，4分；	按照《企业能源审计技术通则》（GB/T 17166），开展能源审计，得2分；落实能源审计整改措施，得2分。核查向节能主管部门报送的能源审计报告和落实整改措施的相关材料。	
				6. 编制实施“十二五”节能规划和年度计划，2分；	编制“十二五”节能规划和年度计划，得1分；按规划和计划要求组织实施，得1分。核查节能规划、年度节能计划、实施项目的相关材料。	

续表

考核指标	序号	考核内容	分值	评分标准	评分细则	得分
节能措施（60分）	4	节能管理	25	7. 开展能效对标活动,2分;	制定能效对标方案,得1分;组织实施,得1分。核查对标方案和实施活动的相关材料。	
				8. 建立健全节能激励约束机制,2分;	建立健全节能激励约束制度,安排节能奖励资金,得1分;奖励在节能管理、节能发明创造、节能挖潜降耗等工作中取得优秀成绩的集体和个人,惩罚浪费能源的集体和个人,得1分。核查建立实施奖励和处罚的相关材料。	
				9. 开展节能宣传教育,1分;	定期开展节能宣传教育活动,得1分。核查开展活动的相关材料。	
				10. 开展节能培训和岗位技能竞赛,2分;	定期组织对能源计量、统计、管理和港口车辆或装备驾驶等人员进行节能培训,得1分;开展岗位技能竞赛,得1分。核查培训证书和开展活动的文件等。	
				11. 实施主要耗能设备能耗定额管理制度,加1分。	制定能耗定额管理制度,得1分;组织实施,得1分。核查相关文件和定额标准。	
	5	技术进步	15	1. 安排专门资金用于节能技术进步等工作,3分;	安排专门资金,开展技术研发和改造等工作,得3分。核查资金使用计划及实施项目等相关材料。	
				2. 制定实施年度节能技术改造计划,3分;	制定年度节能技术改造计划,得1分;按时完成节能技术改造计划,得2分。核查企业技改计划等有关资料和项目实施情况。	

续表

考核指标	序号	考核内容	分值	评分标准	评分细则	得分
节能措施（60分）	5	技术进步	15	3. 研发和应用节能技术、产品和工艺，3分；	开展节能新技术研发和应用，得2分；采用节能主管部门重点推荐的节能技术、产品和工艺，得1分。核查研发项目、费用凭证和采用节能技术、产品、工艺的相关材料。	
				4. 淘汰老旧船舶和落后用能设备，3分；	按规定淘汰老旧船舶和落后用能设备，得3分。没有老旧船舶和落后用能设备，不扣分。存在未按规定淘汰船舶或落后用能设备的情况不得分。根据交通主管部门检查结果确定。	
				5. 制定实施新能源、清洁能源规划或计划，3分；	制定规划或计划，得1分；组织实施，得2分。核查相关文件和应用情况等材料。	
				6. 采用合同能源管理模式实施节能改造，加1分。	采用合同能源管理模式实施节能改造，加1分。核查相关文件和项目。	
	6	执行节能法律法规标准	8	1. 执行节能法律法规，2分；	认真贯彻执行节能法律法规，在当年节能执法监察中未发现节能违法违规行为，得2分。存在节能违法、违规行为不得分。通过节能主管部门及其他相关部门执法文书和企业现场核查打分。	
				2. 执行能耗限额标准，2分；	执行国家或地方营业性海运船舶燃料消耗限额、沿海港口能源消耗限额标准，得2分。存在超限额标准行为不得分。根据交通主管部门检查结果确定。没有产品能耗限额标准，不扣分。	
				3. 执行节能评估审查制度，4分。	新、改、扩建项目落实固定资产投资节能评估审查规定，得2分；按节能设计规范和能耗标准建设，得2分。存在未落实评估审查制度的项目或未按节能设计规范与能耗标准建设的项目不得分。核查节能主管部门公布的相关文件。没有新、改、扩建项目，不扣分。	
合计			100			

表 4　商贸企业节能目标责任评价考核指标及评分标准

考核指标	序号	考核内容	分值	评分标准	评分细则	得分
节能目标（40 分）	1	“十二五”节能量进度	40	完成节能量进度目标,40 分。	节能量进度目标按照每年完成“十二五”节能量目标的 20% 计算,即第一年实际完成节能量不低于“十二五”节能量目标的 20% ,第二年累计不低于 40% ,第三年累计不低于 60% ,第四年累计不低于 80% ,第五年累计不低于 100% 。根据节能主管部门掌握的能耗数据,核算当年实际完成节能量,达到节能量进度目标的,得 40 分,未达到的不得分。每超过进度目标 10 个百分点加 1 分,最多加 2 分。本指标为否决性指标,未完成的不得分,并且直接考核为未完成等级。	
节能措施（60 分）	2	组织领导	6	1. 建立节能工作领导小组,2 分;	成立以企业主要负责人为组长的节能工作领导小组,得 1 分;定期研究部署企业节能工作,并推动工作落实,得 1 分。核查成立领导小组文件、相关会议纪要等。	
				2. 设立专门能源管理岗位,3 分;	设立专门能源管理岗位,得 1 分;聘任能源管理负责人,得 1 分;明确工作职责和任务,并提供工作保障,得 1 分。核查设立岗位的相关文件、聘任文件、工作职责和工作总结等材料。	
				3. 企业能源管理负责人具备能源管理师资格,1 分。	开展能源管理师试点地区的企业能源管理负责人取得节能主管部门颁发的能源管理师资格证书,得 1 分。非试点地区,本项不扣分。查看能源管理师证书。	
	3	节能目标责任制	6	1. 分解节能目标,2 分;	将节能目标分解到部门,得 1 分,分解到班组和岗位,得 1 分。核查分解和落实节能目标的相关证明材料。	
				2. 定期开展节能目标完成情况考评,2 分;	制定考核管理办法,得 1 分;定期对节能目标完成情况进行考评,得 1 分。核查考核办法、考评实施等相关文件。	

续表

考核指标	序号	考核内容	分值	评分标准	评分细则	得分
节能措施（60分）	3	节能目标责任制	6	3. 落实节能考核奖惩制度，2分。	将节能目标完成情况纳入员工业绩考核范围，得1分；根据节能目标完成情况，落实奖惩措施，得1分。核查绩效考核文件、实施奖励、处罚等相关材料。	
	4	节能管理	25	1. 建立企业能源管理体系，5分；	按照《能源管理体系要求》（GB/T 23331），建立体系文件，得1分；通过管理体系认证或评价，得2分；按照体系文件要求实际运行，形成持续改进能源管理体系，效果明显，得2分。核查能源管理体系文件、认证证书、评价报告、运行和改进记录等相关材料。	
				2. 组织参加能源管理师培训考试，1分；	有1人以上取得节能主管部门认可的能源管理师资格，得1分。核查参加培训的文件、能源管理师资格证书等。非试点地区，本项不扣分。	
				3. 配备和管理能源计量器具，2分；	按照《用能单位能源计量器具配备和管理通则》（GB 17167）要求，建立能源计量器具配备制度和管理制度，得1分（仅有一项制度的，得0.5分）；能源计量器具配备符合标准要求，得1分。核查企业的相关文件以及质检部门出具的相关材料。	
				4. 实现能耗数据在线采集、实时监测，加1分；	建设完成系统，加0.5分；系统正常运行，加0.5分。现场核查系统运行情况。	
				5. 加强能源统计分析，3分；	设立能源统计岗位，建立健全能源消费原始记录和统计台账，得1分；定期开展能耗数据分析，得2分。核查相关文件及统计分析报表等材料。	
				6. 执行能源利用状况报告制度，3分；	安排专人填写能源利用状况报告并按时上报，得1分；能源利用状况报告符合要求，得2分。根据节能主管部门掌握的情况和现场核查结果确定。	

续表

考核指标	序号	考核内容	分值	评分标准	评分细则	得分
节能措施（60分）	4	节能管理	25	7. 开展能源审计，2分；	按照《企业能源审计技术通则》（GB/T 17166），开展能源审计，得1分；落实能源审计整改措施，得1分。核查向节能主管部门报送的能源审计报告和落实整改措施的相关材料。	
				8. 编制实施“十二五”节能规划和年度计划，2分；	编制“十二五”节能规划和年度计划，得1分；按规划和计划要求组织实施，得1分。核查节能规划、年度节能计划、实施项目的相关材料。	
				9. 加强用能设备维护管理，2分；	定期对空调、供热、照明、热开水器、电梯、冷藏等用能设备进行巡检维护，得1分；开展大型耗能设备节能测试，得1分。核查维护日志和测试报告等材料。	
				10. 落实室内空调温控制度，1分；	严格室内空调温度管理，公共区域夏季温度设置不低于26℃，冬季温度不高于20℃，得1分。存在温度设置不符合要求的现象不得分。核查相关制度，并实地查看温度设置情况。	
				11. 开展能效对标活动，2分；	制定能效对标方案，得1分；组织实施，得1分。核查对标方案和实施活动的相关材料。	
				12. 建立健全节能激励约束机制，2分；	建立健全节能激励约束制度，安排节能奖励资金，得1分；奖励在节能管理、节能发明创造、节能挖潜降耗等工作中取得优秀成绩的集体和个人，惩罚浪费能源的集体和个人，得1分。核查建立实施奖励和处罚的相关材料。	
				13. 开展节能培训，2分；	定期组织对能源计量、统计、管理和设备操作人员进行节能培训，得1分；主要耗能设备操作人员经过培训上岗，得1分。核查企业节能培训计划、考试记录、培训证书等材料。	
				14. 开展节能宣传教育，1分。	定期组织开展节能宣传活动，编制员工节能手册，在公共区域设置节能提示标识，得1分。核查有关证明材料或实地查看。	

续表

考核指标	序号	考核内容	分值	评分标准	评分细则	得分
节能措施（60分）	5	技术进步	12	1. 安排专门资金用于节能技术进步等工作,4分;	安排专门资金,开展技术改造等工作,得4分。核查资金使用计划及实施项目等相关材料。	
				2. 制定实施年度节能技术改造计划,4分;	实施配电、空调、采暖、照明等重点耗能设备节能改造,得2分;推广应用节能新技术、新设备,得2分;核查技改计划等有关资料和实施项目情况。	
				3. 淘汰落后用能设备,4分;	按规定淘汰落后用能设备,得4分。没有落后用能设备,不扣分。根据节能主管部门核查情况确定。	
				4. 采用合同能源管理模式实施节能改造,加1分。	采用合同能源管理模式实施节能改造,加1分。核查相关文件和项目情况。	
				5. 利用地热能、太阳能等可再生能源,加1分;	安装应用地热能、太阳能等可再生能源利用系统或装备,加1分。核查文件或实地查看。	
	6	执行节能法律法规标准	8	1. 执行节能法律法规,3分;	认真贯彻执行节能法律法规,在当年节能执法监察中未发现节能违法违规行为,得3分。存在节能违法、违规行为不得分。通过节能主管部门及其他相关部门执法文书和企业现场核查打分。	
				2. 执行国家或地方限制过度包装等有关规定和标准,3分;	在经营销售过程中存在过度包装行为不得分。根据节能主管部门核查情况确定。	

续表

考核指标	序号	考核内容	分值	评分标准	评分细则	得分
节能措施（60分）	6	执行节能法律法规标准	8	3. 落实固定资产投资节能评估审查制度，新、改、扩建项目按节能设计规范和能耗标准建设，2分。	新、改、扩建项目落实固定资产投资节能评估审查规定，得1分；按节能设计规范和能耗标准建设，得1分。存在未落实评估审查制度的项目或未按节能设计规范与能耗标准建设的项目不得分。核查节能主管部门公布的相关文件。没有新、改、扩建项目，不扣分。	
合计			100			

表5 宾馆饭店节能目标责任评价考核指标及评分标准

考核指标	序号	考核内容	分值	评分标准	评分细则	得分
节能目标（40分）	1	“十二五”节能量进度	40	完成节能量进度目标，40分。	节能量进度目标按照每年完成“十二五”节能量目标的20%计算，即第一年实际完成节能量不低于“十二五”节能量目标的20%，第二年累计不低于40%，第三年累计不低于60%，第四年累计不低于80%，第五年累计不低于100%。根据节能主管部门掌握的能耗数据，核算当年实际完成节能量，达到节能量进度目标的，得40分，未达到的不得分。每超过进度目标10个百分点加1分，最多加2分。本指标为否决性指标，未完成的不得分，并且直接考核为未完成等级。	
节能措施（60分）	2	组织领导	6	1. 建立节能工作领导小组，2分；	成立以企业主要负责人为组长的节能工作领导小组，得1分；定期研究部署企业节能工作，并推动工作落实，得1分。核查成立领导小组文件、相关会议纪要等。	
				2. 设立专门能源管理岗位，3分；	设立专门能源管理岗位，得1分；聘任能源管理负责人，得1分；明确工作职责和任务，并提供工作保障，得1分。核查设立岗位的相关文件、聘任文件、工作职责和工作总结等材料。	

续表

考核指标	序号	考核内容	分值	评分标准	评分细则	得分
节能措施（60分）	2	组织领导	6	3. 企业能源管理负责人具备能源管理师资格，1分。	开展能源管理师试点地区的企业能源管理负责人取得节能主管部门颁发的能源管理师资格证书，得1分。非试点地区，本项不扣分。查看能源管理师证书。	
	3	节能目标责任制	6	1. 分解节能目标，2分；	将节能目标分解到部门，得1分，分解到班组和岗位，得1分。核查分解和落实节能目标的相关证明材料。	
				2. 定期开展节能目标完成情况考评，2分；	制定考核管理办法，得1分；定期对节能目标完成情况进行考评，得1分。核查考核办法、考评实施等相关文件。	
				3. 落实节能考核奖惩制度，2分。	将节能目标完成情况纳入员工业绩考核范围，得1分；根据节能目标完成情况，落实奖惩措施，得1分。核查绩效考核文件、实施奖励、处罚等相关材料。	
	4	节能管理	28	1. 建立企业能源管理体系，5分；	按照《能源管理体系要求》（GB/T 23331），建立体系文件，得1分；通过管理体系认证或评价，得2分；按照体系文件要求实际运行，形成持续改进能源管理体系，效果明显，得2分。核查能源管理体系文件、认证证书、评价报告、运行和改进记录等相关材料。	
				2. 组织参加能源管理师培训考试，1分；	有1人以上取得节能主管部门认可的能源管理师资格，得1分。核查参加培训的文件、能源管理师资格证书等。非试点地区，本项不扣分。	
				3. 配备和管理能源计量器具，2分；	按照《用能单位能源计量器具配备和管理通则》（GB 17167）要求，建立能源计量器具配备制度和管理制度，得1分（仅有一项制度的，得0.5分）；能源计量器具配备符合标准要求，得1分。核查企业的相关文件以及质检部门出具的相关材料。	

续表

考核指标	序号	考核内容	分值	评分标准	评分细则	得分
节能措施（60分）	4	节能管理	28	4. 实现能耗数据在线采集、实时监测，加1分；	建设完成系统，加0.5分；系统正常运行，加0.5分。现场核查系统运行情况。	
				5. 加强能源统计分析，2分；	设立能源统计岗位，建立健全能源消费原始记录和统计台账，得1分；定期开展能耗数据分析，得1分。核查相关文件及统计分析报表等材料。	
				6. 执行能源利用状况报告制度，3分；	安排专人填写能源利用状况报告并按时上报，得1分；能源利用状况报告符合要求，得2分。根据节能主管部门掌握的情况和现场核查结果确定。	
				7. 开展能源审计，2分；	按照《企业能源审计技术通则》（GB/T 17166），开展能源审计，得1分；落实能源审计整改措施，得1分。核查向节能主管部门报送的能源审计报告和落实整改措施的相关材料。	
				8. 编制实施“十二五”节能规划和年度计划，2分；	编制“十二五”节能规划和年度计划，得1分；按规划和计划要求组织实施，得1分。核查节能规划、年度节能计划、实施项目的相关材料。	
				9. 加强用能设备维护管理，2分；	定期对空调、供热、照明、热开水器、电梯、冷藏等用能设备进行巡检维护，得1分；开展大型耗能设备节能测试，得1分。核查维护日志和测试报告等材料。	
				10. 落实室内空调温控制度，1分；	严格室内空调温度管理，公共区域夏季温度设置不低于26℃，冬季温度不高于20℃，得1分。存在温度设置不符合要求的现象不得分。核查相关制度，并实地查看温度设置情况。	

续表

考核指标	序号	考核内容	分值	评分标准	评分细则	得分
节能措施（60分）	4	节能管理	28	11. 开展能效对标活动,2分;	制定能效对标方案,得1分;组织实施,得1分。核查对标方案和实施活动的相关材料。	
				12. 建立健全节能激励约束机制,2分;	建立健全节能激励约束制度,安排节能奖励资金,得1分;奖励在节能管理、节能发明创造、节能挖潜降耗等工作中取得优秀成绩的集体和个人,惩罚浪费能源的集体和个人,得1分。核查建立实施奖励和处罚的相关材料。	
				13. 开展节能培训,2分;	定期组织对能源计量、统计、管理和设备操作人员进行节能培训,得1分;主要耗能设备操作人员经过培训上岗,得1分。核查企业节能培训计划、考试记录、培训证书等材料。	
				14. 引导节能绿色消费,1分;	采取措施,引导顾客理性、健康适度消费,得1分。核查相关证明材料。	
				15. 开展节能宣传教育,1分。	开展宣传教育活动,编制员工节能手册,在宾馆公共区域和客房放置节能提示标识,得1分。核查相关证明材料或实地查看。	
	5	技术进步	12	1. 安排专门资金用于节能技术进步等工作,4分;	安排专门资金,开展技术改造等工作,得4分。核查资金使用计划及实施项目等相关材料。	
				2. 制定实施年度节能技术改造计划,4分;	实施配电、空调、采暖、照明等重点耗能设备节能改造,得2分;推广应用节能新技术、新设备,得2分;核查技改计划等有关资料和实施项目情况。	
				3. 淘汰落后用能设备,4分;	按规定淘汰落后用能设备,得4分。没有落后用能设备,不扣分。根据节能主管部门核查情况确定。	

续表

考核指标	序号	考核内容	分值	评分标准	评分细则	得分
节能措施（60分）	5	技术进步	12	4. 采用合同能源管理模式实施节能改造，加1分。	采用合同能源管理模式实施节能改造，加1分。核查相关文件和项目情况。	
				5. 利用地热能、太阳能等可再生能源，加1分。	安装应用地热能、太阳能等可再生能源利用系统或装备，加1分。核查文件或实地查看。	
	6	执行节能法律法规标准	8	1. 执行节能法律法规，3分；	认真贯彻执行节能法律法规，在当年节能执法监察中未发现节能违法违规行为，得3分。存在节能违法、违规行为不得分。通过节能主管部门及其他相关部门执法文书和企业现场核查打分。	
				2. 执行国家或地方关于减少一次性日用品的有关规定和标准，3分；	采取有效措施，落实国家或地方减少使用一次性日用品规定和标准及规定，得3分。核查相关文件和实地查看。	
				3. 落实固定资产投资节能评估审查制度，新、改、扩建项目按节能设计规范和能耗标准建设，2分。	新、改、扩建项目落实固定资产投资节能评估审查规定，得1分；按节能设计规范和能耗标准建设，得1分。存在未落实评估审查制度的项目或未按节能设计规范与能耗标准建设的项目不得分。核查节能主管部门公布的相关文件。没有新、改、扩建项目，不扣分。	
总计			100			

表6　学校节能目标责任评价考核指标及评分标准

考核指标	序号	考核内容	分值	评分标准	评分细则	得分
节能目标（40分）	1	“十二五”节能量进度	40	完成节能量进度目标，40分。	节能量进度目标按照每年完成“十二五”节能量目标的20%计算，即第一年实际完成节能量不低于“十二五”节能量目标的20%，第二年累计不低于40%，第三年累计不低于60%，第四年累计不低于80%，第五年累计不低于100%。根据节能主管部门掌握的能耗数据，核算当年实际完成节能量，达到节能量进度目标的，得40分，未达到的不得分。每超过进度目标10个百分点加1分，最多加2分。本指标为否决性指标，未完成的不得分，并且直接考核为未完成等级。	
节能措施（60分）	2	组织领导	6	1. 建立节能工作领导小组，2分；	成立以学校主要负责人为组长的领导小组，得1分；定期研究部署学校节能工作，得1分。核查成立领导小组文件、相关会议纪要等。	
				2. 设立专门能源管理岗位，3分；	设立专门能源管理岗位，得1分；聘任能源管理负责人，得1分；明确工作职责和任务，并提供工作保障，得1分。核查设立机构或岗位相关文件、聘任文件、工作职责、工作总结等证明材料。	
				3. 企业能源管理负责人具备能源管理师资格，1分。	开展能源管理师试点地区的企业能源管理负责人取得节能主管部门颁发的能源管理师资格证书，得1分。非试点地区，本项不扣分。查看能源管理师证书。	
	3	节能目标责任制	6	1. 分解节能目标，2分；	将节能目标分解到部门，得1分，分解到岗位，得1分。核查分解和落实节能目标的相关证明材料。	
				2. 定期开展节能目标完成情况考评，2分；	制定考核管理办法，得1分；定期对节能目标完成情况进行考评，得1分。核查考核办法、考评实施等相关文件。	

续表

考核指标	序号	考核内容	分值	评分标准	评分细则	得分
节能措施（60分）	3	节能目标责任制	6	3. 落实节能考核奖惩制度，2分。	将节能目标完成情况纳入员工业绩考核范围，得1分；根据节能目标完成情况，落实奖惩措施，得1分。核查绩效考核文件、实施奖励、处罚等相关材料。	
	4	节能管理	32	1. 建立企业能源管理体系，5分；	按照《能源管理体系要求》（GB/T 23331），建立体系文件，得1分；通过管理体系认证或评价，得2分；按照体系文件要求实际运行，形成持续改进能源管理体系，效果明显，得2分。核查能源管理体系文件、认证证书、评价报告、运行和改进记录等相关材料。	
				2. 组织参加能源管理师培训考试，1分；	有1人以上取得节能主管部门认可的能源管理师资格，得1分。核查参加培训的文件、能源管理师资格证书等。非试点地区，本项不扣分。	
				3. 配备和管理能源计量器具，2分；	按照《用能单位能源计量器具配备和管理通则》（GB 17167）要求，建立能源计量器具配备制度和管理制度，得1分（仅有一项制度的，得0.5分）；能源计量器具配备符合标准要求，得1分。核查企业的相关文件以及质检部门出具的相关材料。	
				4. 实现能耗数据在线采集、实时监测，加1分；	建设完成系统，加0.5分；系统正常运行，加0.5分。现场核查系统运行情况。	
				5. 加强能源统计分析，2分；	设立能源统计岗位，建立健全能源消费原始记录和统计台账，得1分；定期开展能耗数据分析，得1分。核查相关文件及统计分析报表等材料。	
				6. 执行能源利用状况报告制度，3分；	安排专人填写能源利用状况报告并按时上报，得1分；能源利用状况报告符合要求，得2分。根据节能主管部门掌握的情况和现场核查结果确定。	

续表

考核指标	序号	考核内容	分值	评分标准	评分细则	得分
节能措施（60分）	4	节能管理	32	7. 开展能源审计，2分；	按照《企业能源审计技术通则》（GB/T 17166），开展能源审计，得1分；落实能源审计整改措施，得1分。核查向节能主管部门报送的能源审计报告和落实整改措施的相关材料。	
				8. 编制实施“十二五”节约型校园建设方案和年度计划，3分；	编制“十二五”节约型校园建设方案和年度计划，得1分；组织实施，得2分。核查建设方案和年度计划相关文件，以及项目实施情况。	
				9. 加强用能设备维护管理，2分；	定期对空调、供热、照明、热开水器、电梯、冷藏等用能设备进行巡检维护，得1分；开展大型耗能设备节能测试，得1分。核查维护日志和测试报告等材料。	
				10. 落实室内空调温控制度，1分；	严格室内空调温度管理，公共区域夏季温度设置不低于26℃，冬季温度不高于20℃，得1分。存在温度设置不符合要求的现象不得分。核查相关制度，并实地查看温度设置情况。	
				11. 开展能效对标活动，2分；	制定能效对标方案，得1分；组织实施，得1分。核查对标方案和实施活动的相关材料。	
				12. 建立健全节能激励约束机制，2分；	建立健全节能激励约束制度，安排节能奖励资金，得1分；奖励在节能管理、节能发明创造、节能挖潜降耗等工作中取得优秀成绩的集体和个人，惩罚浪费能源的集体和个人，得1分。核查建立实施奖励和处罚的相关材料。	
				13. 开展节能培训，2分；	定期组织对能源计量、统计、管理和设备操作人员进行节能培训，得1分；主要耗能设备操作人员经过培训上岗，得1分。核查企业节能培训计划、考试记录、培训证书等材料。	

续表

考核指标	序号	考核内容	分值	评分标准	评分细则	得分
节能措施（60分）	4	节能管理	32	14. 加强节能宣传教育,3分；	把节能教育纳入学生素质教育体系,编制节能教材安排节能课程,得1分;每年举办全校节能主题宣传教育活动,得2分。核查相关材料。	
				15. 开展节能志愿者活动,2分。	建立节能志愿者制度,得1分;动员学生参与节能志愿者实践活动,得1分。核查相关材料和开展活动情况。	
	5	技术进步	10	1. 安排专门资金用于节能技术进步等工作,2分；	安排专门资金,开展技术改造等工作,得2分。核查资金使用计划及实施项目等相关材料。	
				2. 制定实施年度节能技术改造计划,4分；	实施配电、空调、采暖、照明等重点耗能设备节能改造,得2分;推广应用智能照明控制系统等节能新技术、新设备,得2分。核查技改计划等有关资料和实施项目情况。	
				3. 淘汰落后用能设备,4分；	按规定淘汰落后用能设备,得4分。没有落后用能设备,不扣分。根据节能主管部门核查情况确定。	
				4. 采用合同能源管理模式实施节能改造,加1分；	采用合同能源管理模式实施节能改造,加1分。核查相关文件和项目情况。	
				5. 利用地热能、太阳能等可再生能源,加1分。	安装应用地热能、太阳能等可再生能源利用系统或装备,加1分。核查文件或实地查看。	
	6	执行节能法律法规标准	6	1. 执行节能法律法规,3分；	认真贯彻执行节能法律法规,在当年节能执法监察中未发现节能违法违规行为,得3分。存在节能违法、违规行为不得分。通过节能主管部门及其他相关部门执法文书和企业现场核查打分。	

续表

考核指标	序号	考核内容	分值	评分标准	评分细则	得分
节能措施（60分）	6	执行节能法律法规标准	6	2. 落实固定资产投资节能评估审查制度，新、改、扩建项目按节能设计规范和能耗标准建设，3分。	新、改、扩建项目落实固定资产投资节能评估审查规定，得1分；按节能设计规范和能耗标准建设，得2分。存在未落实评估审查制度的项目或未按节能设计规范与能耗标准建设的项目不得分。核查节能主管部门公布的相关文件。没有新、改、扩建项目，不扣分。	
总计			100			

附件 3：

各地区万家企业节能目标完成情况汇总表

地区：　　　　　　　　　　　　年度：

领域	企业数量（家）		企业节能目标责任完成情况（家）				节能量目标(万吨标准煤)		节能量目标完成情况		
	国家公告万家企业数量	实际考核企业数量	超额完成企业数量	完成企业数量	基本完成企业数量	未完成企业数量	“十二五”节能量目标	节能量进度目标	当年完成节能量（万吨标准煤）	累计完成节能量（万吨标准煤）	节能量完成进度（%）
合计											
1. 工业企业											
2. 交通运输企业											
其中：道路运输企业											
港航企业											
3. 宾馆饭店											
4. 商贸企业											
5. 学校											

附件4：

各地区中央企业节能目标完成情况汇总表

地区： 年度：

序号	企业名称	法人代码	所属央企名称	节能量目标（万吨标准煤）		节能量目标完成情况			节能量目标完成情况节能目标责任考核完成等级（超额完成、完成、基本完成、未完成）
				“十二五”节能量目标	节能量进度目标	当年完成节能量（万吨标准煤）	累计完成节能量（万吨标准煤）	节能量完成进度（%）	

附件5：

各地区未完成节能目标企业汇总表

地区：　　　　　　　　年度：

序号	企业名称	法人代码	所属领域	节能量目标（万吨标准煤）		节能量目标完成情况			备注
				“十二五”节能量目标	节能量进度目标	当年完成节能量（万吨标准煤）	累计完成节能量（万吨标准煤）	节能量完成进度（%）	

填表说明：

所属领域：请填写工业企业、交通运输企业、宾馆饭店企业、商贸企业、学校。在备注栏内可简要说明未完成原因。

十三、国家发展改革委办公厅关于进一步加强万家企业能源利用状况报告工作的通知

发改办环资〔2012〕2251 号

各省、自治区、直辖市及计划单列市、新疆生产建设兵团发展改革委、经信委（经贸委、经委、工信委、工信厅），有关中央企业：

重点用能单位每年向节能主管部门报告能源利用状况是《中华人民共和国节约能源法》规定的法定义务。“十二五”时期，我国能源消费仍将呈现刚性增长态势，节能形势十分严峻。加强万家企业能源利用状况报告工作，对全面掌握万家企业能耗状况，强化节能监管，促进企业提高能效具有重要意义。为深入推进万家企业节能低碳行动，根据我委等 12 个部门《关于印发万家企业节能低碳行动实施方案的通知》（发改环资〔2011〕2873 号）要求，我们在总结“十一五”重点用能单位能源利用状况报告工作基础上，调整完善了能源利用状况报告内容。现就进一步加强万家企业能源利用状况报告工作通知如下。

一、填报单位

国家发展改革委公告的万家企业节能低碳行动企业名单内的用能单位要按照本通知要求定期填报能源利用状况报告。

二、填报内容

能源利用状况报告包括：基本情况表、能源消费结构表、能源消费结构附表、单位产品综合能耗情况表、进度节能量目标完成情况表、节能改造项目情况表，涉及工业、交通运输仓储和邮政业、住宿和餐饮业、批发和零售业、教育 5 个领域。具体表格见附件 1。

三、填报方式

我委负责开发“万家企业能源利用状况报告网上填报系统”软件，组织对省级节能主管部门相关人员进行填报培训，并提供软件使用指导。省级节能主管部门负责对本辖区内万家企业进行填报培训。万家企业采取网上直报方式填报能源利用状况报告。

四、报送时间

万家企业要于每年3月31日前将上一年度的能源利用状况报告报送当地节能主管部门。地方节能主管部门组织对辖区内企业能源利用状况报告进行审查，对审查不合格的，要求其限期整改，重新报送。省级节能主管部门负责汇总审核本地区万家企业能源管理利用状况报告，并填写汇总表（见附件5），于每年4月30日前报送我委。

五、补报2011年度能源利用状况报告

万家企业要将2011年度能源利用状况报告报送本省节能主管部门进行审核汇总，各省节能主管部门于2012年12月15日前将汇总表报送我委。

六、工作要求

万家企业要认真做好能源利用状况报告填报工作，安排专人负责，强化专业知识培训，提高能源利用状况报告质量。企业能源管理负责人负责组织对本单位用能状况进行分析、评价，编写能源利用状况报告，并对能源利用状况报告的完整性、真实性和准确性负责。

各地节能主管部门要尽快将本通知转发至辖区内有关企业。要切实加强组织领导，强化工作措施，确保将能源利用状况报告工作落到实处。加强对能源利用状况报告报送情况的监督检查，对不报送、报送不及时、提供虚假数据等行为依法进行查处。各级节能主管部门和相关单位要按照有关要求对万家企业报送的资料、数据及分析报告等进行严格保密，不得擅自对外发布。地方确定的不在万家企业名单内的重点用能单位可参照本通知要求，由地方节能主管部门组织开展能源利用状况报告工作。

附件：1. 能源利用状况报告表格样式

2. 能源利用状况报告表格填报说明

3. 工业企业单位产品能耗指标填报目录

4. 工业企业单位产品能耗指标计算方法

5. 各地区万家企业能源利用状况汇总表

国家发展改革委办公厅

2012 年 8 月 14 日

注：附件 1 ~ 附件 4（略）

附件 5：

各地区万家企业能源利用状况汇总表

省（自治区、直辖市）　　　　20＿＿年度

<table>
<tr><th rowspan="2">序号</th><th rowspan="2">法人代码</th><th rowspan="2">企业名称（全称）</th><th rowspan="2">所属行业</th><th rowspan="2">是否央企</th><th rowspan="2" colspan="2">工业总产值（万元）</th><th rowspan="2">综合能源消费量（万吨标准煤）</th><th rowspan="2">电力消费量（万千瓦时）</th><th rowspan="2">单位工业总产值能耗（吨标准煤/万元）</th><th rowspan="2">主要产品单耗（计量单位）</th><th colspan="2">节能项目</th><th colspan="4">节能量（万吨标准煤）</th><th rowspan="2">备注</th></tr>
<tr><th>完成数（个）</th><th>年可实现节能量（吨标准煤）</th><th>五年计划目标</th><th>进度目标</th><th>当年完成</th><th>进度累计完成</th></tr>
<tr><td colspan="18">一、工业企业</td></tr>
<tr><td>1</td><td></td><td></td><td></td><td></td><td colspan="2"></td><td></td><td></td><td></td><td></td><td></td><td></td><td></td><td></td><td></td><td></td><td></td></tr>
<tr><td>2</td><td></td><td></td><td></td><td></td><td colspan="2"></td><td></td><td></td><td></td><td></td><td></td><td></td><td></td><td></td><td></td><td></td><td></td></tr>
<tr><td>…</td><td></td><td></td><td></td><td></td><td colspan="2"></td><td></td><td></td><td></td><td></td><td></td><td></td><td></td><td></td><td></td><td></td><td></td></tr>
<tr><td>小计</td><td></td><td></td><td></td><td></td><td colspan="2"></td><td></td><td></td><td></td><td></td><td></td><td></td><td></td><td></td><td></td><td></td><td></td></tr>
<tr><th rowspan="2">序号</th><th rowspan="2">法人代码</th><th rowspan="2">企业名称（全称）</th><th rowspan="2">所属行业</th><th rowspan="2">是否央企</th><th rowspan="2">运输周转量(万吨公里)</th><th rowspan="2">吞吐量(万吨)</th><th rowspan="2">综合能源消费量（万吨标准煤）</th><th rowspan="2">电力消费量（万千瓦时）</th><th rowspan="2">单位运输周转量能耗（吨标准煤/万吨公里）</th><th rowspan="2">单位吞吐量能耗（吨标准煤/万吨）</th><th colspan="2">节能改造项目</th><th colspan="4">节能量（万吨标准煤）</th><th rowspan="2">备注</th></tr>
<tr><th>完成数（个）</th><th>年可实现节能量（吨标准煤）</th><th>五年计划目标</th><th>进度目标</th><th>当年完成</th><th>进度累计完成</th></tr>
<tr><td colspan="18">二、交通运输、仓储和邮政业</td></tr>
<tr><td>1</td><td></td><td></td><td></td><td></td><td></td><td></td><td></td><td></td><td></td><td></td><td></td><td></td><td></td><td></td><td></td><td></td><td></td></tr>
<tr><td>2</td><td></td><td></td><td></td><td></td><td></td><td></td><td></td><td></td><td></td><td></td><td></td><td></td><td></td><td></td><td></td><td></td><td></td></tr>
<tr><td>…</td><td></td><td></td><td></td><td></td><td></td><td></td><td></td><td></td><td></td><td></td><td></td><td></td><td></td><td></td><td></td><td></td><td></td></tr>
<tr><td>小计</td><td></td><td></td><td></td><td></td><td></td><td></td><td></td><td></td><td></td><td></td><td></td><td></td><td></td><td></td><td></td><td></td><td></td></tr>
</table>

续表

序号	法人代码	企业名称（全称）	所属行业	是否央企	建筑面积（平方米）	综合能源消费量（万吨标准煤）	电力消费量（万千瓦时）	单位建筑面积能耗（千克标准煤/平方米）	节能改造项目		节能量（万吨标准煤）				备注
									完成数（个）	年可实现节能量（吨标准煤）	五年计划目标	进度目标	当年完成	进度累计完成	
三、住宿和餐饮业															
1															
2															
…															
小计															
序号	法人代码	企业名称（全称）	所属行业	是否央企	主营业务营业额（万元）	综合能源消费量（万吨标准煤）	电力消费量（万千瓦时）	单位主营业务收入能耗（千克标准煤/万元）	节能改造项目		节能量（万吨标准煤）				备注
									完成数（个）	年可实现节能量（吨标准煤）	五年计划目标	进度目标	当年完成	进度累计完成	
四、批发和零售业															
1															
2															
…															
小计															

续表

序号	法人代码	企业名称（全称）	所属行业	是否中央部属院校	在校学生（人）	综合能源消费量（万吨标准煤）	电力消费量（万千瓦时）	单位在校学生能耗（吨标准煤/万人）	节能改造项目		节能量（万吨标准煤）				备注
									完成数（个）	年可实现节能量（吨标准煤）	五年计划目标	进度目标	当年完成	进度累计完成	
五、教育															
1															
2															
…															
小计															

十四、能源管理体系　要求

中华人民共和国国家标准

GB/T 23331—2012/ISO 50001:2011

代替 GB/T 23331—2009

能源管理体系　要求

Energy management systems - Requirements

(ISO 50001:2011,IDT)

2012-12-31 发布　　2013-10-01 实施

中华人民共和国国家质量监督检验检疫总局
中国国家标准化管理委员会　发布

前 言

本标准等同采用国际标准 ISO 50001:2011《能源管理体系 要求及使用指南》。

本标准按照 GB/T 1.1—2009 给出的规则起草。

本标准代替 GB/T 23331—2009,与 GB/T 23331—2009 相比主要变化如下:

——增加了“边界”(见3.1)、“持续改进”(见3.2)、“纠正”(见3.3)、“纠正措施”(见3.4)、“能源消耗”(见3.7)、“能源管理团队”(见3.10)、“能源绩效参数”(见3.13)、“能源评审”(见3.15)、“能源服务”(见3.16)、“能源使用”(见3.18)、“相关方”(见3.19)、“内部审核”(见3.20)、“不符合”(见3.21)、“组织”(见3.22)、“预防措施”(见3.23)、“程序”(见3.24)、“记录”(见3.25)、“范围”(见3.26)、“主要能源使用”(见3.27)和“最高管理者”(见3.28)等术语;

——修改了“能源”(见3.5)、“能源基准”(见3.6)和“能源绩效”(见3.12)的定义;

——修改了有关“总要求”(见4.1)、“管理职责”(见4.2)、“能源方针”(见4.3)、“策划”(见4.4)、“实施与运行”(见4.5)、“检查”(见4.6)、“管理评审”(见4.7)等各部分内容的具体要求;

——删除了“能源因素”和“能源管理标杆”术语。

本标准中“能源”、“能源使用”、“能源消耗”等术语与我国能源领域中的习惯定义存在差别,此类术语仅应用于能源管理体系的实施、应用过程,从而确保与 ISO 50001 协调一致。

本标准还做了下列编辑性修改:

——删除了部分有关术语来源参考文件的批注;

——删除了部分与我国应用情况无关的批注;

——附录 B 中,将 ISO 相关标准修改为等同转化的国家标准并进行比较。

本标准由国家发展和改革委员会、国家标准化管理委员会提出。

本标准由全国能源基础与管理标准化技术委员会(SAC/TC 20)归口。

本标准起草单位:中国标准化研究院、方圆标志认证集团、德州市能源利用监测中心、中国合格评定国家认可中心、宝山钢铁集团、中国电力企业联合会标准化管理中心、中国建材检验认证集团股份有限公司。

本标准主要起草人:王赓、李爱仙、李铁男、王世岩、朱春雁、李燕、黄进[1)]、梁秀英、任香贵、桂其林、杨德生、李燕[2)]、刘立波、周璐、周湘梅、张娣、石新勇。

本标准于2009年3月首次发布,本次为第一次修订。

1)中国合格评定国家认可中心

2)中国标准化研究院

引　言

制定本标准的目的是引导组织建立能源管理体系和必要的管理过程，提高其能源绩效，包括提高能源利用效率和降低能源消耗。本标准的实施旨在通过系统的能源管理，降低能源成本、减少温室气体排放及其他相关环境影响。本标准适用于所有类型和规模的组织，不受其地理位置、文化及社会条件等的影响。本标准能否成功实施取决于组织各职能层次的承诺，尤其是最高管理者的承诺。

本标准规定了能源管理体系的要求，使组织能够根据法律法规要求和主要能源使用的信息来制定和实施能源方针，建立能源目标、指标及能源管理实施方案。能源管理体系可使组织实现其承诺的能源方针，采取必要的措施来改进能源绩效，并证实体系符合本标准的要求。本标准适用于组织控制下的各项活动，并可根据体系的复杂程度、文件化程度及资源等特殊要求灵活运用。

本标准基于策划—实施—检查—改进的（PDCA）持续改进模式（如图 1 所示），使能源管理融入组织的日常活动中。

能源管理过程中 PDCA 方法总结如下：

——策划：实施能源评审，明确能源基准和能源绩效参数，制定能源目标、指标和能源管理实施方案，从而确保组织依据其能源方针改进能源绩效；

——实施：履行能源管理实施方案；

——检查：对运行的关键特性和过程进行监视和测量，对照能源方针和目标评估确定实现的能源绩效，并报告结果；

——改进：采取措施，持续改进能源绩效和能源管理体系。

本标准的广泛使用将有利于有限能源资源的有效使用，提升组织竞争力，减少温室气体排放和其他环境影响。本标准适用于所有类型的能源。

本标准可用于对组织能源管理体系进行认证、评价和组织的自我声明。本标准除要求在能源方针中承诺遵守适用的法律法规和其他要求外，并未对能源绩效水平提出绝对要求，所以两个从事类似活动但具有不同能源绩效水平的组织，可能都符合本标准的要求。

本标准的制定基于管理体系标准的通用要素，确保与 GB/T 19001 和

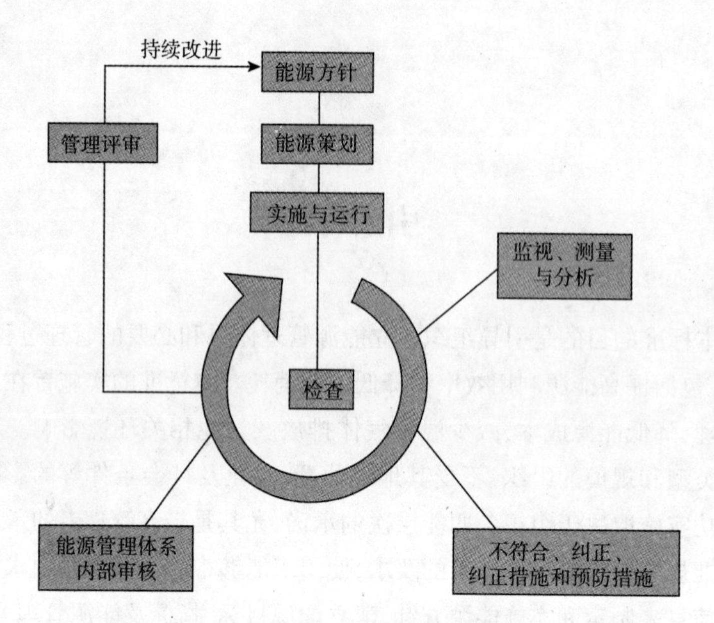

图1 能源管理体系运行模式

GB/T 24001保持相同的水准。

组织可将本标准与其他管理体系要求相结合，如质量、环境或职业健康安全等管理体系要求。

能源管理体系 要求

1 范围

本标准规定了组织建立、实施、保持和改进能源管理体系的要求，旨在使组织能够采用系统的方法来实现能源绩效目标，包括能源利用效率、能源使用和消耗状况的持续改进。

本标准规定了能源使用和消耗的相关要求，包括测量，文件化和报告，设备、系统、过程的设计和采购，以及对能源绩效有影响的人员。

本标准考虑对能源绩效有影响，并且能够被组织监视和施加影响的所有变量。但本标准未规定具体的能源绩效水平要求。

本标准可单独使用，也可与其他管理体系整合使用。

本标准适用于任何自我声明能源方针并希望保证实现和展示其符合程度的组织，其符合性可通过自我评价，自我声明或外部的能源管理体系认证来确认。

2 规范性引用文件

无规范性引用文件。列出本条款是为了与其他管理体系标准的条款序列保持一致。

3 术语与定义

下列术语与定义适用于本文件。

3.1 边界 boundaries

组织确定的物理界限、场所界限或次级组织界限。

注：边界可以是一个或一组过程，一个场所、一个完整的组织或一个组织所控制的多个场所。

3.2 持续改进 continual improvement

不断提升能源绩效和能源管理体系的循环过程。

注1:建立目标并发现改进机会的过程是一个持续的过程。

注2:持续改进能实现整体能源绩效的不断改进,并与组织的能源方针相一致。

3.3 纠正 correction

为消除已发现的不符合(3.21)所采取的措施。

3.4 纠正措施 corrective action

为消除已发现的不符合(3.21)的原因所采取的措施。

注1:可能存在导致不符合行为的多个原因。

注2:采取纠正措施是为了防止再发生,而采取预防措施是为了防止发生。

3.5 能源 energy

电、燃料、蒸汽、热力、压缩空气以及其他类似介质。

注1:在本标准中,能源包括可再生能源在内的各种形式,可被购买、贮存、处置、在设备或过程中使用以及被回收利用。

注2:能源可被定义为一个系统产生外部活动或开展工作的动力。

3.6 能源基准 energy baseline

用作比较能源绩效的定量参考依据。

注1:能源基准反映的是特定时间段的能源利用状况。

注2:能源基准可采用影响能源使用、能源消耗的变量来规范,例如:生产水平、度日数(户外温度)等。

注3:能源基准也可作为能源绩效改进方案实施前后的参照来计算节能量。

3.7 能源消耗 energy consumption

使用能源的量。

3.8 能源效率 energy efficiency

输出的能源、产品、服务或绩效,与输入的能源之比或其他数量关系。如:转换效率,能源需求/能源实际使用,输出/输入,理论运行能耗/实际运行能耗。

注:输入和输出都需要在数量及质量上进行详细说明,并且可以测量。

3.9 能源管理体系 energy management system(EnMS)

用于建立能源方针、能源目标、过程和程序以实现目标的一系列相互关联或相互作用的要素的集合。

3.10 能源管理团队 energy management team

负责有效地实施能源管理体系活动并实现能源绩效持续改进的人员。

注:组织的规模、性质、可用资源的多少将决定团队的大小。团队可以是一个人,如管理者代表。

3.11 能源目标 energy objective

为满足组织的能源方针而设定、与改进能源绩效相关的、明确的预期结果或成效。

3.12 能源绩效 energy performance

与能源效率(3.8)、能源使用(3.18)和能源消耗(3.7)有关的、可测量的结果。

注1:在能源管理体系中,可根据组织的能源方针、能源目标、能源指标以及其他能源绩效要求取得可测量的结果。

注2:能源绩效是能源管理体系绩效的一部分。

3.13 能源绩效参数 energy performance indicator(EnPI)

由组织确定,可量化能源绩效的数值或量度。

注:能源绩效参数可由简单的量值、比率或更为复杂的模型表示。

3.14 能源方针 energy policy

最高管理者发布的有关能源绩效的宗旨和方向。

注:能源方针为设定能源目标、指标及采取的措施提供框架。

3.15 能源评审 energy review

基于数据和其他信息,确定组织的能源绩效水平,识别改进机会的工作。

注:在一些国际或国家标准中,如对能源因素或能源概况的识别和评审的表述都属于能源评审的内容。

3.16 能源服务 energy services

与能源供应、能源利用有关的活动及其结果。

3.17 能源指标 energy target

由能源目标产生,为实现能源目标所需规定的具体、可量化的绩效要求,它们可适用于整个组织或其局部。

3.18 能源使用 energy use

使用能源的方式和种类。如通风、照明、加热、制冷、运输、加工、生产线等。

3.19 相关方 interested party

与组织能源绩效有关的或可受到组织影响的个人或群体。

3. 20 内部审核 internal audit

获得证据并对其进行客观评价，考核能源管理体系要求执行程度的系统、独立、文件化的过程。

3. 21 不符合 nonconformity

不满足要求。

3. 22 组织 organization

具有自身职能和行政管理的公司、集团公司、商行、企事业单位、政府机构、社团或其结合体，或上述单位中具有自身职能和行政管理的一部分，无论其是否具有法人资格、公营或私营。

注：组织可以由一个人或一个群体组成。

3. 23 预防措施 prevention action

为消除潜在的不符合(3. 21)的原因所采取的措施。

注1：可能存在多个潜在不符合的原因。

注2：预防措施是为了防止不符合行为，而纠正措施是为了防止其重复发生。

3. 24 程序 procedure

为进持某项活动或过程所规定的途径。

注1：程序可以形成文件，也可以不形成文件。

注2：程序一旦形成文件，“形成文件的程序”将被频繁使用。

3. 25 记录 record

阐明所取得的结果或提供所从事活动证据的文件。

注：记录可用作可追溯性文件，并提供验证、预防措施和纠正措施的证据。

3. 26 范围 scope

组织通过能源管理体系来管理的活动、设施及决策的范畴，可包括多个边界。

注：范围可包含与运输活动相关的能源。

3. 27 主要能源使用 significant energy use

在能源消耗中占有较大比例或在能源绩效改进方面有较大潜力的能源使用。

注：重要程度由组织决定。

3. 28 最高管理者 top management

在最高管理层指挥和控制组织的人员。

注:最高管理者在能源管理体系的范围和边界内控制组织。

4 能源管理体系要求

4.1 总要求

组织应:

a)按照本标准要求,建立能源管理体系,编制和完善必要的文件,并按照文件要求组织具体工作的实施;体系建立后应确保日常工作按照文件要求持续有效运行,并不断完善体系和相关文件;

b)界定能源管理体系的管理范围和边界,并在有关文件中明确;

c)策划并确定可行的方法,以满足本标准各项要求,持续改进能源绩效和能源管理体系。

4.2 管理职责

4.2.1 最高管理者

最高管理者应承诺支持能源管理体系,并持续改进能源管理体系的有效性,具体通过以下活动予以落实:

a)确立能源方针,并实践和保持能源方针;

b)任命管理者代表和批准组建能源管理团队;

c)提供能源管理体系建立、实施、保持和持续改进所需要的资源,以达到能源绩效目标;

注:资源包括人力资源、专业技能、技术和财务资源等。

d)确定能源管理体系的范围和边界;

e)在内部传达能源管理的重要性;

f)确保建立能源目标、指标;

g)确保能源绩效参数适用于本组织;

h)在长期规划中考虑能源绩效问题;

i)确保按照规定的时间间隔评价和报告能源管理的结果;

j)实施管理评审。

4.2.2 管理者代表

最高管理者应指定具有相应技术和能力的人担任管理者代表,无论其是否具有其他方面的职责和权限。管理者代表在能源管理体系中的职责权限应包括:

a)确保按照本标准的要求建立、实施、保持和持续改进能源管理体系;

b)指定相关人员,并由相应的管理层授权,共同开展能源管理活动;

c)向最高管理者报告能源绩效;

d)向最高管理者报告能源管理体系绩效;

e)确保策划有效的能源管理活动,以落实能源方针;

f)在组织内部明确规定和传达能源管理相关的职责和权限,以有效推动能源管理;

g)制定能够确保能源管理体系有效控制和运行的准则和方法;

h)提高全员对能源方针、能源目标的认识。

4.3 能源方针

能源方针应阐述组织为持续改进能源绩效所作的承诺。最高管理者应制定能源方针,并确保其满足:

a)与组织能源使用和消耗的特点、规模相适应;

b)包括改进能源绩效的承诺;

c)包括提供可获得的信息和必需的资源的承诺,以确保实现能源目标和指标;

d)包括组织遵守节能相关的法律法规及其他要求的承诺;

e)为制定和评审能源目标、指标提供框架;

f)支持高效产品和服务的采购,及改进能源绩效的设计;

g)形成文件,在内部不同层面得到沟通、传达;

h)根据需要定期评审和更新。

4.4 策划

4.4.1 总则

组织应进行能源管理策划,形成文件。策划应与能源方针保持一致,并保证持续改进能源绩效。

策划应包含对能源绩效有影响活动的评审。

注:关于能源策划的概念图如图 A.2 所示。

4.4.2 法律法规及其他要求

组织应建立渠道,获取节能相关的法律法规及其他要求。

组织应确定准则和方法,以确保将法律法规及其他要求应用于能源管理活动中,并确保在建立、实施和保持能源管理体系时考虑这些要求。

组织应在规定的时间间隔内评审法律法规和其他要求。

4.4.3　能源评审

组织应将实施能源评审的方法学和准则形成文件,并组织实施能源评审,评审结果应进行记录。能源评审内容包括:

a)基于测量和其他数据,分析能源使用和能源消耗,包括:

——识别当前的能源种类和来源;

——评价过去和现在的能源使用情况和能源消耗水平。

b)基于对能源使用和能源消耗的分析,识别主要能源使用的区域等,包括:

——识别对能源使用和能源消耗有重要影响的设施、设备、系统、过程及为组织工作或代表组织工作的人员;

——识别影响主要能源使用的其他相关变量;

——确定与主要能源使用相关的设施、设备、系统、过程的能源绩效现状;

——评估未来的能源使用和能源消耗。

c)识别改进能源绩效的机会,并进行排序,识别结果须记录。

注:机会可能与潜在的能源、可再生能源和其他可替代能源(如余能)的使用有关。

组织应按照规定的时间间隔定期进行能源评审,当设施、设备、系统、过程发生显著变化时,应进行必要的能源评审。

4.4.4　能源基准

组织应使用初始能源评审的信息,并考虑与组织能源使用和能源消耗特点相适应的时段,建立能源基准。组织应通过与能源基准的对比测量能源绩效的变化。

当出现以下一种或多种情况时,应对能源基准进行调整:

a)能源绩效参数不再能够反映组织能源使用和能源消耗情况时;

b)用能过程、运行方式或用能系统发生重大变化时;

c)其他预先规定的情况。

组织应保持并记录能源基准。

4.4.5　能源绩效参数

组织应识别适用于对能源绩效进行监视测量的能源绩效参数。确定和更新能源绩效参数的方法学应予以记录,并定期评审此方法学的有效性。

组织应对能源绩效参数进行评审,适用时,与能源基准进行比较。

4.4.6　能源目标、能源指标与能源管理实施方案

组织应建立、实施和保持能源目标和指标,覆盖相关职能、层次、过程或设施等层面,并形成文件。组织应制定实现能源目标和指标的时间进度要求。

能源目标和指标应与能源方针保持一致,能源指标应与能源目标保持一致。

建立和评审能源目标指标时,组织应考虑能源评审中识别出的法律法规和其他要求、主要能源使用以及改进能源绩效的机会。同时也应考虑财务、运行、经营条件、可选择的技术以及相关方的意见。

组织应建立、实施和保持能源管理实施方案以实现能源目标和指标。能源管理实施方案应包括:

a)职责的明确;

b)达到每项指标的方法和时间进度;

c)验证能源绩效改进的方法;

d)验证结果的方法。

能源管理实施方案应形成文件,并定期更新。

4.5 实施与运行

4.5.1 总则

组织在实施和运行体系过程中,应使用策划阶段产生的能源管理实施方案及其他结果。

4.5.2 能力、培训与意识

组织应确保与主要能源使用相关的人员具有基于相应教育、培训、技能或经验所要求的能力,无论这些人员是为组织或代表组织工作。组织应识别与主要能源使用及与能源管理体系运行控制有关的培训需求,并提供培训或采取其他措施来满足这些需求。

组织应保持适当的记录。

组织应确保为其或代表其工作的人员认识到:

a)符合能源方针、程序和能源管理体系要求的重要性;

b)满足能源管理体系要求的作用、职责和权限;

c)改进能源绩效所带来的益处;

d)自身活动对能源使用和消耗产生的实际或潜在影响,其活动和行为对实现能源目标和指标的贡献,以及偏离规定程序的潜在后果。

4.5.3 信息交流

组织应根据自身规模,建立关于能源绩效、能源管理体系运行的内部沟通机制。

组织应建立和实施一个机制,使得任何为其或代表其工作的人员能为能源管理体系的改进提出建议和意见。

组织应决定是否与外界开展与能源方针、能源管理体系和能源绩效有关的信息交流,并将此决定形成文件。如果决定与外界进行交流,组织应制定外部交流的方法并实施。

4.5.4　文件

4.5.4.1　文件要求

组织应以纸质、电子或其他形式建立、实施和保持信息,描述能源管理体系核心要素及其相互关系。

能源管理体系文件应包括:

a)能源管理体系的范围和边界;

b)能源方针;

c)能源目标、指标和能源管理实施方案;

d)本标准要求的文件,包括记录;

e)组织根据自身需要确定的其他文件。

注:文件的复杂程度因组织的不同而有所差异,取决于:

——组织的规模和活动类型;

——过程及其相互关系的复杂程度;

——人员能力。

4.5.4.2　文件控制

组织应控制本标准所要求的文件,其他能源管理体系相关的文件,适当时包括技术文件。

组织应建立、实施和保持程序,以便:

a)发布前确认文件适用性;

b)必要时定期评审和更新;

c)确保对文件的更改和现行修订状态作出标识;

d)确保在使用处可获得适用文件的相关版本;

e)确保字迹清楚,易于识别;

f)确保组织策划、运行能源管理体系所需的外来文件得到识别,并对其分发进行控制;

g) 防止对过期文件的非预期使用。如需将其保留,应作出适当的标识。

4.5.5　运行控制

组织应识别并策划与主要能源使用相关的运行和维护活动,使之与能源方

针、目标、指标和能源管理实施方案一致,以确保其在规定条件下按下列方式运行:

a)建立和设置主要能源使用有效运行和维护的准则,防止因缺乏该准则而导致的能源绩效的严重偏离;

b)根据运行准则运行和维护设施、设备、系统和过程;

c)将运行控制准则适当地传达给为组织或代表组织工作的人员。

注:在策划意外事故、紧急情况或潜在灾难的预案时(包含设备采购),组织可选择将能源绩效作为决策的依据之一。

4.5.6 设计

组织在新建和改进设施、设备、系统和过程的设计时,并对能源绩效具有重大影响的情况下,应考虑能源绩效改进的机会及运行控制。

适当时,能源绩效评价的结果应纳入相关项目的规范、设计和采购活动中。

4.5.7 能源服务、产品、设备和能源采购

在购买对主要能源使用具有或可能具有影响的能源服务、产品和设备时,组织应告知供应商,采购决策将部分基于对能源绩效的评价。

当采购对能源绩效有重大影响的能源服务、设备和产品时,组织应建立和实施相关准则,评估其在计划的或预期的使用寿命内对能源使用、能源消耗和能源效率的影响。

为实现高效的能源使用,适用时,组织应制定文件化的能源采购规范。

4.6 检查

4.6.1 监视、测量与分析

组织应确保对其运行中的决定能源绩效的关键特性进行定期监视、测量和分析,关键特性至少应包括:

a)主要能源使用和能源评审的输出;

b)与主要能源使用相关的变量;

c)能源绩效参数;

d)能源管理实施方案在实现能源目标、指标方面的有效性;

e)实际能源消耗与预期的对比评价。

组织应保存监视、测量关键特性的记录。

组织应制定和实施测量计划,且测量计划应与组织的规模、复杂程度及监视和测量设备相适应。

注:测量方式可以只用公用设施计量仪表(如:对小型组织),若干个与应用软件相连、能

汇总数据和进行自动分析的完整的监视和测量系统。测量的方式和方法由组织自行决定。

组织应确定并定期评审测量需求。组织应确保用于监视测量关键特性的设备所提供的数据是准确、可重现的,并保存校准记录和采取其他方式以确立准确度和可重复性。

组织应调查能源绩效中的重大偏差,并采取应对措施。

组织应保持上述活动的结果。

4.6.2 合规性评价

组织应定期评价组织对与能源使用和消耗相关的法律法规和其他要求的遵守情况。

组织应保存合规性评价结果的记录。

4.6.3 能源管理体系的内部审核

组织应定期进行内部审核,确保能源管理体系:

a)符合预定能源管理的安排,包括符合本标准的要求;

b)符合建立的能源目标和指标;

c)得到了有效的实施与保持,并改进了能源绩效。

组织应考虑审核的过程、区域的状态和重要性,以及以往审核的结果制定内审方案和计划。

审核员的选择和审核的实施应确保审核过程的客观性和公正性。

组织应记录内部审核的结果并向最高管理者汇报。

4.6.4 不符合、纠正、纠正措施和预防措施

组织应通过纠正、纠正措施和预防措施来识别和处理实际的或潜在的不符合,包括:

a)评审不符合或潜在的不符合;

b)确定不符合或潜在不符合的原因;

c)评估采取措施的需求确保不符合不重复发生或不会发生;

d)制定和实施所需的适宜的措施;

e)保留纠正措施和预防措施的记录;

f)评审所采取的纠正措施或预防措施的有效性。

纠正措施和预防措施应与实际的或潜在问题的严重程度以及能源绩效结果相适应。

组织应确保在必要时对能源管理体系进行改进。

4.6.5 记录控制

组织应根据需要,建立并保持记录,以证实符合能源管理体系和本标准的要求,以及所取得的能源绩效成果。

组织应对记录的识别、检索和留存进行规定,并实施控制。

相关活动的记录应清楚、标识明确,具有可追溯性。

4.7 管理评审

4.7.1 总则

最高管理者应按策划或计划的时间间隔对组织的能源管理体系进行评审,以确保其持续的适宜性、充分性和有效性。

组织应保存管理评审的记录。

4.7.2 管理评审的输入

管理评审的输入应包括:

a)以往管理评审的后续措施;

b)能源方针的评审;

c)能源绩效和相关能源绩效参数的评审;

d)合规性评价的结果以及组织应遵循的法律法规和其他要求的变化;

e)能源目标和指标的实现程度;

f)能源管理体系的审核结果;

g)纠正措施和预防措施的实施情况;

h)对下一阶段能源绩效的规划;

i)改进建议。

4.7.3 管理评审的输出

管理评审的输出应包括与下列事项相关的决定和措施:

a)组织能源绩效的变化;

b)能源方针的变化;

c)能源绩效参数的变化;

d)基于持续改进的承诺,组织对能源管理体系的目标、指标和其他要素的调整;

e)资源分配的变化。

附录A

(资料性附录)

标准使用指南

A.1　总要求

本附录增补的内容完全是资料性的,目的是防止对本标准第4章要求的错误理解。本附录阐述第4章的要求,并与之相一致,无意增加、减少或修改这些要求。

依据本标准实施能源管理体系的目的在于改进能源绩效。因此,应用本标准的前提是定期评审、评价能源管理体系,确定改进的机会并付诸实施。组织可灵活掌握持续改进过程的速度、程度和时间进度,并考虑自身经济状况和其他客观条件。

组织可依据范围和边界的概念自行决定能源管理体系所包含的范围。

能源绩效包括能源使用、能源消耗和能源效率,所以组织可选择的改进能源绩效活动的范围广泛。例如,组织可降低能源需求、利用余热余能,或者改进体系的运行、过程或设备。

图A.1对能源绩效进行了概念性的示意。

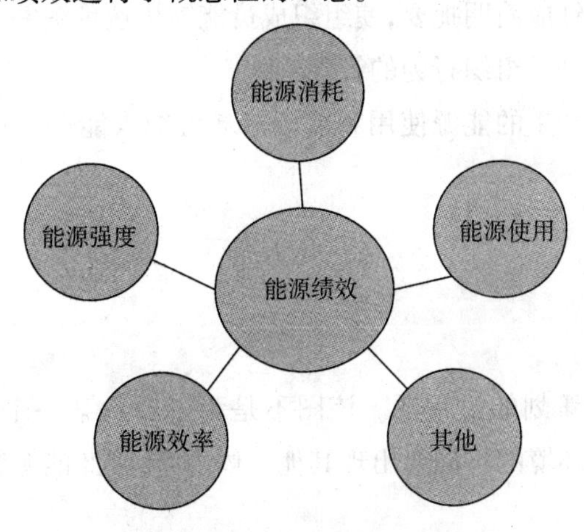

图A.1　能源绩效概念

A.2 管理职责

A.2.1 最高管理者

最高管理者或其指派的代表在组织内部进行沟通时,要通过员工参与的活动,包括授权、激励、赞誉、培训、奖励和参股等来提升能源管理的地位。

组织在制定长期规划时应考虑能源管理的内容,如能源资源、能源绩效和能源绩效的改进。

A.2.2 管理者代表

管理者代表可以是组织现有的、新录用的或合同制的员工。管理者代表可以负责全部或部分的能源管理工作。管理者代表的技术和能力要求可根据组织的规模、文化和复杂性而定,也可根据法律法规和其他要求而定。

能源管理团队应确保能源绩效改进过程的顺利进行。团队的规模根据组织的复杂性而定:

——对于小型组织而言,可以是一个人,如管理者代表;

——对于较大组织而言,跨职能的团队能够采用有效机制,调动组织的各部门策划、实施能源管理体系。

A.3 能源方针

能源方针促使能源管理体系和能源绩效在组织规定的范围和边界内得以实施和改进。能源方针应简明扼要,使组织成员能够快速理解并应用到工作中。能源方针的宣传可促进对组织行为的管理。

组织运输时所产生的能源使用和能源消耗可纳入能源管理体系的范围和边界中。

A.4 策划

A.4.1 总则

图 A.2 是能源策划的过程图。该图不是为了展示某一个组织的策划细节。由于组织的不同或环境的不同会出现其他具体内容,因此能源策划图中的信息并不能够穷尽。

本条款着重说明组织的能源绩效,以及保持和持续改进能源绩效的手段。

设定标杆是对能源绩效数据进行收集和分析的过程,目的是在组织内部及用

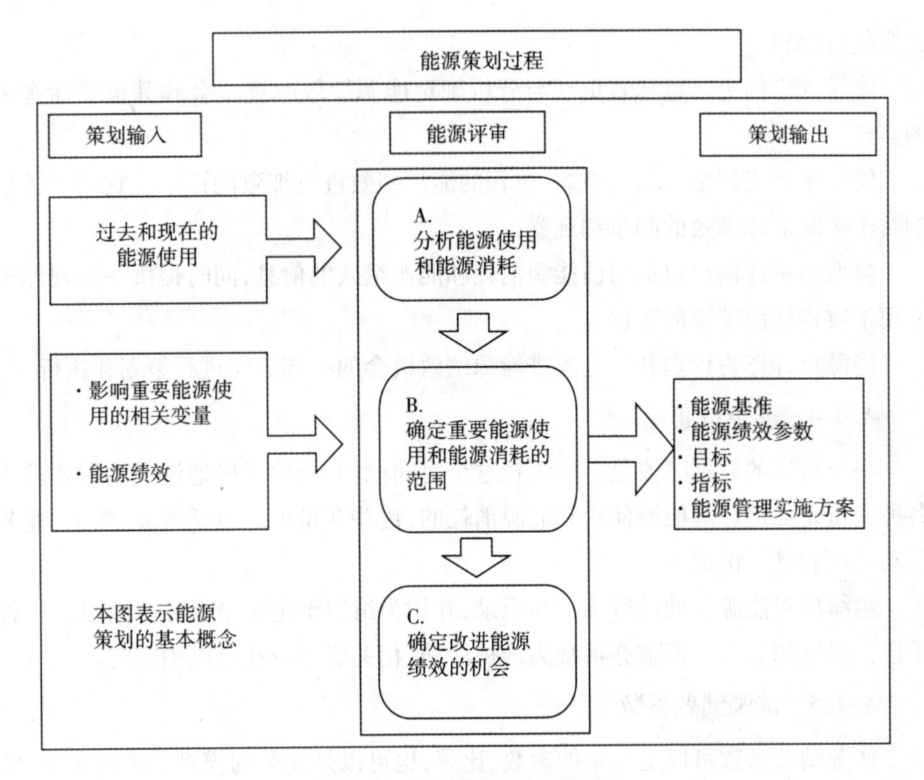

图 A.2 能源策划过程概念图

能单位间评价和比较能源绩效。存在不同类型的标杆，可以是为了鼓励组织内部良好工作行为的内部标杆，也可以是为了在设备、设施或相同领域的具体产品和服务中建立最好的行业绩效而设立的外部标杆。设立标杆的过程可以在这部分或全部的要素中实施。如果可获得相关的准确数据，标杆的设立可作为能源评审（见 4.4.3）、能源目标和指标（见 4.4.6）最终确定的有效输入。

A.4.2 法律法规及其他要求

法律法规包括国际、国家、区域及地区的要求，这些要求可应用到能源管理体系的范围内。例如，法律法规可以包括国家节能相关法律或行政法规等；其他要求可以包括与客户签订的协议、自愿原则或守则、自愿计划及其他。

A.4.3 能源评审

组织应在界定主要能源使用的区域内，识别和评估能源使用的过程，并识别改进能源绩效的机会。

代表组织工作的人员可包括服务承包商、兼职人员和临时员工。

潜在能源可以包括组织先前未使用过的常规能源。替代能源可以包括化石或非化石燃料。

能源评审的更新意味着更新与分析确定能源绩效改进机会和其重要性有关的信息。

能源审计或评估包括对组织、过程的能源绩效进行细致的评审。它基于适当的对于实际能源绩效的测量和观察。

典型的审计输出包括当前能源消耗和能源绩效的信息，同时提供一系列经排序用于改进能源绩效的建议。

能源审计作为识别和优选改进能源绩效机会的一部分应进行策划和执行。

A.4.4 能源基准

一个合适的数据时段是指组织在这个时间段内，能够明确地说明法定要求或各种变量是如何影响能源使用和能源消耗的，这些变量可以包括气候、季节、业务活动周期和其他情况。

组织应对能源基准进行维护和记录，并作为组织确定记录保存时间段的一种手段。对能源基准的调整亦可视为维护活动，相关要求应在标准中规定。

A.4.5 能源绩效参数

能源绩效参数可以是简单的参数、比率，也可以是复杂的模型。举例来说，能源绩效参数包括单位时间能源消耗、单位产品能源消耗或多变量模型。组织可选取能源绩效参数，说明其运行的能源绩效状况，并在由于商业活动或基准发生变化影响到能源绩效参数相关性的情况下，对能源绩效参数进行适当的改进。

A.4.6 能源目标、能源指标与能源管理实施方案

能源管理实施方案除了针对具体的能源绩效改进外，也可针对整个能源管理或能源管理体系过程的改进。这种管理改进型的能源管理实施方案，可描述如何验证方案取得的结果。例如：组织的能源管理实施方案可以是提高员工和承包者的节能意识，组织应使用确定的方法验证意识提高的程度及取得的其他结果，并将这种方法写入能源管理实施方案中。

A.5 实施与运行

A.5.1 总则

无增补说明内容。

A.5.2 能力、培训与意识

组织根据自身需求确定能力、培训和意识的要求。能力可从教育经历、培训

经历、技能和经验等方面体现。

A.5.3　信息交流

无增补说明内容。

A.5.4　文件

仅本标准明确规定须文件化的程序是必须形成文件的程序。组织可以制定任何认为必要的文件，以有效展示能源绩效和支持能源管理体系。

A.5.5　运行控制

组织应评价主要能源使用的运行状况，并采取措施确保运行是可控制的或能减少相关的负面影响，使运行能够满足能源方针与能源目标和指标的要求。运行控制应包含运行的所有方面，包括维护活动。

A.5.6　设计

无增补说明内容。

A.5.7　能源服务、产品、设备和能源采购

采购是通过使用高效的产品和服务以改进能源绩效的机会，同时还可以借此影响供应链合作伙伴改善能源行为。

能源采购规范的使用可根据市场的变化来调整，能源采购规范的要求可考虑能源质量、可获得性、成本结构、环境影响和可再生能源等。

组织可适当考虑使用能源供应商所建议的规范。

A.6　检查

A.6.1　监视、测量与分析

无增补说明内容。

A.6.2　合规性评价

无增补说明内容。

A.6.3　能源管理体系内部审核

能源管理体系的内部审核可由组织的内部人员进行或者由组织挑选的外部人员进行。无论何种情况，审核员都应能胜任工作，并公正、客观地进行审核。在小型组织中，可通过将审核员与被审核项目的责任分离来保持审核员的独立性。

如果组织希望将其能源管理体系的内部审核与其他内部审核相结合，应明确

规定每项内容的目的和范围3。

能源审计或评估(见 A.4.3)与能源管理体系或能源管理体系能源绩效的内审概念不同。

A.6.4　不符合、纠正、纠正措施和预防措施

无增补说明内容。

A.6.5　记录控制

无增补说明内容。

A.7　管理评审

A.7.1　总则

管理评审应覆盖能源管理体系的所有范围,但并非需要一次完成所有要素的评审工作,评审工作可在一段时期内分次进行。

A.7.2　管理评审的输入

无增补说明内容。

A.7.3　管理评审的输出

无增补说明内容。

附录 B

（资料性附录）

GB/T 23331—2012、GB/T 19001—2008、GB/T 24001—2004 和 GB/T 22000—2006 之间的联系

表 B.1 列出了 GB/T 23331—2012、GB/T 19001—2008、GB/T 24001—2004 和 GB/T 22000—2006 之间的对应情况。

表 B.1 GB/T 23331—2012、GB/T 19001—2008、GB/T 24001—2004 和 GB/T 22000—2006 的对应情况

GB/T 23331—2012		GB/T 19001—2008		GB/T 24001—2004		GB/T 22000—2006	
条款号	条款标题	条款号	条款标题	条款号	条款标题	条款号	条款标题
—	前言	—	前言	—	前言	—	前言
—	引言	—	引言	—	引言	—	引言
1	范围	1	范围	1	范围	1	范围
2	规范性引用文件	2	规范性引用文件	2	规范性引用文件	2	规范性引用文件
3	术语和定义	3	术语和定义	3	术语和定义	3	术语和定义
4	能源管理体系要求	4	质量管理体系	4	环境管理体系要求	4	食品安全管理体系
4.1	总要求	4.1	总要求	4.1	总要求	4.1	总要求
4.2	管理职责	5	管理职责	—	—	5	管理职责
4.2.1	最高管理者	5.1	管理承诺	4.4.1	资源、作用、职责和权限	5.1	管理承诺
4.2.2	管理者代表	5.5.1 5.5.2	职责和权限 管理者代表	4.4.1	资源、作用、职责和权限	5.4 5.5	职责和权限 食品安全小组组长
4.3	能源方针	5.3	质量方针	4.2	环境方针	5.2	食品安全方针
4.4	策划	5.4	策划	4.3	策划	5.3 7	食品安全管理体系策划 安全产品的策划和实现

续表

GB/T 23331—2012		GB/T 19001—2008		GB/T 24001—2004		GB/T 22000—2006	
条款号	条款标题	条款号	条款标题	条款号	条款标题	条款号	条款标题
4.4.1	总则	5.4.1 7.2.1	质量目标 与产品有关的要求的确定	4.3	策划	5.3 7.1	食品安全管理体系策划 总则
4.4.2	法律、法规及其他要求	7.2.1 7.3.2	与产品有关的要求的确定 设计和开发输入	4.3.2	法律法规和其他要求	7.2.2 7.3.3	(无标题) 产品特性
4.4.3	能源评审	5.4.1 7.2.1	质量目标 与产品有关的要求的确定	4.3.1	环境因素	7	安全产品的策划和实现
4.4.4	能源基准	—	—	—	—	7.4	危害分析
4.4.5	能源绩效参数	—	—	—	—	7.4.2	危害识别和可接受水平的确定
4.4.6	能源目标、能源指标与能源管理实施方案	5.4.1 7.1	质量目标 产品实现的策划	4.3.3	目标、指标和方案	7.2	前提方案(PRPs)
4.5	实施与运行	7	产品实现	4.4	实施与运行	7	安全产品的策划与实现
4.5.1	总则	7.5.1	生产和服务提供的控制	4.4.6	运行控制	7.7.2	(无标题)
4.5.2	能力、培训与意识	6.2.2	能力、培训和意识	4.4.2	能力、培训和意识	6.2.2	能力、培训和意识
4.5.3	信息交流	5.5.3	内部沟通	4.4.3	信息交流	5.6.2	内部沟通
4.5.4	文件	4.2	文件要求	—	—	4.2	文件要求
4.5.4.1	文件要求	4.2.1	总则	4.4.4	文件	4.2.1	总则
4.5.4.2	文件控制	4.2.3	文件控制	4.4.5	文件控制	4.2.2	文件控制
4.5.5	运行控制	7.5.1	生产和服务提供的控制	4.4.6	运行控制	7.6.1	HACCP 计划
4.5.6	设计	7.3	设计和开发	—	—	7.3	实施危害分析的预备步骤
4.5.7	能源服务、产品、设备和能源的采购	7.4	采购	—	—	—	—

续表

GB/T 23331—2012		GB/T 19001—2008		GB/T 24001—2004		GB/T 22000—2006	
条款号	条款标题	条款号	条款标题	条款号	条款标题	条款号	条款标题
4.6	检查	8	测量、分析和改进	4.5	检查	8	食品安全管理体系的确认、验证和改进
4.6.1	监视、测量与分析	8.2.3 8.2.4 8.4	过程的监视和测量产品的监视和测量数据分析	4.5.1	监测和测量	7.6.4	关键控制点的监视系统
4.6.2	合规性评价	7.3.4	设计和开发评审	4.5.2	合规性评价	—	—
4.6.3	能源管理体系的内部审核	8.2.2	内部审核	4.5.5	内部审核	8.4.1	内部审核
4.6.4	不符合、纠正、纠正措施和预防措施	8.3 8.5.2 8.5.3	不合格品控制纠正措施预防措施	4.5.3	不符合、纠正措施和预防措施	7.10	不符合控制
4.6.5	记录控制	4.2.4	记录控制	4.5.4	记录控制	4.2.3	记录控制
4.7	管理评审	5.6	管理评审	4.6	管理评审	5.8	管理评审
4.7.1	总则	5.6.1	总则	4.6	管理评审	5.8.1	总则
4.7.2	管理评审的输入	5.6.2	评审输入	4.6	管理评审	5.8.2	评审输入
4.7.3	管理评审的输出	5.6.3	评审输出	4.6	管理评审	5.8.3	评审输出

参考文献

[1] GB/T 19000—2008 质量管理体系　基础和术语

[2] GB/T 19001—2008 质量管理体系　要求

[3] GB/T 24001—2004 环境管理体系　要求及使用指南

[4] GB/T 22000—2006 食品安全管理体系　食品链中各类组织的要求